实施《名古屋议定书》
欧洲获取与惠益分享制度比较

Implementing the *Nagoya Protocol*
Comparing Access and Benefit-Sharing Regimes in Europe

〔法〕B. 库尔赛特　〔比〕F. 巴图尔

〔英〕A. 布罗贾托　〔比〕J. 皮赛斯　编

〔比〕T. 德德瓦尔代尔

武建勇　陈　慧　孟　蕊　李一丁　译

科学出版社

北　京

图字：01-2020-6664 号

内 容 简 介

本书论述了《名古屋议定书》与现有国际制度的相互关系，详细梳理了比利时、丹麦、法国、德国、希腊、荷兰、挪威、英国、西班牙等欧洲国家的遗传资源获取与惠益分享国内立法框架和相关法律制度。列举了遗传资源获取与惠益分享制度在欧盟的具体实践，总结得出《名古屋议定书》的实施需要诸多法律制度支持，对我国遗传资源获取与惠益分享制度的建立和实践具有一定的借鉴和指导意义。

本书主要面对生物遗传资源领域的相关科研人员、管理人员、高等院校师生以及其他读者，旨在促进我国生物遗传资源保护的立法研究，引起社会对生物遗传资源保护的共识。

图书在版编目（CIP）数据

实施《名古屋议定书》：欧洲获取与惠益分享制度比较 / (法) B. 库尔赛特 (Brendan Coolsaet) 等编/武建勇等译.—北京：科学出版社，2023.9
书名原文：Implementing the *Nagoya Protocol*. Comparing Access and Benefit-Sharing Regimes in Europe
ISBN 978-7-03-076444-7

Ⅰ.①实… Ⅱ.①B… ②武… Ⅲ.①生物多样性–生物资源保护–国际公约–研究 Ⅳ.①Q16 ②X176 ③D996.9

中国国家版本馆 CIP 数据核字(2023)第 178380 号

责任编辑：李 迪 孙 青 / 责任校对：郑金红
责任印制：肖 兴 / 封面设计：无极书装

科 学 出 版 社 出版
北京东黄城根北街 16 号
邮政编码：100717
http://www.sciencep.com

北京建宏印刷有限公司 印刷
科学出版社发行 各地新华书店经销

*

2023 年 9 月第 一 版 开本：720×1000 1/16
2024 年 1 月第二次印刷 印张：20 3/4
字数：418 000
定价：**228.00 元**
(如有印装质量问题，我社负责调换)

译 者 的 话

公平公正地分享因利用生物遗传资源产生的惠益是 1993 年生效的《生物多样性公约》（以下简称《公约》）的三大目标之一。为推动惠益分享目标的实现，《公约》第四次缔约方大会决定，成立获取与惠益分享问题的特设工作组（ABS 工作组），就获取与惠益分享议题开展专题谈判。经过 10 年艰苦谈判，2010 年，《公约》的第十次缔约方大会通过了《关于获取遗传资源及公平和公正分享其利用所产生惠益的名古屋议定书》（以下简称《名古屋议定书》）。2014 年 10 月，《名古屋议定书》正式生效，标志着《公约》确立的生物遗传资源（含生物遗传资源相关传统知识）获取与惠益分享目标得以实现。2016 年 9 月 6 日，我国正式成为《名古屋议定书》的缔约方。

《公约》与《名古屋议定书》要求各缔约方采取立法和相关政策措施，确保公正和公平地分享因利用遗传资源及相关传统知识所带来的惠益。2017 年，环境保护部起草了《生物遗传资源获取与惠益分享管理条例（草案）》，从立法目的、适用范围、基本原则、生物遗传资源的调查和保护规划、传统知识的保护、登记和集体管理制度、公众参与等对国内生物遗传资源获取与惠益分享活动进行法律规定。草案的制定过程是立法工作领导小组在充分研究国外有关生物遗传资源的立法经验之上，结合国内相关立法，如《野生动物保护法》《畜牧法》《种子法》《野生植物保护条例》等制定出来的。2021 年 4 月 15 日起施行的《中华人民共和国生物安全法》（以下简称《生物安全法》）更是将生物遗传资源的获取与惠益分享制度提升到国家立法层面。

相应的，我国云南省 2018 年发布了《云南省生物多样性保护条例》，要求"县级以上人民政府应当建立健全生物遗传资源及相关传统知识的获取与惠益分享制度"；广西壮族自治区 2021 年 9 月发布实施了《广西壮族自治区生物遗传资源及其相关传统知识获取与惠益分享管理办法（试行）》，规定了辖区内生物遗传资源及其传统知识获取、利用和惠益分享管理措施；湘西土家族苗族自治州 2020 年 10 月发布实施了《湘西土家族苗族自治州生物多样性保护条例》，明确要求"州人民政府应当建立健全生物遗传资源及相关传统知识的获取与惠益分享制度，公平、公正分享其产生的利益"。

然而，我国现行建立的生物遗传资源获取与惠益分享法律制度体系还不是非常完善，与《公约》和《名古屋议定书》要求还有一定的差距。一是，随着《公约》谈判的深入，新的谈判产物不断出现（如"遗传资源数字序列信息"，简称DSI），并且已经逐步改变了对实物生物遗传资源的获取与利用形式，给现有的国际谈判和国内立法带来挑战；二是，现行的《生物安全法》对生物资源获取、利用和国际科学研究合作规定过于宽泛，具体的实施和程序仍需专门立法加持。三是，地方相关管理办法驱动力不足，立法成效不明显。

本书是作者布伦丹·库尔赛特等所著 Implementing the Nagoya Protocol. Comparing Access and Benefit-Sharing Regimes in Europe 的中译本。本书内容分为两个部分：第一部分叙述了《名古屋议定书》与国际相关制度的衔接，介绍了欧洲比利时、丹麦、法国、德国、希腊、荷兰、挪威、英国等主要国家的生物遗传资源获取与惠益分享法律制度框架；第二部分评述了《名古屋议定书》在欧盟国家的立法实践，《名古屋议定书》如何合规保护法属圭亚那的美洲土著人民的传统知识，《名古屋议定书》在欧盟执行过程中显现出的缺漏与不足；《名古屋议定书》对欧洲植物遗传资源收集产生的主要影响等。最后作者总结提出要通过不断补充、推进其他相关的法律制度，完善欧盟的生物遗传资源获取与惠益分享法律制度体系。鉴于我国正处于生物遗传资源获取与惠益分享法律制度建立的初期，书中的一些内容值得我国相关领域的科研人员、管理者借鉴和学习，这也正是译者翻译此书的原因之一。

我一直从事生物遗传资源保护监管研究，是我国《生物遗传资源获取与惠益分享管理条例》（草案）的技术专家。近年来，开展了一系列国内外生物资源流失现状调查，追踪研究《公约》谈判与国内立法问题，深度剖析了国内外立法对生物资源的影响，发表相关文章 10 余篇，专著 2 部。此书的出版以 COP15 在我国成功举办为契机，以期让更多的研究学者以及感兴趣的读者都能有所获益。

武建勇

2023 年 1 月 1 日

序

生物多样性，即我们周围各种各样的生态系统、物种和基因，是我们这个星球的生命保险。我们依靠它来获得清洁的空气与淡水、食物和药物，以及许多其他生态服务系统，以帮助维持我们的经济。今天，这种生物多样性比以往任何时候都更加受到来自各方的压力，世界正以前所未有的速度失去某些物种和栖息地。这反过来又使全世界数百万人的生活面临风险。这就是为什么我在2009年就任欧盟环境专员时，将欧盟和国际层面的生物多样性保护作为我的优先任务之一。

我们需要一段时间，有时需要数年才能看到努力保护生物多样性的积极成果，一些措施也需要很长时间才能达成一致并落实到位。经过多年谈判，2010年《生物多样性公约》的194个缔约国通过了一项议定书，为公约的第三个目标即公平和公正地分享利用遗传资源所产生的惠益，提供了一个执行框架。《名古屋议定书》是以第十次《生物多样性公约》缔约方会议举办地的日本城市而命名，它意味着国际社会努力加强生物多样性保护取得了重大突破，并促使"获取与惠益分享"目标全面实施。

欧盟是制定这项具有里程碑意义的公约的推动力量之一，我本人也参与了名古屋谈判的最后阶段。我亲身体会到，要在这么多国家之间就一份如此复杂、在某些方面还存在争议的文件达成一致，需要付出多少努力。我也亲身体会到将其转化为立法的过程几乎同样具有挑战性。

这本书的出版恰逢一项新的欧盟制度生效，该制度充分执行了《名古屋议定书》的强制性内容。欧盟及其28个成员国现已做好充分准备，一旦该议定书在第50份批准书交存90天后生效就执行该议定书。我们还准备建议和协助其他国家也这样做。在未来的岁月里，我们在实施和执行该公约方面的经验将成倍增长。

既然欧盟已经制定了这些规则，那么重点需要转移到提高所有相关利益攸关方对它们的认识，包括立法者与执法当局、企业代表和民间社会。因此，我欢迎这一出版物，它不仅分析了欧盟和其他欧洲国家关于获取和惠益分享框架，而且还重点关注了实践中相关各方的经验，包括土著社区、私营部门和遗传资源收藏机构。这本书汇集了为数众多的专家，其中许多人直接参与了《名古屋议定书》的谈判和通过进程。

无论你选择这本书的目的是什么，无论你是学者、律师、从业者、收藏家、科研人员、海关官员，还是仅仅是一个好奇的读者，我相信，本书将为你提供关于《名古屋议定书》的宝贵见解，并为理解这一重要而复杂的新法律文书作出重大贡献。

亚内兹·波托奇尼克（Janez Potočnik）

欧盟环境专员（2009~2014 年）

致　　谢

我要特别感谢撰稿人的出色工作，感谢他们对我这本书的信任。随着《名古屋议定书》最近生效，他们的工作无疑是对国际社会了解欧洲及其他地区有关议定书的执行情况做出了重大而宝贵的贡献。

我非常感谢阿里安娜·布罗贾托、富利亚·巴图尔、约翰·皮赛斯和汤姆·德德瓦尔代尔为这一激动人心的编辑体验做出的贡献。如果没有他们富有洞察力的评论，没有他们对章节的初步审查的帮助，没有他们对各自章节中的贡献，这本书将永远不会面世。我还要感谢鲁汶天主教大学。和鲁汶大学不算是一所大学，且后面都是鲁汶天主教大学法律哲学中心生物多样性治理组的成员，感谢他们对该工作的持续支持和奉献。

特别感谢艾尔莎·丘玛尼、伊丽莎·莫尔格拉和马蒂亚斯·巴克对本书最初提案的热情，以及他们对早期草案的深思熟虑的建议和评论。最后，我要感谢布里尔的有益指导，特别是丽莎·汉森在起草过程中的持续支持和耐心。这本书是通过欧盟委员会、FP7 项目 GENCOMONS（ERC 赠款协议 284）和 BIOMOT（赠款协议 282625），以及国家科学基金会（管理全球科学共享的 MIS 激励赠款）的共同资助完成的。

本书的内容由各章节作者负责。

布伦丹·库尔赛特（Brendan Coolsaet）

布鲁塞尔/新鲁汶，2014 年 10 月

缩 略 词

缩写	英文全称	中文名称
ABS	Access and Benefit-sharing	获取与惠益分享
ABNJ	Areas Beyond National Jurisdiction	国家管辖范围以外区域
BCCM	Belgian Coordinated Collection of Micro-organisms	比利时微生物协调保藏中心
BELSPO	Belgian Federal Science Policy Office	比利时联邦科学政策办公室
BfN	Federal Agency for Nature Conservation (Germany)	联邦自然保护局（德国）
BIO	Biotechnology Industry Organisation	生物技术产业协会
BGB	German Civil Code	德国《民法典》
BGM	Bank of Genetic Material (Greece)	遗传物质库（希腊）
BMBF	Federal Ministry of Research and Education (Germany)	联邦研究与教育部（德国）
BMEL	Federal Ministry for Food and Agriculture	联邦粮食与农业部
BMJ	Federal Ministry of Justice (Germany)	联邦司法部（德国）
BMUB	Federal Ministry for the Environment, Nature Conservation, Building and Nuclear Safety (Germany)	联邦环境、自然保护与核安全部（德国）
BMZ	Federal Ministry for Economic Cooperation and Development (Germany)	联邦经济合作与发展部（德国）
BTC	Belgian Technical Cooperation	比利时技术合作
CABIN	Central African Biodiversity Information Network (Belgium)	中非生物多样性信息网（比利时）
CARNG	Center of Agricultural Research of Northern Greece	希腊北部农业研究中心
CBD	Convention on Biological Diversity	《生物多样性公约》

缩写	英文全称	中文名称
CETAF	Consortium of European Taxonomic Collections	欧洲分类收藏联合会
CGIAR	Consultative Group on International Agricultural Research	国际农业研究磋商小组
CGN	Centre for Genetic Resources (the Netherlands)	遗传资源中心（荷兰）
CHM	Clearing-House Mechanism	信息交换机制
CITES	Convention on International Trade in Endangered Species of Wild Fauna and Flora	《濒危野生动植物种国际贸易公约》
CJEU	Court of Justice of the European Union	欧洲联盟法院（简称欧盟法院）
CNA	Competent National Authority	国家主管当局
COM	Overseas Collectivities (France)	海外集体（法国）
COP	Conference of the Parties	缔约方大会
COSHH	Control of Substances Hazardous to Health Regulations (UK)	《有害健康物质管制条例》（英国）
CPVR	Community Plant Variety Right	社区植物品种权
DAAD	German Academic Exchange Service	德国学术交流中心
DBL	Draft Biodiversity Law (France)	《生物多样性法（草案）》（法国）
DEFRA	Department for Environment, Food and Rural Affairs	环境、食品与农村事务部
DFG	German Research Foundation	德国研究基金会
DFID	Department for International Development (UK)	国际发展部（英国）
DGD	Directorate General for Development Cooperation (Belgium)	发展合作总局（比利时）
DIB	German Association for Biotechnology	德国生物技术协会
DPMA	German Patent and Trade Mark Office	德国专利和商标局
DROM	French overseas departments and regions	法国海外省和海外大区
DSMZ	German Collection of Micro-organisms and Cell Culture	德国微生物菌种保藏中心

续表

缩写	英文全称	中文名称
ECJ	Court of Justice of the European Union	欧盟法院
EEA	European Economic Area	欧洲经济区
EEZ	Exclusive Economic Zone	专属经济区
EFPIA	European Federation of Pharmaceutical Industries and Associations	欧洲制药工业协会联合会
EPO	European Patent Office	欧洲专利局
EU	European Union	欧洲联盟（简称欧盟）
EUTR	European Union Timber Regulation	《欧盟木材法规》
FAO	Food and Agriculture Organization	联合国粮食及农业组织
FSC	Forest Stewardship Council	森林管理委员会
GATT	General Agreement on Tariffs and Trade	《关税与贸易总协定》
GBIF	Global Biodiversity Information Facility	全球生物多样性信息机构
GCDT	Global Crop Diversity Trust	全球作物多样性信托基金
GI	Geographical Indications	地理标志
GENRE	National System of Information on Genetic Resources (Germany)	国家遗传资源信息系统（德国）
GMO	Genetically Modified Organisms	转基因生物
HSE	Health and Safety Executive (UK)	健康与安全执行局（英国）
IBPGR	International Board for Plant Genetic Resources	国际植物遗传资源委员会
IDA	International Depositary Authority	国际保存机构
IFPMA	International Federation of Pharmaceutical Manufacturers & Associations	国际制药商协会联合会
ILC	Indigenous and Local Community	土著和地方社区
ILO	International Labor Organization	国际劳工组织
INPI	National Industrial Property Institute (France)	国家工业产权局（法国）
IPEN	International Plant Exchange Network	国际植物交换网
IPO	Industrial Property Organization (Greece)	工业产权组织（希腊）
IPR	Intellectual Property Rights	知识产权

续表

缩写	英文全称	中文名称
ITPGRFA	International Treaty on Plant Genetic Resources for Food and Agriculture	《粮食和农业植物遗传资源国际条约》
IUCN	International Union for Conservation of Nature	世界自然保护联盟
JMD	Joint Ministerial Decision (Greece)	部长级联合决定（希腊）
LNR	Local Nature Reserve	地方级自然保护区
MARA	Ministry of Agriculture and Rural Affairs (Türkiye)	农业和农村事务部（土耳其）
MAT	Mutually Agreed Terms	共同商定条件
MEDDE	Ministry of Ecology, Sustainable Development and Energy (France)	生态、可持续发展和能源部（法国）
MHSWR	Management of Health and Safety at Work Regulations (UK)	《工作健康与安全管理条例》（英国）
MoA	Ministry of Agriculture (Greece)	农业部（希腊）
MoEECC	Ministry of Environment, Energy and Climate Change (Greece)	环境、能源与气候变化部（希腊）
MoRDF	Ministry of Rural Development and Food (Greece)	农村发展与食品部（希腊）
MOP	Meeting of the Parties	缔约方会议
MOSAICC	Micro-organisms Sustainable Use and Access Regulation International Code of Conduct	《微生物可持续利用与获取条例国际行为准则》
MOU	Memorandum of Understanding	《谅解备忘录》
MTA	Material Transfer Agreement	《材料转移协定》
NFP	National Focal Point	国家联络点
NGO	Non-Governmental Organization	非政府组织
NIEO	New International Economic Order	国际经济新秩序
NMO	National Measurement Office (UK)	国家计量局（英国）
NNR	National Nature Reserve	国家级自然保护区
NP	Nagoya Protocol	《名古屋议定书》
NRSC	Natural Resources Stewardship Circle	自然资源管理圈

缩写	英文全称	中文名称
NVWA	National Food Safety Authority (the Netherlands)	国家食品安全局（荷兰）
OCT	Overseas countries and territories (France)	海外国家与领地（法国）
OECD	Organization of Economic Cooperation and Development	经济合作与发展组织
PCT	Patent Cooperation Treaty	《专利合作条约》
PIC	Prior Informed Consent	事先知情同意
PIL	Private International Law	国际私法
PVR	Plant Variety Right	植物品种权
R&D	Research and Development	研究与开发
RIDDOR	Reporting of Incidents, Diseases and Dangerous Occurrences Regulations (UK)	《事故、疾病和危险事故报告条例》（英国）
SAC	Special Area of Conservation	特殊保护区
SAN	Sustainable Agriculture Network	可持续农业网络
SEEDNet	South East European Development Network	东南欧发展网络
SERR	Smarter Environmental Regulation Review (UK)	更智能的环境法规审查（英国）
SMTA	Standard Material Transfer Agreement	《标准材料转移协定》
SPA	Special Protected Areas	特别保护区
SSSI	Sites of Special Scientific Interest	特殊科学价值的地点
TEU	Treaty on European Union	《欧洲联盟条约》（简称《欧盟条约》）
TFEU	Treaty on the Functioning of the European Union	《欧洲联盟运行条约》
TK	Traditional Knowledge	传统知识
TRIPS	Trade-Related Aspects of Intellectual Property Rights	《与贸易有关的知识产权协定》
UK	United Kingdom	英国
UNCLOS	United Nations Convention on the Law of the Sea	《联合国海洋法公约》

续表

缩写	英文全称	中文名称
UNCTAD	United Nations Conference on Trade and Development	联合国贸易和发展会议
UNEP	United Nations Environment Programme	联合国环境规划署
UNGA	United Nations General Assembly	联合国大会
UNDRIP	United Nations Declaration on the Rights of Indigenous Peoples	《联合国土著人民权利宣言》
UNFCCC	United Nations Framework Convention on Climate Change	《联合国气候变化框架公约》
UPOV	International Union for the Protection of New Varieties of Plants	国际植物新品种保护联盟
USSR	Union of Soviet Socialist Republic	苏维埃社会主义共和国联盟
VCI	Association of Chemical Industry (Germany)	化学工业协会（德国）
WCA	Wildlife and Countryside Act (UK)	《野生动物及乡村法》（英国）
WIPO	World Intellectual Property Organization	世界知识产权组织

贡献者名单

富利亚·巴图尔（Fulya Batur）

拥有鲁汶天主教大学法学学士学位和伦敦大学学院国际公法法学硕士学位。她目前是一名博士研究生，负责研究与农业生物多样性相关的创新链的制度需求，将知识产权计划和其他以圈地为导向的监管工具与具体应用领域联系起来，从分子植物育种到大规模选择。她在法律系担任"法律方法论"和"法律渊源导论"两门课程的助教。她也是土耳其种业协会的公益法律顾问、国际种子联合会可持续农业委员会的成员。在 2009 年通过多学科的 FP6 项目，加入该机构之前，她曾担任加拉塔萨雷大学的客座讲师和土耳其经济发展基金会的研究人员，并参加了欧盟委员会在农业总局的蓝皮书实习项目。

伊万·博耶夫（Ivan Boev）

法国斯特拉斯堡大学和南希大学法学院的国际和欧洲法讲师。他目前正在研究欧洲少数民族群体的权利。

阿里安娜·布罗贾托（Arianna Broggiato）

鲁汶天主教大学生物多样性治理研究部门的法律博士后研究人员，她拥有环境法法律硕士学位和国际法博士学位。她的主要研究领域是环境法和海洋法，并特别关注遗传资源的法律制度。2005~2008 年，她一直在意大利博尔扎诺的欧洲研究院工作，主要研究山区（阿尔卑斯山脉和喀尔巴阡山脉）的可持续发展。2010年，她完成了关于《国家管辖范围以外的海洋遗传资源的法律制度》的博士论文后，之后来到布鲁塞尔，加入欧盟委员会，在欧盟海事渔业总局实习。在非政府组织欧洲保护与发展局担任渔业政策官员后，她于 2011 年加入鲁汶天主教大学，从事 FP7 项目 Micro B3（微生物生物多样性、生物信息学和生物技术）的工作，在该项目中，她一直在起草一份关于海洋微生物的获取与利益分享的示范协议。

克劳迪奥·基亚罗拉（Claudio Chiarolla）

巴黎可持续发展和国际关系研究所（IDDRI）的生物多样性国际治理研究员，也是巴黎政治学院国际事务学院（PSIA）的兼职讲师和生物多样性政策硕士课程的协调人。2013 年 6 月，他担任法国国家图书馆主办的"生物多样性和传统知识：如何保护它们？"会议的科学协调员。他的研究兴趣包括：国际环境法、比较法、生物技术的国际监管、知识产权法、技术开发和转让的开放源代码系统、人道主义许可和遗传资源政策问题。他在知识产权、生物多样性治理、创新政策及其各自在可持续发展中的作用方面开展工作、发表文章和进行学术研究。他受过律师培训，拥有米兰大学的法律学位和维罗纳大学的高级国际法律研究硕士学位。2010年1月，他被授予伦敦大学玛丽皇后学院商法研究中心的法学博士学位。他的博士论文的主题是"国际法下作物生物多样性的知识产权和环境保护"。

布伦丹·库尔赛特（Brendan Coolsaet）

法律哲学中心生物多样性治理组（BIOGOV）研究员（比利时鲁汶天主教大学），也是地球系统治理项目的研究员。他的研究重点是全球生物多样性治理和环境公正。他拥有布鲁塞尔自由大学（ULB）环境科学和政策硕士学位。最近发表的关于获取与惠益分享的文章包括 *Courrier Hebdomadaire*（法语，2014年）中对比利时法律和政治获取与惠益分享框架的概述、关于《名古屋议定书》在资源领域多层次实施的特刊（2013年），以及受比利时联邦环境公共服务局委托对《名古屋议定书》在比利时实施的影响研究（2013年）。在此之前，在欧洲环境政策研究所（IEEP），他为欧盟委员会（DG ENVI）提供了关于在欧盟实施《名古屋议定书》的法律和经济方面的影响研究（2012）。

汤姆·德德瓦尔代尔（Tom Dedeurwaerdere）

比利时鲁汶大学哲学教授，比利时国家研究基金会 （F.R.S.-FNRS） 高级研究员，法律与哲学中心（http://biogov.cpdr.ucl.ac.be/） 生物多样性治理部门的主任。他毕业于工程和哲学专业，拥有哲学博士学位。他领导了多个欧盟框架计划项目，并因其在全球遗传资源公域治理方面的工作而获得了欧洲研究委员会（ERC） 的启动资助。最近的出版物包括《微生物学研究》第161卷第6期中关于微生物研究公地的特刊和《国际公域杂志》第4卷第1期中关于全球微生物公地国际监管的特刊。他分别在牛津大学出版社和麻省理工学院出版社编写了两部关于全球环境公域治理的书籍。

米里亚姆·德罗斯（Miriam Dross）

德国环境咨询委员会高级研究员。她在柏林和华盛顿州特区学习法律，之后在德国联邦环境部和应用生态学研究所工作。

佛罗伦辛·爱德华（Florencine Edouard）

一名律师。目前，她正在管理法属圭亚那美洲印第安人组织（GIPO-ONAG）。她代表法属圭亚那的美洲印第安人，特别是在联合国土著问题常设论坛和世界知识产权组织（WIPO）中。

约翰内斯·恩格斯（Johannes M. M. Engels）

现任意大利马卡雷塞/罗马国际生物多样性荣誉研究员，以及欧洲植物遗传资源合作计划（ECPGR）整合基因库系统倡议 AEGIS 协调员。他曾在荷兰瓦赫宁根农业大学接受遗传学、植物育种和教学方面的培训，并在同一所大学获得可可遗传资源分类学和遗传学方面的博士学位。在整个职业生涯中，他一直在哥斯达黎加、埃塞俄比亚、德国、印度和意大利从事与植物遗传资源的高效和有效管理有关的工作。在此期间，他发表了 250 多部作品，包含图书以及图书章节、文章和其他材料，并在世界各地参与/实施了多个项目。

克里斯蒂娜·戈特（教授、博士）［Christine Godt（Prof. Dr.）］

奥登堡大学（自 2010 年起），担任汉斯法学院院长，欧洲和国际经济法（包括知识产权、比较财产法和环境私法）让·莫内讲座教授。研究领域是遗传资源、技术转让和产权制度。她于 2005 年在德国不莱梅大学获得德国教授资格（《信息所有权》，摩尔·兹贝克出版社，2007），于 1995 年在德国不莱梅大学获得博士学位[《生态损害责任》，东克尔（Dunker）和哈姆洛特（Humlot），1997]，于 1997 年和 1991 年均通过柏林律师资格考试。

阿梅勒·吉格纳（Armelle Guignier）

法国国家科学研究中心（CNRS）的环境法研究员。目前，她正在调查法属圭亚那的土著土地保有权。

卡琳·霍尔姆-穆勒（Karin Holm-Müller）

现任波恩莱茵-弗里德里希-威廉大学农业学院环境与资源经济学教授。自 2008 年以来，她一直是德国环境咨询委员会的成员，该委员会向德国政府和公众报告。她在柏林和格勒诺布尔学习经济学，并于 1988 年攻读博士学位，对德国和法国的用水者协会进行研究比较。1996 年，她获得了对德国废物管理法进行经济分析的资格。她是"社会政治联盟"环境经济部分以及德国研究基金会 ABS 工作组的成员。最近，她的研究重点是生物多样性保护和生物多样性威胁的经济分析，特别是农业、能源和环境政策之间的相互作用。

沃伊特克·霍鲁贝克（Vojtech Holubec）

目前担任捷克基因库（GB）负责人、国家植物遗传资源（PGR）协调员和国家 PGR 委员会负责人。他是毕业于布拉格的捷克农业大学的一位农学家和农业植物学家（论文 *Taxonomy of Papaver Sect. Macrantha*）。他的博士学位研究方向是杂交小麦育性恢复的生物学研究。他在得克萨斯农工大学/美国农业部（USDA），得克萨斯州学院站的博士后研究项目是评估非洲和阿拉伯棉保护需求的植物标本调查，该项目由国际植物遗传资源委员会（IBPGR）资助。随后，他获得了堪萨斯州立大学小麦遗传资源中心的国际项目奖学金。自开展研究以来，他推动将作物野生近缘种（CWR）纳入捷克基因库，并在国内外组织了 20 多年的采集活动。他在基因库中管理小麦科作物野生近缘种，是小麦科联盟的成员。他领导了几个关于植物遗传资源和作物野生近缘种的国家及国际项目。

菲利普·卡普（Philippe Karpe）

法国国际发展农业研究中心（CIRAD）的法律研究员和土著人民法政府专家。他目前正在研究圭亚那和法国背景下的土著公民的概念。

韦特·科斯特（Veit Koester）

法律硕士，律师，曾任丹麦罗斯基勒大学外聘教授。作为丹麦自然机构生态部的前负责人，他领导了国家保护问题的工作，并代表丹麦参加了《拉姆萨尔公约》《世界遗产公约》《迁徙物种公约》《濒危野生动植物种国际贸易公约》《生物多样性公约》《卡塔赫纳生物安全议定书》《欧洲野生动物伯尔尼公约》和《奥胡斯公约》等国际谈判。他曾多次担任这些谈判的主席，并多次代表丹麦担任欧盟轮值主席国。他对国际环境法理事会和世界自然保护联盟世界环境法委员会的工作作出了贡献。退休后，他担任《奥胡斯公约》履约委员会（2003~2011 年）和《生物安全议定书》履约委员会（2004~2009 年）的首位主席。自 2010 年以来，他担任《保护和使用越境水道和国际湖泊公约》水与健康议定书遵约委员会主席。他在国家或国际环境法领域发表了许多文章和其他出版物，包括对《丹麦自然保护法》（2009 年）的广泛评论。他获得的奖项包括伊丽莎白·霍伯环境外交奖（2001年）和丹麦环境法学会环境法奖（2010 年）。

亚历杭德罗·拉戈·坎德拉（Alejandro Lago Candeira）

马德里胡安·卡洛斯大学联合国教科文组织环境教席的主任。他曾担任西班牙环境、农村和海洋事务部自然环境和林业政策总局的法律与技术顾问，负责《生物多样性公约》问题（自 2002 年以来），特别是《名古屋议定书》的谈判（自 2008年以来）。在《名古屋议定书》谈判的最后阶段担任履约问题起草小组的联合主席。他的出版物（西班牙语）涉及海洋遗传资源的利用和国际环境承诺，其中包括《名古屋议定书：艰难而复杂的谈判的成功》（环境杂志，2011 年第 94 卷）。

伊莎贝尔·拉佩尼亚（Isabel Lapeña）

一名独立顾问，目前为国际生物多样性组织工作。她在英国伦敦经济学院获得环境政策硕士学位，并在西班牙马德里康普鲁坦斯大学获得法律学位。她还参加了几个与遗传资源和知识产权有关的专业研讨会和课程。她是遗传资源相关政策的专家，特别是关于《生物多样性公约》的实施，关于获取与惠益分享（ABS）传统知识的保护及《粮食和农业植物遗传资源国际条约》。她曾在马德里胡安·卡洛斯大学担任联合国教科文组织环境教席、秘鲁环境法学会和 ANDES 协会工作。

乔治亚-帕纳吉奥塔·利尼努（Georgia-Panagiota Limniou）

拥有希腊塞萨斯德谟克利特大学法律系的法学学位。她目前是希腊哈尼亚州克里特技术大学环境工程学院的研究生。她是《民事诉讼》期刊论文的作者，也是一篇环境法期刊论文的共同作者。她的研究方向是环境法，特别是种子银行的监管框架。她自 1996 年起担任上诉法院律师，并且是雅典律师协会成员。

伊莎贝尔·洛佩兹·诺列加（Isabel López Noriega）

在国际生物多样性中心政策研究和支持部门担任法律专家。她在西班牙马德里康普腾斯大学学习法律，拥有环境管理硕士学位和国际法硕士学位。她的专业领域是生物多样性法，她参与了一些研究项目，负责研究政策和法律框架对不同行为者获取、使用、养护和交流自然资源，特别是作物多样性的能力的影响。在加入国际生物多样性组织之前，她曾在马德里的胡安·卡洛斯大学担任联合国教科文组织环境教席。

洛伦佐·马焦尼（Lorenzo Maggioni）

欧洲植物遗传资源合作计划（ECPGR）的秘书，该计划由意大利马卡雷塞/罗马的国际生物多样性组织主办。他拥有意大利皮亚琴察天主教大学的农业科学学位和英国伯明翰大学的植物遗传资源保护与利用硕士学位。自 1996 年以来，他一直在协调 ECPGR 的活动，该计划旨在确保欧洲植物遗传资源的长期保护并促进其增加利用。作为他在瑞典农业科学大学植物育种系正在进行的博士研究的一部分，他积累了在意大利和国外收集种质的经验。

艾弗拉西娅-艾斯拉·玛丽亚（法学博士）[Efpraxia-Aithra Maria（Dr. Juris）]

希腊哈尼亚州克里特技术大学环境工程学院的环境法副教授，也是希腊最高法院和国务委员会的律师，专门研究环境法。她已经发表了一些关于环境法的图书和文章。她作为研究员参与了欧盟和国家资助的环境及跨学科研究项目。她的主要研究领域是森林保护、可再生能源和节能法律问题、生物多样性保护（遗传资源、动植物、景观保护）。

玛丽亚·茱莉娅·奥利瓦（María Julia Oliva）

生物贸易伦理联盟（UEBT）的政策和技术支持高级协调员。以这一身份，她向公司、政府和非政府组织提供有关遗传资源获取、公平惠益分享和社区参与等问题的分析及技术支持。她发表了大量关于贸易、知识产权、商业和可持续性发展之间关系的文章。她是世界自然保护联盟（IUCN）环境法委员会的成员，也是知识产权观察组织的董事会成员。她拥有门多萨大学的法律学位，并以优异成绩获得路易斯和克拉克学院西北法学院的环境法硕士学位。她目前正在荷兰的蒂尔堡法学院攻读博士学位。

约翰·皮赛斯（John Pitseys）

社会政治信息研究中心（CRiSP）研究员。他毕业于鲁汶天主教大学的法律与哲学专业，并于胡佛社会与经济伦理学院（英国伦敦大学）获得哲学博士学位。他的博士研究集中在政治透明度的概念上：他在论文中主张对透明度的工具性辩护，并对协商理想建立合法性政治模式的可能性持怀疑态度。他在过去几年发表的论文跨越了政治哲学和法律理论，将欧盟内部公共决策和治理的当代转变——无论是博洛尼亚进程、开放协调方法（OMC）还是国际标准化组织（ISO）26 000进程——作为杠杆，探讨深思熟虑和"自反式"治理理论面临的紧张和困难。最后，他的研究活动在社会和政治领域得到了延伸，发表了几篇关于公共治理、欧洲一体化或体育经济的论文。

莉莉·罗德里格斯（Lily O. Rodríguez）

生态学博士（法国巴黎大学，1991 年），是生物多样性保护方面的高级专家，在国际合作、可持续发展与研究（爬行动物学）、规划国家和国际政策、项目、管理和监测保护区和自然资源方面有丰富的经验。她从事生物多样性保护工作已超过 30 年，参与了《生物多样性公约》的若干方面以及关于获取与惠益分享（ABS）的早期讨论。她曾是 CBD/SBSTTA 主席团（2001~2003 年）、全球分类学倡议协调机制（2003~2010 年）的成员，并参加了缔约方大会、SBSSTA 和其他与《生物多样性公约》和获取与惠益分享有关的会议。她最近一直在秘鲁的 GIZ 担任生物多样性高级顾问。她目前在波恩大学工作，在德国研究基金会（DFG）的资助下，与斯图尔特教授一起对非商业研究带来的利益进行研究。她和卡琳·霍尔姆-穆勒一起工作。她也是德国研究基金会参议院生物多样性研究委员会的获取与惠益分享工作组的秘书。

汉娜·谢贝斯塔（Hanna Schebesta）

1983 年出生在德国。她拥有马斯特里赫特大学的欧洲研究学士学位（2006年）以及国际和欧洲法的法学学士和法学硕士学位（2008 年）。2008~2013 年，她在意大利佛罗伦萨的欧洲大学学院（EUI）攻读博士学位，并于 2009 年获得国际和欧洲法的法学硕士学位，2013 年获得博士学位。她的论文涉及欧盟公共采购领域的欧盟法律规定的损害赔偿问题，特别侧重于关注程序法和量化方面。自

2012 年 11 月起，她一直在 EUI 的 ALIAS 项目（解决自动化的责任影响）担任科研助理。ALIAS 为处理航空业的供应链责任和创新开发了一个法律论证程序，并由欧洲航空安全组织（EUROCONTROL）和 Sesar 联合执行体提供资助。她于 2013 年 11 月开始在瓦赫宁根大学的法律和治理小组担任兼职讲师。该小组处理生命科学的法律问题，并特别关注食品法。她讲授的课程包括供应链责任、国际食品法和知识产权法。她的主要研究专长是欧盟法律，并进一步包括绿色公共采购、标准化和认证以及世贸组织法律。

卢西亚诺·西尔维斯特里（Luciana Silvestri）

西班牙胡安·卡洛斯大学的环境法研究员，也是一名独立顾问。自 2011 年以来，她一直担任西班牙环境、农村和海洋事务部的法律和技术顾问，负责《生物多样性公约》问题，特别是获取与惠益分享的国际谈判。她是为全球环境基金环境署世界自然保护联盟拉丁美洲和加勒比地区获取与惠益分享项目做出贡献的法律专家之一，该项目旨在确保该地区八个国家（哥伦比亚、哥斯达黎加、古巴、多米尼加共和国、厄瓜多尔、圭亚那、巴拿马和秘鲁）有效的获取与惠益分享法律框架和充分的机构能力。她还曾在西班牙国际合作与发展署（AECID）资助的国际合作项目框架内，参与了莫桑比克获取与惠益分享的能力建设。此前，她曾在马德里俱乐部协调全球气候行动领导倡议，这是世界上最大的前国家元首和政府首脑论坛，致力于推动可持续民主发展。过去，她还担任过阿根廷门多萨市环境部的法律顾问。她的专业领域包括环境法，特别关注生物多样性、遗传资源的获取与利益分享、气候变化和能源。

埃塔·史密斯（Elta Smith）

是 ICF GHK 的管理顾问，主要从事食品政策和环境问题的工作。她有十年的公共政策研究经验，特别是在英国国家和欧盟层面的政策评估、影响评估和战略制定的项目管理方面。她的工作涵盖了从"农场到餐桌"的食品政策，包括生物技术和新型食品、植物品种权、种子市场开发、有机食品、官方控制、"更好的监管"、食品部门的自愿协议和食品标签。

亚历克西·蒂乌卡（Alexis Tiouka）

律师。在起草《联合国土著人民权利宣言》期间，他参加了工作组。他目前是一些政治和科学委员会的成员，担任与获取与惠益分享有关问题的顾问。

莫滕·沃勒·特维特（Morten Walløe Tvedt）

弗里特约夫·南森研究所的高级研究员。近年来他在生物资源法和知识产权领域发表了大量出版物（完整出版物列表见 www.fni.no）。他与 Tomme R.Young 合著的关于遗传资源的最重要专著是:《超越获取:探索〈生物多样性公约〉中公平和公正分享承诺的实施》,国际自然保护联盟环境政策和法律文件第 67/1 号(有英文、西班牙文和法文版,www.fni.no/publ/biodity.html)。他目前正在为发展中国家的植物机构编写一本关于专利法和特殊选择的专著。该论著的研究部分由挪威研究理事会根据 ELSA 计划提供资金,并构成为期 3 年的"探索海洋生物勘探和创新的法律条件和框架"项目和北欧理事会林木遗传资源项目的一部分。

贝尔恩德·范德穆伦(B. M. J. van der Meulen)

1960 年出生在荷兰。他在阿姆斯特丹的自由大学学习法律(1984 年)和治理科学(1986 年)。1993 年,他在该大学获得博士学位(关于公共秩序的执行)。他在荷兰的几所大学教授宪法和行政法。他曾当了 5 年的职业律师,并在荷兰竞争管理局工作了 4 年,最后担任诉讼官员。自 2001 年 9 月起,他成为瓦赫宁根大学的法律与治理教授。法律和治理小组的研究与教学重点是生命科学相关法律和经验法律方面,特别是农业食品链(见 www.law.wur.nl)。范德穆伦还是欧洲食品法研究所的主任。该研究所积极从事食品法的研究和信息传播(见 www.food-law.nl 和 www.foodlawacademy.nl)。他还是荷兰食品法协会(Nederlandse Vereniging voor Levensmiddelenrecht,见 www.nvlr.nl)的主席和共同创始人、欧洲食品法协会的董事会成员(www.efla-aeda.org)和《欧洲食品和饲料法评论》的编辑委员会成员(见 www.lexxion.eu/effl)。

伯特·维瑟(Bert Visser)

1951 年出生于荷兰。他于 1976 年在瓦赫宁根大学获得分子科学硕士学位,并于 1982 年在荷兰乌得勒支大学获得医学病毒学领域的博士学位。随后,他在农业、自然和食品质量部农业研究司担任植物技术专家。1992 年,他加入外交部,担任生物技术与发展合作特别方案高级官员,主要负责能力建设。自 1997 年以来,他一直担任荷兰遗传资源机构(CGN)的主任,该机构是瓦赫宁根大学和研究中心的一部分。作为 CGN 的主任,他为经济部提供有关(农业)生物多样性政策的咨询服务工作。以这一身份,他一直是联合国粮农组织(国际条约)和《生物多样性公约》代表团的正式成员。此外,他还担任《气候变化框架公约全球行动计划》的国家联络人,并被任命为《生物多样性公约》获取与惠益分享的国家联络人。他的兴趣和活动涉及遗传资源管理和政策制定、遗传资源管理领域的国际合作、农场遗传资源保护以及农业生物多样性。

目　　录

第二部分　《名古屋议定书》在欧盟的实施

绪论　惠益分享和《名古屋议定书》：
遵循法律原理的交汇

阿里安娜·布罗贾托（Arianna Broggiato），汤姆·德德瓦尔代尔（Tom Dedeurwaerdere），
富利亚·巴图尔（Fulya Batur），布伦丹·库尔赛特（Brendan Coolsaet）

《〈生物多样性公约〉关于获取遗传资源及公正公平分享其利用所产生惠益的名古屋议定书》（以下简称《名古屋议定书》）于 2010 年通过，其目标是公平和公正地分享利用遗传资源和传统知识所产生的惠益，以促进保护生物多样性和可持续利用其组成部分。作为一项国际协定，《名古屋议定书》（NP）补充了与遗传资源和传统知识管理有关的国际法律制度。然而，本绪论从一种创新的视角出发①，旨在阐明这一法律制度的概念早在《生物多样性公约》（CBD）就获取与惠益分享（ABS）进行讨论之前就已出现，并且是关于发展、贸易、环境和知识产权保护这些不同领域的国际法律相互作用的产物。围绕上述这些领域制定各种国际文件而开展的谈判历程（见本章第二节）表明了三个核心目标，其驱动了国际政策制定者和民间团体共同推动制定了获取与惠益分享的具体制度，并使之成为《生物多样性公约》的一个议定书。第一个目标是反对滥用自然资源，这一问题在重点关注发展权和环境正义的全球社会运动中占主导地位。在世界各国就制定高度排他性的知识产权立法而进行的争论中，那些具体的滥用遗传资源和传统知识（TK）的行为才得以为人所知。第二个目标是出于保护地球有限资源的道德责任，在 20 世纪 70 年代出现的诸多国际著名环境运动引起了公众对此问题的注意，并经由 1972 年《联合国人类环境会议宣言》②（以下简称《斯德哥尔摩宣言》），以及更多随之而来的国际层面和地域层面的保护条约而将其予以制度化③。第三个目标是促进科学研究领域的国际合作，以支持上述两个首要目的。

在与遗传资源和传统知识有关的所有主要的国际文件中，这三个目标都有迹可循。虽然这三个目标在制定不同部门的国际法过程中有不同的权重。第一个目

---

① 惠益分享这一概念的提出远早于《生物多样性公约》关于获取与惠益分享的讨论，它是国际法三个领域之间相互作用的产物这一观点是本章作者首次提出的，因此本文的论证缺乏参考文献。

② 《联合国人类环境会议宣言》，联合国文件：A/Conf.48/14/Rev. 1（1973）；11 ILM 1416（1972）。

③ 诸多国际条约，如 1972 年的《保护世界文化和自然遗产公约》[联合国教科文组织（UNESCO）]，1973 年的《北极熊保护协定》，1973 年的《濒危野生动植物种国际贸易公约》（CITES），1979 年的《保护野生动物迁徙物种公约》（CMS）。

标的核心基础是一国对其自然（有形）资源拥有主权这一最基本原则，从而激发了关于发展权的首要诉求，这一诉求已包括了在早期国际文件中所体现的关于惠益分享的基本原则①。在当前的讨论中这一目的仍然非常重要，主要因为它聚焦了以人为中心的发展，明确了当前在保护与遗传资源有关的传统知识方面的重点。环境目的的出现平衡了资源枯竭的风险。然而，尽管生物多样性保护是《生物多样性公约》正式强调的基本原则，但可以认为，功利性更强的、着眼于生物多样性货币化的"可持续利用"目的占了上风②。最后，提倡研究的核心作用，以及有必要支持发展中国家的科学能力发展在 20 世纪 70 年代引起强烈反响。虽然通过法律制度对农业植物遗传资源进行管理曾在其发展历程的后期丧失了一定重要性并从国际法律制度的制定中消失，但在 21 世纪初，这一问题又恢复了势头且被纳入《名古屋议定书》。

本章提出的假设是，《生物多样性公约》在 2010 年通过《名古屋议定书》是试图在这三个目标及其潜在的法律和政治动因之间取得平衡。人们期待该议定书能够为诸多参与遗传资源及传统知识的可持续利用、保护和国际交换活动的各方，提供长期需要的法律确定性基础。然而，这三个目标转化为实践的方式将取决于各国立法的具体实施。因此重要的是，要通过平衡的实践和努力，以实现这三个目标，并学习最佳国家实践，从而积累国际经验。本书作者旨在通过收集有关欧洲正在进行的《名古屋议定书》实施工作的最新知识，为这方面的努力作出贡献。

因此，本绪论将首先介绍获取与惠益分享的法律框架。介绍主要的获取与惠益分享法律框架（第一节），然后将说明可在遗传资源和传统知识管理的国际法中确定的上述三个目标的范围和影响（第二节），第三节将总结描述本书背后的结构和研究问题。

第一节　获取与惠益分享法律框架

1.《生物多样性公约》和《名古屋议定书》

2010 年通过并于 2014 年 10 月 12 日生效的《名古屋议定书》根据《生物多

---

① 1962 年 12 月 14 日联合国大会（UNGA）第 1803（XVII）号《自然资源之永久主权》的决议；1952 年 1 月 12 日联合国大会第 523 号《关于经济发展与通商协定》的决议。

② 1992 年，种质和相关传统知识越来越多地被视为生物技术产业的原料，因此它们也被视为可交易的经济产品。见阿兰·利比兹（Alain Lipietz），《围绕全球共享：南北冲突中的全球环境谈判方式》，刊登于《南北与环境》，编辑：巴斯卡·V.（Bhaskar V.）和格林·A.（Glyn A.）（伦敦：地球瞭望出版社，1995）：118-142；马克·赫夫蒂（Marc Hufty），国际生物多样性研究所，《国际研究》，32（2001）：5-29；凯瑟琳·奥伯丁（Catherine Aubertin）和杰弗里·菲洛奇（Geoffroy Filoche），关于遗传资源利用的名古屋议定书：一个无休止讨论的体现，《持续性讨论》，2（2011）。

样性公约》谈判而达成的。1992 年 5 月签署，1993 年 12 月生效的《生物多样性公约》，是第一个将生物多样性作为整体的国际保护协定，而不是侧重于特定物种、生态系统或地点的各部门法。其目标是保护生物多样性、可持续利用其组成部分以及公平和公正地分享利用遗传资源所产生的惠益①。《生物多样性公约》的广泛目标是发展中国家和发达国家利益对立的结果②：前者不愿接受只聚焦于生物多样性保护的承诺，因此，"里约一揽子协议"将社会经济考虑作为发展中国家支持保护义务的条件，并将分享利用遗传物质所获利益作为发达国家（生物技术更先进的）的义务条件。《生物多样性公约》是一项框架条约，规定了各缔约方在保护和可持续利用生物多样性以及准许获取其遗传资源方面必须遵循的基本原则，由各缔约方根据自己的政策和立法在其领土上实施这些原则。

《生物多样性公约》的保护和可持续利用条款规定：缔约方有义务制定国家战略、计划或方案；确定生物多样性的组成部分，对其进行监测并确定可能对生物多样性产生不利影响的进程和活动；采取就地保护和移地保护措施（见本章第二节第 2 点）。缔约方，特别是发展中国家，应促进开展有助于保护和可持续利用生物多样性的研究。

《生物多样性公约》承认各国开发利用其自身生物资源的主权权利、决定获取遗传资源的权力归于其国家政府并受国家立法的约束。如果其立法有所要求，获取遗传资源应遵守提供资源的国家的"事先知情同意"（PIC）并且应根据提供者和使用者之间的"共同商定条款"（MAT）而获得。因此，ABS 的概念基于某一遗传资源的提供者与该资源的使用者之间的双边关系。

《生物多样性公约》适用于每个缔约方在其国家管辖范围内的地区的生物多样性组成部分，以及在其管辖或控制下开展的活动和行动进程。虽然关于获取的规定仅适用于遗传资源，但关于保护和可持续利用的规定涵盖所有生物多样性，包括遗传资源。《生物多样性公约》也涵盖了在资源原产国加入《生物多样性公约》且生效之后才发生在该国的获取遗传资源的行为。有必要清楚的是，在《生物多样性公约》对持有该移地收藏资源的国家生效之前，这些国家就已经在移地收藏的条件下（见本节第 3 点）获取了大部分的遗传资源。

就与其他关于生物多样性的国际条约之间的关系而言，《生物多样性公约》提出，本公约的规定不得影响任何缔约方在任何现有国际协定下的权利和义务，除非行使这些权利和义务将严重破坏或威胁生物多样性③。《生物多样性公约》缔约方大会（COP）也确认了《粮食和农业植物遗传资源国际条约》（ITPGRFA）

---

① 《生物多样性公约》（CBD）第 1 条。
② 托马斯·格雷伯（Thomas Greiber）等，《关于获取与惠益分享的名古屋议定书解释指南》［格兰德：世界自然保护联盟（IUCN）2012］：4。
③ 《生物多样性公约》（CBD）第 22 条。

的重要性①。（见本节第 2 点）

《生物多样性公约》第 15.7 条提出，每一缔约方应酌情采取立法、行政或政策性措施，以期与提供遗传资源的缔约方公平分享研究和开发此种资源的成果，以及商业和其他方面所获得的利益。

只有极少数国家具有将《生物多样性公约》的条约内容转化为其国家获取与惠益分享立法的能力，且多数工业化国家的缔约方都不大情愿采取措施以支持有效的惠益分享。因此，几个生物多样性超级大国制定了严格的法律法规以约束遗传资源获取行为，从而保护其资源避免遭受"生物剽窃"。这就明显地导致《生物多样性公约》的第三个目标，即公平合理分享由利用遗传资源而产生的惠益实施力度不足②。第一个关于获取与惠益分享实施细则的尝试，是《生物多样性公约》缔约方大会发布的非法律性准则，即 2002 年的《关于获取遗传资源及公正公平分享通过其利用所产生惠益的波恩准则》（以下简称《波恩准则》）③，该准则的目标是引导政府制定关于获取与惠益分享立法、行政或政策性措施，但仍然只有少数国家在此之后采取了国内获取与惠益分享立法的措施。

同年，为促进实现《生物多样性公约》的第三个目标，约翰内斯堡的可持续发展问题世界首脑会议呼吁各国协商建立国际性框架以促进和保护公平合理分享由利用遗传资源而产生的惠益④。2004 年的《生物多样性公约》缔约方大会任命了其获取与惠益分享特设不限额成员工作组，以协商和研究关于遗传资源获取与惠益分享的国际框架，从而有效地实施《生物多样性公约》第 15 条和第 8（j）条款的规定及《生物多样性公约》的第三个目标。这些谈判的成果促成了《名古屋议定书》在 2010 年 10 月的产生。该议定书旨在公平合理分享由利用遗传资源及相关传统知识而产生的惠益，并实现保护生物多样性、可持续地利用其组成部分的目标。

《名古屋议定书》的目标旨在建立获取、惠益分享和利用的规则和程序，以贯彻《生物多样性公约》的第三个目标。因此，它进一步明确了《生物多样性公约》中关于遗传资源和与其相关的传统知识方面的权利和义务，由此进一步确定了惠益分享的概念。《名古屋议定书》厘清了获取与惠益分享领域的关键概念，如"利

---

① 《生物多样性公约》（CBD）第 Ⅵ/6.号决定。关于 CBD 与 ITPGRFA 之间关系的完整分析，请参阅有关获取与惠益分享（ABS）国际制度与其他有关遗传资源使用的国际文书和论坛。《粮食和农业植物遗传资源国际条约》和关于粮食和农业遗传资源的粮食及农业组织委员会。IUCN 环境法中心，简·巴尔默（Jane Bulmer）编写。UNEP/CBD/WG-ABS/7/INF/3/Part.1.3，2009 年 3 月。

② 伊丽莎·莫格拉（Elisa Morgera）等，《关于获取与惠益分享的 2010 年名古屋议定书之我见：国际法律及其实施方面的启示》（莱顿：马丁努斯·尼霍夫出版社，2013）：5。

③《关于获取遗传资源及公正公平分享通过其利用所产生惠益的波恩准则》（波恩准则），CBD 第 6/24 号决定，《关于遗传资源的获取与惠益分享》（2002 年 5 月 27 日）UN Doc UNEP/CBD/COP/6/20。

④ 联合国，《可持续发展世界峰会报告》（2002）UN Doc A/CONF.199/20，决议 2：约翰内斯堡实施计划，44.0 段。

用遗传资源"和"衍生物"；说明了提供国和使用国的国家措施的关键要素；加强了获取和惠益分享与传统知识之间的联系。《名古屋议定书》适用于遗传资源的获取及与之相关的传统知识的获取，以及"利用"这些资源和知识所产生的惠益，即国家对其行使主权权利的遗传资源。关于利用范围的描述，将利用的材料范围扩展到天然存在的生物化学化合物，即便它们不包含遗传功能单元①。议定书还包括了关于未来可能就全球多边惠益分享机制进行谈判的创新条款，该条款适用于分享因利用国家管辖范围以外地区的遗传资源所产生的惠益；以及对于在一个以上缔约方领土内就地发现的遗传资源，或与若干缔约方的一个或多个土著社区和地方社区共享的遗传资源有关的传统知识，就以上情形而开展的跨境合作。议定书还加强了《生物多样性公约》的义务，即"促进和鼓励有助于生物多样性保护和可持续利用的研究，特别是在发展中国家"，表明了"简化出于非商业性研究目的的获取措施，同时考虑到有必要对上述研究意向的改变予以处理"。

《名古屋议定书》的遵约制度以国际和国内措施相结合为基础，例如，使用者在获取资源时有义务尊重国家法律；采取监测措施，包括有义务建立检查站，颁发国际公认的符合性证书，作为从提供国合法获取资源的证据；建立一个获取和惠益分享的信息交换所，以分享与获取和惠益分享有关的信息；进一步探讨相关程序和机制，以促进遵约并以友好合作的方式处理未遵约的情况。

该议定书是六年的政府间谈判的成果，193 个《生物多样性公约》缔约方在《生物多样性公约》缔约方大会第十次会议上，协商一致通过日本代表团提出的折中文案，以便打破谈判的僵局。这种在政治上非常成功地策略性阻止了通常在条约谈判结束时需进行的严格的法律一致性审查，因此这为解释性的问题创造了一些空间②。

就与其他关于遗传资源的国际条约的关系而言，议定书认定这一获取与惠益分享专门性的国际文书，符合并且不违背《生物多样性公约》和本议定书的目标，且就该专门性文书所涵盖的具体遗传资源和目的而言，议定书不适用于该文书的缔约方③，但议定书也呼吁应以同其他与此议定书相关的国际文书相互支持的方式予以执行④。

2. 粮食和农业植物遗传资源的国际文书

早在 20 世纪 80 年代，国际社会就认为有必要设计一个专门性文书，用以保护以及可持续和公平地利用粮食和农业植物遗传资源（PGRFA），同时确保尽

---

① 托马斯·格雷伯（Thomas Greiber）等，《解释指南》，70。
② 伊丽莎·莫格拉（Elisa Morgera）等，《关于获取与惠益分享的 2010 年名古屋议定书》。
③ 《名古屋议定书》第 4.4 条款。
④ 《名古屋议定书》第 4.3 条款。

可能广泛地获取种质资源以进行研究和开发。关于植物遗传资源状况和国际管理的政策讨论始于 20 世纪 70 年代：这样就在 1983 年产生了保护和利用 PGRFA 的联合国粮食及农业组织（Food and Agriculture Organization of the United Nations，FAO，以下简称"粮农组织"）全球系统。这个一揽子方案同时关注就地保护和移地保护的农业生物多样性管理，包括一个不具约束力但有光明前景的国际协议，即《植物遗传资源国际承诺》（IU）①。与粮食和农业植物遗传资源委员会一起建立的非原生境收集品的国际网络，这是第一个永久性的、政府间的、专门致力于粮食和农业植物遗传资源的组织平台。1983 年在罗马召开的粮农组织大会第二十二届会议上通过的《植物遗传资源国际承诺》宣布了其目标，即以植物育种和科学研究为目的，对粮食和农业植物遗传资源进行考察、保存、评估和可用性研究。《植物遗传资源国际承诺》将植物遗传资源确定为人类遗产（HM）。该承诺起源于国际农业研究磋商小组（CGIAR）②内部的早期做法，即给予免费使用和免费改变用于粮食和农业的植物遗传资源。然而这种做法因缺乏公共研究资金而受到阻碍，因此在 20 世纪 80 年代通过私人的农业研究而进行。这一全球系统起初被设定为一个开放性的获取系统，其特点是利益对比鲜明：一方面，发展中国家希望控制丰富的粮食和农业植物遗传资源，另一方面，发达国家则希望对培育的精品保持控制以用于工程制造。因此，一方是主权而另一方是知识产权之间的斗争开始了，发展中国家和发达国家分别选择了这两个不同的工具以保护其利益。

与此同时，《生物多样性公约》及其国家主权原则于 1992 年通过，两年后通过了《与贸易有关的知识产权协定》（TRIPS 协定）③的国际最低的知识产权（IP）保护标准，敦促着国际农业界适应一个新的法律环境。粮食和农业植物遗传资源委员会着手就粮农组织全球系统的法律部分进行重新谈判，这一努力耗费了"六年半的艰辛岁月"，主要是因为发达国家和发展中国家之间的两极分化。在联合国粮农组织之前发起的争论，经由其他国际文书的设立而产生了"政治化严重，对知识产权和国家种质禁运的担忧"。2001 年 11 月大会通过的《粮食和农业植物遗传资源国际条约》（ITPGR），于 2004 年 6 月开始生效。该条约的目标是"与《生物多样性公约》相一致，即保护和可持续利用粮食和农业植物遗传资源以及公平合理地分享利用这些资源而产生的利益"。从保护角度出发，其提倡一种"在农业生物多样性的考察、保存和可持续利用中加强综合措施的运用"，应等同地认可就

---

① 联合国粮食及农业组织（FAO）第 22 届会议，第 8/83 号决议，罗马，1983 年 11 月 5~23 日。
② 国际农业研究磋商小组（CGIAR）是一个国际组织，资助和协调农业作物育种研究，旨在"减少农村贫困、增加粮食安全、改善人类健康和营养、确保可持续的自然资源管理"。该组织成立于 1971 年 5 月 19 日。
③ 《与贸易有关的知识产权协定》，《联合国条约集》（UNTS）299（1869）；33《国际法律材料》（ILM）1197（1994）。

地保护和移地保护的方式。粮农组织协定再次重申了国家对其粮食和农业植物遗传资源的主权原则。通过执行这一主权原则，成员国可以以此制定自己的资源获取政策。此外，他们还同意建立一个多边系统（MLS）①以促进获取粮食和农业植物遗传资源，并以公平合理的方式分享由利用这些资源而产生的惠益。这种便利性的获取行为可由格式化的《标准材料转移协定》（SMTA）进行追踪②。在这个多边系统下，由利用这些资源而产生的任何惠益都能得以公平合理地进行分享③。因此，这种方便获取的行为须有严格的条件限制：只为粮食和农业研究、育种和培训的利用及保存提供获取机会④。《粮食和农业植物遗传资源国际条约》的范围包括了所有粮食和农业植物遗传资源⑤，然而，该多边系统的建立是为了这些资源下的子资源，即在《粮食和农业植物遗传资源国际条约》的附件 I 中所列的内容。暂不说关于该多边系统的一些综合性评估超出了本章的内容，就该系统而言，还尚有许多关于有效性的探讨，且其也没有为私营产业部门的参与创造足够的激励措施。

至于《粮食和农业植物遗传资源国际条约》与其他处理遗传资源问题国际文书之间的关系，它是在《生物多样性公约》之后的一项嗣后协定，可以说是特别法的一种形式⑥，因此，其多边系统在《生物多样性公约》的义务之下应用自如⑦。《粮食和农业植物遗传资源国际条约》应当与《生物多样性公约》及《名古屋议定书》一起，在一个多边支持体系下和谐运作。

3. 移地收藏中的保护

《生物多样性公约》的第 2 条中将移地保护定义为"将生物多样性组成部分移到它们的自然环境之外进行保护"。非原生境收集品是指将遗传资源以范例样本的形式在基因库、植物园、树木园、动物园，以体外储存、DNA 储存的形式进行收藏。根据《生物多样性公约》，各缔约方应采取移地保护的方式，最好是在该资源组成部分所属的原产国国内，从而支持就地保护措施。此外，各缔约方必须采取移地保护措施以促进受威胁物种的生境恢复并使其重新回归自然栖息地。

---

① 多边系统（MLS）便利了对 35 种作物和 39 种农用饲料作物的获取，这些资源是世界赖以生存且对粮食安全至关重要的资源。这些多边系统由政府部门及国际农业研究磋商小组的国际农业研究中心建立。
② 《粮食和农业植物遗传资源国际条约》（ITPGR）2/2006 号决议。
③ 《粮食和农业植物遗传资源国际条约》（ITPGR）第 13.2 条。
④ 《粮食和农业植物遗传资源国际条约》（ITPGR）第 12 条。
⑤ 《粮食和农业植物遗传资源国际条约》（ITPGR）第 3 条。
⑥ "关于 ABS 的 国际制度与其他管理遗传资源使用的国际文书和条约之间关系的研究"。《粮食和农业植物遗传资源国际条约》（ITPGR）与粮农组织关于粮食和农作物的遗传资源的委员会，简·巴尔默（Jane Bulmer），国际自然保护联盟（IUCN）环境法中心，UNEP/CBD/WG-ABS/7/INF/3/Part.1.3 2009.3.9。
⑦ 若某一《生物多样性公约》（CBD）的缔约国同时也是《粮食和农业植物遗传资源国际条约》（ITPGR）的缔约国，根据《维也纳条约法公约》第 30 条，关于同一事项先后所订条约之适用，即在 ITPGR 范围内，ITPGR 所规定之法律关系将优先适用。

这就把移地保护的意义限定在回归物种对其生境的重要性上。然而，由于微生物遗传资源包含在《生物多样性公约》的范围内，且在过去几十年中微生物遗传资源日益凸显的科学重要性，进行菌种保藏以保护微生物遗传多样性在 ABS 框架中也变得越来越重要。

在非原生境收集品层面开展的研究，虽然不是全部，但大部分都是非商业性质的，这些研究旨在提高对遗传多样性的了解以及如何最好地予以保护[①]。此外，大多数的非原生境遗传资源的获取行为，都是在生物多样性丰富的国家批准加入并在《生物多样性公约》生效之前实施的。《波恩准则》规定，对于非原生境收集品，应事先征得该国国家主管当局和（或）非原生境收集品管理机构的"事先知情同意"（PIC）。值得注意的是，由于道德和实用主义的原因，一些非原生境收集品，如植物园和植物标本馆认为其整个收集都属于履行《生物多样性公约》的义务，无论其第一次收集资源的日期是什么时候。

大多数非原生境收集品网络采用了不具有 ABS 约束力的行为守则、最佳做法和（或）准则。例如：①在菌种保藏的框架内于 1999 年制定并于 2009 年修订的《微生物可持续利用与获取条例国际行为准则》（MOSAICC）。目前，该准则正在根据《名古屋议定书》而进行相应的修订，并被转化为《透明、用户友好的科技转移系统》（TRUST）。②为植物园就购买、维护和供应活体植物材料进行管理而在 2001 年制定的《国际植物交流网（IPEN）行为准则》。③2012 年制定的《欧洲分类设施联盟行为准则与 ABS 最佳实践》。

获取与惠益分享行为准则的目标有三重：首先，获得起草准则的机构对国际获取与惠益分享框架的政治认可和支持；其次，提高研究人员团队中从业人员的意识；最后，通过建立一个小组来促进资源交换，在这个小组中以遵循获取与惠益分享的统一标准化规则对交换进行管理，从而最小化官僚作风。尊重获取与惠益分享原则，以及小组间的标准化和便利化的资源交流，共同建立了一种使用者可以依赖的、自愿遵守获取与惠益分享国际规则的"合规网络"。

《名古屋议定书》鼓励缔约方制定并使用自愿的、与获取与惠益分享有关的行为准则、指南和最佳实践，同时《名古屋议定书》特设的关于 ABS 不限额成员工作组（ICNP）扮演着《名古屋议定书》一个临时性监管主体的角色，直至议定书第一次缔约方会议召开，该工作组都会召集各参会方讨论相关文件的最新进展。此外，欧盟的法规也认可了菌种保藏在获取与惠益分享履约方面做出的重大努力，并且早在《波恩准则》实施之前就在《微生物可持续利用与获取条例国际行为准则》上付诸努力，即通过对由欧盟委员会认可并负责管护的收集品进行注册登记的方式予以保护。只有当某一收集品达到了一定的标准（与获取与惠益分享规定

---

① 托马斯·格雷伯（Thomas Greiber）等，《解释指南》，15。

相联系）才可成为登记册的一部分，使用者从该登记册的收集品中获取遗传资源则应视为已经从获取与惠益分享的角度对其需要取得的信息做了相应的尽职调查。

因此，在获取与惠益分享领域移地收藏十分重要。此外，鉴于它们在保护生物多样性和以科学研究为目的的资源获取方面的作用，其通常由政府提供资助，并为社会提供了基本服务。由此看来，移地收藏在获取与惠益分享领域的重要性日益提升。

第二节　从发展权到可持续利用和全球生物多样性研究的国际关注

在简要介绍了涉及获取与惠益分享的国际法律框架的主要特征之后，本章的中心部分深入阐述了关于惠益分享概念的创新性假设，即惠益分享的概念早在《生物多样性公约》之前就已经提出了，而且它是国际法三个领域相互作用的产物，这是本章作者首次提出的，因此论证中缺乏参考文献。

1. 获取与惠益分享制度中"发展权目的"的理论基础和根源

获取与惠益分享的法律框架基于国家对其自然资源的主权。自然资源（和遗传资源，见后文）主权原则的根源是国家主权和领土管辖权的国际法的传统原则。1962 年，联合国大会（UNGA）通过其《关于自然资源永久主权的宣言》决议，承认"各国享有根据本国国家利益自由处置本国自然财富和自然资源不可剥夺的权利"①。这一原则首先在战后时代被制定，并被作为国际经济法的重要工具以支持联合国的两个重要关注：经济发展和殖民地人民的自决权②。在 20 世纪 50 年代，发展中国家主张这一原则，以确保利用自然资源所产生的利益，并为新独立国家提供法律工具，以确保其经济主权不受外国国家和外国公司主张的财产和合同权利的侵害。到 1952 年，联合国已经强调，发展中国家有权决定获得其自然资源之情事，是"符合其国家利益"③促进其经济发展的先决条件。

自联合国大会第一次提及此议题之后，使用国家资源的权利就与发展权紧密地联系在一起。早在 1952 年，《通盘筹划的经济发展及商业协定》的 523 号

---

① 1962 年 12 月 14 日第 1803 号（XVII）"自然资源之永久主权"的决议："念及 1958 年决议案，曾规定设立自然资源永久主权问题委员会，着其详尽调查自然财富与资源永久主权作为自决权利基本要素之状况，并于必要时提出建议予以加强"，该委员会的工作是通过联合国大会 1803 号《关于自然资源永久主权的宣言》之决议。必须强调的是，1962 年的第 1803 号决议是一个具有约束力的决议，除联合国大会每项决议都具有的强大的政治力量外，其第 7 项原则还强调了侵犯各国人民和国家对其自然财富与资源之主权，即系违反联合国宪章之精神与原则。

② 尼科·施里弗（Nico J. Schrijver），"国家资源、永久主权"，马克斯·普朗克（Max Planck）所著《国际公法百科全书》（纽约，牛津大学出版社，2010）。

③ 1952 年 1 月 12 日的第 523 号决议《通盘筹划的经济发展及商业协定》（前言，第一段）。

决议就强调了即将到来的全球性市场问题的根源，即在此市场中，发展中国家/新独立国家在销售原材料和资源方面的合同权利与买方国家（那些发达国家）不成比例。该决议由此发出了必要的呼吁：为欠发达国家的经济发展计划创造条件，使这些国家能够更容易地获得用于出口商品和服务的机械、设备和工业原料①。

因此，商业协议应有助于促进发展中国家换得机械、设备及工业原料，从而促进其发展并改善生活条件。此外，这类协议"不应包含经济或政治条件以侵犯此类发展中国家的主权，包括其制定本国的经济发展规划方面的权利"。这是对提供自然资源国家的契约权利的第一个非常薄弱的保障，可被视为后来被写入《生物多样性公约》的技术转让原则和实现公平公正惠益分享的共同商定条件的根源。

至 1952 年年底，联合国大会又重新回顾了 626 号决议中的关于自由开采自然财富和资源的国家权利的原则。该决议提到了诚信和在自然资源交换中的经济平衡问题：鼓励成员国"在国家间安全、相互信任和经济合作的条件下，始终如一地充分尊重其主权，同时保持资本流动的必要性"。这一条对各国来说是一项非常轻的义务，即在自然资源的使用和开发过程中，与发展中国家的经济交易要保持平衡，避免资本的过度流动。可以说，利益分享原则呼应了联合国大会的呼吁。同一决议也承认了需要鼓励发展中国家合理利用和开发他们的自然财富和资源，也同时预测了可持续利用资源的问题在 20 世纪 70 年代会成为国际关注的焦点。1952 年的另一项关于自然资源经济交换的决议（523 号决议），则阐述了关于"此种商业协议不得包括侵犯发展中国家主权（包括决定其自身经济发展计划的权利）之经济或政治条款"②。更进一步的发展则是在 10 年之后，即 1962 年的 1803 号决议，该决议强调"已发展国家与发展中国家之间所订之经济及财政协定必须以平等原则及各民族与各国族享有自决权原则为基础"③。国际软法在此对国家商业实践进行干扰是为了达到自然资源交换中的经济平衡。1962 年的第 1803 号决议进一步指出，如若一国授权外国人进行国家自然资源勘探、开发和处置等行为的权利，则此类行为产生的利润必须"按投资者与受助国双方对每一项情事自由议定之比例分派"。该决议还补充了"须采取适当措施确保受助国对其自然财富与资源之主权不会因任何原因受到损害"的内容。这一文本是当今"事前知情同意"及"基于共同商定条件之惠益分享"诸原则的渊源。

另一高度相关的因素则是 1803 号决议不仅关注国家也关注人民。该决议

---

① 第 523 号决议《通盘筹划的经济发展及商业协定》（前言）。
② 1952 年 1 月 12 日的第 523 号决议《通盘筹划的经济发展及商业协定》（前言，第一段 b）。
③ 联合国大会（UNGA）第 1803 号（XVII）决议，《自然资源之永久主权》（前言）。

指出：各国人民和国家行使其对自然财富与资源之永久主权，必须为其国家之发展着想，并以关系国人民之福利为依归。

这一原则，虽然尚未意识到土著和地方社区在保护和可持续利用生物多样性中的重要性，却也为日后推动社会运动以在获取与惠益分享框架内捍卫这些群体的具体权利奠定了基础。

1974 年，在专门讨论原材料和发展问题的联合国大会第六届特别会议期间，联合国大会批准了第 3201 号决议，即由几乎全为发展中国家组成的 77 国集团倡议的《建立国际经济新秩序宣言》（NIEO 宣言）。该宣言宣布"每一个国家对本国的自然资源以及一切经济活动拥有完整的、永久的主权"①，包括将资源收归国有或者将其本国资源的所有权转让予他国。该宣言由此重申了《斯德哥尔摩宣言》第 10 项原则（见本节第 2 点）②，即呼吁在原材料价格、初级商品、发展中国家进口和出口的加工品和半加工商品之间，寻求一个合理的、适当的平衡关系。自此，争取发展权的动因就简单地引向制定国际法律，以及重申《生物多样性公约》中的自然资源之国家主权原则。

自 20 世纪 70 年代起，关于迫在眉睫的全球环境危机的讨论日益增多，再次唤醒了发展权主张以及相关的主权权利，正如发展中国家看到的"环境问题与国际经济秩序之间可能存在的联系"③。1971 年的《福奈克斯发展与环境报告》④是首个将环境–发展关系提上国际日程讨论的权威性研究报告。由此，《斯德哥尔摩宣言》的第 11 项原则呼吁"所有国家的环境政策应该提高，而不应该损及发展中国家现有或将来发展潜力"⑤，以及"应筹集基金来维护和改善环境"⑥，并对发展中国家予以特别关注，并注意到了在其国家的发展规划中面对环境问题而需要的成本。

斯德哥尔摩会议之后的几年，对发展权的呼吁在全球治理领域得到了进一步响应。例如，1974 年联合国环境规划署/联合国贸易和发展会议科科约克会议（UNEP/UNCTAD Cocoyoc Conference），对于现代的环境保护论⑦来说是一个分水岭，并为当代的获取与惠益分享原则铺平了道路。该大会的宣言明确地支持"对于共同所有的资源进行开发而制定强有力的国际制度框架"以及利用国际公地"造

---

① 《建立国际经济新秩序宣言》（NIEO 宣言），前言 4（e）。
② 《联合国人类环境会议宣言》，U.N. Doc.A/Conf.48/14/Rev.1（1973）；11 ILM 1416（1972）。
③ 马克·威廉斯（Marc Williams），"重建第三世界联盟：环境议题的角色"，《第三世界季刊》，14（1993）：15。
④ 《福奈克斯发展与环境报告》：联合国人类环境会议的联合国秘书长直辖的专家委员会提交的报告，1971.6.4-12，《国际调节》，586（7）（1972）。
⑤ 《斯德哥尔摩宣言》，第 11 项原则。
⑥ 《斯德哥尔摩宣言》，第 12 项原则。
⑦ 《科科约克宣言》创造了"生态发展"这一术语，即，"生态良好的社会经济发展"，这为可持续发展概念铺平了道路。

福穷国最贫穷阶层"①的想法。

最终，加强国家之于其自然资源及传统知识的主权也应当理解为，通过知识产权扩大生物材料的范围。尤其是 1986 年开始的关贸总协定的乌拉圭回合（GATT's Uruguay Round）及就《与贸易有关的知识产权协定》进行的讨论，由爆发式的生物科技产业所引发，拓展了对生物科技专利的使用。在此背景之下，发展中国家"放弃了共同遗产战略，成功地要求重新确认国家对遗传资源的主权"②。然而矛盾的是，发达国家呼吁加强对遗传资源的主权控制，以此作为扩大对这些资源拥有知识产权的理由。为了从这种增强的国家主权中获益，就必须创造利润，这样就需要建立知识产权保护的市场和机制，所以争论就出现了③。将遗传资源和传统知识视为一种繁荣经济的新资源，对于发展中国家和发达国家来说都是具有吸引力的。这就是为何除了增强主权，《生物多样性公约》也同样认为需要有知识产权的制度保护。

20 世纪不平等的国际政治和经济秩序所引发的发展权，可以说奠定了主张"公平公正地惠益分享"的基础，即《生物多样性公约》的第三个目标。由此，发展中国家就将对主权的强烈主张作为了其实施法律保护和获取与惠益分享的唯一工具，而与此同时，发达国家则依靠知识产权来获取利益，目的是收回他们在研究上的投资。惠益分享逐渐开始抗衡发达国家建立的有力的知识产权（IPR）制度，并作为传统知识守护者的补偿措施。

2. ABS 框架中"可持续利用目的"的理论基础和根源

自 1940 年后，国际社会已经开始建立了旨在预防或减轻环境危害的国际标准和目标④。在 20 世纪 70 年代的国际环境谈判中，生物多样性的监管首次成为全球议题的优先事项⑤，并同时得到了自然保护主义者的支持和因使用遗传资源而获得经济补偿的请求的支持。

---

① 《科科约克宣言》由联合国环境规划署（UNEP）/联合国贸易和发展会议（UNCTAD）关于"资源利用、环境与发展战略的模式"的专题讨论会的与会者通过，墨西哥科科约克，1974 年 10 月 8 日至 12 日。

② 克里斯汀·罗森达尔（Kristin Rosendal），"生物多样性公约：与世贸组织《与贸易有关的知识产权协议》在获取遗传资源和分享利益方面的'紧张关系'"，《全球环境治理中的制度互动：国际政策和欧盟政策之间的协同作用和冲突》，奥伯图尔（Oberthur）和格林（Gehring）编辑，（剑桥：麻省理工学院出版社，2006）：86。

③ 卡尔·劳斯迪亚（Kal Raustiala）和大卫·G. 维克多（David G.Victor），"植物遗传资源的机制复杂化"，国际组织，58（2004）：277-309；哈夫蒂（Hufty），"国际生物多样性管理"。

④ 国际环境协定包括具有专门目的的公约，如 1946 年的《国际捕鲸管制公约》（ICRW）；地域性协定如 1976 年的《巴塞罗那保护免受地中海污染的公约》；以及跨区域性协定如 1973 年的《濒危野生动植物种国际贸易公约》（CITES）。

⑤ 见菲利普·桑德斯（Philipe Sands），《国际环境法的原则》（第二版）（剑桥大学出版社，2003）：25-69。

在 20 世纪 70 年代全球环境治理开始之前，国际上对遗传资源的监管长期以来一直是不受限制的。的确，大多数的环境法规原先考虑的都是一些"真正的"全球资源如空气，"对其利用、保护和发展的联合国际性战略达成共识"①。因此，生物资源以其物质形式与土地相关联，作为公共或私人有形物品而属于国内性质的资源，受国家法律规定的财产制度的约束。但是，在这些资源的基因中能得到的信息则具有全球公共产品的属性和特征②。因此，遗传资源不符合国际环境立法中对全球资源的传统定义。需要注意的是，在第一批的国际环境法律文书中，仅将自然资源视为有形产品和原始材料。因此，监管的目标是对资源进行经济开发的量化交易，因为在 20 世纪 50 年代和 60 年代有关遗传资源方面的知识比较匮乏③。

然而，由于"几十年来国际对话的融合"，生物多样性枯竭问题逐渐得到承认，讨论的内容包括且不限于围绕保护区、自然资源的可持续利用或环境资金、生物多样性的可持续利用，以及作为"环境保护运动的快照"而制定的与生物资源有关的国际环境法律④。更为积极的请求还包括，希望主要通过生态系统方法⑤，解决目前拼凑出来的管理特定物种或地区的法律法规，同时解决作为生态系统一部分的信息产品的问题。

随着 1972 年联合国人类环境会议的《斯德哥尔摩宣言》的发布，与资源主权相伴随的责任，从资源使用权转移到"为今世后代而保护和改善环境的责任"⑥。尽管各国对其自然资源拥有永久主权，并有权决定自己的环境政策，但它们不能自由地无视对公共空间或其他国家环境的保护。然而，发展需求仍然是发展中国家和发达国家在加强环境监管方面的障碍⑦。宣言规定"所有国家的环境政策应该提高，而不应该损及发展中国家现有或将来发展潜力"⑧；并且"应筹集基金来维护和改

---

① 关于臭氧层的法规及 1985 年《维也纳公约》和 1987 年的《关于耗损臭氧层物质的蒙特利尔议定书》，蒂莫西·斯旺森（Timothy Swanson），"为什么有生物多样性公约？集中发展规划的国际利益"，《国际事务》，75（1997）：307-308。

② 约瑟夫·施特劳斯（Joseph Straus），"里约生物多样性公约和知识产权"，《工业产权和版权法国际评论》，24（1993）：603-603。

③ 1949 年由技术专家组成的联合国资源保护和利用科学会议，重点关注土地、水、森林、燃料、矿物和野生动物等特定自然资源种类，其中有一个关于土地自然资源的特别会议，还讨论了包括化学、食品酵母和微生物。会议重点讨论的是由于人口和需求增加导致的资源短缺，而不是微生物中仍然未知的研究信息的重要性。对于作为研究对象的资源，却鲜少引起关注和讨论，当然也没有考虑到遗传物质中所包含的信息。

④ 蒂莫西·斯旺森（Timothy Swanson），"为什么有生物多样性公约？集中发展规划的国际利益"，《国际事务》，75（1）：307-331。

⑤ 《与植物遗传资源相关的国际法：对从事植物遗传资源工作的科学家和其他专业人员的实际评估》（2004）。

⑥ 《斯德哥尔摩宣言》，第 1 项原则。

⑦ 帕特里夏·伯尼（Patricia Birnie）和埃伦·波义尔（Alan Boyle），《国际法和环境》（牛津大学出版社，2001）。

⑧ 《斯德哥尔摩宣言》，第 11 项原则。

善环境"①，且重点关切发展中国家在发展计划中列入环境保护项目的费用及成本。因此，《斯德哥尔摩宣言》呼吁发展中国家将调动货币资源作为一种激励措施以促进环境立法。这种货币资源的交换则成为利益分享的起源，并以此作为对欠发达国家的一种激励。在《斯德哥尔摩宣言》之后所做的众多努力和工作中，一项软性法规文书承认人类对所有栖息于地球之上的物种负有责任。在 1982 年联合国大会第 37/7 号决议中，这份文书迎来了曙光，即大家熟知的《世界自然宪章》。该宪章断言"如果由于过度消耗和滥用自然资源以及各国和各国人民间未能建立起适当的经济秩序而使自然系统退化，文明的经济、社会、政治结构就会崩溃"。

由于这一系列的努力，在 1992 年的联合国环境与发展大会上生物多样性正式登上历史舞台②，或者称之为"地球峰会"，在该次会议上通过了《生物多样性公约》③。这一关于生物多样性的国际公约是可持续发展理念的产物，由此设立的环境保护的目标需要与发展的需要和权利相平衡。

除了保护的目标，《生物多样性公约》还体现了一个转变，即向资源的功利性经济开发转变，这种转变是以一种可持续的方式进行的。这种日益提升的对环境保护的关切，并非只是源于突然意识到自然财富的内在价值和（或）对生态系统之功能有了更好的理解。确实，早在 20 世纪 70 年代的能源危机之时，发展中国家就看到了他们的自然资源是一种重要的战略和经济筹码。这使发展中国家人们越来越认识到，只有通过保护国家的各种各样的原位生态系统（包括人类），才能保证作为生物技术产业原料的遗传多样性和传统知识的可用性④。 与 20 世纪 60 年代和 70 年代不同，发达国家开始质疑所谓的"堡垒保护"的有效性经由这种保护措施，大面积的"原始性"自然生境免遭人类活动的侵扰，同时发达国家越来越多地促进就地保护和"可持续利用"生物多样性的概念⑤。正如第一节第 1 点所述，受发展中国家与发达国家之间谈判拉锯的影响，《生物多样性公约》的第二个和第三个目标因此成为"持续利用其组成部分以及公平合理分享由利用遗传资源而产生的惠益"⑥。

《生物多样性公约》进一步将货币资源交换作为发展中国家保护生物多样性的一种激励措施。《生物多样性公约》第 3 条重申"（各国）具有按照其环境政策开

---

① 《斯德哥尔摩宣言》，第 12 项原则。

② 《生物多样性公约》得以通过的第一个阶段的努力可追溯至 1981 年的"世界自然保护联盟"全体会议通过的决议，其要求进一步分析关于保护、获取和利用生物资源的潜在的国际协定；见雷金·安徒生（Regine Andersen），《管控农业生物多样性，植物资源和发展中国家》（英国阿什盖特出版公司，2008）：117-119，C. 德·克莱姆（C. De Klemm）引用，"物种保护：对新方法的需求"，《环境政策与法律》，9（1982）：118-128。

③ 《生物多样性公约》于 1992 年 6 月 5 日开始开放签字，于 1993 年 12 月 29 日起正式实施。

④ 利皮耶茨（Lipietz），《包围全球公地》。

⑤ 玛丽安·A. L. 米勒（ Marian A. L. Miller），《全球环境政策中的第三世界》（伦敦：林恩林纳出版社，1995）。

⑥ 《生物多样性公约》第 1 条，重点强调。

发其资源的主权权利"：这再次表明要在国家环境政策与国家经济发展之间寻求一个平衡①。对这种特权的唯一限制，似乎是赋予了国家一种责任，即国家有责任确保其管辖或控制范围内的活动不会对该国管辖范围以外的地区或国家的环境造成损害②。这种对发展的关注与《里约环境与发展宣言》（以下简称《里约宣言》）从环境转向发展的做法相呼应。事实上，《里约宣言》没有提及对植物、动物、栖息地和生态系统的保护③。然而，《生物多样性公约》侧重于就地保护，以及对生态系统、自然栖息地（第 8.d 条）的保护，并重新引用了《斯德哥尔摩宣言》的保护视角。

对利用和开发的关注伴随着全球环境治理的广泛变化，这是 20 世纪 80 年代和 90 年代新自由主义经济秩序与环境保护（称为"自由环境主义"）的融合④。根据《布伦特兰报告》⑤，更多的经济增长（主要通过环境管理的自由化市场机制）被描绘为保护环境的解决方案。这一点通过国家对自然资源的主权权利的逐渐扩张、发展中国家寻求发展与环保之间的平衡而得以部分实现。在获取与惠益分享背景下，可持续利用的方式被视为发达国家（需要遗传资源用于生物技术）、发展中国家（希望通过交换和准予获取遗传资源而得到利益）和国际环保组织（新近被市场机制所吸引）之间的妥协和折中措施⑥。

《生物多样性公约》中的自由环境主义态度进一步得到了体现，因为《生物多样性公约》最初并未包含关于将利益投入生物多样性保护这样的义务描述。这一基本观点出自于生物的多样性服务于利用之目的，而利用生物多样性又会产生效益，并使发展中国家得以发展。对于自决权和发展权，提供国可以决定在其认为合适的情况下使用通过利益分享而获得的货币利益。然而，2002 年的《波恩准则》对这些内容进行了些许纠正⑦，并建议将惠益转而投入到保护生物多样性和可持续利用其组成部分的措施中去。《名古屋议定书》则进一步加强鼓励了此种举措⑧。

3. 在全球获取与惠益分享框架下"科研动机"的依据和起源

研究界可以说是受《生物多样性公约》及《名古屋议定书》下的获取和惠益

---

① 《生物多样性公约》第 3 条，重点强调。
② 《生物多样性公约》第 3 条，重点强调。
③ 施里弗（Schrijver），《自然资源》。
④ 史蒂文·伯恩斯坦（Steven Bernstein），"自由环境主义和全球环境治理"，《全球环境政策》，2（2002）：1-16。
⑤ 伯恩特兰 G. H.（Burndtland G. H.）和世界环境与发展委员会，《我们共同的未来：世界环境与发展委员会报告》，（牛津大学出版社，1987）。
⑥ 劳斯提拉（Raustiala）和维克托（Victor），《植物遗传资源的制度背景》。
⑦ 《生物多样性公约》，《关于获取遗传资源及公正公平分享通过其利用所产生惠益的波恩准则》，2002。
⑧ 《名古屋议定书》第 9 条。

分享之影响最大的利益相关者群体：几乎所有的获取遗传资源行为都是没有商业意图的①。已经有情况证明，在接近《生物多样性公约》生效之时（即 1993 年年底），在农业研究互动协商小组内，由于《生物多样性公约》重新确认了国家对遗传资源的主权，再加上对知识产权法律不确定性的担忧，以公共研究为目的进行的粮食和农业之植物遗传资源的交换量大幅度下降②。

早期在国际环境软法辩论的更广泛背景下，人们就认识到国际合作对生物多样性研究的重要性。《斯德哥尔摩宣言》强调，"必须支持和协助最新科学情报和经验的自由交流以便解决环境问题；应该向发展中国家提供环境技术"③。《里约宣言》再度重申了这一要求，该宣言进一步呼吁各国"应进行合作，通过科技知识交流提高科学认识和加强包括新技术和革新技术在内的技术的开发、适应、推广和转让，从而加强为可持续发展形成的内生能力"④。1992 年，《里约宣言》提出了一种创新理念，即合作旨在加强内生能力，而不是仅仅关注技术转让，在发展中国家看来，这种转让更为被动，效率更低。

国际科学合作的必要性也激励了一些具有国际约束力条约的国际立法：《联合国海洋法公约》⑤、《南极条约》⑥和粮农组织的《粮食和农业植物遗传资源国际条约》。

整个南极条约体系（ATS）⑦，起源于 1959 年签署《南极条约》之时，其重点是科学研究和促进国际科学合作。《南极条约》的主要目标是在南极洲禁止任何军事性措施并确保仅为和平目的而使用军事人员或设备；促进国际科学合作并搁置关于领土主权的争端⑧。合约各方应"在可行和可操作的最大范围内"交换科学信息、人员组成和结果⑨。

1982 年的《联合国海洋法公约》（UNCLOS）因历史原因而并未提及遗传资源，但却为组织海洋科学研究（MSR）规定了重要的规则，该规则也适用于遗传资源。《联合国海洋法公约》要求各国及各国际组织（强调国际合作的方

---

① 马蒂亚斯·巴克（Matthias Buck）和克莱尔·汉密尔顿（Claire Hamilton），"《生物多样性公约》关于获取遗传资源及公正公平分享其利用所产生惠益的名古屋议定书"，《欧盟体和国际环境法评论》，20（2011）：59。

② 迈克尔·黑伍德（Michael Halewood），"利用和管理汇集的微生物遗传资源：来自全球农业作物公地的经验"，《国际公域杂志》，4（2010）：403。

③ 《斯德哥尔摩宣言》，原则 20。

④ 《里约宣言》，原则 9。

⑤ 《联合国海洋法公约》1982，21 ILM（1982），1261。

⑥ 1959 年《南极条约》，19 ILM 860（1980）。

⑦ 南极条约体系是一套复杂的制度安排，旨在管控南极洲各国之间的关系，其核心是《南极条约》本身。经由协商会议通过的建议、《关于南极条约环境保护议定书》（1991，马德里），以及《南极海豹的保护》（1972，伦敦）和《南极海洋生物资源保护》（1980，堪培拉）两个公约，使《南极条约》得到了补充。

⑧ 《南极条约》第 I-Ⅳ条。

⑨ 《南极条约》第Ⅲ条。

面）推进和促进海洋科学研究的发展①。海洋科学研究虽然是在海洋中进行活动，但必须以和平为目的，并尊重整体的海洋法律体系（包括保护海洋环境本身），且该法律体系不得成为要求夺取海洋环境和资源的法律基础②。为促进海洋科学研究并为实现此目的，各国和各国际组织必须提供相关重要提案和方案的信息，以及通过实施海洋科学研究可达到的目的和获得的知识③。这些通过实施海洋科学研究而得到的知识予以分享的义务，组成了《联合国海洋法公约》④的非货币性惠益分享义务，既适用于国家领土之内的领域又适用于国家领土之外的领域。此外，各国"应积极促进科学数据和信息的流动以及海洋科学研究所产生的知识的转让，特别是向发展中国家转让，以加强发展中国家自主的海洋科研能力"⑤。当时，关注发展中国家自身科学能力的发展很具有创新性，其延续并激发了 1992 年《里约宣言》的产生（如上所述），但不利于同一年《生物多样性公约》谈判中出现的更为被动的技术转让义务（见下文）。

1984 年的《植物遗传资源国际承诺》，以及《粮食和农业植物遗传资源国际条约》（ITPGRFA）采用了一种以研究为导向的方法：获取遗传资源是为了给研究目的、植物育种和保护提供便利⑥。该国际承诺是关于研究和相互依赖的合作，而不是直接的商业用途。ITPGRFA 也是一个以研究为导向的条约，而不是一个环境条约，它强调国际合作和技术转让的重要性。

但是，鉴于上述例外情况（《联合国海洋法公约》、《南极条约》和粮农组织的《粮食和农业植物遗传资源国际条约》），国际法律框架仅限于研究链的"商业"端，并且主要关注技术转让和知识产权问题。因此，在这些国际协定的具体应用领域之外，国际公法中对于为科学研究的目的利用基础知识资产而开展全球研究合作，没有明确的法律框架来确定相关的权利和义务，尽管有越来越多的证据表明获得基础研究资产如科学出版等领域⑦、获取研究样本⑧和获取数

---

① 《联合国海洋法公约》第 241 条。
② 《联合国海洋法公约》第 240、241 条。
③ 《联合国海洋法公约》第 244.1 条。
④ 格雷伯·托马斯（Greiber Thomas），"海洋遗传资源的公共库"，《遗传资源的公共库，国际生物多样性法中的公平和创新》，卡莫（Kamau）和 温特（Winter）编辑（地球瞭望出版社，2013）：407。布罗吉亚托·阿里安娜（Broggiato Arianna）等，"公平合理地分享因利用国家领土以外领域的海洋遗传资源而获得的惠益：弥补科学与政策之间的鸿沟"，49 期《海洋政策》（2014），176，世界自然保护联盟（IUCN）关于海洋遗传资源的研讨会的信息简报，2013 年 5 月 2~3 日，http://www.un.org/depts/los/biodiversityworkinggroup/documents/IUCN%20Information%20Papers%20for%20BBNJ%20Intersessional%20Workshop%20on%20MGR.pdf。
⑤ 《联合国海洋法公约》第 244.2 条。
⑥ 《植物遗传资源国际承诺》第 5 条；《粮食和农业植物遗传资源国际条约》第 12.3 条。
⑦ "芝麻开门——当纳税者或慈善机构资助科研时，研究成果应可以免费获取"，《经济学家》2012 年 4 月 14 日。
⑧ 西基娜·金纳（Sikina Jinnah）和斯蒂芬·荣科特（Stephan Jungcurt），"获取规定会扼杀你的研究吗"，《科学》，323（2009）：464-465。

据①的限制越来越多。

如第一节第 1 点所述，《生物多样性公约》要求各国"促进和鼓励有助于保护和可持续利用生物多样性的研究"；然而，在《生物多样性公约》的实施过程中，发展中国家日益增长的保护主义和发达国家知识产权有关的问题都影响了全世界的科学研究及其用于研究目的的资源获取。同时，很多缔约方担心对于科研的特殊待遇可能会在获取与惠益分享补偿体系中造成漏洞，对提供遗传资源的国家造成损害②。由于这些限制的出现，科学界在《名古屋议定书》的磋商进程中推进了以科研为目的的便利获取，但利益冲突导致的妥协条款还远未明确。

《名古屋议定书》的 8a 条款的理论原理是要创造立法条件以推进和鼓励研究，从而为保护和可持续利用生物多样性作出贡献，即达成《生物多样性公约》的第一个和第二个目标。为此，《名古屋议定书》第 8a 条单独列出了为了非商业化的目的而采用简化的方法获取遗传资源，并将其作为一个推进和鼓励研究的工具。其他的工具也有可能实现此目的，但如果采用资源提供国的法律，则"应"规定简化措施以获取遗传资源用于非商业研究，从而有助于生物多样性的保护和可持续利用。此外，当国家获取与惠益分享立法在起草过程中采用这种简化程序时，需要考虑并明确"交换意图"的问题。不过，此情境中的一些关键概念仍需要通过实践和进一步的立法予以明确③：商业和非商业的界限在哪里？如何证明科研行动是为了保护和可持续的发展生物多样性？如何确认意图的改变？

在此背景下，《名古屋议定书》关于为非商业目的而获取材料的简化程序之规定的主要贡献在于，它通过明确纳入在研究周期的非商业阶段处理全球科学合作组织的条款，从而为后续提供了新的机会④。

《欧盟获取与惠益分享条例》重申了《名古屋议定书》的义务，即促进和鼓励与生物多样性有关的研究，特别是非商业化意图的研究。能看到不同的国家立法在实施《名古屋议定书》和欧盟的获取与惠益分享法律方面，能提出什么样的创新方法，这一点将非常有意思。

---

① 杰罗姆·雷希曼（Jerome Reichman）和鲁·欧可迪（Rugh L. Okediji），赋能数字化综合科学研究：版权法的限制和例外的关键作用，2009。

② 巴克（Buck）和汉密尔顿（Hamilton），《〈生物多样性公约〉关于获取遗传资源及公正公平分享其利用所产生惠益的名古屋议定书》，59；埃文森·C. 卡莫（Evanson C. Kamau），贝维斯·费德（Bevis Fedder）和格德·温特（Gerd Winter），"关于获取遗传资源与惠益分享的名古屋议定书：有何新内容及对提供国和使用国以及科研团体有什么启示？"《法律、环境和发展》，6（2010）：256。

③《名古屋议定书》这些条款对利用基础知识资产而开展的全球科研合作产生影响的确切方式仍然是一个激烈争论的问题：汤姆·戴德沃德（Tom Dedeurwaerdere）等，"根据《名古屋议定书》管理全球科学研究共享区"，收录于《从〈名古屋议定书〉的视角：对国际法和实施的挑战带来的启示》，伊丽莎·莫杰拉（Elisa Morgera），马蒂亚斯·巴克（Matthias Buck）和艾尔莎·齐奥马尼（Elsa Tsioumani）等编辑，（莱顿/波士顿：马丁努斯·尼霍夫出版社，2012）。

④ 杰罗姆·H·赖希曼（Jerome H. Reichman），汤姆·戴德沃德（Tom Dedeurwaerdere）和保罗·乌利尔（Paul Uhlir），《微生物研究领域的全球知识产权战略》（剑桥：剑桥大学出版社，待出版）。

第三节 本书概述

在通过《生物多样性公约》的《名古屋议定书》之后，遗传资源立法达到了高潮。为了评估议定书是否在遗传资源立法的三个目标间达到平衡——发展中国家的发展权、全球环境问题以及研究界能够便利获取生物材料——有必要收集关于《名古屋议定书》在欧洲正在实施的工作的最新信息。本书的目的是比较分析欧洲获取与利益分享方面的不同法律和制度现状，并在《欧盟获取与惠益分享条例》的框架内，为即将在欧盟实施《名古屋议定书》确定交叉性问题。

本书的重点是根据欧盟即将实施的《名古屋议定书》，对欧洲关于获取与惠益分享法律文书的不同法律和制度现状进行比较分析。

通过最近适用的《欧盟获取与惠益分享条例》[①]，欧盟旨在实施《名古屋议定书》，欧盟委员会建立了欧盟统一的获取与惠益分享方法，为欧洲使用者创造公平的竞争环境。根据该规定，这种统一的方法仅起到最小的作用，即与现有的获取与惠益分享体系和最佳实践相辅相成，以便留给遗传资源使用者选择。然而，目前的文书在深度、范围和有效性方面，以及跨越不同品种资源的使用者方面，还有很大的区别。另外，遗传物质的使用很有可能已经（直接或间接地）受私法和公法的法律规定所约束——如若没有专门的获取与惠益分享法律——这就将受到欧盟层面统一的法规的影响。由于多元政治结构和成员国内的权限划分以及成员国（使用者、提供者或两者皆是）的不同利用概况，这种情况进一步加剧。

欧盟法规在获取与惠益分享方面的这种实施情况，为欧盟成员国或非成员国再次评估其国家立法框架提供了一次难得的机会，同时本书旨在从学术的角度揭示这种区别。

本书的第一部分，"欧洲的获取与惠益分享制度"选择了一些欧盟国家（包括非欧盟成员国，如挪威和土耳其），提供了他们的获取与惠益分享框架的详细范例研究。这些国家的案例都是由其国内的获取与惠益分享专家起草，基于以下常见的研究问题。

（1）遗传资源和传统知识的法律地位：在现行法律之下，你们国家的遗传资源和传统知识的法律地位如何？

（2）获取国内的遗传资源和传统知识：你们国家对获取遗传资源及其传统知识是否有规定？如何规定的？

（3）惠益分享机制：在你们国家，现行法律对惠益分享规定了哪些义务？

---

① 2014 年 4 月 16 日欧盟议会第 511/2014 号法规（欧盟），《关于名古屋议定书之关于在欧盟范围内获取遗传资源及公平公正的分享因其利用而带来的惠益而规范利用者行为的遵约机制》，欧盟官方简报，L150/59，2014 年 5 月 20 日。

（4）遵约机制：在你们的国家，在当前的专门立法和（或）一般性的国际私法原则的基础上，"事先知情同意"（PIC）和"共同商定条款"（MAT）能否受到管控或实施？

（5）权限分配：在你们国家，ABS 相关的政治上和行政上的管辖权限如何分配？

这些章节展示的每一个国家的经济、历史、社会发展，及其地理和环境的条件，都深度影响了这些国家在已做出的和正在做的选择以达到生物多样性保护与获得更好的经济发展二者之间的平衡，支持了他们愿意在生物多样性领域开展研究并有必要能够顺利和方便地获取自然资源。

本书的第二部分，"《名古屋议定书》在欧盟的实施"探讨了与在欧盟实施《名古屋议定书》有关的若干交叉性问题。

由菲利普·卡普（Philippe Karpe）、亚历克西·蒂乌卡（Alexis Tiouka）、伊万·博耶夫（Ivan Boev）、阿梅勒·吉格纳（Armelle Guignier）和佛罗伦辛·爱德华（Florencine Edouar）撰写的第十一章，强调了对法属圭亚那美洲印第安人的传统知识进行保护的重要性，以及通过使用本土习惯法及其现有自治来实施这种保护的可能性，但是也强调了这种保护的局限性。该研究的贡献在于探讨了欧盟法规的实施中，对于《名古屋议定书》的使用者在遵约措施上所带来的机会，以加强对传统知识的有效保护。

玛丽亚·茱莉娅·奥利瓦（Maria Julia Oliva）在第十二章里介绍了一种特定类型的最佳实践或自愿标准，即私人标准的发展，以及它们对遵守获取与惠益分享要求的益处。这些标准是通过多方利益相关者协商而制定的。在应对监测和评估遗传资源利用情况以符合获取与惠益分享要求的挑战时，私人标准带来了相关的可追溯性系统、对报告的要求和独立审计。它们可能会有助于实施《欧盟获取与惠益分享条例》的尽职调查原则。

克里斯蒂娜·戈特（Christine Godt）撰写的第十三章认为，欧盟的做法是把如何利用遗传资源并对其进行详细的规范变成了一种简单的理解。这种方法忽略了各种预先存在的程序的行政设置，这些程序在许多方面对研究和生产的质量控制进行了微调。它故意淡化信息流的难题，并为规避问题提供了空间和余地。因此，这表明更侧重于使用者措施的《欧盟获取与惠益分享条例》并不足以对现有和未来的提供方措施进行补充。

第十四章由洛伦佐·马焦尼（Lorenzo Maggioni）、伊莎贝尔·洛佩兹·诺列加（Isabel López Noriega）、伊莎贝尔·拉佩尼亚（Isabel Lapeña）、沃伊特克·霍鲁贝克（Vojtech Holubec）和约翰内斯·恩格斯（Johannes Engels）共同完成，这一章介绍并分析了在欧洲就地条件下收集植物种质的现有的和潜在的困难。这些困难源于关于获取与惠益分享的国际规则与先前存在的国家法律和行政程序的结合，它们既增加了复杂性，又影响了国际公约的实施方式。关于如何在欧洲国家有效实现《生物多样性公约》、《粮食与农业植物遗传资源国际条约》和《名古屋议定书》所支持的便利获取植物遗传资源的目标，该研究提供了一些建议。

布伦丹·库尔塞特（Brendan Coolsaet）在本书的总结中阐述了基于各国案例研究而形成的关于欧洲获取与惠益分享制度的比较分析，在综合考虑了欧盟关于获取与惠益分享条例的规定以及本书第二部分各章提供意见的同时，概述和综合评估了与欧盟实施《名古屋议定书》有关的挑战①。

---

① 见库尔塞特（Coolsaet）撰写的本书最后一章（总结）。

第一部分

欧洲的获取与惠益分享制度

第一章　多层级制度中的遗传资源：比利时的获取与惠益分享法规[*]

约翰·皮赛斯（John Pitseys），布伦丹·库尔赛特（Brendan Coolsaet），
富利亚·巴图尔（Fulya Batur），汤姆·德德瓦尔代尔（Tom Dedeurwaerdere），
阿里安娜·布罗贾托（Arianna Broggiato）

2010 年 10 月 30 日，《生物多样性公约》第十次缔约方大会的最终全体会议通过了《关于获取遗传资源及公正公平分享其利用所产生惠益的名古屋议定书》（简称《名古屋议定书》）。《名古屋议定书》给出了《生物多样性公约》第三个目标的实施方式，即"公平合理分享由利用遗传资源而产生的惠益"[①]。

本章分析了比利时在实施《名古屋议定书》时的原始背景，特别是其制度的联邦性质。比利时的法律秩序和环境政策应调整适应到何种程度，才能执行该议定书？批准程序又将面临哪些政治和制度上的挑战？这些问题本身不仅很有趣，而且比利时的案例也很有趣，它能让我们剖析出一些在联邦制国家实施环境类型的协定时，很可能出现的管理问题。此外，比利时也是一个遗传资源的主要使用者。该国有 340 个生物科技公司，这在全世界人均拥有生物技术公司方面处于世界领先水平[②]。这些公司中大多数都属于健康保健领域，并以此产业使比利时在全世界内成为医药产品和药物的第三大进出口国[③]。根据它自己的数据生物制药行业雇佣了 30 000 多人，占该国私人研发总量的 40%。因此，《名古屋议定书》的实施涉及该国至关重要的经济和道德问题。

为了回答这些问题，本章将分为四节进行论述。第一节描述比利时在获取与惠益分享相关权限分配的特点，无论是获取与惠益分享相关权限的政治分配，还是非国家行为者所发挥的制度性作用。第二节描述遗传资源的不同状态，包括生物物理

---

[*] 作者致谢欧盟委员会的联合基金及相关的国家科研基金。

[①] 《生物多样性公约》第 1 条。

[②] 比利时外贸局，比利时生物科技（布鲁塞尔，2011）。

[③] 数据来源：联合国商品贸易统计数据库，除药物外的医药产品（SITC 541）以及药剂（包括兽药药剂）（SITC 542）（纽约，2011）；布伦丹·库尔赛特（Brendan Coolsaet）和克里斯托夫·吉拉尔茨（Kristof Geeraerts），"国家报告：比利时"，《关于在欧盟内实施〈名古屋议定书〉之获取与惠益分享的法学和经济学研究》，欧洲环境政策研究所（IEEP），生态学和 GHK（布鲁塞尔/伦敦，2012）：附件 1。

实体和信息部分——在比利时法律秩序中可能具有的现象，以及在非法取得的情况下可以利用的现行责任规则。第三节研究比利时法律在多大程度上符合《名古屋议定书》的规定。为此，本章将对比利时现有的获取与惠益分享相关措施进行评估，无论这些措施与三个地区和联邦层面相互协调所产生的措施、联邦或地区措施相关，还是与研究机构和私人机构在获取与惠益分享方面的倡议和政策有关。另一方面，本章还将评估现行国家立法和措施与《名古屋议定书》之义务的符合程度。后面一节还将讨论目前比利时的法律或非法律文书尚未涉及的《名古屋议定书》中的义务。最后一节是为总结。

第一节　比利时：联邦国家的多层级机构的现实情况

1. 三个大区、三个社区和一个联邦政府

在比利时，与获取和惠益分享有关的权限分为联邦一级、三个大区（布鲁塞尔首都大区、瓦隆大区和佛兰芒大区）和三个社区（佛兰芒语社区、德语社区和瓦隆-布鲁塞尔联邦）。这种地区分布源于 20 世纪 70 年代以来的 6 次国家改革，从联邦制到联邦实体的连续性权限转移[1]。作为一般性原则，联邦集体拥有对其归属之事务的全部权限，而联邦政府则在经由特殊法定人数投票而有效的宪法和法律的框架内拥有相关权限，以及保留那些未经其他方式而归属于任何其他实体的剩余权限[2]。联邦政府在联邦集体中没有任何优势。作为一个"综合性的协定"[3]，《名古屋议定书》的实施将属于联邦和联邦实体——即各大区和各社区的管辖范围，需要广泛的部门间和部门内的协调。

现今的三个大区（佛兰芒大区、瓦隆大区和布鲁塞尔首都大区）对整体环境政策具有普遍的权限，因此在与生物多样性有关的问题上负有最大责任[4]。然而，适用的法律仍然保留了联邦政府的一些权限，这是该地区环境政策和自

---

① 比利时国家改革发生于 1970 年、1980 年、1988 年、1993 年、2001 年和 2013 年。与这一系列改革相关的最主要法规可见于 1980 年 8 月 8 日的《特别法》，该法规与一般性的制度和机构改革相关，而 1989 年 1 月 12 日的《特别法》与布鲁塞尔地区的制度相关。

② 然而，如果《宪法》第 35 条通过《特别法》生效，剩余管辖权可能落入联邦实体手中，则这一再分配原则可能会被推翻。

③ 在比利时，由联邦和联邦实体管辖的互动协定的缔结，受混合条约之协调协议的约束。该协议考虑了比利时的三类国际条约：(i) 联邦专属管辖权下的条约；(ii) 大区和/或社区专属管辖权下的条约，由大区和/或社区政府缔结和批准；(iii) 当协议涵盖联邦和联邦实体的管辖权时的"混合"条约（或"混合条约"）。前两类条约不一定需要联邦和大区当局之间的协调，但"混合"条约则必须由有关政府商定的特别程序而缔结，也必须得到所有主管当局议会的批准。考虑到前述的权限分配，《生物多样性公约》和《名古屋议定书》显然是"混合"条约。

④ 制度与机构改革之《特别法》的 8/8/80 第 6.1 条、第Ⅱ和Ⅲ部分，其中规定了所谓的"权限锁定"——根据《宪法》第 39 条关于区域管辖权的规定。

然保护一般权限的"例外"①。此外，由于比利时领海不被视为大区（其中一个）领土的一部分，在比利时领海内行使环境和自然保护权限被视为属于联邦政府的剩余权限。

这一多层次的机构蛋糕对实施《名古屋议定书》的影响，可以通过关于获取和利用遗传资源的现行立法来说明。立法取决于有关当局，这意味着每个大区和联邦一级都有自己的规则。在佛兰芒大区，根据 1997 年《佛兰芒自然保护法令》的规定，所有的行为都需要许可证，包括公园和花园等通常可进入的绿地但不包括植被正常维护②。然而，在瓦隆大区，许可证发放受关于城市和土地利用规划的大区法案的管制③，该法案规定了政府之前规定需要保护的区域内的行为，如 Natura 2000 地点。在布鲁塞尔首都大区，保护区和非保护区则适用不同的规则：在不受保护的公园、园林或广场收集自然资源不要求具有许可证，但在保护区内任何有可能获取植物的行为都受到 2009 年《自然资源法案》的严格管控④。最后，关于保护海洋环境和专属经济区的联邦法律规定了对海洋资源的获取，包括以科学研究为目的的获取资源（包括生物资源）的具体规则⑤。因此，四个权力级别均已指定了在处理实际获取请求的特定权限，并对违法的情况规定了不同的行政制裁。即使《名古屋议定书》尚未获批准，获取与惠益分享也尚未纳入这些法规的监管，仍可预见《名古屋议定书》的实施将导致类似的情况，即三个大区和联邦政府会根据《名古屋议定书》制定各自的获取和遵约规则⑥。

此外，获取与惠益分享还涉及范围广泛的问题，包括市场监管和获取、国际贸易、产业政策、农业、健康、发展合作、研发和创新，远远超出了单一的环境问题。尽管"议定书"的实施可能由环境部门和行政部门执行，但这些权限也分散于比利时各处。除对原料和植物材料的质量进行标准化管控和监督是联邦的权限外，农业政策，包括欧洲统一措施的实施也主要是区域性权限。即使联邦政府保留对竞争法、贸易惯例和知识产权的全部权限，大区也还是经济和产业政策的

---

① 例如，为了环境保护的目的，建立市场准入的产品规范（《特别法》8/8/80 第 6.1 条，第Ⅱ.2 部分）或出口、进口和过境非本地植物品种以及非本地动物物种及其尸体。（《特别法》8/8/80 第 6.1 条，第Ⅲ.2 部分）。

② 1997 年 10 月 21 日关于自然保护和自然环境的《佛兰芒法令》《关于自然保护和自然环境的法令》，1998 年 1 月 10 日《比利时官方公报》。

③ 1984 年 5 月 14 日《土地使用规划、城市规划、遗产和能源的瓦隆法》《瓦隆地区规划、城市规划、遗产和能源法典》，1984 年 5 月 19 日《比利时官方公报》。

④ 2012 年 3 月 1 日布鲁塞尔首都大区关于保护自然的条例，《布鲁塞尔首都大区自然保护条例》，2012 年 3 月 16 日《比利时官方公报》。

⑤ 1999 年 1 月 20 日关于保护比利时管辖海域的海洋环境法案，《1999 年 1 月 20 日关于保护比利时管辖海域海洋环境的法律》，1999 年 3 月 12 日《比利时官方公报》。

⑥ 布伦丹·库尔赛特（Brendan Coolsaet），汤姆·戴德沃德（Tom Dedeurwaerdere）和约翰·皮赛斯（John Pitseys），"在多层级治理背景下实施《名古屋议定书》的挑战：比利时案例的教训"：《资源》，2（2013）：555-580。

主要负责当局，所有这些都将在实施《名古屋议定书》中发挥作用。

对于公共和私人的研究及发展活动的管理，是《名古屋议定书》实施中争议最多的一个重要方面，尤其是对于诸如比利时这样的资源使用国而言，在不同权力水平之间的分配方式有所不同。基础性的研究和高等教育，以及对研究基金的管控和对研究单位的管理都转移至法语社区和佛兰芒语社区①。

1993 年，联邦实体成为主管研究与发展事务的主要负责当局。因此，在这种背景下，佛兰芒语社区和法语社区处于第一线，因为它们规范了基础研究和高等教育。但是，各区政府和联邦政府有权处理其职权范围内的研究事务，包括诸如经济导向和行业性研究（各大区），或在国家和国际科学机构之间组建数据交换网络（联邦政府）②。最终，外交政策和发展合作根据"及于内心良知（in foro interno），而不及于外在行为（in foro externo）"的原则在不同实体之间划分：联邦政府、各社区和各大区都负责与其各自物质能力相关的外交政策③。

因此，几个级别的主管部门以及相关行政部门可以负责未来《名古屋议定书》在联邦、大区和社区层面的实施。尽管比利时将成为《名古屋议定书》的一个缔约方（一旦批准），它仍然受到地方层面政治动态的约束，这种政治动态在不同的权力级别之间和之内都会分散与获取与惠益分享相关的管辖权限。如上所述，《名古屋议定书》的实施属于联邦和联邦实体的职权范围。因此，比利时外交政策部际会议将《名古屋议定书》视为双重"混合条约"。一方面要求联邦政府同意，另一方面同时要求大区和社区同意，以便能够批准实施。为此，各大区和联邦政府在 1995 年的《国际环境问题合作协议》的框架内就他们之间的行动进行了协商④，其中特别规定了由比利时内部协调框架机制（比利时互动环境政策协调委员会提供）来实施多边环境条约。

2. 准公共行为者和私人行为者的角色

获取与惠益分享框架最具挑战性的特点之一是，获取与惠益分享的法律依据是国家对其遗传资源所具有的主权权利，而实际上，主要是由私人行为者对遗传资源

---

① 《比利时宪法》第 127 条和《特别法》8/8/80 第 4 条。

② 雅克·沃特林（Jacques Wautrequin）"科学政策技能的新转移？评价标准"（"研究人员的话：现状和解决办法"纳穆尔（Namur），2011 年 3 月 4 日）等著述（法语）；凯瑟琳·古克斯（Catherine Goux,）比利时联邦科学研究：审查权力分配，（布鲁日：拉沙特，1996）；布伦丹·库尔赛特（Brendan Coolsaet）等，关于在比利时执行《生物多样性公约关于获取与惠益分享的名古屋议定书》的研究，《对比利时实施〈名古屋议定书〉的研究》，（新鲁汶/布鲁塞尔：鲁汶天主教大学，2013）。Manuel Duran 等著述（法语）。

③ 曼努埃尔·杜兰（Manuel Duran），大卫·克里克曼斯（David Criekemans），对拥有立法权的大区和小国的外交政策和外交代表进行比较研究和分析，报告（安特卫普：《外交政策支持》，2009）。

④ 1995 年 4 月 5 日《联邦州、佛兰芒大区、瓦隆大区和布鲁塞尔首都大区签订的布鲁塞尔首都国际环境政治关系/合作协议》，1995 年 4 月 5 日联邦州、佛兰芒大区、瓦隆大区和布鲁塞尔首都大区在国际环境政策方面的合作。

的跨国交易进行管理①。在实践中，获取与惠益分享的实施涉及私人经济、社会和环境利益的多个方面，意味着民间社会、研究参与者、异地采集，特别是遗传资源使用国和提供国的私营公司的积极参与。

私人或公共的研究团体可以说是受《生物多样性公约》和《名古屋议定书》规定的获取与惠益分享影响最大的利益相关者群体。这就解释了因交换或利用遗传资源产生利益而进行惠益分享为何有演变为行业自律的趋势，而且很多机构已经制定了它们自己的规则和标准化协议。一些利益相关者已经开始牵头制定标准化的合同条款和程序，以制定私法协议程序并为研究团体所用，其中的有些条款也符合"议定书"的规定。

在比利时，遗传资源的主要收集方，即比利时微生物协调保藏中心（BCCM）和国家植物园，他们都有自己的行为守则，旨在促进其分配到的遗传资源符合提供国的"事先知情同意"（PIC）要求。BCCM 于 1997 年提出了制定《微生物可持续利用与获取条例国际行为准则》（MOSAICC）的倡议。MOSAICC 是一部自愿性的行为准则，旨在遵照《生物多样性公约》《与贸易有关的知识产权协定》（TRIPS）及其他可适用的国内法和国际法的要求，获取微生物的遗传资源。该准则确保根据与下游利用者的适当协议进行资源转让，并对该行为进行监控，以确保利益共享。BCCM 使用了一个根据 MOSAICC 的行为准则而制定的标准化的《材料转移协定》（MTA）来获取其公共收藏的遗传资源，此《材料转移协定》规定，任何想要获取 BCCM 持有的遗传资源的人，都必须获得必要的知识产权证书，并同意在使用前与知识产权所有人基于公序良俗的原则而进行真诚协商，以确定商业许可证的条款；鉴于其利用和同意的行为，并且在利用行为之前，就应基于公序良俗的原则而与知识产权的拥有者进行良好的沟通，以确定相关的商业许可证的条款；同时还应考虑到国家专门法对《生物多样性公约》第 15.7 条关于惠益分享条件之内容的规定②。

比利时的国家植物园加入了国际植物交换网（IPEN），该交换网是植物园之间组织活体植物标本交换的网络。IPEN 的成员都适用一项关于获取遗传资源和惠益分享的行为准则。根据该准则，植物园只接受遵循《生物多样性公约》的规则而获取的植物资源。基于相同的条件，该植物园也只向其他的 IPEN 成员提供它在同等规则下获取的种子资源，"在国际植物交换网络之外，以非商业性的目的而对提供活体植物另有协议"的情况除外，且这一条件须由主管人员签字认可。

---

① 马蒂亚斯·巴克（Matthias Buck）和克莱尔·汉密尔顿（Claire Hamilton），"《生物多样性公约》关于获取遗传资源及公正公平分享其利用所产生惠益的名古屋议定书"，《欧洲共同体国际环境法修订版》，（2011）：47-61。

② 比利时微生物协调保藏中心，《材料转移协定》第 8 条。

第二节　比利时遗传资源和传统知识的现状

正如《名古屋议定书》所理解的，遗传资源的获取尚不受比利时公法措施的管制，但现有的公法和私法条款已经规范了相关内容，包括：财产权、在保护区内获取或获取受保护的物种资源（遗传物质）、对自然环境进行修改和改变的相关事项。其中一些现有规定可用作比利时执行《名古屋议定书》的法律基础。在这种情况下，一方面必须根据国家法律区分遗传资源在物质产品质量方面的合法所有权，另一方面必须区分比利时国家对其遗传资源的主权权利。如若是后一方面，国家可以根据《名古屋议定书》之规定，决定通过公法措施来规范遗传资源的获取和利用行为。此外，重要的是，虽然遗传资源可以被视为生物物理实体（如植物标本、微生物菌株、动物等），但它们还包括"信息成分"（即基因标记、传统知识、已发布的数据等）。因此，获取遗传资源同时涉及物理组成部分和（或）信息组成部分。

1. 对遗传资源有形成分的管制：责任问题和具体立法

目前可用于规范比利时遗传资源法律地位的国家规定主要涉及遗传物质的合法所有权问题。作为生物物理实体的遗传物质，关于其合法所有权的条件和规则，则应遵循那些管理获得材料之来源有机体所有权的法律规定。因此与物理获取相关的立法取决于所有权的类型（私人的、公共的或无主物）、所有权的权限限制，如特定保护（受保护物种、保护区、森林或海洋环境），以及上述的遗传物质的位置。

在这种情况下，对遗传物质的实际获取和使用已经受到物权法的管制，且因此可能受限于在与执行财产权有关的民事和刑事程序中提供的赔偿责任和补救办法。在非法获取遗传资源之情事已发生的情况下，这些规则在《名古屋议定书》实施期间可能很重要。在评估哪些法律原则可以解决非法获取作为物理实体的遗传资源的问题时，还应注意到大多数此方面的冲突都将涉及国际维度的问题。在遗传资源交换的全球化背景下，如果遗传资源的获取或使用之争议可能发生在非资源原产国，那么从国际私法的角度来设想合同外责任是有益的，这将适于立法者在这方面适用"违反特定规则"的条款。比利时《国际私法》（PIL）① 的一些具体法律规定，该法管理物资及其盗窃案。这些原则尤其有助于维护私法协议中规定的条件，特别是在资源原产国确定的共同商定条件包括私法合同的情况下。

此外，遗传物质获取和使用的管理规则还取决于具体立法所涉及的对所有权

---

① 与《国际私法》相关的法律，制定于 2004 年 7 月 16 日。

的限制，如关于受保护物种、保护区、森林和海洋环境的立法。这些可用于提出一套普适性的处置规则，限制和在某些情况下禁止故意捕获、挑选、收集、切割、连根拔除、销毁、移植运输、出售、要约出售或交换受保护动物物种的标本、受保护的植物物种或其他类型的生物①。这些可能的情况当然与保护自然区域和保护物种有关，但也可以适用于特定保护区域，如自然保护区或森林保护区、科学兴趣研究的地下洞穴或 *Natura 2000* 中的地点②。它们也可能与公共权力机构可能划定的保护区外的国有土地相关—— 每个公共实体都有自己的公共领域，并根据比利时法律秩序归属或授予的权限进行管理。这些可能的情况致力于维护和保护自然，而不是规范获取和利用生物资源的行为。因此，勘探遗传资源不包括在需要许可证的行动中。尽管如此，这些情况包含了可能有用的各种措施，并为今后实施《名古屋议定书》提供了法律依据。

2. 遗传资源信息组成部分的管理

与其物理组成部分相反，除非受到知识产权等专有权的保护，否则关于遗传资源的信息组成部分可能构成资源的共享——也就是说，无人有所有权并且所有人都可以使用。今天，未经授权而获取遗传资源的信息组成既没有受到有关产权之立法的制裁，也未被纳入到特定专门立法的保护之中。根据比利时的法律，窃取信息不是一种合格的违法行为，如若信息部分被第三方获取而没有实际的材料标本转移行为，则最有可能通过违反信用的法规而对其进行打击。在没有"事先知情同意"（PIC）或"共同商定条款"（MAT）下的对遗传资源信息组成部分的使用，很可能也不会被纳入解决盗窃问题的补救措施之中。实际上，如果遗传资源的信息部分被视为公共所有物，则它可能不会被视为被窃取，因为它不能被侵占③。此外，盗窃条款仅适用于有形物体。然而，在关于盗窃计算机程序方面存在着典型的判例，因为这些程序的经济价值和构成原始软件所有者遗产的一部分，这些程序被视为有形物④。尽管如此，理论和判例尚未有达成一致的论断，由于软件的非实体性质，软件的欺诈性复制行为已被裁定为不构成盗窃或违反信任的行

---

① 沃伊（Voy），2009 年 5 月 15 日《佛兰芒政府关于物种保护和物种管理的决定》； 2009 年 8 月 13 日《比利时官方公报》；1973 年 7 月 12 日《瓦隆大区自然保护法》， 1973 年 9 月 11 日《比利时官方公报》；2009 年《布鲁塞尔首都大区自然保护条例》。

② 除上述展望的立法外，另见 1997 年关于自然保护和自然环境的《佛兰芒法令》第 35 条；1984 年关于城市和土地使用规划的《瓦隆法令》第 136 条；关于森林保护区，见 1990 年 6 月 13 日《佛兰芒森林法令》。

③ 阿兰·洛兰特（Alain Lorant），"盗窃罪中的他者概念"载于《让·杜·贾丁友人之书》，伊夫·普莱特（Yves Poullet）和亨德里克·武耶（Hendrik Vuye）编辑，（德尔纳：克吕韦尔学术出版集团，2001），79。

④ 比利时安特卫普（Anvers），1984 年 12 月 13 日，比利时布鲁塞尔（Bruxelles），1986 年 12 月 5 日，或 1993 年 6 月 24 日布鲁塞尔（Bruxelles），J.L.M.B.1994。

为，从而排除了放弃其所有权的可能性①。

当然，比利时刑法中承认的其他补救性措施也有可能被利用。可以设想的第一种选择是隐瞒罪，通常只适用于有形物体。隐瞒惩罚的是第三方在明知有争议的商品是通过犯罪或违法行为获得的情况下，欺诈性隐瞒该商品的行为②。因此，这意味着对犯罪的初步认定，且只有在刑法典进行修订，将使用遗传资源的信息组成部分之情事与"事先知情同意"和"共同商定条件"相抵触且构成刑事犯罪时，该犯罪行为才能和获取与惠益分享相关。

另一种可能的但非排他性的选择是违反信托：将任何形式的物品在初始使用或确定的使用之中的转移或消除③。例如，这一规定可适用于获取与惠益分享背景下以研究为目的之情事中应规定的例外情况④，但最重要的是， 在"议定书"已获批准且"事先知情同意"或"共同商定条件"已纳入其国家立法的国家，禁止违反"共同商定条件"而使用遗传资源，或禁止在没有"事先知情同意"或"共同商定条件"的情况下使用遗传资源。

最后，一些使用权的行使可以通过知识产权予以规范，这些知识产权已经在对这些材料的创新而产生的生物材料的一部分、功能或用途上得到承认。这一讨论可能是相关的，因为知识产权法间接赋予了遗传资源的信息组成部分以法律地位：如若信息本身不能直接导致一项知识产权的产生，那么对这些信息的处理则可以。此外，从评估监控过程中可能作出的最好选择来看，这一讨论尤其有用，例如，作出专利权申请可能是表明对遗传资源具有商业兴趣，一项升级后的专利权申请可能用作检查点。在比利时，与知识产权有关的权限保留在联邦一级⑤。然而，构成具有地区性的或地方特征的原产地标识保护工具，则属于地区的权限范围⑥。在这制度框架内，知识产权保护可以分为三类：专利、植物品种权、地理标志。

在比利时，专利主要由 1984 年 3 月 28 日通过的《专利法》予以保护。在此背景下，该法规规定"即使发明涉及生物材料或包含能够生产、处理或使用生物材料的方法，也可以申请专利"⑦。此外，"从其自然环境中分离出来的生物材料可以受到专利保护，即使它在自然状态下预先存在"⑧。例如，为帮助植物育种家识别感兴趣的基因序列而开发的分子标记常常被授予专利。但是，法律规定了对专利授予权利的一般研

---

① 比利时列日（Liège），1991 年 4 月 25 日，佩恩博士（dr.pén.）审阅，1991 年，第 1013 页。

② 《比利时刑法典》第 505 条。

③ 《比利时刑法典》第 491 条。

④ 《名古屋议定书》第 8a 条。

⑤ 这是各大区在经济政策方面正式承认的权限归属的例外，见《特别法》8/8/80，第 6.1 条第 VI.4.7 部分。

⑥ 《特别法》8/8/80，第 6.1 条，第 VI.4.4 部分。

⑦ "涉及创造性活动的新发明，即使涉及由生物材料组成或含有生物材料的产品，或涉及生产、加工、使用生物材料的方法，也可以申请专利。"（《经济法》第 XI.3 条，《比利时通报》，2014 年 6 月 12 日）。

⑧ "在自然环境中，我们创造了一种独特的生物技术，这是一种新的发明，即使它本身存在于自然"，（比利时《专利法》第 2.3 条）。

究豁免。这些权利不包括"在私人环境和非商业目的下所完成的行为，也不包括以科学研究为目的的专利发明"①。在这方面，科学目的应该从广义上进行理解②。最后，在获取与惠益分享背景下最重要的是，遵循《生物多样性公约》[特别是其第 8 (j) 条、第 15 条和第 16 条] 所规定的义务，《专利法》已作出修改，如果材料的原产地已知，则包括（合格的）原产地说明的要求③。为了使专利申请能够被受理，申请必须包含关于作为发明基础的生物材料的地理来源（如果已知）的声明④。

1975 年 5 月 20 日的法律规定了比利时的植物品种权，该法律最近被废除并被 2011 年 1 月 10 日的法律取代。后者尚未予以实施，但仍被视为必要的一般性框架，以使比利时符合 1991 年的《国际植物新品种保护公约》（UPOV 公约）（植物品种权保护联盟）的规定⑤。根据此公约的规定， 为了繁殖、销售、营销、进口、出口或储存某品种而进行的生产、繁殖、调节行为需要获得育种者的授权⑥，与《专利法》一样，授予材料的研究和育种研究以某些特权，以及承认小农户可有的某些灵活性⑦。

最后，地理标志（GI）用于描述在一般农业质量政策范围内因其区域和地方性质而受到保护的特定农业产品或食品。地理标志与获取与惠益分享有关是因为该产品包含特定的品性、原材料（如果适用，还包括该材料的主要物理和微生物特性）。它们在比利时受到不同的法律文本的保护，包括 2010 年 4 月 6 日通过实施的关于贸易行为和消费者保护的《联邦法》（该法规第 7 章即是关于地理标志和原产地保护的内容），1989 年 9 月 7 日通过的关于地方地理标志和瓦隆地区特定许可证的《瓦隆大区法令》，以及 2007 年 10 月 19 日通过的佛兰芒政府关于保护地理标志的《部长令》。

---

① "法律赋予了权利"，即：(a) 根据 2005 年 5 月 28 日修订的比利时《专利法》第 281 条（第 1 和第 2 款）；(b) 辅助行动实现了科学研究的目标。比利时《专利法》第 28.1 条，2005 年 5 月 28 日修订。
② 1984 年 3 月 28 日修订的关于生物技术发明专利性的《专利法》，兹里亨（Zrihen）女士代表财政和经济事务委员会起草的报告，参议院文件，见 2004 年、2005 年，第 0.3-1088/3 页，第 3 页。另见格雷图·范·欧瓦力（Geertrui Van Overwalle），"红耳朵的绿老鼠：欧盟生物技术指令"确立了比利时 2004 年 9 月 21 日的法律草案。"《法律权利-当前权利》（RD），（2004）：378。
③ 参见 1984 年《专利法》第 15.1（6）条，该条款移植了 1998 年 7 月 6 日制定的《关于生物技术发明的法律保护欧洲指令》第 98/44/EC 条，该指令考虑了《生物多样性》第 8 (j) 条和第 15 条。其序言指出，如果一项发明是基于动物或植物之生物材料而产生的，或者如果使用了这种材料，则专利申请应在适当的情况下包括关于这种材料的地理来源的信息（如果已知）。该指令还进一步强调了，成员国在实施遵守该指令所需的国内法律、法规和行政规定时，需特别重视《生物多样性公约》之 8 (j) 款。
④ 此处的要求相较于第一项拟议法案更为具体，该法案规定，不遵守《生物多样性公约》的规定将被视为违反公共秩序和道德，而欧盟理事会则声明这种义务将偏离移植措施的最初目标，与在整个欧盟实现有效协调的目标背道而驰。参见格雷图·范·欧瓦力（Geertrui Van Overwalle），"比利时生物技术指令的实施及其后果"，《国际知识产权与竞争法评论》，37（2006）：895-897。
⑤ 见该法律关于其生效条件的第 72 条，该条规定，法律的强制效力以通过王室法令为条件，但该法令至今尚未通过。因此只要所需的皇家法令未通过，则相关的法律框架仍维持 1975 年的法律。
⑥ 2011 年 1 月 10 日的该法第 12 条。
⑦ 该法第 14 和 15 条。

3. 传统知识

比利时没有任何当代法律条款明确规定"传统知识"、"与遗传资源有关的传统知识"和"土著及地方社区（ILCs）"的概念。可能有人会说，某些类型的知识可以被称为"知识、创新和实践"，其"体现了与保护和可持续利用生物多样性相关的传统生活方式"。如农民保护和使用旧种子品种的知识的例子。然而，这些知识与《生物多样性公约》及其概念的理解中规定的本地社区及其传统生活方式无关。但是，一些国际文书，特别是在比利时加入的发展合作和可持续发展领域，已经表达了对传统知识和土著及地方社区权利的关切[1]。有三项国际文书提出了土著及地方社区的权利，并认识到传统知识的重要性：1957 年国际劳工组织（ILO）的第 107 号《关于土著和部落人民公约》、169 号《关于土著和部落人民的公约》，以及《联合国土著人民权利宣言》。

第三节　比利时法律是否符合《名古屋议定书》之规定？

现有的国家立法或国家措施没有与《名古屋议定书》规定的义务相违背的内容。但是，相关的现有立法内容仍需改进并由另外的法律文件进行补充，从而能够实施履行《名古屋议定书》规定的义务，并确保比利时的使用者是符合遵守资源提供国规定的"事先知情同意"和"共同商定条件"。

1. 软性法规与行政法的灰色地带

鉴于比利时国家的联邦特征以及生物多样性相关管理权限的重新划分，大多数比利时公共政策采取多层级平台、战略指导性方针或行政举措的形式。现有的一系列措施首先在于协调三个大区和联邦一级的行动。2006 年，比利时颁布了其《国家生物多样性战略（2006—2016）》[2]，并制定了 15 项战略目标和 78 项行动目标以减少和阻止生物多样性的丧失。其第 6 项战略目标旨在致力于平等地获取和分享因利用遗传资源而产生的惠益。要实现这一目标，则主要需要加强国家获取与惠益分享利益相关者的能力建设，并推进实施《波恩准则》。2006 年，一项关于

---

① 非洲、加勒比和太平洋国家集团成员与欧共同体及其成员国于 2000 年 6 月 23 日在科托努签署的伙伴关系协定（《非加太-欧盟科托努协定》）；2003 年 12 月 15 日，欧洲共同体及其成员国与安第斯共同体及其成员国家，包括玻利维亚共和国、哥伦比亚、厄瓜多尔、秘鲁和委内瑞拉玻利瓦尔共和国，在罗马签订的《政治对话与合作协议》；2002 年 6 月 6 日在罗马签订的《粮食和农业植物遗传资源国际条约》（ITPGRFA）；1994 年 6 月 17 日在巴黎签订的《联合国关于在发生严重干旱和/或荒漠化的国家特别是在非洲防治荒漠化的公约》（UNCCD）。

② 比利时国际环境政策协调委员会，环境总局，《比利时国家生物多样性战略（2006—2016）》（布鲁塞尔，2006）。2000 年 6 月环境部际会议启动起草了该《国家生物多样性战略》。

比利时遗传资源使用者在其活动中对《生物多样性公约》、获取与惠益分享制度安排和《波恩准则》实施水平的相关认识的研究表明，利益相关者群体的知识良莠不齐[①]。公约似乎在上游活动（如基础研究）中比在下游活动（如商业产品）中更为人知。该国家战略于 2011 年年底进行了评估，并正在进行审查以便符合新的、多边的和欧盟的生物多样性目标［《生物多样性保护战略与行动计划》2011~2020 年生物多样性战略计划及其爱知目标，欧盟生物多样性战略及其他国家性的、国际性的承诺］，并将审查后的战略延长至 2020 年。

　　至于在联邦层面采取的措施，该《国家生物多样性战略（2006—2016）》遵循了《联邦政府第二个可持续发展计划（2004—2008）》[②]，并号召在获取和惠益分享方面应有一贯的国家立场。这两项计划促成了联邦政府在 2010 年批准通过《联邦生物多样性一体化计划》，其中三个关键的政策部门与获取和惠益分享的实施特别相关：经济、发展合作和科学政策。其中每一个部门都制定了单独和详细的行动计划，以整合生物多样性，包括若干与获取与惠益分享相关的措施。对于经济部门，其行动计划主要侧重于提高私营部门的认识和能力建设，并呼吁联邦政府积极参与建立国际获取和惠益分享制度。该行动计划还呼吁海关管理部门更多地参与生物多样性政策，尽管这些与获取和惠益分享没有直接联系。然而，海关内部对生物多样性相关问题的更强有力的理解，可能有利于并促进《名古屋议定书》的实施（如作为跟踪比利时进口遗传资源的可建立的检查点）。

　　在发展合作的背景下，比利时还计划了一些与获取和惠益分享有关的行动。2003 年，比利时皇家自然科学研究所通过与联邦合作发展总局（Federal Directorate General for Development Cooperation，DGD）的一项公约[③]，开始支持发展中国家的土著与地方社区实施《生物多样性公约》的工作。该公约的第一阶段为 2003~2007 年，后来从 2008 年延长至 2012 年。2008 年 4 月，比利时皇家博物馆中非馆与比利时技术合作（BTC）组织合作推出了中非生物多样性信息网（CABIN），旨在与若干中非研究机构合作，建立生物多样性的信息数据库网络[④]。对获取与惠益分享认识的提高可以很容易地添加到此类行动计划中。此外，联邦公共服务环境和联邦发展合作总局为 TEMATEA 项目[⑤]的建立作出了贡献。TEMATEA 项目是

---

　　① 克里斯汀·弗里森（Christin Frison）和汤姆·戴德沃德（Tom Dedeurwaerdere）著，关于获取遗传资源和分享利用遗传资源进行生命科学研究创新所产生的利益的公共基础设施的条例，为公众利益获取、保护和利用生物多样性（比利时新鲁汶：鲁汶天主教大学法律哲学中心，2006）。

　　② 《2004—2008 年联邦可持续发展计划》（布鲁塞尔可持续发展跨部门委员会，2008）；第三个联邦可持续发展计划于为 2009—2012 年期间起草，呼吁"公平分配生物资源的商业开发"，但从未获得通过。第二个计划延长到 2012 年。

　　③ "生物多样性：一个重要的发展伙伴"，比利时发展合作，2012 年访问网址 http://www.biodiv.be/info0405/activities。

　　④ "比利时发展合作"，皇家博物馆中非馆，2012 年访问网址 http://www.africamuseum.be/museum/about-us/cooperation/index_html。

　　⑤ "TEMATEA"，2012 年访问网址 http://www.tematea.org。

一个基于网络的能力建设实用工具，用于支持协调一致地实施国际和区域的生物多样性相关公约，并概述了有关获取与惠益分享的国家义务。

在科学政策领域，联邦计划对生物多样性整合的第一个拟议行动也与获取和惠益分享相关，因为它要求对国家植物种质资源进行清点，这将直接惠益于现行的项目和倡议。例如，比利时联邦科学政策办公室（BELSPO）与根特大学合作开发了 straininfo.net[①]，这是一个使用生物信息学工具（网络爬虫和搜索引擎）的试点项目，用于访问和提供存储在全球 60 个生物资源中心的数据和信息。它们还开发了一种标准格式，以便于交换菌种保藏的目录信息。PLANTCOL 是由植物园和植物园协会共同承担发起的另一项类似的比利时倡议[②]。它们开发了一个导航系统，用于以通用格式共享来自不同数据库的植物信息。值得注意的是，比利时联邦科学政策办公室于 2003 年创建了比利时生物多样性平台，该平台是生物多样性信息提供者和使用者之间的接口[③]。

每个大区都有单独的生物多样性政策计划，主要是作为更广泛的环境战略的一部分，在其范围内可以采取获取和惠益分享措施。虽然这些计划都明确提到《生物多样性公约》作为生物多样性政策的指导，但它们都没有包含与获取和惠益分享相关的条款。在最近发布的《2011—2015 年环境政策计划（MINA-4）》，以及最新的《佛兰芒可持续发展战略》中[④]，佛兰芒政府也将《生物多样性公约》的第 10 届缔约方会议称为重要的分水岭，但没有确定或强调与获取和惠益分享有关行动的必要性。

最后，比利时的制度体系还依赖于公共机构和非国家行为者之间的强有力的互动：研究机构和私人倡议行动可以在推广获取和惠益分享之框架方面发挥积极作用。如本章第一节和其他案例所述，比利时微生物协调保藏中心（BCCM）为获取和惠益分享之交换制定了自己的自愿行为守则，并使用标准的 BCCM《材料转移协定》（MTA）来获取公共收藏的遗传资源。

2. 比利时现有法律文书是否符合获取与惠益分享义务

2010 年，在向欧盟履行报告义务的背景下，比利时定性监测《欧盟生物多样性行动计划》（BAP）的实施情况和目标的实现情况，包括实施《生物多样性公约》关于获取与惠益分享的《波恩准则》以及与其他与获取与惠益分享有关的协定执行情况，如粮农组织《粮食和农业植物遗传资源国际条约》（ITPGRFA）。数据显示，2006～2009 年，比利时没有为获取与惠益分享工作组提供资金；没有通过任何的国家立法以支持实施《生物多样性公约》关于获取与惠益分享的《波恩准则》；

---

① "StrainInfo"，2012 年访问网址 http://strainfo.net。
② "PLANTCOL：比利时活体植物收集项目"，2012 年访问网址 http://www.plantcol.be。
③ "比利时生物多样性平台：为你的研究插上翅膀"，2012 年访问网址 http://www.biodiversity.be。
④ "佛兰德可持续发展战略"，2012 年访问网址 http://ebl.vlaanderen.be/publications/documents/23237。

未对执行《粮食和农业植物遗传资源国际条约》之《材料转移协定》的任何国家立法进行过投票；没有开展任何提高人们对《生物多样性公约》的《波恩准则》认识的国家活动。比利时生物技术产业的经济影响力、联邦集体之间政治权限的分配、《名古屋议定书》"混合条约"的性质，以及非国家机构的分散作用都可能解释《波恩准则》缺乏积极纵向实施的原因。

尽管如此，比利时还是采取了一些实施措施。例如，已经存在的获取与惠益分享的国家联络点：比利时指派了一位联邦公共服务环境的公务员，目前由其确保国家联络点在获取与惠益分享方面的职能和运行。为了遵守《名古屋议定书》第 13 条，比利时仍需要指定一个或多个国家主管当局来负责相关事务。

前文探讨过的专利申请中所要求的（合格的）来源地标志可以作为遵守《名古屋议定书》第 17 条的基础。这条法律条款还需要进一步的修订以使其一如《名古屋议定书》之内容对检查点条款的描述，规定专利申请中应包括与"事先知情同意"、遗传资源来源、制定共同商定条件，以及（或）在专利申请中涉及的遗传资源利用行为相关的信息方面的要求。

前文中已叙述的其他内容（如物理获取、物权法和国际私法）可能会有助于《名古屋议定书》之实施，但是显然这些还是不够的。首先，使用行为通常基于遗传物质的衍生物[1]，原始材料却位于另一个国家。在此背景下，依据当前的法律原则可能会发现比利时的司法机构无法审理比利时境内所发生的盗用或滥用资源的案件[2]。鉴于比利时《国际私法》没有明确地提到《名古屋议定书》之下的遗传资源使用（并未涵盖这些资源的衍生物），因此此类案件不在其法律处置范围内[3]。其次，关于物理获取和物权法的法律原则可能会有利于比利时对获取其国内遗传资源的行为进行管理，但也应注意到比利时的生物多样性潜力其实在全世界范围内处于较低的水平[4]。换言之，如前文所述，比利时实则是一个资源使用国。《名古屋议定书》之实施于比利时而言，应主要关注比利时的使用者们对于资源提供国之"事先知情同意"和"共同商定条件"的遵约情况。这将涉及公法的相关法律要求、行政行为和政策措施，这些都超出了前文所述的法律原则的管控范围。因此，还需要采取其他措施来履行《名古屋议定书》中第 15~18 条规定的义务。

关于遵守共同商定条件，《名古屋议定书》第 18 条所涉及的问题大多在比利

---

① 凯莉·肯·凯特（Kerry ten Kate）和萨拉·A. 莱尔德（Sarah A. Laird）等，《生物多样性的商业性使用：遗传资源获取与惠益分享》（伦敦：地球瞭望出版社，1999）。

② 《国际私法》第 85 条，规定比利时司法机构有权对涉及实物获取物质商品的争议作出裁决，"如果在提出索赔时该商标所属比利时"。

③ 还可以对这些法律处理中没有提及《名古屋议定书》中涉及的"诉诸司法"的重要问题表示关注，例如，国际法委员会在比利时法院的法律地位。

④ 《全球环境基金（GEF）生物多样性利益指数》，世界银行，2014 年 3 月 12 日访问网址 http://data.worldbank.org/indicator/ER.BDV.TOTL.XQ。

时法律体系中有所规定①。与全世界大多数国家一样，比利时法律制度为在违反合同的情况下寻求追索提供了机会，并制定了国际私法条款，规定了涉及《名古屋议定书》第18.1条和18.2条的"外部的"法律要素、法规的相关诉讼情况。诉诸司法以及承认和执行外国的判决是第18.3条的内容，受若干国际法律仲裁文书的管制。欧盟理事会第44/2001号条例（布鲁塞尔1号条例）以及2007年《关于民商事管辖权及判决的承认与执行的卢加诺公约》规定了关于民商事裁决的承认和执行内容，在这些国际文中书，比利时为缔约方。最后，各种公约可以作为"诉诸司法的有效措施"（第18.3.a条）。即使比利时没有批准1970年《关于在民事或商业事务中取证的海牙公约》②，但它批准通过了1965年的《关于民事或商业事务司法和非司法文件的海外服务海牙公约》③。

最后，《名古屋议定书》的其他主要条款尚未制定。目前还没有具有能力的国家当局机构，没有对应《名古屋议定书》的遗传资源获取程序，也没有惠益分享法规。

第四节　结论与建议

本章讨论的所有潜在方法、工具和（自我约束的）倡议都需要从目前适用的立法中进行延伸，以解决《名古屋议定书》中所理解的遗传资源的利用问题。虽然有些方式可能比其他方式更合适，但必须指出，仅仅依靠这些现有的文书仍不足以执行《名古屋议定书》。

如前文中所详细叙述的④，依赖普适性的国际私法原则以及自我约束的利益相关者的责任来实施最低限度的措施注定无法实现《名古屋议定书》和《生物多样性公约》的目标。跨国司法问题以及国家间的和国内的生物多样性保护问题是《名古屋议定书》之核心目标，不太可能通过现有的法律文书得到充分地解决，而且这些文书并非出于执行《名古屋议定书》的政治意愿。为了实现社会和环境目标，《名古屋议定书》各缔约方应从当前的以市场为基础的、对遗传资源提供者和使用者适用的监管趋势，转向更可持续的监管形式，以将《名

---

① 值得提醒的是：（a）确定国际上有权处理获取与惠益分享协议中提出的争议的管辖权；（b）确定在与获取与惠益分享有关的争端案件中必须适用的法律；（c）承认和执行《名古屋议定书》的另一个国家缔约方在获取与惠益分享的背景下基于管辖权而作出的判决。

② 该公约主要涉及"调查委托书"（commissions rogatoires）：法官通过有限的授权委托其调查权力，允许另一名法官或司法官员代表他在另一个司法管辖区内执行调查行为。

③ 顺便提及一点，《关于在环境问题上获取信息、公众参与决策和诉诸法律的奥胡斯公约》，该公约在欧盟层面进行谈判，要求使用国采取有效措施，以保证提供国有追索权以利用其法律制度采取追索。它包括提供行政或司法程序的义务，以与《名古屋议定书》第18.2条规定的类似方式对违反国家法律的行为提出疑问。

④ 库尔萨（Coolsaet），德德瓦尔代尔（Dedeurwaerdere），皮塞斯（Pitseys），"实施《名古屋议定书》的挑战"。

古屋议定书》和《生物多样性公约》的这些规范性目标转化为法律原则和公共政策。

比利时联邦政府的各级权力之间的制度竞争以及全球金融危机对国民经济的影响，都产生了强烈的压力，从而要求以最低的限度执行"议定书"。将信息共享和监测措施进行结合，适用现有的国际私法通则、在诉讼案件中援引提供国的立法，这种自我监管方法是被充分认可的。这种方法更容易建立，也可能更可取，以便比利时能及时批准而成为《名古屋议定书》的缔约方，并允许其在"议定书"生效时加入谈判桌。

然而，各大区和联邦政府之间高度分散的获取与惠益分享能力以及生物技术对其经济的重要性，可能会促使联邦实体的内部竞争演变为逐底竞争，由此希望吸引私营部门对关键的经济部门进行投资，并刺激遗传资源市场。这对于与使用者遵守相关义务方面的合作尤为重要，因为私人行为者不可能在没有明确保证所有参与者都必须做出类似努力的情况下自行推行有效的监督措施。

除需要采取法律措施来解决《名古屋议定书》的环境正义和可持续性问题外，还需采取其他的非法律措施来克服最低限度做法的一些缺点，以促进《名古屋议定书》获得广泛通过。此类情况包括：由国家和非国家行为者制定标准化的协议和程序；将民间社会行动者纳入此类协定和程序的设计并赋予其权力；国际发展合作背景下的能力建设举措；为某些关键部门制定奖励激励措施，如对特定的关键部门设立质保标签；通过发展链上的全面配备的检查站，有效监测遗传资源和传统知识的利用情况。

最后，如上所述，比利时在获取与惠益分享框架内是一个重要的政治角色。通过同时采取法律的和非法律的措施而发出强有力的和及时的信号，可以鼓励面临类似多层级管理制度挑战的国家加紧推行《名古屋议定书》。国际文书之间相互支持（甚至加强）《名古屋议定书》的社会目标和环境目标，比利时是该议定书的缔约方 [《国际劳工组织公约》、《21 世纪议程》、《粮食和农业植物遗传资源国际条约》和《生物多样性公约》本身]，为超越《名古屋议定书》的最低限度执行提供了坚实的法律基础。

第二章　丹麦的获取与惠益分享框架

韦特·科斯特（Veit Koester）

丹麦王国（丹麦联合王国）由丹麦、法罗群岛和格陵兰岛组成①。法罗群岛和格陵兰岛的立法和行政权限力几乎涵盖了民法和公法的所有领域②，并且都没有被囊括进欧盟成员国的丹麦之内。这是为什么至少在一定程度上，丹麦王国的获取与惠益分享框架需要区分丹麦、法罗群岛和格陵兰岛的原因，尽管丹麦的所有地区都被纳入了 1992 年《生物多样性公约》的丹麦批准书之中③。

然而，本文侧重于丹麦的获取与惠益分享框架。第一节概述了丹麦王国内所有地区的获取与惠益分享框架，第二节涉及丹麦财产和知识产权法，第三节和第四节分别是丹麦作为提供国和使用国的情况，第五节包含一些初步的结论。

第一节　丹麦王国的获取与惠益分享框架主要特点

关于该国领域各地区具体的获取与惠益分享框架现状的主要特征可概括如下。

丹麦的获取与惠益分享框架部分受 2012 年 12 月 23 日关于分享遗传资源利用所产生利益的第 1375 号法案（《丹麦获取与惠益分享法案》）的管辖。该法案对使用者规定了一些基本要求，即遵守《名古屋议定书》第 6 条和第 7 条，并确认丹麦不需要"事先知情同意"来获取本国的遗传资源④。

---

① 《丹麦宪法》（"宪法"）根据其第 1 节适用于王国的所有地区。

② 相关法案：1948 年 3 月 23 日关于法罗群岛自治的第 137 号法令（《法罗群岛自治法》）和 2009 年 6 月 12 日关于格陵兰自治的第 473 号法令（《格陵兰自治法》）。

③ 丹麦于 1993 年 12 月 31 日批准了《生物多样性公约》。由于《生物多样性公约》也适用于法罗群岛和格陵兰岛，环境部下属的丹麦自然保护局向其通报了"公约"框架内的重要谈判（如获取与惠益分享谈判）。如果法罗群岛和格陵兰愿意，可以对会议文书提出评论或意见，或派丹麦代表团参加此类谈判。如果有相关联系，法罗群岛和格陵兰正在参与丹麦法案的编制和起草。然而，这与丹麦获取与惠益分享法案（见本章第一节）无关，因为获取与惠益分享属于这些地区的立法和行政权限，因此该法案将法罗群岛和格陵兰排除在其领土适用范围之外（第 17 节）。当一项法案不适用于法罗群岛和格陵兰岛时，此类规定是强制性的。关于将丹麦王国的这些部分排除在丹麦批准《关于获取与惠益分享的名古屋议定书》之外的问题，请参见本章第 42 页脚注①~③。在丹麦议会的 183 名成员中，2 名成员由法罗群岛选举产生，2 名由格陵兰选举产生。

④ 丹麦的获取与惠益分享生效于 2014 年 10 月 12 日，见本章第四节第 2 点。

法罗群岛议会（Lagting）尚未通过任何专门的关于获取与惠益分享方面的立法，也没有就是否要求"事先知情同意"而获取法罗群岛的遗传资源提出任何具体立场。

格陵兰议会（Inatsisartut）在 2006 年 11 月 20 日颁布了《关于生物资源商业利用和研究利用》的第 20 号法案①。根据其第 3 部分第 6 节第 1 小节，关于调查许可证的要求如下所述：

与研究有关或为了可能的商业利用而对生物资源进行的任何获取、收集或调查，应事先获得[格陵兰政府]发放的调查许可证②。

因此，格陵兰岛的遗传资源获取受到"事先知情同意"的管理，但没有关于获取土著和地方社区所持与遗传资源相关的传统知识的规定，这可能是由于格陵兰社会本身就是一个土著社区的性质。格陵兰岛也没有关于使用者的相关立法。

丹麦王国各地的动产和不动产权利的基本法律特征或多或少是相同的③。就知识产权而言，法律情况在某种程度上有所不同。根据一项特别法令④，《丹麦专利法》几乎所有条款都适用于格陵兰岛，包括与"生物材料"有关的条款，而法罗群岛有一项 1967 年就制定的专利法，其中不包括与"生物材料"相关的条款⑤。《丹麦植物品种法》不适用于王国的其他地区，且这些地区在这方面也有没有适用的立法。

因此，关于丹麦王国三个地区的现状可以用以下方式概述。

• 丹麦：没有"事先知情同意"的要求，但是有关于使用者的立法；
• 法罗群岛：没有关于"事先知情同意"或使用者的相关要求的立法；
• 格陵兰岛：有"事先知情同意"的要求，但没有关于使用者的立法；
• 王国的所有地域：关于动产和不动产的规则或多或少是相同的，但在某种程度上关于知识产权的规则不同。

由于没有计划要根据《名古屋议定书》在格陵兰岛对使用者措施进行立法，也没有考虑要在法罗群岛建立此类措施或"事先知情同意"，丹麦对《名古屋议定书》的批准不包括该领域的这些部分。这就是为什么上述《丹麦获取与惠益分享

---

① 2006 年 11 月 20 日《关于生物资源商业和研究利用》的第 20 号法令。
② 生物资源在该法第 3（1）节中被定义为"对人类有实际或潜在价值的各种遗传资源、生物或其部分，或生态系统的任何其他生物组成部分"。该法案第 4 部分载有关于公布调查结果等的规定，第 5 部分是关于专利申请结果，第 6 部分是关于商业使用，第 8 部分是关于撤销调查许可和（或）商业许可，第 10 部分概述了可以处以罚款的行为。
③ 然而，实际上不动产的情况差别很大。例如，几乎整个格陵兰岛的土地都是格陵兰社会的财产且每个人都可以使用，生物标本（如果该物种不受特别保护）、水果等可以被认为是无主物，因为它们可以被任何人侵占。
④ 2010 年 6 月 11 日在格陵兰生效的第 658 号法令，关于修订《专利法》的若干法律。
⑤ 1967 年 12 月 20 日第 479 号法案及其后续修正案，最新修正案可追溯至 1989 年。

法案》要根据法案①的解释性说明（"解释性说明"）②确保丹麦批准该法案，且不适用于法罗群岛和格陵兰岛③。如上所述，只有丹麦会受到欧盟 ABS 规定的影响。

本文当前的分析重点是丹麦。因此，例如格陵兰岛关于"事先知情同意"的条款是否符合《名古屋议定书》提供者的要求，或者在多大程度上符合该要求的问题，本文将不对其进行探讨④。

第二节　关于遗传资源的丹麦物权法和知识产权法

1. 受不动产或动产法管辖的一般材料

关于遗传资源的地位和获取的一般规定涉及对遗传物质本身的实际获取的规定。这种获取由物权法和立法予以规范，且民法和刑法都同时对违反物权法的行为进行管辖。关于产权，并没有一般性的法规，但根据《丹麦宪法》⑤，财产权在所有方面都构成了使用财产的权利，其适用不受法律、一般法律原则或私人意向声明的限制⑥。因此，遗传物质的合法所有权属于整个生物体的所有者。但是，这种所有权并不构成使用权的排他性。这也同样适用于遗传物质的信息成分。因此，

---

① 第 L70 号法案，丹麦议会，2012~2013 年。

② 法案的"解释性说明"在丹麦法律体系中发挥着重要作用。除其他情况外，它们在一定程度上决定了基于法案规定的授权的部长条例（命令）的范围和内容的合法性，并且根据丹麦法院的惯例，它们可能在确定此类授权的范围和适用的关键方面起决定性作用，如《丹麦获取与惠益分享法案》第 5 节（见本章第四节第 5 点）。同样地，它们符合丹麦法院和行政法庭的判例，这些判例经常提到"解释性说明"，对于解释某一行为的目的或行为的条款很重要。例如，当该说明支持一个术语的特定含义时，其普通含义是可疑的。由于它们在丹麦法律体系中的重要作用，本文件广泛引用了《丹麦获取与惠益分享法案》的"解释性说明"，并强调了该法在很大程度上是一项框架法，其某些术语的含义并不明确（见第 5.3 部分）。关于"解释性说明"和判例在这方面的作用，参见詹斯·加德（Jens Garde），"第 4 章：索赔"，《行政法常见问题》，詹斯·加德（Jens Garde）等编辑（哥本哈根：法律和经济出版社，2009）：161-164。

③ 基于同样的理由，该法案为丹麦批准（2002 年 8 月 27 日）《2000 卡塔赫纳生物安全议定书》铺平了道路，且不适用于法罗群岛和格陵兰岛。根据《宪法》第 19 条第 1 款，国王（即政府）在国际事务中代表王国行事。但是，如果义务的履行需要丹麦议会（议会）的同意或者在其他方面具有重要意义的事项，则需丹麦议会（议会）的批准。在这方面应该指出的是，丹麦是一个二元制国家。因此，条约必须纳入国内法，当需要实施立法时，还需要议会的正式批准。违反国际义务意味着国家须承担责任，根据 1969 年《维也纳条约法公约》第 27 条，"不得援引其国内法的规定作为其未能履行条约的理由。"因此，如果条约的主题也与法罗群岛和格陵兰议会的权限有关，则出于内部原因，对该条约的批准还需要得到王国各领土部分的批准。否则，必须通过签署或批准声明将王国的这些部分排除在外。根据联合国秘书长作为多边条约保管人的既定惯例，这种声明也可以针对条约作出，就像《名古屋议定书》第 34 条一样，排除保留意见，因为这种声明的目的不是排除条约的某些条款，而是根据 1969 年《维也纳条约法公约》第 29 条，对条约的领土适用确定不同的意图，见安东尼·奥斯特（Anthony Aust），《现代条约法与实践》，第二版（剑桥：剑桥大学出版社，2007）：205-206。

④ 特别是《名古屋议定书》第 6 条。

⑤ 第 73 条第 1 款规定，"财产权不受侵犯。除非为了公共利益，否则不得命令任何人交出财产。只有在法规规定和全额赔偿的情况下才可如此行为。"

⑥ 奥尔拉·弗里斯-詹森（Orla Friis-Jensen），"财产法与环境"，于《环境法 1，一般性问题》，埃伦·玛格丽特·巴斯（Ellen Margrethe Basse）等编著（哥本哈根：法律和经济出版社，2006）：49。

可以认为遗传资源的信息成分包含在产权中，只要信息成分的使用不受他人知识产权的限制。

2. 受知识产权保护的遗传资源

撇开具体的获取与惠益分享规定不谈，丹麦的知识产权法与大多数其他欧盟成员国的不同之处并不大[①]。此类法律必须符合相关的欧盟立法，而且，该立法的一部分以欧盟法规的形式发布，可在成员国中可直接适用和强制执行[②]。此外，丹麦与大多数其他欧盟成员国一样，也是其他国际法律文书的缔约方，因此也可能与上述的情况类似[③]。因此，丹麦立法大体上与本书作者皮赛斯（Pitseys）等所述之比利时的关于受知识产权保护的遗传资源的立法相对应。这包括了承认在当前背景下相关的专利发明、由专利授权的研究豁免，以及对植物品种权利的保护（包括与"农民特权"和研究相关的豁免）[④]。

3. 对动产和不动产权的限制

与遗传资源相关的关于产权的一般限制（从某种意义上说，该限制也适用于

① 然而，应该注意到，根据蒂内索姆（Tine Somme）等著述《法律可以让生活变得（更）简单吗？从基因专利到环境无害技术专利》（哥本哈根：DJOF 出版，2013）172（注释 172），"如德国、法国和意大利已经实施了[实施指令 98/44，见本页第②条脚注]与其他成员国大不相同的方式"。

② 2003 年 12 月 23 日，委员会向欧洲议会和理事会通报的《波恩准则》（COM（2003）821 决议）的第 3 部分提到，"关于生物技术发明法律保护的第 98 /44 EC 指令"和"关于共同体植物品种权的欧洲理事会条例 2100/94"，指出欧盟委员会关于食品和农业植物遗传资源保护和特性法规"也具相关性"。指令 98/44 主要转换了《丹麦专利法》的第 1 节第 4~6 段，和第 1b 节、第 3a 节之第 1 段，以及第 3b 节，还有 2012 年 1 月 24 日通过的第 108 号《综合法》，以及《丹麦新植物品种法》第 20 条第 2 款和第 3 款，2009 年 3 月 12 日的第 190 号《综合法》。然而，有意思的是，委员会在关于欧洲议会和理事会"关于欧盟获取与惠益分享条例的初步提案"的解释性备忘录的第 1 部分结尾处说明了这一点。该解释性备忘录于 2012 年 10 月 4 日［COM（2012）576 决议］提出（以下简称委员会提案），"目前在联盟法规中，既没有关于获取的实施方案，也没有关于'议定书'中对使用者义务的相关规定。"因此，欧洲议会在 2013 年 4 月 8 日的报告草案［2012/0278（COD）］（以下简称"欧洲议会报告草案"）中未在对拟议法规的审议中提及上述欧盟法律，欧盟关于获取与惠益分享的法规对上述问题也没有考虑和涉及。因此，可以认为这样的知识产权本身并不严格属于获取与惠益分享框架。委员会提案支持本文作者对在韦特·科斯特（Veit Koester）中的观察研究，"关于获取与惠益分享的名古屋议定书：欧盟及其成员国的批准和实施挑战"，《IDDRI 研究》3（2012），第 7.8 部分，委员会声称（在 2011 年 10 月 20 日的一份说明中）欧盟成员国单方面批准《名古屋议定书》将与《欧盟条约》（TEU）发生冲突，这是一个相当令人怀疑的说法。但最后，只有丹麦、欧盟、匈牙利和西班牙或多或少地同时加入了"议定书"并及时地在"议定书"于 2014 年 10 月 12 日生效时成为了该议定书的缔约方。从委员会的角度来看，法律问题显然必须服从于实用主义和"议定书"生效时能够充分发挥的权力所带来的好处！

③ 例如，1973 年《欧洲专利公约》和其他一些与专利有关的公约，1991 年《国际植物新品种保护公约》（UPOV 公约）和 2001 年《粮食和农业植物遗传资源国际条约》（ITPGRFA）。本文未涉及 2013 年的《统一专利法院和规约协定》对《名古屋议定书》可能造成的影响。2014 年举行的公民投票的积极结果，证实了丹麦对这些文书的接受程度。关于这些法律文书，请参阅索默（Sommer）等著《法律可以让生活变得（更）简单吗？》，见本页注脚①。

④ 《关于丹麦的专利和植物品种法》，见托马斯·里斯（Thomas Ris）等《丹麦知识产权法》（哥本哈根：DJOF 出版社，荷兰：Kluwer Law International 出版社，2012），第 2 章和第 7 章。

因其产权而被视为标本所有者的人），包括关于保护区和保护物种的立法。然而，丹麦关于保护区和保护物种的立法并不限于满足相关欧盟指令的要求①。因此，除了那些因执行指令的立法而受到保护的物种和区域，还有一些物种和区域受丹麦其他一些立法保护。根据《丹麦自然保护法》②，保护区可根据单独的保护令而建立，并且许多这样的保护区确实是由于相关的欧盟立法而建立的。然而，是否禁止收集（某些）遗传资源取决于特定保护令的内容。这同样适用于海上建立的保护区，包括丹麦专属经济区（EEZ）。野生动植物物种遗传资源的收集，受《丹麦自然保护法》③一条关于部长令的条款的监管。《狩猎活动管理法》④对所有种类的野生鸟类和哺乳动物提供保护，但未明确规定狩猎季节。

对于驯养或栽培的物种，不存在上述性质的限制，但利用这些物种的遗传资源，如育种或繁殖，可能受到知识产权的约束。

4. 公众获取遗传资源？

财产所有人对生物资源的实际或事实上的控制可能受《丹麦法律汇编》（Danske Lov）（即《克里斯蒂安五世的丹麦法》（The Danish Law of King Christian V）第 6-17-31 条款的限制⑤。该条款授予每个人尽可能多地收集"其一次能够消费的、最多的"坚果的权利。该"坚果"的解释包括花、叶、浆果、水果、真菌等，消费不应被理解为字面上的消费或即时消费。这一条款本身并未规定获得财产的权利，但《丹麦自然保护法》允许公众在农村，即公有土地和私有森林、未开垦的田地、海滩、小路等地方，获取自然资源。《丹麦法律汇编》第 6-17-31 条款以及基于此法而制定的专门性法规适用于以上的所有情况⑥。可能有人认为，生物资源的利用通常是无害的，因为它既不损害财产，也不消耗资源。然而，如果在《名古屋议定书》的意义上利用了资源，并导致了一项可申请的专利发明，那么土地所有者的财产就会因被断送类似的利用而遭受损害。但是，这种论证很难成立。

---

① 特别是 2009 年 11 月 30 日欧洲议会和理事会的"关于野生鸟类保护的第 2009/47/EC 号指令"（编纂版），OJL, 20/07（鸟类保护指令）和 1992 年 5 月 21 日理事会"关于保护自然栖息地和野生动植物的指令" 92/43/EEC，OJL. 206/07（栖息地指令）。

② 《综合法》，2013 年 7 月 3 日，第 951 号，第 30 节第 1 段。

③ 2013 年 3 月 19 日的第 330 号"部长令"还规定，禁止收集"栖息地指令"未保护的野生动物（鸟类和哺乳动物除外）（见本页第①条脚注）。

④ 2013 年 6 月 14 日的关于《狩猎活动管理法》的第 735 号《综合法》（及其后的修订），该法的范围在某些方面超出了相关欧盟立法的范围。

⑤ 《丹麦法律汇编》（Danske Lov）由丹麦国王克里斯琴五世（Danish King Christian V）1683 年编撰，其中一些条款现在依然有效，例如，《丹麦法律汇编》的第 6-17-31 条，表示第 6 卷第 17 章第 13 条。

⑥ 维特·科斯特（Veit Koester），科门特雷特·纳图贝斯基特尔斯洛夫（Kommenteret Naturbeskyttelseslov）（对《丹麦自然保护法》的评论），（哥本哈根：法律和经济出版社，2009）；569。

第三节　作为资源提供国的丹麦

1. 丹麦遗传资源方面没有"事先知情同意"的相关要求

《生物多样性公约》的第 15 条对"事先知情同意"作出要求，以获取在其他缔约方发现的遗传资源，除非该缔约方另有决定。丹麦对《生物多样性公约》的批准是基于丹麦议会批准的一项政府动议。动议中关于丹麦履行《生物多样性公约》义务的部分，包括一项关于《生物多样性公约》第 15（5）条的声明，该条要求获得遗传资源必须事先得到知情同意，除非缔约方有决定。根据议会批准该动议时含蓄通过的声明，该决定不将"事先知情同意"原则适用于丹麦遗传资源的出口，并且暂时不通过这方面的规则，这足以满足第 15（5）条的要求①。

关于《丹麦获取与惠益分享法案》的"解释性说明"②确认了以下内容：

在批准《生物多样性公约》时，[丹麦]宣布，在丹麦收集遗传资源时，不会要求"事先知情同意"③。对于这一点也没有计划要对此作出改变，因此没有理由执行《名古屋议定书》旨在要求事先同意的条款。这些涉及第 6~8 条的内容④。

尽管最好包括一项关于不需要"事先知情同意"以获取遗传资源的条款，以便提供法律的明确性、可预测性和透明度，但这一声明并没有直接反映在《丹麦获取与惠益分享法案》的条款中。然而，由于议会接受了上述声明，这类条款的加入不会改变法律状况，如果没有一项具体的法律条款，则未来将无法引入"事先知情同意"。

在关于法案草案的公开听证过程中，参加听证的包括相关当局、大学、产业界和非政府组织的各方，都未对该声明产生疑问，在关于该法案的丹麦议会（Parliament）辩论期间，该声明也没有受到质疑。该法案得到议会中所有政党的积极欢迎⑤，辩论没有引起任何重大争议⑥，也没有由此产生任何修正案⑦。

---

① B 号动议，丹麦议会先驱报（Folkettingstidende），1992—1993 年，第 2 次会议，附录 A 8600、B 1243 和 FF 6581、7806 和 7945。

② 见第 42 页第②条脚注。

③ 这一陈述不准确。除上述政府动议所载的声明（见本页第①条脚注）外，没有作出这种声明。

④ 丹麦自然局提供的非官方翻译。除非另有说明，法案解释性说明或法案规定的所有后续翻译均为该机构提供的非官方翻译，但通常由本书原作者进行修订。

⑤ 然而，此次辩论显示了一些在议会辩论中不常会出现的误解。例如，其中一个政党认为，提议的使用者措施也适用于非"议定书"缔约方的国家，而情况肯定不是这样的。

⑥ 争议主要是关于该法第 8 条的，规定环境部长（以及部长授权的人员）有权在没有法院命令的情况下获得私人财产，以行使该法或根据该法颁布的条例规定的权力。然而，这些规定在丹麦的环境立法中是很普遍的。

⑦ 该法案于 2012 年 11 月 5 日提交给议会，即在最初的委员会提案之日后不久。该法案于 2012 年 11 月 21 日经过议会辩论程序，此后还在议会的环境委员会的三次会议上进行过讨论。在 2012 年 12 月 12 日该报告公布后，议会最终于 2012 年 12 月 19 日通过了该法案，且无需进一步辩论。

2. 关于丹麦遗传资源的报告要求

《丹麦获取与惠益分享法案》的第 6 节，包括了以下条款：

丹麦环境部长可制定有关报告丹麦野生生物遗传资源收集情况的规定，包括有关预期利用情况的信息。丹麦环境部长可以指定以电子方式完成此工作①。

该法案授权部长来决定其生效，根据"解释性说明"，该法案旨在与议定书生效时同时生效。2014 年 10 月 6 日通过的第 1101 号条例作出决定，随着《名古屋议定书》于 2014 年 10 月 12 日生效，此条例同时生效，包括对丹麦生效②。条例指定自然局为主管部门，负责监督该条例的执行遵守情况。到目前为止，还没有发布关于报告的规定。部长有权但没有义务发布此类规定，但"解释性说明"似乎表明将实际行使该权利。

根据"解释性说明"，报告要求的基本原则是：

这将提供关于这些资源的信息，以便再进一步对其识别，并允许与来源于需要事先同意的国家的遗传资源相同的方式，对这些信息进行追踪，并将其法律地位报告给根据《名古屋议定书》设立的全球"信息交换所"③。

虽然在丹麦现行立法中，野生动植物物种的定义是相当明确的概念，但"野生生物"的概念似乎是新的④。该法案未包含任何的定义，"解释性说明"仅表明，由于报告要求仅适用于野生生物的遗传资源，因此此类要求不会影响使用遗传资源的商业育种和培育⑤。然而，据推测，野生生物的概念除包括野生动植物物种外，还包括微生物，这些微生物可能不包括在丹麦法律迄今适用的野生动植物物种的概念之中。

关于报告的规定必须解决一些问题，例如，必须在何时提供何种信息、非商业研究的收集是否或在何种程度上被排除在外、地理覆盖范围、信息接收的确认，以及不遵守信息要求的法律效力。该法案授权部长，明确规定违反条例规定的行为将处以罚款，但不太可能没收未经规定信息而收集的遗传资源或没收所获得的利益。同时，还应解决是否可以通过在稍后阶段提供信息以纠正不遵守规定的问题。

① 关于该法案对于遗传资源和利用的定义，见本章第四节第 4 点内容。

② 法案的解释性说明表明，在整个欧盟范围内集体加入"议定书"是适当的，但如果"议定书"在欧盟做好集体加入的准备之前生效，则丹麦在加入前批准该"议定书"也是可能的。

③ 有些令人怀疑的是，放弃要求"事先知情同意"的权利是否意味着根据《名古屋议定书》第 14 条，而相应地有义务告知获取与惠益分享交换所。应通过缔约方大会的决定尽快地解决和澄清这一问题，因为缔约方还应根据《生物多样性公约》第 14（2）条向信息交换所提供相应的要求信息。但是，关于报告要求的规定可以被视为第 14（2）（a）条意义上的"关于获取的措施"，因此有义务告知信息交换所。

④ 通常所理解的"野生动植物物种"的概念，一般也包括真菌。

⑤ 可能有必要指出，就"议定书"而言，丹麦不是诸多（尽管不是大多数）物种的原产国就野生生物而言，"解释性说明"中包含的信息表明，丹麦自然局的关于野生生物的遗传资源的知识，不是行业界的收集，而是仅出于教育原因或从非商业性的研究之角度出发而得到的。

3."外国的"遗传资源

丹麦获取"外国的"遗传资源的问题，该法案或"解释性说明"都没有涉及，但显然"事先知情同意"对这些资源没有任何要求，而这一事实并不意味着丹麦对这些资源拥有主权。同样，该法案第 6 节中的关于报告的上述规定也不适用于此类资源。因此，如果丹麦不利用这些资源，那么获取这些资源似乎与该法并不冲突（见本章第四节第 3 点）。这个问题可能不仅与丹麦潜在的利用者在"议定书"生效前获得的特定遗传资源有关（见本章第四节第 2 点），而且还与某一特定遗传资源的获取有关，即在《名古屋议定书》生效后，潜在使用者获取遗传资源之情事与遗传资源所在缔约方的国内要求相冲突。但是，这不会削弱该缔约方在寻求执行议定书第 15 条的使用者措施之权利①。

第四节　作为使用国的丹麦

1. 专利申请

丹麦是极少数的工业化国家之一——也许是迄今为止第一个（在 2000 年）实施了披露原产地要求的国家。换言之，基于或利用植物或动物来源的生物材料的发明专利申请应包含有关材料地理来源的信息。此外，如若申请者不知道该材料的来源情况，则应将此情况在申请书中说明。但是，缺乏关于地理来源或材料的信息，既不影响专利申请的处理，也不影响专利权的授予和实施②。

该"解释性说明"预先假定了将要扩展上述规则，以期满足《名古屋议定书》第 17 条关于检查站的规定之要求，虽然也有预期会建立其他检查站。然而，环境部长在向丹麦议会提交了获取与惠益分享法案后，遂向议会通报了将丹麦的专利

---

① 对上述问题的讨论，见克劳迪奥·恰罗拉（Claudio Chiarolla），"《名古屋议定书》下私法的作用"，录于《获取与惠益分享视角下的 2010 年名古屋议定书：国际法实施挑战的影响》，伊丽莎·莫格拉（Elisa Morgera）、马蒂亚斯·巴克（Matthias Buck）、埃尔莎·齐瓦尼（Elsa Tsioumani）等编辑，（莱顿：马丁特努斯·尼霍夫出版社，2013）：444。

② 该规则见 2009 年 1 月 29 日的第 93 号关于专利和补充保护证书的第 93 号部长令第 3 节子条款 4，该部长令是基于欧洲议会和理事会"关于生物技术发明法律保护"的第 98/44 号指令（第 43 页脚注②）的第 27 条，但该规定与此不同，因为陈述中的"应当"已经成为丹麦法令的一项要求。根据《民事刑法典》，提供虚假或故意错误的信息可能会遭到指控或惩罚。专利申请中的"原产地披露"作为《生物多样性公约》所要求的"事先知情同意"的管控手段，该概念可能首次由 F. 亨德里克斯（F. Hendrickx）、V. 科斯特（V. Koester）和克里斯·普里普（Chr. Prip）等提出。"《生物多样性公约》——获取遗传资源：法律分析"，载于《环境政策和法律》23（1993），254，参见《生物外交》（*Biodiplomacy*）的同一作者。《遗传资源和国际关系》，维森特·桑切斯（Vicente Sanchez）和卡莱斯特·朱马（Calestous Juma）编辑（内罗毕：AC TS 出版社，1994）：148。该作者还建议为公司制定法律义务，保存其为研究和开发目的而持有的遗传资源信息进行登记造册，并开放该登记册供主管当局检查。在不声称这些想法是灵感来源的情况下，可以观察到《欧盟获取与惠益分享条例》第 4 条和第 5 条包含与上述想法相对应的元素。

申请规则作为一种手段以监测遗传资源利用情况的做法并不一定合适①，因此在考虑欧盟关于获取和惠益分享的条例时，议会将被告知关于检查点的选择之情事。因此，到目前为止，丹麦没有为执行《名古屋议定书》第 17 条而制定的法规或检查站和监测点。

还应该注意到，上述关于专利申请的规则不包括披露传统知识信息之义务。

2. 丹麦获取与惠益分享法案的核心条款

丹麦的获取与惠益分享法案②，其名称为《关于利用遗传资源而产生的惠益分享法案》，基本上是一项规范在丹麦内、利用非丹麦的遗传资源和与其相关的传统知识的法案。该法案的名称多少有些令人误解，因为除第 1 节外，没有关于惠益分享的条款，根据该第 1 节的规定 "本法的目的是为了确保因利用遗传资源而产生的利益分享"。

以下对该法案的观察或建议性解释，在特别说明的情况下，仅是基于"解释性说明"而产生的。

该法案第 3（1）条规定，"如果遗传资源的获取违反了遗传资源来源国关于获取遗传资源的立法，则禁止在丹麦使用遗传资源"。

第 4（1）条规定，如果传统知识的获取违反了 "被利用的传统知识来源国" 的立法，则须遵守与遗传资源相关的传统知识的同等禁令（见下文）。

利用与遗传资源有关的传统知识所产生的惠益分享没有反映在该法的目标之内，因为该法关于"利用"和"遗传资源"的定义未提及传统知识。原因可能是，在该法案的目标中提及传统知识会使传统知识定义的适当性更加明显，这可能会造成问题③。在这种情况下可以观察到，传统知识的概念并未出现在丹麦有关知识产权的立法中。对传统知识的保护，在获取与惠益分享之法规之前，从未作为内部立法问题提出过，当然丹麦政府一直在关注传统知识保护的国际讨论和谈判，特别是在世界知识产权组织（WIPO）的活动中，而且会继续这样做。

该法案第 3（1）和 4（1）条的适用仅限于来自各国的遗传资源和传统知识，这些国家以《名古屋议定书》缔约方的身份，按照议定书第 6 条和第 7 条的相关要求④，

---

① 《名古屋议定书》第 17 条。

② 参见上文介绍。该法案的在丹麦批准 "议定书" 时生效，但须视 "议定书" 的生效而定（第 46 页脚注②）。

③ 该法案未对传统知识进行定义，但在提及《生物多样性公约》第 8（j）条的内容时，"解释性说明" 指出，该法案所提及的传统知识概念应根据《生物多样性公约》第 8（j）条的内容进行理解。同样地，请参见《欧洲议会报告草案》的第 2 和第 29 修正案以及《欧盟获取与惠益分享条例》的第 5 条和第 3 条第 7 款。

④ 《丹麦获取与惠益分享法案》的上述规定，即第 3（2）和 4（2）条，分别明确提到了《名古屋议定书》第 6 条和第 7 条。但是，"解释性说明" 中提到了议定书的有关规定，关于使用国为控制遵守议定书第 15 和第 16 条，而在其国内立法于 "事先知情同意" 和 "传统知识" 方面采取的措施。

分别在这些方面"制定了立法"①。因此，对《名古屋议定书》的非缔约方没有针对使用者的措施和规定。该法案也不适用于在《名古屋议定书》生效之前获得的遗传资源或传统知识。可以说，这两个法律层面仍受《生物多样性公约》条款的约束，至少就获取遗传资源而言是如此②。

该法案第 1 节是丹麦立法中关于惠益分享的仅有的法律规定，相应的第 4 条，也是仅有的关于传统知识的法律规定。

3. 关于核心条款的解释性问题

该法案第 3 节和第 4 节提出了一些解释性问题。该法案在第 3 节和第 4 节适用丹麦语单词"kommer fra"，可以翻译成"来自"，但也可以理解为"来源于"。"解释性说明"没有对"kommer fra"的确切含义作出任何解释。但是，毫无疑问，由于传统知识之性质的不可移动性，第 4 节提到"来自"传统知识，即是"来源于"的意义。此外，第 4 节明确提到了《名古屋议定书》第 7 条，其中涉及缔约方对其传统知识应采取的措施。

可以说，第 3 节中关于遗传资源的"来自"一词，应该以同样的方式进行理解。如若不是这样，则两个条款中的"来自"将有两种不同的含义。然而，该法案关于"遗传资源法"的第 3 节，明确提及了《名古屋议定书》的第 6 条，该内容不仅指"提供此类资源的缔约方是该资源的原产国"，而且还指"根据《生物多样性公约》获得遗传资源的缔约方"。因此，必须解释第 3 节中"来自"的概念，以涵盖议定书第 6 条中表述的两种情况③。

另一个问题是，第 3 节规定的违法行为不是非法获取本身，而是利用非法获取（获得）的遗传资源，为了利用而进行的非法行为，且该利用行为必须在丹麦发生。因此，丹麦公司在另一个国家设立的子公司利用被该公司侵占的特定遗传资源的行为并没有违反该法案第 3 节的规定，这一事实似乎是从该条款的起草方式得出的。在这种情况下，在另一个国家可强制执行第 16 条的程度显然首先取决于该国是否为议定书缔约方。即使某一使用资源的行为发生在法罗群岛或格陵兰岛，该行为也有可能是不违反法律的。因此，可能需要考虑该条款在起草时所定义的范围是否过于狭窄。也可以考虑将该条款的内容进行适度调整为如下表述："当获得遗传资源时，禁止为利用或利用遗传资源而拥有这些资源……"

---

① 尽管提到"立法"，但由于明确提到《名古屋议定书》的有关条款，可能毫无疑问"立法"不应从字面上进行理解，因此，"立法"还包括提供国满足其要求的其他措施和协议。

② 《生物多样性公约》关于获取遗传资源的规定与《名古屋议定书》之间的关系，见克斯特（Koester）"关于获取与惠益分享的名古屋议定书"：17-18。

③ 总的来说，作者不建议修改丹麦自然局提供的《丹麦获取与惠益分享法案》的非官方翻译。尽管如此，建议将该法案第 3 节中的"kommer fra"翻译成"来自"，而将第 4 节中相同概念的译文保留为"源于"。

姑且不论这些解释性的问题，《丹麦获取与惠益分享法案》似乎回避了与《名古屋议定书》的某些关键条款的起草方式相关的一些问题，或对此提出了自己的立场。因此，它明确地遵循法案的第 3 节和第 4 节。

法院应在域外适用外国（如所称的原产国）的国内法，以确定产生非合同获取与惠益分享义务的责任的条件，即适用于有争议的事实①。

非合同的获取与惠益分享义务包括，要求遗传资源和传统知识的使用者获得"事先知情同意"并建立"共同商定条件"。丹麦的获取与惠益分享法案中没有明确规定建立"共同商定条件"的义务。然而，"解释性说明"指出，完全没有建立"共同商定条件"则可能违反该法第 3 节的规定（见本章第四节第 7 点）。但是，如果没有建立"共同商定条件"，这一陈述是否足以引发惩罚，则可能会受到质疑。

对于丹麦法院在确定根据《名古屋议定书》而采取的国内措施的最终违约性时，是否应特别考虑相关国家主管行政或司法机构的所有法律事实和事实调查结果，"解释性说明"在此没有提供任何指导②。这样就很难想象，一名检察官如何能够不依赖这些机构的调查结果的情况下，准备一套可靠的案卷材料。

虽然"解释性说明"在解释该法第 3 节和第 4 节的内容时，分别提到了《名古屋议定书》之第 15 条和第 16 条，但这些条款本身避免了与第 15（1）条中提及的"缔约方的国内获取与惠益分享立法或监管要求"相关的争议问题。"解释性说明"仅指出：

该条款执行了《名古屋议定书》对缔约方的要求，以确保遵守资源来源国的要求，这在议定书第 15 条中有明确规定。

这意味着该法案至少间接地采用了"对第 15 条的扩大解释"，在该法案第 3 节提到了第 6 条，即原产国（或根据《生物多样性公约》获得遗传资源的缔约方）的国内要求而不仅仅是"另一缔约方"，即提供方③。然而，值得怀疑的是，在何种程度上该法案的第 3 节规定可适用于某一特定的、已在丹麦使用的遗传资源，而该资源是根据提供国的"事先知情同意"要求而获得的，且此情况与第 6 条相冲突，因为该资源最初是非法获取的。无论如何，在这种情况下，丹麦法院不太可能对已进行了尽职调查的使用者因其违反了第 3 节的规定而施加惩罚，并且在其他方面，其含义将非常不确定④，例如，对扣押资源或没收利益。毕竟，"搁置"另一缔约方签发的许可证是一个相当微妙的事情。

---

① 恰罗伊拉（ChiaroIla），《国际私法的作用》，第 440 页，认为在这个有限的意义上，"议定书"似乎为"另一方的国内获取与惠益分享立法[……]"作为适用于非合同获取与惠益分享义务的法律的域外适用提供了依据。

② 恰罗伊拉，《国际私法的作用》，第 440 页。

③ 《国际私法的作用》，第 443 页。

④ 关于第 15（1）条对"另一方"的解释所进行的全面讨论，以及此问题与传统知识无关的原因，见《国际私法的作用》，第 440-445 页。

4. 该法案对"遗传资源"和"利用"的定义

法案的第 2 节第 1 款将"遗传资源"的定义表述为"……生物体的功能遗传特性和由生物体的基因表达或代谢产生的天然存在的生物化学化合物①。"

《丹麦法》第 2 节第 3 款与第 2 节第 1 款同时解读时指出,根据《名古屋议定书》第 2(e)条的定义,遗传资源的利用还包括对衍生物的利用。该定义的最后一段(即使不包括遗传的功能性单位)没有包含在法案的定义中。然而,这看起来似乎不重要,因为含有遗传功能单元的化合物已经被包含在定义的第一部分中("功能遗传特性")。这就与"解释性说明"中的解释相互对应了,从而使遗传资源的定义与议定书中的定义相一致,但除此之外还包括衍生物。

根据法案第 2 节第 2 款,"利用""是指研究和开发遗传资源的遗传和/或生物化学组成,包括通过应用生物技术。"事实上,此条款不同于议定书第 2(c)条表述的《生物多样性公约》第 2 条所界定的生物技术的应用",也不像议定书第 2(d)条包括了《生物多样性公约》所定义的"生物技术"的定义,因此该条款几乎不重要。

在《名古屋议定书》的条款中如何规定对衍生物之使用的程度,也许是有争议的②。虽然,也许毫无疑问的是,只要提供国愿意,他们就可以对这样的使用行为进行监管。同样的,只要使用国愿意,他们也会管控遵守上述的规定行为。《欧盟获取与惠益分享条例》不包括使用没有遗传功能单元的衍生物③,这很可能会产生一些问题。

《丹麦获取与惠益分享法案》的上述使用定义包含一项补充规定,大意是"使用也被理解为基于遗传资源而进行的产品的开发和营销。"

"解释性说明"指出,该法案对"使用"的定义与"议定书"的定义一致。由于上述补充规定,可以正式地说,情况并非如此。但是,这一规定与议定书的规定没有直接的冲突④,尽管议定书的"解释指南"⑤提供了以下解释:

---

① 丹麦自然局提供的非官方翻译是指"物质"而不是化合物。

② 参见克斯特(Koester),"关于获取与惠益分享的名古屋议定书",10。另见莫滕·沃勒·特维特(Morten Walløe Tvedt)和彼得·约翰·谢(Peter Johan Schei)等,"'遗传资源'这个词,在提供法律确定性的同时保持灵活和动态?《名古屋议定书》之后的遗传资源获取与惠益分享的全球治理",塞巴斯蒂安·奥伯瑟(Sebastian Oberthür)和克里斯汀·罗森达(Gkristin Roserdal)(纽约/伦敦:劳特里齐出版社):18-32。

③ 第 3(1)和 3(4)条。

④ 这一补充规定也列入了遗传资源之"利用"定义的最新草案之一,见 Morten 滕·沃勒·特维特(Morten Walløe Tvedt)和奥利维尔·鲁昆多(Olivier Rukundo)等著述"获取与惠益分享议定书的功能",《弗里德佐夫南森研究所(FNI)报告》9(2010)14。补充条款在一定程度上强调了《法案》第 3 节的涵盖范围包括衍生品(包括没有遗传功能单位的衍生品)。见里卡多·帕沃尼(Riccardo Pavoni),"《名古屋议定书》与 WTO 法律","获取与惠益分享视角下的 2010 年名古屋议定书:国际法和实施挑战的影响",伊丽莎·莫格拉(Elisa Morgera),马蒂亚斯·巴克(Matthias Buck)和埃尔莎·齐瓦尼(Elsa Tsioumani)(莱顿:马丁努斯·尼霍夫出版社,2013):187-188。

⑤ 托马斯·格雷伯(Thomas Greiber)等,《关于获取与惠益分享的名古屋议定书解释指南》(瑞士格兰德:世界自然保护联盟,2012):64。

当研究和开发进程结束后，对遗传资源的利用即结束。任何后续的应用和商业化行为都受《名古屋议定书》第 5 条关于惠益分享之规定的规范。

5. 与欧盟法律的关系

《丹麦获取与惠益分享法案》第 3 节和第 4 节的规定由该法案第 5 节的内容进行补充，即：

丹麦环境部长可就必须遵守的程序和标准制定法规，以确保遵守第 3 节和第 4 节中的禁令，包括对这些进行的数字化管理。

根据该"解释性说明"，该条款授权部长制定规则，要求使用遗传资源的机构和企业采用固定的程序、惯例和标准，从而确保资源的获取符合原产国的立法。此外，"解释性说明"还指出：

因此可以规定尽职调查义务，包括要求遗传资源交易应附有关于该资源法律地位的声明。无论提供国的获取立法是否可能受到侵犯，此类法规本身都可能成为管控的对象[1]。

《获取与惠益分享法案》第 5 节的基本原理是"解释性说明"的语言"遵守欧盟关于'尽职调查'制度的预期法律要求"。该声明应根据"解释性说明"中关于该法案与欧盟法律关系的一般性评论进行解读。同时在提及欧盟关于获取与惠益分享的条例时，"解释性说明"指出该法案并未排除对潜在欧盟法律法规的考虑，因为该法案仅包含符合《名古屋议定书》规定所需的条款，而这些规定只能通过国家立法来执行。为了解释这一说法，很可能应该理解为，由于《欧盟关于获取与惠益分享的条例》不包括法案第 3 节和第 4 节的规定，因此必须通过国家立法来规定这些条款。根据该法案第 5 节，部长有权制定实现未来欧盟立法的规则。因此，根据"解释性说明"的一般性意见，该法案与欧盟法律有关的方面非常有限。

6. 补充性规定

该法案还包括了其他的规定，以补充上述第 3 节和第 4 节中的核心条款，即：

- 第 7 节，部长有义务监督该法案和根据该法案颁布的条例的遵守情况[2]；
- 第 8 节，未经法院命令获取上述公共和私人财产的权利[3]；
- 第 9 节第 1 段，授权环境部长将法案赋予部长的权力委托给隶属于环境部的机构，或与相关部长协商后委托其他国家当局[4]；

---

① 自然局的非官方翻译，第 45 页脚注④，但作者进行了一些修改。
② 根据"解释性说明"，这项义务将转移给自然局。
③ 第 45 页脚注⑥。
④ 根据"解释性说明"中的内容，该法案的管理权已下放给自然局，即隶属于"环境部"的一个机构（见本章第三节第 2 点）。因此，自然局是《名古屋议定书》第 13 条所述的国家联络点。

- 第 10 节第 1 段，授权政府与其他国家就实施该法案目标的共同措施达成协议①；
- 第 10 节第 2 段，规定部长有义务制定条例，以执行第 10 节第 1 款所述的国际协定；
- 第 10 节第 3 段，授权部长制定必要的条例，以便在丹麦适用欧盟关于该法案所涉事项的条例；以及
- 第 11 节第 1 段、第 2 段和第 5 段②，关于违反第 3 节和第 4 节的行为而需处罚的，主要是罚款（除非根据其他立法适用更高的处罚），并适当考虑到如果不没收所获利益，该所获得利益或可争取的利益的大小，以及在某些情况下处罚可能增加至两年以下的监禁③；以及
- 第 11 节第 3 段，授权部长在根据该法案颁布的条例中纳入关于违反监管规定之条款，以罚款的形式实施处罚；

上文引用的该法案第 10 节第 3 款，是该法案中唯一一提及欧盟立法的条款，但也应将第 5 节同视为未来的欧盟立法，正如上述与该节相关的意见所示。考虑到欧盟文书是一项不要求也不允许转换为国内立法的法规，这似乎超出了所需要的范围④。但是，政府在向议会提交法案时好像陷入了两难的困境，即要达成一项法案，使政府能够成为欧盟集体的一员以加入《名古屋议定书》，此外还需要执行欧盟条例，使政府能够自行批准议定书，并仅根据该法案执行议定书⑤。

7. 关于"共同商定条件"的规定？

丹麦的获取与惠益分享法案本身没有关于"共同商定条件"的规定，但可以在"解释性说明"中找到此方面的一些注解。由此，该法案在这方面的一般做法是，不遵守"共同商定条件"并不是该法案的关注点。必须根据私法执行"共同商定条件"。但是，根据提供国的立法，完全不能就"事先知情同意"或传统知识的使用达成一致的条款，可能构成对第 3 节和第 4 节中所规定禁止行为的违反，

① 这种协议的确切性质并未出现在"解释性说明"中，但由于已赋予政府权力，则该权力很可能是指国际协议，即条约，因为在国际事务中代表王国行事的是政府（议定书第 13 条）。授予政府的权力仅限于"遵守该法案目标的共同措施"，即确保分享因利用遗传资源而产生的利益（因此，根据第 10 节第 2 款而在某种程度上限制部长的监管权力）。因此，据推测，第 10 节第 1 段不是指议定书第 4（2）条意义上的国际协定，也不是议定书第 4（3）条所指的，在国际文件和相关国际文书下正在进行的工作或做法。"解释性说明"提供了根据第 10 节第 1 段规定的协议的实质内容，即共享数据收集和数据交换，以用于执行《名古屋议定书》。
② 公司等（法人实体）可根据《民法通则》规则（第 II 节第 4 款）的规定受到处罚。刑事责任的时效期限为 5 年（第 11 节第 6 款）。
③ 如果侵权行为是故意或由于重大过失而实施的，并且由于侵权行为，已经获得或打算为实施侵权行为的人或其他人提供经济利益。
④ 一般而言，只需要关于国内法的处罚规定。
⑤ 见本章第二节。

这在"解释性说明"中也有所说明，具体为：

违反该法的规定，反映为违反了提供国关于收集遗传资源和利用与这些资源有关的传统知识时需"事先知情同意"的立法规定，违反了遗传资源或传统知识的使用的"共同商定条件"，则应通过民事法律程序起诉。正式违反提供国就利用而达成的共同协议的立法，包括分享利益，则构成违反第3节和第4节中的禁令。

因此，没有具体规定来履行第18条关于遵守"共同商定条件"的承诺。根据丹麦法律制度已经存在的寻求追索的机会，可在何种程度上被诉诸法庭，从而足以"确保"因"共同商定条件"产生的争议可以被诉诸法院[第18（2）条]，显然还没有经过验证。这也适用于与第 18（3）（b）条关于"利用相互承认和执行外国判决和仲裁裁决的机制"相关的"有效措施"的要求。

丹麦是1958年纽约签署的《承认及执行外国仲裁裁决公约》的缔约方，就仲裁裁决而言，这一事实在一定程度上可以弥补上述意见，该公约得到了相当大的认可[1]。但是，不能排除为了满足第18条的要求，从更长远的角度出发可能还需要制定其他立法[2]，因为根据丹麦对国际私法的分析，丹麦在条约规定的范围之外，"敌视承认"外国法院裁决[3]。

对于《名古屋议定书》第18（3）（a）条所要求的（视情况而定）"诉诸司法"的规定，丹麦没有采取具体的措施。但是，这一规定的范围并不明确，因为它没有说明诉诸司法是否还包括获得法律援助，这一点很重要，因为提供国通常是发展中国家，因此也是较弱的一方[4]。除此之外，丹麦虽然是1954年《海牙民事诉讼公约》的缔约方，但不是1980年《海牙国际诉诸司法公约》的缔约方，前者包括一些关于法律援助的条款。正如一位作者指出的，"限制这些公约所规定的工具使用的最重要的制约因素之一是缔约方的数量少"[5]。此外，这两项公约的几乎所有缔约方都不是发展中国家[6]。

这还可以作为一种借口，在丹麦的获取与惠益分享法案中不列入关于执行《名古屋议定书》第18条的实施承诺的条款，即第18条的含义（其效力受制于具体的审查条款）并不明确，且提出了一些复杂的问题[7]。因此，可能需要通过缔约方

---

① 该公约目前有 146 个缔约方。
② 该法案授予部长的各项权力中，并未规定在私法领域制定法规的任何授权。
③ 约瑟夫·卢科夫斯基（Joseph Lookofsky）和凯蒂尔比约恩·赫兹（Ketilbjørn Hertz）等，《国际私法》（哥本哈根：法律和经济出版社，2008）：51。
④ 克斯特（Koester），《关于获取与惠益分享的名古屋议定书》，第 15 页，及恰罗拉（Chiarolla）"《名古屋议定书》下私法的作用"，第 432 页。
⑤ 同上。恰罗拉（Chiarolla）"《名古屋议定书》下私法的作用"，第 433 页。
⑥ 1980 年"公约"的 24 个缔约方中，只有一个缔约方（虽然困难重重）被归类为发展中国家（巴西）。此情况同样适用于 1954 年"公约"的 45 个缔约方。
⑦ 见莫滕·W. 特维特（Morten W. Tvedt）和奥利·K. 费于沙尔（Ole K. Fauchald），"实施关于获取与惠益分享的名古屋议定书：在挪威强制实施惠益分享的假设性案例分析"，《世界知识产权杂志》，14（2011）：383。

大会和会议（COP-MOP）决议来提供一些指导。

对目前与履行《名古屋议定书》第 18 条的承诺相关的丹麦法律的分析，超出了本文的范围①。此外可以假设，丹麦立法中与第 18 条下的承诺相关的各种潜在问题，与其他欧盟成员国现行立法中遇到的同类问题相较而言，其之间没有太大差别，这表明需要付诸共同努力，以确定潜在问题，并通过缔约方大会的决议寻求适当的解决方案②。

第五节　初 步 结 论

很明显，《名古屋议定书》是一个使用者缔约方和提供者缔约方都非常难以实施的文书。尽管丹麦选择了最容易的立法方式，通过避免了"事先知情同意"的要求（见本章第三节第 1 点），以发挥其作为缔约方的潜在作用，但是如何执行预见的报告要求（见本章第三节第 2 点），仍然存在问题。丹麦的勇气值得钦佩，它作为第一个欧盟成员国，起草了相对简单可行的法案，解决了该国的使用者义务，并为单方面批准《名古屋议定书》或作为欧盟及其成员国集体批准议定书留出了空间。然而，丹麦获取与惠益分享法案也提出了一些解释性问题（见本章第四节）。其中一些问题可以通过法案授权部长发布的条例加以澄清。因此，该法案代表了一个过程的开始，虽然该过程充满了重重困难与障碍，但这个过程还远未结束。

---

① 关于承诺的一般解释，见格雷伯（Greiber）等，《关于获取与惠益分享的名古屋议定书解释指南》，183-189，以及与第 18 条相关的各种问题的理论讨论，见恰罗拉（Chiarolla）"《名古屋议定书》下私法的作用"，423-449。

② 尽管委员会在其初步提案的"解释性备忘录"的第 1 部分中指出，"缔约方还必须确保将特定利益分享合同产生的争议可以诉诸法院，[但] 与获取合同不同，使用者的——合规条款使缔约方在选择的实施措施的类型和组合方面具有相当大的自由裁量权。"

第三章　法国《生物多样性法（草案）》中关于获取与惠益分享规定的评述[*]

克劳迪奥·基亚罗拉（Claudio Chiarolla）

法国不仅从其大都市圈、海外领地、领海和专属经济区为世界各地的研究与开发（研发）活动提供丰富的遗传资源，而且也是一个遗传资源使用国，拥有先进的生物技术能力，有多个经济和工业部门积极参与生物经济，众多直接相关的公共和私营研究机构在其活动中执行获取与惠益分享要求[①]。

在某些海外领地，虽然已经有地方机制在监管遗传资源获取与惠益分享问题[②]，如在新喀里多尼亚南方省[③]、圭亚那亚马孙公园[④]和法属玻利尼西亚[⑤]，但是法国目前还没有适用于整个领土的获取与惠益分享总体框架。尽管目前存在这一立法空白，但是对遗传资源和相关传统知识获取申请的专门处理由国家获取与惠益分享联络点，即法国生态、可持续发展和能源部（MEDDE）负责。特别值得一提的是，2012 年 11 月以来，自愿获取程序允许申请人将获取申请传送给国家获取与惠益分享联络点，并自愿确立具体的遗传资源获取与惠益分享条件[⑥]。除该自愿获取程序之外，联络点还

---

[*] 作者对莎拉·奥博蒂（Sarah Aubertie）表示最真挚的谢意，她对本章较早版本的内容提出了详尽意见和建议。本章任何遗存错误和不准确之处由作者全权负责。本评论讨论了 2014 年 3 月 26 日呈递给法国国民大会的《生物多样性法（草案）》，载于 http://www.assemblee-nationale.fr/14/projets/ph847.asp。本章对相关规定的英文总结以作者对法语文本的非正式翻译为基础。法语原文文本节选内容收录在本章第九节附件。

① 法兰西共和国，法国生态、可持续发展、交通与住房部遗传资源的获取与惠益分享，了解获取与惠益分享机制的运作和《名古屋议定书》的关键条款。2011 年 6 月，http://www.developpement-durable.gouv.fr/lMG/pdf/i-MEDDTL-Synthese-Protocole-Nagoya.pdf。

② 根据《法国宪法》，一些海外集体有权对其领地上的获取与惠益分享进行监管。

③ 参阅 2009 年 2 月 18 日《关于生物化学和遗传资源的收获和开发》的第 06-2009 号审议意见，现收录于省级《环境法典》《新喀里多尼亚南部省环境法》第 311-1 至 315-4 条，载于 http://www.fondationbiodiversite.fr/images/stories/telechargement/ed_48_apa _outre_mer.pdf，第 162-166 页。

④ 目前，遗传资源获取申请需按照即将通过的《章程》规定的程序提交给圭亚那大区委员会。《章程》还确定了惠益分享方式。参阅 http://www.parc-guyane.gf/site.php?id=76。同时参阅《环境法典》第 L. 331-15-6 条和 2006 年 4 月 14 日的第 2006-436 号法律，http://www.fondationbiodiversite.fr/images/stories/telechargement/ed_48_apa_outre_mer.pdf，pp. 189-193。有趣的是，《生物多样性法（草案）》（DBL）生效后，圭亚那亚马孙公园的获取与惠益分享具体规定将自动废止，以支持全国获取与惠益分享规定的直接适用。《生物多样性法（草案）》第四篇第 25 条。

⑤ 2012 年 1 月 23 日第 2012-5 号法律。

⑥ 《关于获取与惠益分享的名古屋议定书》，法国生物多样性信息交换所机制，http://biodiv.mnhn.fr/convention/le-protocole-de-nagoya-sur-l-acces-et -le-partage-des-avantages。

将现有法律框架内适用的、申请人可能无法自行确定的关于获取和出口生物材料的相关法规（如关于保护物种和保护区的法规、健康法规、《濒危野生动植物种国际贸易公约》、海洋法等）告知申请人①。

然而，随着《生物多样性法（草案）》（DBL）（法语为 Projet de Loi relatif à la biodiversité）即将通过，上述情况有望彻底改变。该法律草案将引入遗传资源和相关传统知识强制获取程序。特别值得一提的是，为了厘清和统一法国适用于生物多样性和遗传资源利用的监管框架，鉴于《名古屋议定书》即将批准，2011 年法国生态、可持续发展和能源部开始进行咨询，以便提出新的关于获取与惠益分享的立法框架。2013 年 12 月 17 日，经过漫长而艰苦的咨询，名为"国家生态转型委员会"②的咨询机构终于以 28 票赞成、9 票反对、1 票弃权③审议批准了《生物多样性法（草案）》。法国生态、可持续发展和能源部还宣布将于 2014 年初将《生物多样性法（草案）》提交给国务委员会④，以期将其列入部长理事会的议程，由部长理事会于 2014 年 3 月通过⑤。2014 年 3 月 26 日，生态部部长将《生物多样性法（草案）》呈递给部长理事会，以将文件于 2014 年 10 月提交给国民议会审议⑥。然而在本文撰写之时，国民议会的日程表尚未列出法律草案的讨论日期。

法国议会一旦通过了《生物多样性法》，其规范就会列入《环境法典》，成为《环境法典》不可分割的一部分⑦。特别是，《生物多样性法（草案）》第四篇的重点内容是获取与惠益分享，并且规定《环境法典》新增一节题为"获取遗传资源和相关传统知识以及公正公平分享其利用所产生惠益"的内容⑧。

本章将介绍、分析和讨论法国《生物多样性法（草案）》获取与惠益分享规定的主要方面。首先需要强调的是，法国立法机关主要关注遗传资源和相关传统知识的获取问题，因为《名古屋议定书》规定的其他关键义务，还会通过欧洲议会和国务委员会《〈关于获取遗传资源及公正公平分享其利用所产生惠益的名古屋议定书〉欧盟使用者遵约措施条例》（以下简称《欧盟获取与惠益分享条例》）来执

---

① 同上页第⑥条脚注。

② 国家生态转型委员会（CNTE）是法国一家具有咨询职能的行政委员会。

③ "生物多样性法案将于 1 月初提交国务院。"Agri85，http://www.agri85.fr/V3/Le-projet-de-loi-biodiversite-sera-transmis-au-Conseil-dtat-debutjanvier-actualite-numero-5295.php。

④ 国务委员会是担任法国政府法律顾问等角色的机构）。

⑤ "请就以多数票通过的《生物多样性法草案》发表意见"，生态、可持续发展、交通和住房部 http://www.developpement-durable.gouv.fr/spip.php?page=article&id _article=36324。

⑥《生物多样性法（草案）》全文（NOR: DEVLi40072oL/Bleue-i）载于 http:// www.developpement-durable.gouv.fr/IMG/pdf/Texte_du_projet_de_loi_relatif_a _la_biodiversite.pdf。

⑦ 法国《环境法典》载于 http://www.legifrance.gouv.fr/affichCode，do?cidTexte=LEGITEXTooooo6o74220&dateTexte=2003o8o5。

⑧ 这些规范收录于《环境法典》第四卷第一篇第二章，《生物多样性法（草案）》第四篇第18条。

行①。因此，《欧盟获取与惠益分享条例》及《生物多样性法（草案）》的相关规定将共同监管法国的获取与惠益分享义务②。

本章第一节概述了法国遗传资源及相关传统知识的法律地位，描述了相关法律环境将如何随着《生物多样性法》的最终通过和生效而改变。第二节解释了《生物多样性法（草案）》获取与惠益分享条款的适用范围，重点解释其所涉材料的范围和被排除在外的几种情形，以及时间和空间范围。第三节描述了法国遗传资源和相关传统知识获取程序。第四节分析了《生物多样性法（草案）》规定的主要惠益分享义务。第五节探讨了《生物多样性法（草案）》所设想的规定和机制，以便促进使用者遵守国内的获取与惠益分享法规或《名古屋议定书》其他缔约方的监管要求。第六节研究了相关的机构安排，包括成立获取与惠益分享国家主管机构。后面一节限定了本章的范围，本章不研究涉及法国遵守《名古屋议定书》方面的内容。第八节为结论。

第一节　法国遗传资源和相关传统知识的法律地位：不断变化的局势

《生物多样性法（草案）》确认，除"自然区域、资源和栖息地、场地和景观、空气质量、动植物物种及其所助益的生物多样性和生物平衡"外，遗传资源也属于"国家共同遗产"的一部分③。正如本章将在后面几节所阐释的，《生物多样性法》的获取与惠益分享新规定将从遗传资源和相关传统知识的获取与使用方式的定义等方面对《环境法典》作出重大改进④。

除《知识产权法典》可能为传统知识提供保护之外——如果该等知识符合标准的保护要求（例如，作为商业秘密）——与遗传资源相关的传统知识在法国法律中尚未享有特定的法律地位。然而，由于《生物多样性法（草案）》即将通过，

①《欧盟获取与惠益分享条例》由欧盟理事会于 2014 年 4 月 14 日批准。
② 进一步详情见下一节"地域范围"。
③ 见《环境法典》第 110-1 条。2002 年 2 月 27 日第 2002-276 号法案，2002 年 2 月 28 日《公报》第 132 条。本条进一步规定"其保护、改善、修复、恢复和管理受到普遍关注，有助于实现可持续发展目标，可持续发展旨在满足发展需求、保护当代人健康，而不损害未来世代满足其自身需求的能力。"（官方翻译，www.legifrance.gouv.fr/content/download/1963/13739/.../Code_40.pdf）。
④ 然而，《生物多样性法（草案）》本身不会界定"遗传资源获取"的概念。这是因为按照《名古屋议定书》的规定，虽然获取某一特定遗传资源或相关传统知识的行为可能会引发相关的行政监管程序，但其利用会产生惠益分享义务。安妮劳尔·维特曼（Annelaure Wittmann），代表团临时代办"经济与生物多样性文书"。法国生态、可持续发展和能源部（MEDDE），个人通信，2014 年 3 月 11 日，作者存档文件。因此，《生物多样性法（草案）》将"遗传资源的利用"定义包括所有涉及对植物、动物、微生物或其他生物材料的遗传或生物化学成分或其含有遗传功能单元的部分进行研究和开发的活动，以及随后的应用和商业化。同时还将"与遗传资源相关的传统知识的利用"定义为对此类知识进行的进一步研究和了解。《生物多样性法（草案）》第四篇第 412-3 条。

传统知识的法律地位至少在某些方面会得到提升，因为《生物多样性法（草案）》也适用于与遗传资源相关的传统知识①。

该法律草案提供了"遗传资源相关传统知识"的具体定义，将其理解为与遗传资源的基因性或生化特性、其利用或特征有关的知识和做法，并由一个或多个居民社区（法语为"*communautés d'habitants*"）以传统和持续的方式持有，以及在此类社区内基于此类知识而进行的实践和知识演变②。

该法律草案对"居民社区"的定义是：以传统方式从自然环境获得生活资料、其生活方式与生物多样性保护和可持续利用密切相关的社区③。这一概念还应按照国家生态转型委员会的意见进行解释。国家生态转型委员会要求将"土著人民和地方社区"（《名古屋议定书》中所使用的术语）这一表述以尽可能少的限制性方式写入法国法律，以期在《法国宪法》规定的范围内，涵盖必须受益于获取与惠益分享机制和程序的所有可能的传统知识持有者④。

第二节　适　用　范　围

1. 客体

如上一节所述，获取与惠益分享草案的适用范围涵盖遗传资源获取与利用以及对相关传统知识的利用⑤。然而，该法律规定了几种被排除在外的客体类别，即⑥：

- 人类遗传资源；
- 国家管辖范围以外区域（ABNJ）的遗传资源；
- 符合《生物多样性公约》、不违反《生物多样性公约》目标的获取与惠益分享专门性文书所涵盖的遗传资源；
- 用作研发活动模型的栽培或驯化种遗传资源（即模型物种）⑦；
- 不归属于一个或多个社区的与遗传资源相关的传统知识；
- 具有众所周知的特性,并且在最初萌发这种知识的社区之外被反复使用了相当一段时间的，与遗传资源相关的传统知识；
- 《农村与海洋渔业法》（Code rural et de la peche maritime）第 640-2 条

---

① 然而，有一些重要的例外情况。请参阅下文"排除在外的客体"内容。
② 《生物多样性法（草案）》，第四篇第 412-3 条。
③ 《生物多样性法（草案）》，第四篇第 412-3 条。
④ 见第 57 页脚注②及随附文本。同时参阅国家生态转型委员会的意见，载于 http://www.amaudgossement.com/media/oi/oo/ 1984099581.doc。
⑤ 《生物多样性法（草案）》第四篇第 412-4 条第二项。
⑥ 《生物多样性法（草案）》第四篇第 412-4 条第三项。
⑦ "模型物种"的定义将由后期的法令予以规定。

规定的价值提升措施所涵盖的传统知识[①]。

另外，《生物多样性法（草案）》的获取与惠益分享规定不适用于"居民社区"内部和相互之间对遗传资源和相关传统知识的个人或非商业用途。然而，这些资源和知识在这些社区以外的其他个人或非商业用途都必须遵守定期申报或授权程序[②]。

除上述例外情况外，《生物多样性法》还单独列出了五类遗传资源，其获取与惠益分享条件将由特定监管措施规定[③]。这些类别包括：

（1）驯化或栽培物种遗传资源[④]；

（2）栽培作物和驯化动物物种的野生近缘遗传资源[⑤]；

（3）林业遗传资源[⑥]；

（4）实验室为预防、监测和消除威胁动植物健康以及动物食品安全的健康风险而收集的遗传资源[⑦]；

（5）实验室为预防、监测和消除威胁人类健康的重大健康风险而收集的遗传资源[⑧]。

就以上几种遗传资源（包括驯化、栽培和微生物致病物种），确定以下职权划分[⑨]：

（1）法国农业、农业食品与林业部负责涉及驯化或栽培种遗传资源的获取程序；

（2）法国生态、可持续发展与能源部负责涉及野生种遗传资源的获取程序；

（3）法国社会福利卫生部负责与可能威胁人类健康的致病性和微生物遗传资源相关的获取程序。

国家生态转型委员会的意见也值得强调。国家生态转型委员会对是否可以制定三套不同的获取与惠益分享规则和程序提出疑问。特别值得一提的是，该委员

---

① 后者适用于农业与食物产品、林产品和海鲜产品，通过：（a）质量与原产地识别标签（红色标签——官方质量保证、地理标志保护标签，以及在销售名称中提到"有机农业"）；（b）增值声明（如山上生产的或农场生产的）；（c）认证方案，可以提升与获取其价值。载于 http://www.legifrance.gouv.fr/affichCodeArticle.do-jsessionid=ADiFD4F7AA5iDEBFCB2B3A49ABF5C332.tpdjoo8v_2?idArticle=LEGIARTI 0000022657487&cidTexte=LEGITEXT0000060o7i367&dateText e=20i402io&categorieLien=id&oldAction。

② 《生物多样性法（草案）》第四篇第 412-4 条第二项。同时参阅下文"遗传资源和相关传统知识的获取"一节。

③ 《生物多样性法（草案）》第四篇第 412-4 条第四项。

④ 驯化或栽培物种的定义是：受人类需求的影响而改变其进化过程的所有物种。《生物多样性法（草案）》第四篇第 412-3 条。

⑤ 野生近缘物种的定义是：能够与驯化物种进行有性繁育的所有动物物种，以及能够与品种选择框架内的栽培种杂交的所有作物物种。《生物多样性法（草案）》第四篇第 412-3 条。

⑥ 按照《林业法典》第 153-1-3 条，这些森林遗传资源将由国务委员会的法令管理。

⑦ 《农村和海上捕鱼法典》第 201-1 条第 1 款和第 2 款。

⑧ 《公共医疗卫生法》第 1413-5 条。

⑨ 安妮劳尔·维特曼（Annelaure Wittmann），代表团临时代办"经济与生物多样性文书"，法国生态、可持续发展和能源部，个人通信，2014 年 3 月 11 日，作者存档文件。

会要求为了协调获取资源的使用者所获得的利益，应适用未被排除在《名古屋议定书》的适用范围之外的、关于上述遗传资源的获取与惠益分享规则和程序①。然而，尽管上述三个不同的行政主管部门之间重新进行了职权划分②，但这些问题至少因现实情况而减少了一些：所出具的获取许可证（或等同文件）在本质上都是完全一样的，并且会通过《生物多样性公约》的获取与惠益分享信息交换所（CHM）在网上发布③。

2. 时间范围

对于在《生物多样性法》生效之前收集的遗传资源或相关传统知识，第412-4条第Ⅴ款规定，获取与惠益分享程序适用于所有新的使用者④。另一条规定也专门用于非原生境收集库⑤。该条款规定，如果收集库是在《生物多样性公约》生效日期之前建立的，遗传资源新用途所产生的惠益应当归属于收集品持有人⑥。

3. 地域范围

本章提到了《欧盟获取与惠益分享条例》及《生物多样性法（草案）》的相关条款将共同规范法国的获取与惠益分享义务。虽然这是对法国"内陆"而言的，但中央政府、法国海外省和海外大区（DROM）、法国的海外国家和地区（OCT）⑦和欧盟之间的权限（有时是重叠的权限）划分使得获取与惠益分享立法前景比表面看起来复杂得多。

海外省和海外大区包括马提尼克、瓜德罗普、法属圭亚那、留尼旺和马约特。这些省是欧盟不可分割的一部分，称为欧盟边远地区（OR）。除非明确废除，否则适用于法国内陆的同一立法框架，包括《欧盟获取与惠益分享条例》和《生物多样性法（草案）》将适用于这些海外省和海外大区⑧。虽然克利珀顿岛本身不属

---

① 见第 59 页脚注④。

② 见本章第六节。

③ 然而，有的信息可能归类为商业敏感信息或保密信息，不会向公众披露。见《生物多样性法（草案）》第四篇第 412-14 条和第 60 页脚注⑨。

④ 虽然"新的使用者"的定义尚未获得通过，但有关部门提出了一项提议，此概念可以包括所有研发活动，其目标和内容不同于同一使用者以前所追求的目标。"新的使用者"的特点将由国务委员会的法令来规定。

⑤ 《生物多样性法（草案）》第四篇第 412-13 条。

⑥ 更多详情见本章第四节第 1 点的主要惠益分享义务部分。

⑦ 法国的海外国家和地区包括海外集体（COM）以及其他领地，即法属南部和南极领地、新喀里多尼亚及其属地。海外集体包括圣巴泰勒米、瓦利斯和富图纳群岛、法属波利尼西亚、圣皮埃尔和密克隆群岛。参阅 http://ec.europa.eu/regional_policy/sources/docconf/epa/doc/ruptom_en.pdf。

⑧ 这是由《法国宪法》第 73 条规定的"立法身份"原则的适用推断而来的。

于海外省和海外大区①，但是该岛也遵循"立法身份"原则，在适用于获取与惠益分享问题的法律上与海外省和海外大区享有同等身份。一个类似案例是圣马丁，尽管 2007 年 7 月其地位刚刚升级为海外集体，但它也执行适用于欧盟边远地区的制度。

然而关于获取与惠益分享国家（和区域）措施的地域范围，需要进行一项重要区分：一方面是法国的边远地区（如海外省和海外大区），另一方面是与欧盟有关联但不属于欧盟一部分的法国的海外国家和地区②。因此，无论是《欧盟获取与惠益分享条例》还是法国《生物多样性法（草案）》均不适用于法国海外集体（COM）③，也不适用于法属南部和南极领地以及新喀里多尼亚及其附属地区④。然而，《生物多样性法》关于获取与惠益分享的一些国家规定可明确适用于⑤：

- 新喀里多尼亚和法属玻利尼西亚⑥；
- 瓦利斯和富图纳群岛、法属南部和南极领地⑦。

最后，《法国宪法》第 73 条所定义的海外集体可以自行选择和请求行政主管部门行使关于申报和授权程序的职能⑧。根据文件起草者的解释，这项规定将协调统一国家法律的适用和海外集体的需求及其优先权，使其在程序适用中发挥积极的作用⑨。

本节综合描述了法国中央政府与法国海外领地之间就《生物多样性法（草案）》获取与惠益分享条款的适用范围而重新划分立法和行政权限的重要特点。虽然本章并未深入探讨这些问题，但参考了生物多样性研究基金会 2011 年就该议题进行的背景研究⑩。

第三节　遗传资源和相关传统知识的获取

本节将探讨以下重点问题：法国是如何根据《生物多样性法（草案）》对遗传

---

① 从 2007 年 2 月起，克利珀顿岛将受到 1955 年 8 月 6 日《关于法国南部和南极土地及克利珀顿岛地位》的第 55-1052 号法律公告的约束。

② 见第 61 页脚注⑦。

③ 圣皮埃尔和密克隆群岛除外，据称法国法律法规可直接适用。参阅 http://www.fondationbiodiversite. fr/mages/stories/telechargement/ed_48_apa_outre_mer.pdf，第 39 页。

④ 同上。

⑤ 《生物多样性法（草案）》第四篇第 24 条。不过请注意《欧盟获取与惠益分享条例》不适用于以下所列地区。

⑥ 《生物多样性法（草案）》规定，在新喀里多尼亚和法属玻利尼西亚可直接适用"居民社区"和"遗传资源相关传统知识"的定义；以及一项关于分享与遗传资源相关的传统知识所产生的惠益方式的规定，这些惠益的分享将在地方和社区层面受到保护生物多样性和相关传统知识的影响。

⑦ 《生物多样性法（草案）》规定，获取与惠益分享全章直接适用于瓦利斯和富图纳群岛、法属南部和南极领地（关于制裁和其他最后规定的条款除外）。

⑧ 《生物多样性法（草案）》第四篇第 412-15 条，见本章第三节。

⑨ 同上。

⑩ http://www.fondationbiodiversite.fr/images/stories/telechargement/ed_48_apa_outre_mer.pdf。

资源和相关传统知识获取进行监管的？是借助行政许可证进行监管还是建立由个别提供者和其他相关机构自主管理的许可机制？

为了回答以上问题，需要进行一项重要区分：一方面是涉及遗传资源和相关传统知识的获取许可（这是授权合法利用遗传资源和相关传统知识的一个重要步骤）；另一方面是按照保护区或保护物种法律的要求，授权采集生物材料的样本。关于第一类许可证，"绪论"部分强调，自愿获取程序目前允许申请人向获取与惠益分享国家联络点提交获取申请。由此，申请人可自愿选择遵守特定的获取与惠益分享条件并订立惠益分享合同①。

然而，关于采集原生境生物材料样本的特别授权，国家联络点"将现有法律框架内适用的、申请人自己可能无法查到的关于生物材料获取与出口的相关法规（如关于保护物种和保护区的法规、健康法规、《濒危野生动植物种国际贸易公约》、海洋法等）告知申请人"②。在这些情况下，应遵循的程序类型可能会因对相关物种或区域的保护程度而异。

虽然本章不会深入探讨具体的国家立法或其他监管措施，但这些立法或监管措施本身可能会对生物材料的取样产生影响，通过"国家自然遗产目录"的门户网站可以找到相关文件③。总之，除申报或者由国家主管机构［按照《生物多样性法（草案）》规定的获取程序］发放获取许可证之外，使用者还需要获得特别授权才能采集保护物种的生物材料样本或者在保护区开展生物勘探活动。

根据《生物多样性法（草案）》，获取措施可分为三类：

• 申报程序④；
• 关于遗传资源获取的授权程序⑤；
• 关于遗传资源相关传统知识获取的授权程序⑥。

1. 申报程序⑦

申报程序是根据《名古屋议定书》第8（a）和8（b）条针对两种主要情况而设计的简化获取程序。这类程序不要求遗传资源使用者就遗传资源获取相关活动

---

① 见第56页脚注⑥。
② 同上。
③ 特别值得一提的是，国家自然遗产目录由法国国家自然历史博物馆管理。参阅 http://inpn.mnhn.fr//synthese/sommaire -syntheses-indicateurs。
④ 《生物多样性法（草案）》第四篇第412-5条。
⑤ 《生物多样性法（草案）》第四篇第412-6条。
⑥ 《生物多样性法（草案）》第四篇第412-7至412-12条。
⑦ 《生物多样性法（草案）》第四篇第412-5条。

取得事先知情同意（以行政主管部门授权的形式）①。

首先，当获取遗传资源以提高对生物多样性的认识、促进异地保护或为非商业研究的目的而提高价值时，需要向行政主管部门提交一份简单的申报。其次，申报程序还适用于涉及人类、动物或植物健康的紧急情况，根据定义《生物多样性法（草案）》适用范围的条款，这些紧急情况尚未包括在专门措施和程序中（列为排除在外的客体）②。最后，如果使用者认为惠益分享的标准模式（根据申报程序适用于他/她的活动）③不适于特殊情况下的预期活动，使用者可请求按照授权程序就惠益分享的特别条件进行协商④。

最后是针对在非原生境条件下收集遗传资源的特别规定⑤。特别值得一提的是，这类收集品的持有人可申请将全部或部分收集品列入欧盟范围内的关于收集材料的登记簿⑥。登记的收集品持有人为他人使用遗传资源而为其提供资源获取，按要求必须进行申报的，（即上述两种情况下）则收集品持有人应代表使用者向行政主管部门进行相关申报。这项规定的实际后果是：实际上免除了从登记的收集库获取了遗传资源的使用者按照《生物多样性法（草案）》第 412-17 条的规定进行合规性尽职调查的义务⑦。

这对于使用者来说确实是一件好事，同时也需要收集品持有人承担巨大责任。要适当承担这项责任还需要一些时间和手段。据某些持有人表示，一个潜在后果是小型收集库会停止转让样本。这些持有人的身份及其在惠益分享安排中的地位不明确。有人说他们需要承担很多责任和义务，因为他们作为提供者的角色十分重要，但却不可能按照目前的制度设计从获取与惠益分享制度得到任何直接惠益⑧。

2. 关于遗传资源获取的授权程序⑨

为使用而获取遗传资源不需要经过申报程序的，需要由行政主管部门提供特别授权。该授权可规定遗传资源的许可使用条件及其适用的惠益分享条件⑩。

---

① 参阅有关授权过程的部分。
② 见第 60 页脚注⑦和⑧及随附文本。
③ 见本章第四节。
④ 见本节第 2 点。
⑤ 《生物多样性法（草案）》第四篇第 412-13 条。
⑥ 见《欧盟获取与惠益分享条例》第 5 条。
⑦ 见本章第五节。
⑧ 莎拉·奥博蒂（Sarah Aubertie）生物多样性研究基金会，个人通信，2014 年 6 月 20 日，作者存档文件。
⑨ 《生物多样性法（草案）》第四篇第 412-6 条。
⑩ 见本章第四节第 2 点。

《生物多样性法（草案）》还规定在下列情况下可以拒绝对获取的授权。

- 申请人和主管机构未就适用的惠益分享条件达成一致。这种情况下，在发布最终决定之前，可以对申请人进行调解，以促进双方就惠益分享条件达成一致。
- 申请人的技术能力和经济能力相对于拟开展活动的目标而言是不充足的。
- 拟开展的活动或其潜在应用对生物多样性构成重大风险。

最后，任何不拒绝遗传资源获取的决定都应当有积极理由。

3. 关于遗传资源相关传统知识获取的授权程序[①]

针对与遗传资源相关的传统知识的使用，《生物多样性法（草案）》提出了具体的授权程序，必须按照该程序获得所需要的授权[②]。

《生物多样性法（草案）》文本规定了以下主要内容。经国务委员会指派，行政主管部门负责给予授权[③]。在各地方政府区域，国务委员会还指定一位法人（具有公法规定的法人资格）来组织与持有传统知识的居民社区进行必要的协商。该法人负责按照协商结果与使用者进行磋商并签署惠益分享协议[④]。

根据行政主管部门的要求，被指定的法人会审核关于获取遗传资源相关传统知识的每一项申请，规定获取程序的最长期限，将相关信息通知申请人，并承担以下具体任务[⑤]：

- 确定申请所涉及的相关居民社区；
- 酌情确定这些社区中是否存在相关的代表机构，这些代表机构可被要求就利用传统知识作出决定；
- 建立适当的制度安排，以告知相关社区的居民并通报播此类信息；
- 跟与申请内容相关的主管机关，或与所涉及的社区的主管机关进行必要的协商；
- 确保所有相关社区的参与，以便和他们达成共识；
- 编制关于协商过程及其结果的报告，报告内容包括是否允许利用传统知识，以及如果双方达成一致则关于传统知识的利用所产生惠益的分享问题。

根据上述报告，行政主管部门可批准或驳回全部或部分关于传统知识利用申请[⑥]，并将此决定通知申请人，然后按照进一步确定的条件向公众发布。严禁将传

---

① 《生物多样性法（草案）》第四篇第 412-7 至 412-12 条。
② 《生物多样性法（草案）》第四篇第 412-7 条。
③ 同上。
④ 《生物多样性法（草案）》第四篇第 412-8 条。同时参阅本章第四节第 3 点。
⑤ 《生物多样性法（草案）》第四篇第 412-9 条。
⑥ 《生物多样性法（草案）》第四篇第 412-10 条。

统知识用于上述决定所明确核准以外的目的①。

第四节　惠益分享主要义务

本节概述了《生物多样性法（草案）》获取与惠益分享规定中关于惠益分享的主要义务。特别是在定义部分，描述了惠益分享的具体特征，将惠益分享描述为公平公正地分享由遗传资源的利用所产生的惠益，而相关传统知识则被解释为包括研究和其他价值提升活动的成果，以及对该等资源行使主权的国家或作为相关传统知识持有者的居民社区对遗传资源的商业性和其他方面的利用所产生的益处②。另外，惠益分享还可以包括货币化和非货币化益处的分享③。在探讨这些规定时，国家生态转型委员会特别强调，由利用遗传资源和相关传统知识所产生的所有非货币化惠益，应直接投入于保护和加强广义上的生物多样性，包括促进与之相关的经济和社会活动④。

1. 按照申报程序获取的遗传资源

根据《生物多样性法（草案）》，国务委员会必须制定适用申报程序的分享遗传资源利用所产生惠益的一般（模板）条件⑤。另外，对于收藏库在《生物多样性公约》生效之前获得的遗传资源，因这些资源的新用途而产生的惠益要直接与收集品的持有人分享⑥。就《生物多样性公约》生效后的收藏品而言，对于最初在其他国家收集的非原生境材料资源，因利用此类资源而产生利益分享，取决于已批准《名古屋议定书》的《生物多样性公约》缔约方的国家立法⑦。

2. 按照授权程序获取的遗传资源

遗传资源获取需经行政主管部门授权，适用的惠益分享条件需要由申请人与该部门共同商定⑧。按照最初的法律授权建议，惠益分享协议应包括一条赋予法国行政法院管辖权的条款和一条规定法国法律为适用法律的条款，《生物多样性法（草案）》最终删除了这项建议。

《生物多样性法（草案）》还规定，分享需经授权活动所产生货币化惠益的最

① 《生物多样性法（草案）》第四篇第412-10条。
② 《生物多样性法（草案）》第四篇第412-3条第3款。
③ 同上，（a）到（e）。
④ 见第59页脚注④和第67页脚注④。
⑤ 《生物多样性法（草案）》第四篇第412-5条。着重部分由作者标明。见上文注611和随附文本。
⑥ 《生物多样性法（草案）》第四篇第412-13条第四项和本章第二节第2点。
⑦ 同上。
⑧ 《生物多样性法（草案）》第四篇第412-6条第二项。

高门槛将由国务委员会来设立①。这些最高门槛将针对每个进行相关活动的部门制定②。最后，所有货币化惠益都会分配给法国生物多样性署③，用于为完成以下惠益分享目标的项目提供资金④。

（1）提升或保护原生境或非原生境生物多样性；

（2）保存与遗传资源相关的传统知识；

（3）与对保护遗传资源和相关传统知识作出贡献的地区一起，助力各地发展可持续利用遗传资源和相关传统知识的价值链；

（4）通过协作、合作助力研究、教育和培训活动或相关技能及技术的转让。

3. 与遗传资源相关的传统知识

本章前面已解释过，由一位法人（国务委员会按照授权程序相关规定指定）负责按照与持有遗传资源相关传统知识的居民社区协商的结果，与使用者磋商并签署惠益分享协议⑤。特别值得一提的是，鉴于没有明确规定相关社区必须是合同的一方当事人，相关社区可以被指定为合同下的第三方受益人⑥。

合同订立后，可按照主要利益分享协议规定的相同程序，在合同中添加附加条款⑦。惠益分享合同中任何关于专门授予传统知识获取与利用权的条款，均应视为未约定⑧。另外，还将制订合同范本，并通过国务委员会令予以发布⑨。

上述法人可根据需要临时或永久地代表其受益人执行利益分享协议而产生的既得财产和其他资产⑩。如果合同中指定的受益人失踪，惠益分享协议可规定由上述法人继承该受益人的权利⑪。如果惠益分享协议所产生的既得财产和其他资产未根据合同转让给第三方受益所有人时，应由使用者将其转让给签订合同的法人⑫。该法人应确保财产和其他资产的管理与分配使相关居民社区受益⑬。该等惠益只能用于直接推进该等社区发展的项目⑭。上述法人还有权就违反《生物多样性法（草

---

① 《生物多样性法（草案）》第四篇第412-6条第四项。

② 同上。

③ 法国生物多样性署是根据《生物多样性法》第三篇建立的。

④ 《生物多样性法（草案）》第四篇第412-6条第五项和第312-3条第3款（a）到（d）。

⑤ 见《生物多样性法（草案）》第四篇第412-8条和412-11条，以及本章第三节第3点。

⑥ 同上。

⑦ 同上。

⑧ 《生物多样性法（草案）》第四篇第412-11条第二项。

⑨ 《生物多样性法（草案）》第四篇第412-11条第三项。

⑩ 《生物多样性法（草案）》第四篇第412-8条。

⑪ 《生物多样性法（草案）》第四篇第412-12条第三项。

⑫ 《生物多样性法（草案）》第四篇第412-12条第二项。

⑬ 《生物多样性法（草案）》第四篇第412-12条第一项。

⑭ 同上。

案)》获取与惠益分享规定的行为对使用者提起民事诉讼①。

然而,《生物多样性法(草案)》中所使用的"居民社区"概念改为是指"土著和地方社区"(即《名古屋议定书》中所使用的表述),初看起来没有全面承认该等社区应享有的各项权利。按照上文解释,《生物多样性法(草案)》确实提出了通过协商程序来确保相关居民社区对获取遗传资源相关传统知识的批准和参与。一方面,如果传统机构与使用者无法就惠益分享协议达成共识,上述条款的表面含义最终可能导致惠益分享绕过传统机构。若果真如此,该等程序显然会违反国际人权最低标准,即关于土著人民依照《联合国土著人民权利宣言》(UNDRIP)对获取其文化、知识、宗教和精神产权表达"自由事先知情同意"的人权标准②。另一方面,《生物多样性法(草案)》没有提到社区的习惯法、社区协议和程序,而原则上,根据《名古屋议定书》第12.1条的规定至少需要将其纳入考虑范畴。最后,根据目前的草案程序,"如果[相关社区]拥有批准遗传资源获取的既定权利"③,遗传资源获取既不需要这些社区的事先知情同意,也不需要其批准和参与。特别值得一提的是,联合国土著人民权利特别报告员明确强调④：

人们关注的问题是,这些条款中提到根据国内立法确立的权利,可能会被认为是土著人民对遗传资源的权利只能由国内法律、而不是国际法律来确立。[……] 目前的讨论重点是[……] 确保土著人民的参与以及将习惯程序纳入根据第14条建立的"获取与惠益分享信息交换所",该信息交换所将成为《名古屋议定书》各缔约方获取与惠益分享信息之地,[以及制定]措施以建立和加强解决国内不遵约行为的机制。

第五节 促进遵守关于获取与惠益分享方面的国内立法和监管要求的规定及机制

本节概述有助于遵守获取与惠益分享国内规定和监管要求的可用机制和程序,特别关注法国如何按照《生物多样性法(草案)》的遵约规定监测和执行对外

---

① 《生物多样性法(草案)》第四篇第412-12条第二项。

② 2007年在法国支持下通过的《联合国原住民权利宣言》(UNDRIP)规定了保护土著人民权利和福祉的国际最低标准。特别是《联合国土著人民权利宣言》第11条规定："土著人民有权奉行和振兴其文化传统与习俗。这包括有权保持、保护和发展其文化过去、现在和未来的表现形式,如古迹和历史遗址、手工艺品、图案设计、典礼仪式、技术、视觉和表演艺术、文学作品等等。各国应通过与土著人民共同制定的有效机制,对未事先获得他们自由知情同意,或在违反其法律、传统和习俗的情况下拿走的土著文化、知识、宗教和精神财产,予以补偿,包括归还原物。"着重部分由作者标明。

③ 《名古屋议定书》第5.2和6.2条。特别参阅伊丽莎·莫尔格拉(Elisa Morgera)、艾尔莎·丘马尼(Elsa Tsioumani)和马蒂亚斯·巴克(Matthias Buck)所著《名古屋议定书解密》中关于《名古屋议定书》第5条规定的"既定权利"一节。对《生物多样性公约关于获取与惠益分享的名古屋议定书》的评注(Brill/马丁努斯·尼霍夫出版社：2014,即将发表)。

④ 詹姆斯·阿纳亚(James Anaya),联合国土著人民权利特别报告员的报告(2012),联合国文件A/67/301第60-61段,载于http://daccess-dds-ny.un.org/doc/UNDOC/ GEN/Ni2/46o/87/PDF/Ni246o87.pdf?OpenElement。

国"事先知情同意"和"共同商定条件"的遵从。

首先必须强调的是，起草人员已明确将涉及为了动物选育目的而利用遗传资源和相关传统知识，以及利用市场上合法商业化的植物品种的活动排除在遵约条款的适用范围之外①。

关于监测遗传资源和相关传统知识利用的义务，行政主管部门按照《名古屋议定书》第 14 条的规定向信息交换所机制提供《生物多样性公约》②相关授权和申报书的官方记录③。在信息交换所进行注册之后，按照《名古屋议定书》第 17.2 条的规定，这些文件将取得国际公认的遵约证书的地位④。然而，申请人可明确请求行政当局对存放在档案中的特定信息片段予以保密，否则一旦泄露就会侵犯申请人的商业秘密和行业秘密⑤。

如果将遗传资源或相关传统知识转让给第三方利用，第一使用者必须将授权和官方申报记录以及相关的惠益分享义务转让给后续使用者⑥。若遗传资源或相关传统知识的用途发生相关授权或官方申报记录中最初未预见的变化，则需要重新获得授权或进行申报⑦。

遗传资源或相关传统知识使用者负责保存和提供特定信息，以确保提供遗传资源或相关传统知识的《名古屋议定书》缔约方遵守获取与惠益分享国内立法和监管要求，以及在适当情况下按照共同商定条件公正公平地分享其利用所产生的惠益。在下列情况下，使用者应特别提供《欧盟获取与惠益分享条例》第 4 条规定的信息⑧：

（1）在收到涉及遗传资源或相关传统知识利用的公共研究资金时；

（2）在基于遗传资源或相关传统知识开发的产品或工艺实现商业化时。

根据上述第（1）款，如果不遵守在相关检查点提供所需信息的义务，为支持

---

① 《生物多样性法（草案）》第四篇第 412-16 条第一项。
② 《生物多样性公约》第 18（3）条。
③ 《生物多样性法（草案）》第四篇第 412-14 条第二项。
④ 同上。
⑤ 《生物多样性法（草案）》第四篇第 412-14 条第一项。
⑥ 《生物多样性法（草案）》第四篇第 412-14 条第三项。
⑦ 同上。
⑧ 《生物多样性法（草案）》第四篇第 412-16 条第二项第（1）和（2）款。《欧盟获取与惠益分享条例》第 4（3）条规定，"[……]使用者应搜寻、保存并向后续使用者转移：（a）国际公认的遵约证书，以及惠益分享义务方面的信息。（b）如果没有[上述]证书，以下方面的信息和相关文件：i）获取遗传资源或与遗传资源相关的传统知识的日期和地点；ii）遗传资源或[相关]传统知识的描述[……]；iii）直接获得遗传资源或[相关]传统知识的来源，以及遗传资源[或相关传统知识]的后续使用者；iv）是否存在与获取与惠益分享有关的权利和义务，包括后续利用和商业化方面的权利和义务；v）在适当情况下，提供获取许可证信息；vi）共同商定条件，在适用情况下包括惠益分享协议。另外，"在《名古屋议定书》某缔约方取得粮食和农业植物遗传资源（PGRFA）的使用者视为履行了《欧盟获取与惠益分享条例》第 4 条第 3 段[……]规定的尽职调查要求，该缔约方已决定，为了《粮食和农业植物遗传资源国际条约》规定的目的，在其管控范围内、处于公共领域内、不包含在该条约附录一的粮食和农业植物遗传资源也应遵守《标准材料转移协议》的条款与条件。"《欧盟获取与惠益分享条例》第 4（3）（b）条。

涉及使用遗传资源或相关传统知识的研究活动而分配的公共赠款的行政法案，应包括一项合同条款，要求资金接受者偿还赠款①。

根据上述关于需获得经市场准入的产品或工艺相关的第（2）款，相关信息由主管市场准入程序的机构收集，无需审查②。然后此类信息将发送给负责实施《欧盟获取与惠益分享条例》的行政主管部门③。另外，当遗传资源和相关传统知识的利用引起专利申请时，申请人应主动将上述信息传送给国家工业产权局（INPI）（法国）。在这种情况下，国家工业产权局将该信息提供给负责实施《欧盟获取与惠益分享条例》的行政主管部门，但无需审查该信息④。

根据一项建议草案，《生物多样性法（草案）》应载明以下法律推定：从欧盟范围内登记的收集库获取了遗传资源的使用者，视为履行了尽职调查义务，但当前文本最终删除了该建议。然而，这种法律推定仍将是法国法律框架不可或缺的组成部分，且根据《欧盟获取与惠益分享条例》第4（4）条，将推定该法律在法国直接强制执行。同样，鉴于《欧盟获取与惠益分享条例》第4（3）（a）条已载明尽职调查义务，鉴于这一现实，《生物多样性法（草案）》最终删除了作出以下规定的条款草案：如果使用者获取遗传资源和相关传统知识的合法性不确定或不充分，则使用者应停止利用遗传资源和相关传统知识。另外，作出以下规定的条款草案也没有保留下来：根据上述规定收集或收到的信息不仅要提供给《生物多样性公约》的获取与惠益分享信息交换所机制（按照《名古屋议定书》第14条规定），还要提供给《名古屋议定书》其他缔约方的国家主管当局。

最后，《生物多样性法（草案）》对违反其获取与惠益分享规定所载义务的行为作出了具体的民法补救措施和刑罚规定。特别值得一提的是，如果使用者在没有按照法律要求自行取得《欧盟获取与惠益分享条例》第4（3）条所述文件的情况下利用遗传资源或相关传统知识，可被判处一年监禁或处以15万欧元的罚款⑤。如果使用者未进行尽职调查，没有按照《欧盟获取与惠益分享条例》第4条规定搜集、保存并向后续使用者传递关于获取与惠益分享的信息，使用者会受到同样的处罚⑥。如果出于商业目的而非法利用遗传资源和相关传统知识，罚款可增至100万欧元⑦。有管辖权的法院还可判令追加补充罚款，以禁止侵权使用者申请获取遗传资源和相关传统知识或获取特定子类别的遗传资源进行商业利用，禁止期限最长为5年⑧。

---

① 《生物多样性法（草案）》第四篇第412-16条第二项第（1）款。
② 《生物多样性法（草案）》第四篇第412-16条第二项第（2）款。
③ 同上。
④ 同上。
⑤ 《生物多样性法（草案）》第四篇第20（1）条。
⑥ 《生物多样性法（草案）》第四篇第20（2）条。
⑦ 《生物多样性法（草案）》第四篇第20（3）条。
⑧ 《生物多样性法（草案）》第四篇第20（4）条。

第六节　国家主管机构和相关制度安排

本节探讨法国的相关制度安排和获取与惠益分享相关管理权限的划分情况。同时还概述了如何协调不同部门来监管法国及其海外领地的获取与惠益分享问题。

《生物多样性法（草案）》规定由国务委员会以法令形式来指定行政主管部门①。有匿名知情人士表示，国务委员会有可能会指定法国环境管理局为行政主管部门②。然而，《生物多样性法（草案）》所用措辞反映的事实是，法国环境管理局可能会视情况而定放权给：①法国生物多样性署③；②已登记的收集品的所有者（可能是公共所有者）；③海外领地的地方当局④。因此，根据明确请求，马提尼克、瓜德罗普、法属圭亚那、留尼旺和马约特的地方当局将有机会就法律所规定的三种获取程序行使行政主管部门的职能⑤。相反，法国的海外国家和地区新喀里多尼亚、圣巴泰勒米、瓦利斯和富图纳群岛、法属波利尼西亚可独立行使相关行政职能，并制定适当的制度安排（刑法处罚除外）。

除了行政主管部门，国务委员会（在涉及获取遗传资源相关传统知识的授权程序框架内）指定的法人也起着至关重要的作用⑥，特别是在与潜在使用者就惠益分享而进行谈判时，在为了相关居民社区的有效参与而进行协商的过程中发挥着十分重要的作用。总之，行政主管部门负责最终决定给予或拒绝给予遗传资源和相关传统知识利用的授权；如果拒绝给予授权，则由上述法人协商并签署惠益分享协议，且在协议订立之前和在协议执行过程中履行一系列其他重要义务⑦。

第七节　遵守《名古屋议定书》

由于本文以议会尚未通过（并且可能会随时修改）的立法草案为基础，因此本章不评论该立法草案的条款是否符合因法国即将批准《名古屋议定书》而产生的国际义务⑧。

---

① 《生物多样性法（草案）》第四篇第 412-5 条第一项和 412-6 条第一项。
② 在法语中，指环境主管当局（AE）或国家环境主管局。匿名知情人士，个人通信，2014 年 2 月 12 日。
③ 法国生物多样性署是根据《生物多样性法（草案）》第三篇成立的。
④ 吉尔斯·克莱茨（Gilles Kleitz），Jean-Louis BORLOO 公司生物多样性问题技术顾问，后担任环境、交通运输、能源、海洋和可持续发展部部长。个人通信，2014 年 2 月 12 日（作者存档文件）。
⑤ 这与国家生态转型委员会的意见一致，该委员会强调，其多名委员支持根据自愿要求将上述授权程序放权给海外省（DROM）的相关行政机关，无需完全达成共识。同时参阅本章第三节第 2 点和第 3 点。
⑥ 《生物多样性法（草案）》第四篇第 412-8 条。
⑦ 见本章第四节第 3 点。
⑧ 有趣的是，《生物多样性法（草案）》一条草拟规定最初提出了一项可能有益于促进遵守《名古屋议定书》的审核程序，但在呈递给部长理事会的最终文本中没有保留这条规定。特别值得一提的是，该建议提出《生物多样性法（草案）》的获取与惠益分享规定在实施五年之后需要进行评估，并且应向法国议会提交一份报告，后期该报告可能会考虑通过必要的修正案。《生物多样性法（草案）》不再对该修订案作出明文规定。

第八节　结　论

针对法国遗传资源和相关传统知识的法律地位，本章对不断变化的局势做了批判性的概述。特别关注了以下问题：《生物多样性法》中的获取与惠益分享条款的适用范围；获取遗传资源和相关传统知识可寻求的三种程序以及相关的惠益分享义务；促进遵守《名古屋议定书》另一缔约方关于获取与惠益分享的国内立法和监管要求的规定和机制；法国的行政主管部门。

本结论部分最后强调了《生物多样性法（草案）》的三个重要的监管方面，一方面由于《生物多样性法（草案）》可能与分别由人权法和知识产权法产生的国际标准和义务产生相互作用，另一方面对于获取与惠益分享国际制度的总体一致性和有效性特别重要。

首先，《生物多样性法（草案）》中使用的"居民社区"概念，转化了《名古屋议定书》中对"土著和地方社区"的提法，这一概念显然没有承认这些社区应享有的全部权利。因此，根据国际法规定的国际人权标准，在进一步确立和保护土著和当地社区权利方面，《生物多样性法（草案）》在获取与惠益分享条款上还有作出重大改进的空间①。

其次，关于《生物多样性法》与法国知识产权制度之间的关系，获取与惠益分享条款的草案是朝着促进两者协同增效和提高遗传资源和相关传统知识利用透明度而迈出的重要一步。上文已解释过，根据获取与惠益分享规定，在专利申请中要披露遗传资源和相关传统知识的来源。特别是在其他相关检查点中，当遗传资源和相关传统知识的利用引起专利申请时，申请人应主动向国家工业产权局传送所需信息。国家工业产权局将把该信息提供给法国行政主管部门，并通过法国行政主管部门提供给《生物多样性公约》的获取与惠益分享信息交换所机制。值得强调的是，将国家工业产权局确定为一个检查点，以监督获取与惠益分享的国内立法或监管要求的执行情况，超出了《名古屋议定书》②的合法要求和《欧盟获取与惠益分享条例》所执行的标准③。因此，应欢迎这一事态的发展，因为这是法国政府愿意有效执行《名古屋议定书》的遵约条款的一个重要标志。

然而，我们不应过分强调这些规范的潜在影响——至少从知识产权相关的影响来看。在法国以及欧盟地区的多数其他国家，有三个不同类型的专利，在其境内是共存和可实施的。这三类专利是：

（1）通过国家工业产权局申请的专利；

---

① 见第 68 页脚注②和随附文本。
② 《名古屋议定书》第 17 条。
③ 特别参阅《欧盟获取与惠益分享条例》第 7 条"对使用方遵约的监测"。

（2）通过欧洲专利局申请的、在每个指定生效国家生效的"传统"欧洲专利集合；

（3）具备单一效力的欧洲专利①。

虽然《生物多样性法（草案）》文本特别是其披露规定当然适用于在国家工业产权局申请国内专利，但是与其他两类专利相比，这种专利在数量和对生命科学的相对重要性上都是微乎其微的。因此，如果这种披露措施设计得非常有效，则获取与惠益分享相关条款的释义就应充分广泛地包含以下意思：寻求在法国实施任何专利的使用者必须将相关信息转达给国家工业产权局——不论这些专利最初是通过国家工业产权局申请的还是通过其他机构申请的。

这还会产生积极的"病毒"效应，通过将所有专利映射到法国要求出示披露的专利所属的同一个"家族"中，可以发现可能发生在其他国家管辖范围内的生物剽窃案件——即使其他国家没有关于专利披露的规定②。总之，尽管《生物多样性法（草案）》较现有的区域性文书和国际文书有了显著改进，但是如果没有欧洲区域层面的密切合作，监督使用者遵守规则情况的极具功能性和有效性的制度所带来的潜在收益，将不会如此容易得到。

最后，对于《生物多样性法（草案）》与《名古屋议定书》以及获取与惠益分享国际制度及其不同组成部分的总体一致性问题③，可提出以下考虑。《生物多样性法》规定的关于遗传资源和相关传统知识的一系列广泛的、被排除在外的客体类别，还（尚）未在任何专门的获取与惠益分享文书中予以规定，连同关于使用者遵约情况的法律推定（就从欧盟范围内登记的收集库获取的资源和知识而言），可成为法国在南半球的贸易伙伴和研究者所关注的问题④。在设计和通过《生物多样性法》的最后阶段以及在其国内实施中，仍需付出极大的努力，以体现对遗传资源和相关传统知识利用的国际公正性和透明性及促进国内外充分尊重人权的建设性承诺。

---

① 特别是关于最后两类专利，《统一专利法院（UPC）协议》第 2 条对 UPC 体制下存在的专利进行了如下区分：

• "欧洲专利"是指根据《欧洲专利公约》（EPC）的规定授予的专利，这种专利并不根据欧盟第 1257/2012 号条例而受益于单一效力。

• "具备单一效力的欧洲专利"是指根据《欧洲专利公约》（EPC）的规定授予的专利，这种专利根据欧盟第 1257/2012 号条例而受益于单一效力。

载于 http://eur-lex.europa.eu/LexUriServ/LexUriServ.do?uri=OJ：C：20i3：i75：oooi：o 040-.EN-.PDF。更多详情还请参阅 http://ipkitten.blogspotft72oi4/o2/the-problem-of-mixed-european-patents.html。

② "专利族是发生在多个方案的一组专利申请或专利公告，以保护共同发明人的一项发明，然后该发明在一个以上国家取得专利权。以在一个国家的第一次申请为优先权，然后扩展到其他专利局。"见 http://www.epo.org/searching/essentials/patent-families_fr.html。

③《生物多样性公约》缔约方大会第 X/1 号决议（据此于 2010 年通过了《名古屋议定书》确认"国际制度由《生物多样性公约》、《〈生物多样性公约〉关于获取遗传资源及公正公平分享其利用所产生惠益的名古屋议定书》以及《粮食和农业植物遗传资源国际条约》和《关于获取遗传资源及公正公平分享通过其利用所产生惠益的波恩准则》等补充文书构成"。

④ 布伦丹·托宾（Brendan Tobin），"通过法律进行生物剽窃：欧洲联盟法律草案威胁土著人民的权利"关于他们的传统知识和遗传资源，《欧洲知识产权评论》，2（2014）：124-136。

第九节　附件

N°1847

————

国民议会

1958 年 10 月 4 日宪法

第十四届立法会

于 2014 年 3 月 26 日提交国民议会议长。

有关生物多样性的

法令草案

（如未在"议事规则"第 30 条和第 31 条规定的时限内设立特别委员会，

发回可持续发展及国土整治委员会。）

由生态、可持续发展和能源部长

菲利普·马丁（Philippe Martin）先生

代表法国总理

让-马克·埃罗（Jean-Marc AYRAULT）先生提交。

[……]

草案第四章——遗传资源获取与惠益分享

《生物多样性法（草案）》第四章的目的是在环境法典中增加一个新的章节，题为"获取遗传资源和相关传统知识，以及公平和公正地分享其利用所产生的惠益"。其目的是在 1992 年 5 月 22 日《生物多样性公约》（经由 1995 年 2 月 6 日第 95-140 号法令公布）的框架下执行法国于 2011 年 9 月 20 日签署的《名古屋议定书》。

1992 年在联合国主持的里约地球首脑会议上谈判的《生物多样性公约》（CBD）已经建立了一个框架，以解决全球生物多样性和生态系统的侵蚀问题。该公约定义了三个目标：生物多样性的原生境（在自然环境中）与非原生境（在收藏中）保护、生物多样性的可持续利用，以及公平和公正地分享利用遗传资源所产生的惠益。第三个目标是一项具体且具有法律约束力的国际文书，即《名古屋议定书》的主题。

法国已于 2011 年 9 月 20 日签订了《名古屋议定书》，并应根据包括法国在内的《生物多样性公约》（CBD）缔约方于 2010 年 10 月通过的名为"爱知目标"的国际承诺，于 2014 年年底或 2015 年年底生效。

它要求缔约方一方面确保根据"共同商定的条件"（《名古屋议定书》第 5 条）使用遗传资源和与此类遗传资源有关的传统知识所产生的"公平和公正的惠益分享"，另一方面，要求本议定书缔约方在其领土范围内遵守根据《名古屋议定书》而设立的法律。目前正在通过的欧洲法规将制定适用于整个欧盟的规则，以确保议定书得到遵守。

"议定书"本身并不要求对遗传资源和传统知识的获取进行管制，每个缔约方都可以自由地决定是否获得此"事先知情同意"（《名古屋议定书》第 6 条）。

与绝大多数欧洲国家一样，法国本可以选择不对其遗传资源和相关传统知识的获取进行管理。但与这些国家不同的是，法国同时拥有令人惊叹的生物多样性，包括原生境（主要位于地中海和法国海外省的自然环境中）和非原生境（位于包含数百万个样本的科学藏馆中）。这种生物多样性是法国的一项优势，它的可持续性必须得到保护。

因此，法国政府在 2012 年 9 月的环境会议上承诺在法国建立一个获取与惠益分享（APA）制度，以期批准《名古屋议定书》。这一承诺已在生态转型路线图中转录（生物多样性部分，第 2 点和第 13 点）。这是在环境会议期间所表达的恢复生物多样性意愿的一部分，同时也是确保遗传资源和传统知识的法国使用者的合法安全问题。

法国对遗传资源的主权原则摘录自《环境法典》第 L. 110-1 条的规定，该条款第 I 部分在本法律第一章修订后规定"空间、陆地和海洋资源与自然环境、遗址、景观、空气质量、生物、生物多样性均属于国家共同遗产的一部分"。这一主权意味着对此项遗产的保护和可持续管理负有责任。

首先，法国拥有丰富的生物多样性，尤其是原生境：法国本土高等植物约有4900 种，在欧洲排名第四位。地中海地区是全球生物多样性的 34 个热点地区之一，其特点是丰富但脆弱的生物多样性和极高的特有率［根据发展研究所（IRD）的数据，法国本土有75%的高等植物和55%～90%的脊椎动物］。其次，法国在海外拥有特殊生物遗产，分布在多个大陆和生物气候区，如圭亚那位于世界上最大的森林地之一——亚马孙地区。最后，法国的海洋环境覆盖了地球上 3%的海洋，在三大洋中，作为世界上第二大海洋领域，拥有地球上 10%的珊瑚礁和潟湖，是13 000 种特有物种的家园。法属波利尼西亚拥有地球上近 20%的珊瑚环礁。

在法国，主要的非原生境保护工作正在由在世界上发挥重要作用的公共研究机构开展：国家自然历史博物馆（MNHN）管理着约 100 个种类的收藏，其中包括 6000 多万个遗传或矿物材料标本，一些从 18 世纪晚期就已经开始存在。50 多年来，国家农业研究所（INRA）一直在收集植物、微生物和动物遗传资源。农业研究促进发展国际合作中心（CIRAD）在 100 多个种类的收集品中保存了约 500种对热带国家有用的遗传资源。巴斯德研究所藏有大约 15 000 株病原微生物（病毒、细菌、微观真菌）的菌株。

收集具有重大环境和社会重要性的遗传财富，是科学创新和众多商业应用的根本。

遗传资源具有重要的选择价值，因为人类社会必须能够利用大量遗传资源来确保其适应性和食物安全，如用于新药的设计、家畜品种的遗传改良，或选择适应当地条件的植物等。

因此，法国是一个拥有丰富生物多样性的国家，拥有主要的制药、化妆品和农业食品部门，既是遗传资源和相关传统知识的提供者，也是使用者。正因为如此，法国应当建立一个平衡机制，在维护生物多样性的同时，亦可保持经济竞争力。

遗传资源的"生物剽窃"或"掠夺"主要是民间社会使用的术语，用于表示使用生物多样性的某些行为者获取或使用遗传资源的做法，特别是在发展中国家，不会酬谢那些为保护遗传资源和相关传统知识作出贡献的人。在此背景下，第四章旨在通过明确"提供者"（遗传资源的有关国家、相关传统知识所涉及的居民社区）的期望，为"使用者"（研究人员，企业）获取遗传资源和相关传统知识提供便利。关于相关传统知识的居民法律确定性的增加将有助于保持创新势头和持久的伙伴关系，使所有行为者受益。

目前，获取遗传资源和相关传统知识的利用是在没有监管框架且通过不同形式进行的，包括：在原生境（在自然环境中）与非原生境（在收藏中）条件下收集生物材料，鉴定可能非物质化的基因序列；对于相关传统知识，则是通过访谈或出版物获取信息。

　　利用遗传资源和相关传统知识产生的获取与惠益分享（APA）机制由三部分组成：i）用于研究与开发（R&D）的途径，即在获取遗传资源或相关传统知识用于研发时应遵循的程序；ii）根据预期用途的性质（商业或非商业）实施惠益分享；iii）合规，即使用者可以随时通过法国和国际上的"尽职调查"证明遵守《名古屋议定书》及其立法规定。

　　i 和 ii 两部分对应第四章的第 2 小节，而第 iii 部分对应其第 3 小节。

　　第四章由三个小节构成，与 R&D 草案的顺序逻辑相对应。

　　第 1 小节由单一条款 L.412-3 组成，提出了若干定义，基本上与《生物多样性公约》以及《名古屋议定书》中提出的定义相同。这些定义有利于增加条款的可读性，用以明确其适用范围。《欧洲法规》（考虑到第 5 项）中的土著和地方社区概念被翻译成法国法律，作为与养护和可持续利用生物多样性有关的传统生活方式的居民社区。

　　第 2 小节介绍了在国家领土内获取遗传资源和相关传统知识的规则，以及分享其利用所产生的惠益。计划的方案以适应有关部门做法的双轨制度为基础：在大多数情况下进行申报，并在涉及遗传资源和相关传统知识商业化的情况下申请授权。

　　在定义声明或请求的规模时将会有很大的灵活性（如同时为几种遗传资源进行申报或申请）。

　　只要 R&D 不会产生可销售的产品或方法，相关行为者可在第一时间进行申报，然后在销售前景明确以后且在投放市场之前申请授权。

　　第 3 小节具体说明了关于利用遗传资源和相关传统知识的一些规则，这些规则是执行"欧洲议会和欧洲理事会关于使用者在《名古屋议定书》联盟内遵守关于获取遗传资源及公正公平分享其利用所产生的惠益"所必需的，预计将于 2014 年 4 月最终予以采用。

　　最后，条款规定了在不遵守本国和外国法律的情况下适用的控制和处罚制度，法国需根据《欧洲法规草案》第 7 条、第 9 条、第 10 条和第 11 条对其进行界定。

　　在第 1 小节中，注明了第 L.412-3 条中的定义仅适用于《环境法》第 3 节中的关于获取与惠益分享。它们不影响同一法典或其他法典中的不同定义。为说明目的而引用的惠益分享实例来自《名古屋议定书》的附件。

　　在第 2 小节第 1 款中，第 L.412-4 条在第一段中回顾了该规定的目标与《名古屋议定书》第 1 条和第 5 条所载目标相一致。其目的是在伙伴关系的框架内促进尊重研究和发展的实践，并对生物多样性产生积极的影响。

　　在其第二分段中具体说明了触发适用于该规定的活动。它不是由法国或外国行为者、法人或私人、为公共或私营部门工作而进行的关于遗传资源（如一种昆虫的新陈代谢可能导致发现有趣的分子）及相关的传统知识（如一个群体对一种植物药用特性的了解）的研究和开发活动。APA 的应用基础是在研究和开发活动中的使用，而不是获取资源或知识本身。

其第三分段列出了适用范围之外的活动和情况（参考《名古屋议定书》第 3、12.4 条，以及《生物多样性公约》第 4、15 条）。

第四分段列出了与具体规定有关的遗传资源和情况，在《农村和海洋渔业法典》的框架内，研究来自种植植物和驯养动物物种的遗传资源，以及在《公共卫生法典》框架内，研究"致病微生物"，其中考虑了现有的具体行政程序和相关行为者的特殊结构。

最后，第五分段具体说明了在该法律生效之前已进行的遗传资源和相关传统知识的收集案例。该条款解释了目标的获取方式为原生境获取（如从自然环境中提取一种植物）和非原生境获取（如从植物学保护中获得一种收藏的植物的样本）。完全排除他们。由于研究资源的很大一部分来自于收藏，其中一些是非常古老的收集品，因此这一系统本来是有价值的。如果将非原生境的收藏完全排除在规定之外，则会使其失去意义，因为研究所使用的资源中有很大一部分来自于收集品，其中一些是非常古老的。根据法律的不溯及既往原则，并且由于 APA 的应用所依据的是对现有遗传资源或相关传统知识的新的利用，而不是过去和目前的用途，只有新的用途才会受到该制度的约束。同样，只有新用途所产生的惠益才会被分享。

在第二段中，第 L.412-5 条规定了申报程序、其所适用的情况及方式，以及在此框架下惠益分享的模式。根据《名古屋议定书》第 8 条之规定，法国将允许通过一个非常简化的程序获取其主权范围内的遗传资源，用于没有商业开发意图的用途，包括在学术研究以及在威胁人类、植物和动物健康的紧急情况时的应用。

由于用户只需通过信息化的申报通知管理机构，而且将对此类没有商业开发意图的情况特别界定惠益分享的标准模式。到那时，得到的惠益将主要为非货币形式（如在一个地方机构存放双重样本）。将在广泛协商的基础上确定惠益分享的一般方式。根据地域和部门标准，确定最相关的利益。除法律规定的地方行政区外，这种对话可以依托负责生物多样性社会辩论的机构，考虑到所有利益攸关方的利益。如果这些一般性分享模式不适合使用者，他可以选择通过授权制度进行协商。

在第三段中，第 L.412-6 条规定了获取遗传资源的许可程序、适用的情况和方式，以及在这种情况下惠益分享的模式。原则是通过申请人和行政当局之间的共同协议来确定共同条件。但是，货币惠益的最高限额将通过法令规定，在一个与申报制度一般模式的相同利益攸关方协调一致的框架内予以确定。货币惠益将分配给在第三章设立的法国生物多样性署，该机构将负责将其分配给各个项目。为此，将在机构内实施治理以选择项目。最后，为了避免申请人与行政当局之间的谈判出现僵局，规定了调解程序。

在第四段中，第 L.412-7 至 L.412-12 条根据《名古屋议定书》第 7 条和第 12 条规定了授权使用与遗传资源有关的传统知识的程序。其中规定，"根据其国内法，各缔约方应酌情采取适当措施，确保获取与土著和地方社区所拥有的遗传资源有关的传统知识须征得土著和当地社区的事先知情同意，或得到这些社区的同意和参与，并制定共同商定的条件。"

此类条款描述了拥有与遗传资源相关的传统知识（如药用植物的特性）的居民社区的咨询方式，以及在这一框架内惠益分享的方式。

负责第 L.412-8 至 L.412-12 条所述任务的公法法人应确保遵守《名古屋议定书》的精神和规定，特别是居民社区"事先知情同意"的规定。拟议的程序旨在灵活适应，依据调查专员进行公开调查的指导原则，以及由国家公共辩论委员会组织的公开辩论的原则。它在拥有传统知识的居民社区、行政当局和使用者（如一家企业）之间的中间立场将确保不同利益攸关方之间尽可能拥有平衡的信息水平，尤其要保证组织性最弱和装备最差的行为者的利益。

在第五段中，第 L.412-13 条规定了国家可对遗传资源或相关传统知识进行标记的条件（《欧洲法规草案》第 5 条），以及在这一框架下惠益分享的方式。

由法国政府对收集品的标识将允许将其纳入欧洲登记册，并将具有豁免研究工作使用者免于第 L.412-17 条所述的遗传资源和传统知识相关信息的实际效果。

这种标记将提高法国收集品的吸引力，特别是对于其他欧洲国家的使用者而言。可以认为，在关于获取与惠益分享的国家立法缺失的情况下，收集品持有人对《名古屋议定书》所涉及问题的认识有限，将不会进行此项登记。

在第六段中，第 L.412-14 条提出了一系列关于特定遗传资源的申报程序、授权程序和具体规定的共同条款。这些规定涉及数据的保密性、与国家准入许可登记（发放"国际公认的合格证书"、真正的 APA 护照，是使用者法律安全的主要部分）国际规定的接轨、遗传资源和与第三方有关的传统知识的转让方式。

其最终分段明确了将收益（货币和非货币）分配给养护、当地价值和遗传资源和相关传统知识可持续利用的一般原则。《名古屋议定书》在其第 9 条中鼓励各国采取此种方式，但未对其进行限制。法国选择支持利益回归生物多样性。

最后，第 L.412-15 条规定，海外地方行政区可以根据《宪法》第 73 条行使主管行政当局在申报和授权程序方面的职能。因此，这一条将使国家法律的统一适用（法律条文已经规定的程序，将由国务委员会颁布的法令加以补充）与保护生物多样性密切相关的一些海外地方行政区的要求进行协调，以便其在此类程序中发挥重要作用。

第 3 小节的目的是使欧洲法规的必要规定充分发挥效力。

第 L.412-16 条特别定义了根据《欧洲法规草案》第 4 条规定的"检查站"制度，该条款要求成员国设立此种检查站。

就法国而言，这将是遗传资源和相关传统知识利用链（接收公共资金，提交专利申请，投放市场）中的关键时刻。如有必要，使用者须证明其遵守所适用的法国或外国法规。

第 19 条将竞争、消费和执法官员以及国防部和研究部的宣誓官员列入有权调查和记录违反第 2 和第 3 小节所述的诉讼程序官员名单。

为了遵守 2012 年 1 月 11 日关于简化、改革和统一《环境法典》中的行政警察和司法警察规定的第 2012-34 号法令所发起的协调和简化工作，根据《欧洲法规草案》第 11 条之规定，呼吁各成员国建立"有效、相称和有威慑力"的制裁，因此，《欧洲法规草案》在第 20 条中对刑事处罚进行了规定。制裁的相称性将通过首先发挥预防犯罪风险作用的"检查站"来保证，因为使用者将被要求提供相应信息，以证明其符合《名古屋议定书》。

在最不严重的情况下，如果一个没有商业意图的使用者在没有申报回执的情况下对一种遗传资源进行研究和开发，一旦发现这类违法行为，行政当局就会对其提出警告，从而使其在不受起诉的情况下实现正规化。

但是，如果发生重复犯罪，或者如果一家公司在没有必要授权的情况下从遗传资源中开发出产品或工艺，则可能会受到更高的处罚。在后一种情况下，根据通常观察到的销售收入，制定更具威慑力的经济处罚。

此类处罚与《环境法》中规定的对人类健康或自然环境没有严重影响的非法行为相一致：处以一年监禁和 15 万欧元罚款。对于商业欺诈行为可以处以 100 万欧元的罚款，可以根据非法所得的数量进行量刑。上述级别的处罚为最高限额。

该法律草案规定了一项补充制裁，禁止其向法国当局申请获取遗传资源和传统知识的授权，最长不超过 5 年。

第 21 条 在《环境法典》所列出的活动中增加 APA 条款，可以处以最高两项刑事处罚以及 10 万欧元罚金；如在主管行政当局提出警告后，拒不遵守，情节严重的，刑事处罚将从重处理。

第 22 条 在 APA 诉讼程序中可作为民事部分的结构列表中添加负责收集居民社区事先知情同意的各类法人，以及定期申报和开展活动至少 3 年并在传统知识保护领域开展法定活动的协会。该项规定源自《名古屋议定书》第 18 条。

第 23 条 将 APA 条款添加至《公共卫生法典》以获取微生物资源（病原体）。

第 24 条 根据地方行政区立法专业化管辖的原则，将关于获取和利用遗传资源和相关传统知识的规定延伸至瓦利斯群岛和富图纳群岛以及法属南方和南极洲领地。它还使居民社区、相关传统知识的定义，以及和拥有传统知识的社区分享相关传统知识利用所产生的惠益原则适用于新喀里多尼亚和法属波利尼西亚。

第 25 条 废除 2006 年依法设立的圭亚那亚马孙公园领土的现有 APA 机制，以支持国家机制投入运作时的实施，该机制目前正在管理获取国家公园采集物种的遗传资源及其利用。

第 26 条 要求法国政府在农业部的框架下，就与国内作物物种的遗传资源有关的具体规定发布法令。

第四章　德国遗传资源获取与惠益分享制度研究[*]

第四章　德国遗传资源获取与惠益分享制度研究[*]

莉莉·罗德里格斯（Lily O. Rodríguez），米里亚姆·德罗斯（Miriam Dross），
卡琳·霍尔姆-穆勒（Karin Holm-Müller）

　　从最早阶段开始，德国就积极参与制定获取与惠益分享（ABS）国际制度。德国于 1992 年 6 月 12 日签署、1993 年 12 月 21 日批准了《生物多样性公约》，此后不久《生物多样性公约》生效[①]。2001 年 10 月，德国在波恩主办会议，会上获取与惠益分享问题不限成员名额特设工作组通过了《波恩准则》草案，之后该准则于 2002 年由第六次缔约方大会批准。2008 年，德国在波恩主办第九次缔约方大会。

　　2011 年，德国与其他欧洲国家一道签署了《名古屋议定书》[②]，它是第十次缔约方大会通过的具有法律约束力的框架，旨在促进实施获取与惠益分享；同时德国也是 2004 年生效的《生物多样性公约》《粮食和农业植物遗传资源国际条约》（ITPGRFA）的签约国；根据《名古屋议定书》第 4.2 条，该条约成为获取与惠益分享专门性文书。

　　作为自然资源匮乏之国，德国明确认定自己不是遗传资源提供国，而是来源于其他国家的遗传资源的使用国。德国公共和私营机构主要投资于基础和应用研究[③]及实验发展。在所有发明特别是专利的知识产权授权方面，德国在全世界排名第五[④]。因此，德国的研究相关产业极具竞争力。其中有些产业涉及以某种方式利用遗传资源。与遗传资源有关的产业包括：制药、园艺、植物育种（用于粮食、农业和观赏植物）、保健营养品、化妆品和生物技术等产业，这些产业要么利用天然化合物，要么自行合成材料。

---

　　* 本章所表达的观点仅为作者的观点。作者非常感谢科妮莉亚·洛恩（Cornelia Loehne）、安德烈亚斯·帕迪（Andreas Pardey）以及众多证实我们的观点的其他人所提供的信息。然而，任何错误都由我们承担责任。作者还要感谢汤姆·戴德沃德（Tom Dedeurwaerdere）、布伦丹·库尔赛特（Brendan Coolsaet）、阿里安娜·布罗贾托（Arianna Broggiato）、富利亚·巴图尔（Fulya Batur）和约翰·皮赛斯（John Pitseys）邀请我们为本书投稿。

　　① 在第 30 个国家批准后的 90 天，《生物多样性公约》于 1993 年 12 月 29 日生效。据《生物多样性公约》（http://www.cbd.int/convention/parties/list/）显示，德国是在第 30 个国家之后批准《生物多样性公约》的；根据《生物多样性公约》第 36 条，《生物多样性公约》于 1994 年 3 月 22 日在德国生效。

　　② 2011 年 6 月 23 日，德国与其他 11 个欧洲国家共同签署了《名古屋议定书》。

　　③ 约占德国 GDP 的 2.84%，排名第四，仅次于美国、日本和中国。http://data.worldbank.org/indicator/GB.XPD.RSDV.GD.ZS。

　　④ 德国专利与商标局，2012 年年度报告。

下面，我们首先将概述德国具体的获取与惠益分享法律规定，然后（第二节）简述生物材料获取是如何进行监管的。第三节集中论述与依照《生物多样性公约》获取和利用外国遗传资源有关的不同活动和各种行为体，之后是结论（第四节）。

第一节　德国获取与惠益分享法律规定

《名古屋议定书》将通过欧盟 2014 年 4 月 16 日《关于获取遗传资源及公正公平分享其利用所产生惠益的名古屋议定书》欧盟使用者遵约措施第 511/2014 号新条例（以下简称《欧盟获取与惠益分享条例》）在欧盟范围内予以实施①。该条例于 2014 年 6 月 9 日生效，自 2014 年 10 月 12 日起施行，同日《名古屋议定书》在全世界和欧盟生效。然而，《欧盟获取与惠益分享条例》最重要的第 4 条、第 7 条和第 9 条在一年以后才会施行②，因为在这些条款施行之前还需要出台其他措施。《欧盟获取与惠益分享条例》在欧盟层面统一履行遗传资源利用方面的相关国际义务，特别是《名古屋议定书》第 15 条、第 16 条和第 17 条之规定。获取监管由各成员国负责③。

目前德国正在通过一项法律，以补充《名古屋议定书》在全国层面的落实，并实施《欧盟获取与惠益分享条例》的需落实部分④。德国是一个联邦制国家，立法权实行联邦与州的分权，视管辖对象而定。《宪法》⑤ 第 74 条第 1 段第 29 款规定了联邦与州监管自然保护问题的平行职权。获取与惠益分享联邦法律草案以该平行职权为基础。

该联邦法律草案规定，按照现行惯例，在德国获取遗传资源是不受限制的，除非适用于法律规定的例外情形⑥。

虽然《名古屋议定书》第 17.1 条（a）款要求缔约方通过设立收集或接收获取与惠益分享信息的"检查点"来支持议定书的履行，但《欧盟获取与惠益分享条例》（除序言之外）和德国法律草案并没有提到这一术语。在《欧盟获取与惠益分享条例》中，预计在使用者链的两个节点进行报告。第一是在使用者收到研究经费时⑦，

---

① 欧洲议会（欧盟）第 511/2014 号条例和欧洲理事会 2014 年 4 月 16 日《关于获取遗传资源及公正公平分享其利用所产生惠益的名古屋议定书》欧盟使用者合规措施的欧盟条例，OJ L150/59，2014 年 5 月 20 日。

② 《欧盟获取与惠益分享条例》第 17 条第 3 段。

③ 德国联邦议院，17/14245，2013 年 6 月 27 日，第 2 页。

④ 2014 年 2 月 7 日法律草案，关于履行《名古屋议定书》和《欧盟获取与惠益分享条例》所规定义务的法律（作者译）。负责获取与惠益的不同部门尚未就本法律草案达成一致。因此，在本法律草案通过之后，有些方面的规定可能与本章所描述的有所不同。

⑤ 1949 年 5 月 23 日《宪法》（Grundgesetz），联邦法律公报，2012 I S. 1478。

⑥ 《德国获取与惠益分享法律草案》第 2 条。

⑦ 《欧盟获取与惠益分享条例》第 7 条第 1 段。

第二是在利用遗传资源开发产品的最后阶段①。欧洲委员会将根据《欧盟获取与惠益分享条例》第 7.6 条通过相关实施法案，以此进一步细化这些规定。

根据法律草案第三节，与遗传资源利用和遗传资源相关传统知识有关的研究经费的接受方在申请该等经费时，必须声明其将按照《欧盟获取与惠益分享条例》第 4 条的要求进行尽职调查。法律草案说明书指出，唯有在欧洲委员会根据《欧盟获取与惠益分享条例》第 7.6 条通过实施法案之后，该规定才适用，届时实施法案将优先于国家法规。

在过去，德国《专利法》已经涵盖了遗传资源②。《专利法》第 34a 条第一句要求，若一项发明是基于植物或动物来源的生物材料，或者该等材料用于发明，则专利申请需包括该等材料的已知原产地信息。这不应影响对专利申请的审查或已授权专利所产生权利的有效性③。这种措辞（欧盟专利条例使用同样的措辞）意味着，遗漏原产地声明并不影响专利授权进程④。因此，这种原产地披露程序是一项透明的自愿措施，不会产生法律后果，因为如果不执行该程序，专利申请者是不会受到处罚的。在关于实施《名古屋议定书》的德国法律草案中，预计会在《专利法》第 34a 条增加一段，规定在上述情况下应通知主管部门。截至目前，预计在法律草案中主管部门会是德国联邦自然保护局（BfN）。虽然德国专利局要求提供材料原产地信息，但《专利法》并不要求签订惠益分享协议，不披露材料原产地也不会导致专利申请驳回。同理，由于《专利法》没有提及微生物，所以德国法律草案的披露要求默示排除了微生物，但微生物是可以取得专利权的。

法律草案第 4 条详细列明了主管部门的任务和职权，主管部门承担着《欧盟获取与惠益分享条例》第 7 条和第 9 条所述的全部监测任务。法律草案允许对违反法律规定义务的行为处以最高 5 万欧元的罚款⑤。违反《欧盟获取与惠益分享条例》第 7.1 条和第 7.2 条规定的报告义务、第 4.1 条和第 4.2 条规定的尽职调查义务、第 4.3 条规定的遵约证书相关义务的，均视为触犯了《欧盟获取与惠益分享条例》第 7 条的规定。此外，违反法律草案第一条的，也会被处以罚款。在法律草案第 9 条，目前预计德国联邦自然保护局会成为主管部门。然而，目前政府内部仍在讨论主管权的归属。根据《名古屋议定书》第 13.1 条之规定，德国联邦环

---

① 《欧盟获取与惠益分享条例》第 7 条第 2 段。
② 《专利法》（1936 年 5 月 5 日）1980 年 12 月 16 日版，（Patentgesetz），联邦法律公报，1981 I 第 1 页。
③ 世界知识产权组织（WIPO）译，http://www.wipo.int/wipolex/en/text.jsp?file_id=238776（2014 年 8 月 18 日最后一次查阅）。
④ 欧洲环境政策研究所（IEEP）、生态学（Ecologic）和 GHK "从法律和经济方面研究分析《关于获取与惠益分享的名古屋议定书》在欧盟的实施情况"（布鲁塞尔/伦敦，2012），附录，39；托马斯·亨宁格（Thomas Henninger），"专利法中的披露要求及相关措施：关于知识产权和生物多样性的现有国家和区域立法比较概述"，刊登于《促进知识产权与生物多样性协同增效》[德国埃施波恩：德国技术协会（GTZ），2010]；同时，请参阅世界知识产权组织文件 WIPO/GRTKF/IC/16/INF/15。
⑤ 《德国获取与惠益分享法律草案》第 7 条。

境、自然保护、建筑与核安全部（BMUB，简称联邦环境部）仍将作为国家联络点。虽然根据德国《宪法》第 87 条第 3 款第 1 句，执法权通常由州掌握，但欧盟条例将由某个联邦机构来实施。法律草案第 6 条还预计可能由联邦环境部根据《欧盟获取与惠益分享条例》颁布一项法令来进一步规范"监测"。这适用于调查，包括取样、分析方法和有关细节。

《欧盟获取与惠益分享条例》第 7.1 条和第 7.2 条规定的报告义务也在法律草案的涵盖范畴之内。

1. 尽职调查

根据《名古屋议定书》《生物多样性公约》规定的遗传资源利用透明性应通过遗传资源利用和获取信息交换所机制来实现。据欧盟表示，主管部门要按照《欧盟获取与惠益分享条例》第 7.3 条的规定向欧盟报告监测职责的履行情况。

德罗斯和沃尔夫[①]为德国联邦自然保护局开展的一项研究考察了原产地披露要求与德国法律制度的兼容性。该研究得出的结论是，原产地披露要求不会违反德国《宪法》第 5 条所保障的科学和研究自由，因为出于环保目的，有理由在一定限制下合法获取遗传资源。作者认为，就《宪法》第 12 条所保护职业的自由执业而言，类似的论点也成立。这种情况下，研究人员、进口商和商人，因为限制可能被视为符合公共利益。此外，似乎没有限制性较小的替代方案。作者还认为，来源披露要求与保护私有财产的《宪法》第 14 条并不冲突。另外，就证书要求与禁止不平等对待同等行为体的《宪法》第 3 条之间的可能冲突，作者得出的结论是，这种可能性不会造成问题，因为证书要求同样适用于从事遗传资源研究、出口和商业化的所有人。最后总结一下，据我们所知，该研究是唯一考察遵纪守法证书要求与德国《宪法》之间的可能冲突的研究，研究没有发现这方面的任何问题。

德国政府通常认为，根据契约自由原则，政府可能有责任确保共同商定条件存在，但可以不评估或执行其内容[②]。德国支持遵守纳入《欧盟获取与惠益分享条例》的"尽职调查"原则。尽职调查制度需要有三个内容（《欧盟木材产品条例》所考虑的）[③]：信息、风险评估和风险缓解[④]，其中信息是指所用资源需要具有溯

---

① 米里亚姆·德罗斯（Miriam Dross）和弗兰齐斯卡·沃尔夫（Franziska Wolff），《遗传资源获取与惠益分享国际制度的新要素——来源证书的作用》，BfN-Skripten，波恩（2005）。
② 联邦议院印刷品，17/14245，2013 年 6 月 27 日，第 8 页。
③ 欧洲议会第 995/2010 号（欧盟）条例 和 2010 年 10 月 20 日欧洲理事会规定出售木材和木材制品的经营者义务的条例，OJ L 295/23，2010 年 11 月 12 日。
④ 欧洲环境政策研究所（IEEP）、生态学（Ecologic）和 GHK "从法律和经济方面研究分析《名古屋议定书》的实施情况"，附录一，第 36 页。

源性。这意味着在有可疑风险时要检查更多关于合法获取的信息，例如，在提供国指出可能有违规行为时[1]。然而，《欧盟获取与惠益分享条例》的尽职调查方法似乎被动性大于主动性，并且依赖于提供国有效完成其监测任务的能力[2]。

2.《名古屋议定书》的时间范围和适用性

关于《名古屋议定书》的时间范围，德国联邦政府认为《名古屋议定书》只适用于在《名古屋议定书》通过以后获取的遗传资源，这与《欧盟获取与惠益分享条例》第 2 条一致。这里我们必须指出，《名古屋议定书》没有特别处理这一有争议的议题，因为在《名古屋议定书》国际谈判期间没有就该议题达成共识。有几个国家，主要是生物多样性丰富的国家和提供国认为，鉴于欧盟寻求在《名古屋议定书》生效后才会执行它，《名古屋议定书》的义务应当自 1993 年 12 月《生物多样性公约》通过起执行。不过，自 1994 年以来，一些非原生境保藏机构开始尽可能至少记录新收集品的许可证、事先知情同意或共同商定条件，就像德国微生物菌种保藏中心（DSMZ）那样。这样做会很有意义，因为欧盟范围以外的其他国家可能采用不同的时间范围来实施《名古屋议定书》。

3. 遗传资源的利用

使用和利用的定义虽然很重要，但在《欧盟获取与惠益分享条例》中可能属于比较不明确的部分，留下了解释余地。例如，在提到"非原生境收集库"时，德国政府认为简单收集和储存遗传信息并不代表"使用"，因而质疑"研究与开发"一词在这些情况下的适用性[3]。在《欧盟获取与惠益分享条例》起草之时，莱布尼茨协会[4]发布了一份文件，建议《欧盟获取与惠益分享条例》应当将"研究与开发"明确定义为专门并且仅仅是指"关于生物或遗传物质（或其遗传和生物化学组分）的任何研究，旨在实现或实际带来商业应用或市场化产品。"然而，除了《名古屋议定书》本身提供的定义，《欧盟获取与惠益分享条例》并没有进一步提供"遗传资源利用"的定义。议定书第 8a 条要求缔约方创造条件促进和鼓励研究……"包括通过简化非商业研究获取遗传资源的措施"。因而，通过将这一条写入议定书，

---

① 联邦议院印刷品，17/14245，2013 年 6 月 27 日，第 7 页。
② 关于欧盟条例尽职调查方法的更详细分析，请参阅本书奥利瓦（Oliva）（第十二章）和戈特（Godt）（第十三章）的稿件。
③ 联邦议院印刷品，17/14245，2013 年 6 月 27 日。
④ 莱布尼茨协会，莱布尼茨协会生命科学 C 部意见书以及莱布尼茨生物多样性研究网络（LVB）关于"欧洲议会和欧洲理事会关于在欧盟获取遗传资源和公正公平分享其利用所产生惠益的条例"的意见书 2012/0278（COD），http://www.leibniz-verbund-biodiversitaet.de/fileadmin/user_up!oad/downIoads/Biodiversitaet/2oi2_0278_COD position_Leibniz.pdf。

我们认为商业和非商业意图的研究都应在议定书的涵盖范围之内。国际社会认为任何把基础研究排除在《名古屋议定书》或《欧盟获取与惠益分享条例》包含范围之外的解释都是不准确或不利的，因为这样的解释会意味着欧盟立法对非商业研究的遵约行为不承担责任。

第二节　德国作为提供国

和多数欧盟成员国一样，德国无意要求分享来源于本国遗传资源利用的惠益。因此，德国不打算出台获取德国遗传资源的事先知情同意或共同商定条件程序。这与《名古屋议定书》相符，《名古屋议定书》要求所有国家都要执行使用者措施，但执行获取法规由每个国家自行决定。

虽然《生物多样性公约》已将遗传资源的所有权赋予各国，但德国没有界定生物或遗传资源权属的法律。

因此，关于原生境资源，土地所有者通常也是作为受德国《宪法》第 14 条保护财产的私人土地（或水域）上的生物或遗传资源的所有者。德国《宪法》第 14 条保障财产和继承权，并保障其受德国《民法典》（BGB）管辖①。如果，土地上的物种不受《联邦自然保护法》（BNatSchG）保护②，如由于处于濒危状态③ 或者由于位于保护区④，那么土地所有者就可以处置土地上的遗传资源。例如，遗传资源通过购买合同进行交换的，受民法管辖。而公共土地或保护区的自然资源的决定权则由政府（联邦或州政府）掌握，并由《联邦自然保护法》或各州法案监管。

虽然遗传资源获取通常不受限制，但根据《联邦自然保护法》第 4 条第 1 段第 4 款之规定，禁止从被特别保护的物种或发育阶段的野生植物中获取，禁止损害或破坏这些植物或其生存场所⑤。第 44 条第 2 段（b）款规定，禁止为了商业目的而获取、向公众展示或以其他方式使用该等动物或植物（禁止销售）。根据州立法，为了研究、教学、教育或再引入目的，或者为了这些目的所需的育种作业或人工繁殖措施，自然保护和景观管理主管部门、德国联邦自然保护局（对于从其他国家引入的动物或植物）可准予对第 44 条的禁止事项设置例外情形。这一规定由州负责实施。

---

① 1896 年 8 月 18 日《民法典》（Bürgerliches Gesetzbuch），联邦法律公报 2002 I 第 42 页，2909；2003 I 第 738 页。

② 2009 年 7 月 19 日《联邦自然保护法》（Bundesnaturschutzgesetz），联邦法律公报，2009，I S. 2542。

③ 《联邦自然保护法》第 13 条和第 14 条。

④ 《联邦自然保护法》第 44 条。

⑤ 由德国环境部翻译的《联邦自然保护法》非正式译文，www.bmu.de；http://www.bmub.bund.de/en/service/publications/downloads/details/artikel/act-on-nature-conservation-and-landscape-management-entry-into-force-1st-march-20io/?tx_ttnews%5BbackPid%5D=864&cHash=4i6dc8bo6d af4gif72oa64e58foed5fc（2013 年 10 月 10 日查阅）。

　　同样，如果遗传资源位于受《联邦自然保护法》第 4 章保护的领土区域的一部分（保护自然或景观的某些部分），获取即受限制。根据《联邦自然保护法》第 22 条，部分自然或景观以公告形式受到保护。通过公告等形式界定保护区域、保护目的以及实现该目的所需的命令和禁令。

　　对于非原生境收集库，所有权在由私人学会（如法兰克福的森根堡学会）掌握的公共收集库、公共法律基金会（如波恩的柯尼希博物馆）或大学（如汉堡大学或慕尼黑大学）是各不相同的。只要不发生违反获取与惠益分享条例的行为，对使用来自公共收集库的遗传资源就是没有限制的；但是否准予获取由负责保藏的机构决定。

　　德国国家生物多样性战略涵盖野生和培育遗传资源，包括植物、动物、菌类和微生物。该战略为保护遗传资源和建立全国遗传资源信息系统指明了具体编目措施的一些方向。目前上述编目已经到位，称为"遗传资源信息系统"（GENRES），由联邦粮食与农业部（BMEL）下属机构联邦农业与粮食办公室创办[①]。该系统包括全国编目 XGRDEU 专业数据库，列出了德国植物、动物、森林和微生物遗传资源的原生境和非原生境库存。目前，该系统包括森林、水生、栽培和野生植物。在撰写本文时，系统正在建设微生物和无脊椎动物部分（同时也在制定一项微生物和无脊椎动物保护计划）。

第三节　德国作为使用国

　　德国认为自己是使用国，因此德国各行为体对惠益分享的态度极为重要。首先我们将简述主要行为体及其对获取与惠益分享的态度，然后论述德国使用者的主要获取方式以及相关的惠益分享方法。

1. 行为体

　　为了描述德国的情况，我们将区分四组行为体：政府当局、资助机构、非原生境收集库[②] 和使用者。最后一组包括具有非商业利益的研究人员和具有商业意图（包括工业）的研究人员。我们不把精力集中在粮食和农业植物遗产资源使用者上，因为他们由《粮食和农业植物遗传资源国际条约》管辖。本节我们还会提到一些关于研究类型描述的概念，并提到德国现行的主要指南、自愿措施和惠益分享实践。

---

① "GENRES——遗传资源信息系统"，http://www.genres.de/（2014 年 2 月 3 日查阅）。
② 我们很清楚非原生境收集库属于更广泛的使用者领域，但由于它们比较专注于适用行为准则（自愿措施）的保护和参考活动，所以我们会单独进行处理。

1）政府当局

德国联邦环境、自然保护、建筑与核安全部是国际层面的获取与惠益分享联络点，可以认为是推动制定实施获取与惠益分享国家政策的权威机构。德国联邦自然保护局是联邦环境部的下属机构，负责协调《国家生物多样性战略》的实施。德国联邦自然保护局还是德国获取与惠益分享信息平台的主办方①。

2007 年 11 月，联邦政府通过了由联邦环境部编制的《国家生物多样性战略》。该战略不具有法律约束力，表达了联邦政府希望确保公平公正的惠益分享和遵守来自其他国家的遗传资源和传统知识的获取与惠益分享国际法规（包括《生物多样性公约》和《粮食和农业植物遗传资源国际条约》的规定）和国内法规②。它还要求德国的遗传资源使用者和提供者（收集库、工业、科学、贸易、种植户和个人）应了解并遵守《生物多样性公约》和相关法规的获取与惠益分享规定。

2007 年 9 月，联邦环境部和联邦自然保护局还出版了由世界自然保护联盟（IUCN）为使用者编制的《使用者信息手册》③。该手册概述了获取与惠益分享概念和《生物多样性公约》框架、谈判进程、实施获取与惠益分享的未来国际制度的基本要素，包括事先知情同意和共同商定条件、惠益分享和遗传资源使用者的义务。

另一个重要行为体是联邦粮食与农业部（BMEL，以下简称联邦粮农部），一直积极参与塑造遗传资源在欧洲的地位。国际层面的行为体是《粮食和农业植物遗传资源国际条约》德国联络点。在国家层面，联邦粮农部负责养护粮食与农业（包括作物和畜牧业）植物遗传资源、林业和水生资源。这样就形成了补充国家生物多样性战略的德国粮食、农业、林业和渔业生物多样性养护与利用国家战略④。另外，由于联邦粮农部还负责渔业部门，所以制定了德国水生遗传资源养护技术方案，包括江河湖海捕鱼和水产养殖业⑤。对于森林遗传资源，联邦政府建立了森林遗传资源与森林再生材料立法工作组，制定了一项森林遗传资源养护与可持续利用方案⑥。

2012 年 4 月，联邦粮农部生物多样性与遗传资源科学咨询委员会提出了一系

① http://www.BfN.de/index_abs+M52o87573abo.html。

② 德国联邦自然保护局，《德国生物多样性国家战略》，2007，http://www.bfh.de/0304_biodivstrategie-nationale+M52o87573abo.html。

③ http://www.BfN.de/fileadmin/ABS/documents/iucnJnfobrosch_301007.pdf。

④ 参阅联邦粮食、农业、林业和渔业养护战略，http://www.bmelv.de/SharedDocs/Downloads/EN/Publications/AgriculturalBiodiversity.pdf?_blob=publicationFile。

⑤ 参阅德国食品、农业与消费者保护部，《水生遗传资源——德国水生遗传资源养护与可持续利用技术方案》，2010，http://www.bmelv.de/SharedDocs/Downloads/EN/Publications/AquaticGeneticResources.pdf?_blob=publicationFile。

⑥ http://www.genres.de/en/forest-plants/regulatory-framework/（2014 年 1 月 5 日查阅）。

列关于农业部门的建议①，随后于 2012 年 10 月发布了《欧盟获取与惠益分享条例》建议书。在该文件中，联邦粮农部认为，应当按照《名古屋议定书》建立农业资源的便利获取与惠益分享制度，类似于目前《粮食和农业植物遗传资源国际条约》所执行的制度。此外，联邦粮农部还建议将这种制度拓展到粮食、能源和可再生资源的物种，只是不包括用于制药业的物种②。最后，该报告还建议在专利申请中披露原产地。虽然联邦粮农部的观点还没有被任何官方机构接受，但这也许意味着需要加强环境、农业和贸易政策之间的一致性③。

至少十年来④，联邦经济合作与发展部（BMZ）一直专注于使生物多样性丰富的国家通过获取与惠益分享与贫困斗争，如通过支持生物贸易，并与其他欧洲国家结盟，开展获取与惠益分享能力建设⑤。该倡议通过促进实施获取与惠益分享的能力建设和帮助制定监管获取的指南，旨在使非洲、加勒比和太平洋国家和利益相关者能够利用遗传资源的使用所产生的惠益来养护生物多样性和减轻贫困。

德国专利与商标局（DPMA）隶属联邦司法部（BMJ），是负责专利授权和其他知识产权登记的中央机构，同时还负责管理相关产权信息，由 23 个信息中心组成的网络为全国创新者提供帮助⑥。

联邦海关管理局目前是信息交流主管部门，旨在根据《濒危野生动植物种国际贸易公约》（CITES）按照《联邦自然保护法》（BNatSchG）第 48 条第 1 款第 4 项打击物种保护领域的犯罪，并且将来可能会被批准为检查点。《联邦自然保护法》第 49 条授权联邦财政部（BMF）和海关当局监督和管理受欧洲法规管辖的动植物进出口在与第三方国家的货物贸易中的合规情况。目前，这些职能关系到与遗传资源交换和贸易及《濒危野生动植物种国际贸易公约》实施相关的安全和健康问题。如果将来通过欧洲委员会的实施法案或国家法令来设立更多"检查点"，联邦海关管理局可能在考虑范围之内。

2）资助机构

一个重要政府行为体是联邦研究与教育部（BMBF，简称联邦研教部），是德

---

① F. 贝格曼 F. M. 赫尔德根（F. Begemann F. M. Herdegen）、L. 邓普斯（L. Dempfle）、J. 恩格尔（J. Engels）、P. H. 费尔丁（P. H. Feindt）、B. 葛瑞特（B Gerowitt）、U. 汉姆（U. Hamm）、A. 詹森（A. JanSen）、H. 舒尔特·科梅（H. Schulte-Coeme）和 H. 韦德金德（H. Wedekind），德国食品、农业与消费者保护部（BMELV）生物多样性与遗传资源科学咨询委员会，"关于农业、林业、渔业和食品业遗传资源实施《名古屋议定书》的建议"。《食品、农业与消费者保护部科学咨询委员会关于生物多样性与遗传资源的意见书》，2012（德语原创论文译本）。

② 见第 87 页脚注④。

③ 《德国生物多样性战略》，第 19 页（http://www.genres.de/?L=3）。

④ 克里斯汀·谢弗（Christine Schaeffer），"德国技术开发合作：推进《生物多样性公约》第 8（j）条实施的办法"，刊登于《保护与促进传统知识：制度、国家经验和国际维度》。索菲亚·特瓦罗格（Sophia Twarog）和波米拉·卡浦尔（Promila Kapoor）（纽约和日内瓦：联合国贸易和发展会议，2004）。

⑤ "获取与惠益分享能力发展倡议"，http://www.abs-initiative.info/index.html?&L=。

⑥ "德国专利信息委员会"，http://www.piznet.de。

国主要的公共研究资助机构之一。联邦研教部主要资助和支持基础和应用科研及技术开发，还资助过生物多样性丰富国家的生物研究，如非洲的 BIOTA 项目①，并且目前仍在资助开展全球粮食供给研究的全球项目②。

德国另一家重要资助机构，德国研究基金会（DFG），致力于基础学术研究。德国研究基金会是德国一家科研自治组织，根据私法注册为协会，基金来源于联邦政府和各州。德国研究基金会资助基础研究，如果是资助遗传资源相关的研究，还会向申请人宣传获取与惠益分享义务的重要性。2008 年，德国研究基金会制定并分发了指南，以确保按照《波恩准则》为遵守各国法规提供必要条件③。每一位申请人都要声明其是否打算使用生物材料开展工作，研究人员是否知道如何遵守项目实施所在国家的获取与惠益规则（如果该等规则存在的话），以及如何联系获取与惠益分享联络点。据我们所知，德国其他公立资助组织没有如此重视使用者是否履行获取与惠益分享义务的。

德国学术交流中心（DAAD）在资助学术交流合作的发展方面发挥着重要作用。和多数资助组织一样，德国学术交流中心没有在其资助指南中明确考虑获取与惠益分享规定。

3）非原生境收藏库

第三组行为体包括非原生境收藏库或"持有者"，包括死体和活体材料收藏库。另外，所有这些机构都开展自己的研究活动，主要是与生物分类有关的研究活动。死体材料收藏库包括自然历史博物馆和植物标本馆，如森根堡自然历史博物馆和法兰克福植物标本馆、柏林植物博物馆、慕尼黑大学植物标本馆、波恩柯尼希自然历史博物馆。这些机构存有对于物种鉴别（分类学）具有很高价值和具有国际重要性的死体收集品④。

还有活体材料非原生境收藏库，包括植物园（德国大约有 50 个）和微生物菌种保藏中心，如德国微生物菌种保藏中心。例如，德国植物园更多的是通过交换获得材料（占 58%），也从野生（占 12%）、购买（占 18%）或其他次要来源获得材料，如个人（占 5%）和其他来源（占 1%）⑤。

4）行为准则与指南

虽然很多大型收藏库至今仍缺乏国家监管，但都在采取措施，以遵守《生

① "非洲生物多样性监测样带分析"，http://www.biota-africa.org/。
② "GlobE——全球食物供应研究"，http://www.bmbf.de/en/16742.php。
③ 德国研究基金会，《生物多样性公约（CBD）范围内研究项目资助建议书补充说明》，http://www.dfg.de/formulare/i_02ie/i_02ie.pdf。
④ "德国 ZEFOD 生物研究收藏中心登记册"，2014 年 1 月 19 日查阅，http://zefod.genres.de/index.php？请注意，许多植物标本馆也是收藏活体植物的植物园。
⑤ B.克雷布斯（B. Krebs）、马里耶森·德·德里施（Marliesevon Den Driesch）、弗兰克·克林根斯坦（Frank Klingenstein）和沃尔夫拉姆·洛宾（Wolfram Lobin），德国、奥地利、德语区瑞士和卢森堡植物园种子交换，《植物园简报》，151（2002）。

物多样性公约》。然而这些措施因收藏库的类型而各异。目前，对于动物收藏库，材料转移没有具体的行为准则或其他标准（如材料转移协定模板），而植物园或其他活体材料收藏库就有。不过，欧洲生物分类保藏联合会（CETAF）目前制定了行为准则[1]，以后该行为准则还会适用于德国一些最大的动物和植物标本收藏库。

与此相比，国际植物交换网则开发了注册系统，以促进植物园之间交换活体植物材料。该系统是 1999 年由德语国家植物园协会创建的，2003 年欧洲植物园联合会采用了该系统[2]。

德国微生物菌种保藏中心是欧盟资助项目"微生物可持续利用与获取条例国际行为准则"（MOSAICC）的 14 家参与机构之一。MOSAICC 行为准则旨在促进微生物资源获取，并在转移微生物材料时帮助制定实际协定。因而，MOSAICC 建立了通过事先知情同意和共同商定条件鉴别微生物来源的制度，以帮助通过提供者和使用者达成的《材料转移协定》监测资源的转移情况（BCCM，2000，2011）[3]。欧洲菌种保藏组织（ECCO）也制定了《材料转移协定》，用于提供来自公立收藏库的生物材料样本。《材料转移协定》涉及溯源性、惠益分享和知识产权等方面。例如，《材料转移协定》允许同一实验室的研究人员或某个项目的合作伙伴将材料用于非商业目的[4]。

德国微生物菌种保藏中心还会告知开放收藏库的使用者和保管者，他们有责任确保《生物多样性公约》框架内的遵约。德国微生物菌种保藏中心只接受根据提供国的事先知情同意和共同商定条件披露了出处及获取与惠益分享权利和义务相关信息的微生物菌种[5]。同时，德国微生物菌种保藏中心还会将"最终用户义务，特别是样本溯源性、向第三方转移菌种的程序方面的义务"告知接收机构。就专利授权而言，作为根据《布达佩斯条约》寄存生物材料的国际保存机构（IDA），如果提供微生物来源是可选项，德国微生物菌种保藏中心则遵循相关的既定程序。

非原生境收藏库需要比较生物材料，特别是为了鉴别目的；因而，其常规和传统的工作方式需要广泛交换材料。目前，分子技术用于物种比较和区分；根据

① 科妮莉亚·洛恩（Cornelia Loehne），个人通信，2013 年 11 月 6 日。
② 卡门·里切尔扎根（Carmen Richerzhagen）、萨宾·塔尤伯（Sabine Taeuber）和卡琳·霍尔姆·穆勒（Karin Holm-Mueller），"德国遗传资源使用者：对《生物多样性公约》的认识、参与和立场"，尤特·费特（Utte Feit）、马丽丝·德里施（Marliese. von den Driesch）和沃尔夫拉姆·洛宾（Wolfram Lobin）主编，《遗传资源的获取与惠益分享》，BfN-Skripten 163，波恩（2005）：34。
③ 见 "MOSAICC 微生物可持续利用与获取保存国际行为准则"，BCCM，http://bccm.belspo.be/projects/mosaicc/。
④ 达格玛·弗里茨（Dagmar Fritze），"欧洲文化收藏组织（ECCO）提出的促进生物材料合法交换的共同基础"，《国际公域杂志》，4（2010）。
⑤ "生物多样性公约，其对菌种保藏使用者和保管者的影响"，德国国家培养物保藏中心（DSMZ），http://www.dsmz.de/bacterial- diversity/convention-on-biological -diversity.html。

特定安排，收藏库允许从死体材料提取 DNA 样本①。很难将每一次转移都告知检查点或主管部门。而且，多数机构的指南、材料转移协定模板、行为准则都对可能改为商业利用的情况作出了相关规定。在这种情况下，这些机构要求使用者遵守《生物多样性公约》的规定，或者像国际植物交换网那样，努力重新取得事先知情同意进行商业利用②。因而，《欧盟获取与惠益分享条例》包含关于非原生境收藏库的具体规则。满足第 5 条第 3 段所规定标准的收藏库可被列入欧洲委员会建立的收藏库的"登记簿"。收藏库要进入"登记簿"，在交换遗传资源时需遵循严格的规则。使用者从列入登记册的收藏库获得遗传资源的，根据《欧盟获取与惠益分享条例》第 4 条第 7 段视为已经进行了尽职调查。

收藏库的"登记簿"（在《欧盟获取与惠益分享条例》建议书中最初叫作"托管收集库"）③一度在德国引起激烈争论。包括自然历史博物馆、植物标本馆在内的约 300 家公立非原生境收集库以及其他存有活体材料和遗传资源的非原生境收集库（植物园、微生物菌种保藏中心和基因库）分散在全国 16 个州，管理方式各种各样。并不是所有收集库都能申请成为登记的收集库，大学里的一些小型收集库尤其难，它们可能要承受这种收集库隔离的负面后果。

5）使用者

第四组行为体，使用者，还包含亚组。2005 年，德国联邦自然保护局公布了一个研究项目的结果④，从观点、经历和信息水平方面描述了德国的遗传资源使用者，从使用者视角为在德国和欧洲实施获取与惠益分享提供了建议。这项研究主要涵盖生物技术和植物育种部门，确定了 6 个不同类型的使用者：生物技术（食品、农药、材料生物催化）、农业（植物育种、害虫防治、家畜繁育）、园艺（观赏植物）、研究机构（大学：生物、化学、医学、其他）和非原生境收集库（基因库、自然历史博物馆、植物标本馆、植物园、微生物菌种保藏中心）。由于目前只有少数国家制定了具体的获取与惠益分享程序，因此事先知情同意和共同商定条件案例所报甚少⑤。该研究指出，很多使用者群体对获取与惠益分

---

① 例如，参阅森根堡保藏中心，http://www.senckenberg.de/files/evaluation/ collection_rules_final.pdf。

② "国际植物交换网（IPEN）：供植物园履行获取与惠益分享规定的文书"，波恩大学植物园，http://www.botgart .uni-bonn.de/ipen/criteria.html#box3。

③ P7_TCi-COD（2012）0278。

④ 卡门·里切尔扎根（Carmen Richerzhagen）、萨宾·塔尤伯（Sabine Taeuber）和卡琳·霍尔姆·穆勒（Karin Holm-Mueller），"德国遗传资源使用者：对《生物多样性公约》的认识、参与和立场"，尤特·费特（Utte Feit）、马丽丝·德里施（Marliese. von den Driesch）和沃尔夫拉姆·洛宾（Wolfram Lobin）主编，《遗传资源的获取与惠益分享》，BfN-Skript 126，波恩（2005）。

⑤ 萨宾·塔尤伯（Sabine Taeuber）、卡琳·霍尔姆·穆勒（Karin Holm-Mueller）、特蕾丝·雅各布（Therese Jacob）和尤特·费特（Utte Feit），"对获取与惠益分享新文书以及《生物多样性公约》的经济分析——对获取与惠益分享交易的标准化选项"，最终报告。BfN-Skripten 286，波恩（2011）；根据《生物多样性公约》，http://www.cbd.int/abs/measures/ default.shtml，193 个缔约方中有 57 个制定了与获取与惠益分享有关的法规（2014 年 2 月 14 日）。

享和潜在义务认识不足。

虽然《名古屋议定书》第 8（a）条提到了"非商业研究"，但其定义并不存在。因此，我们参考了《弗拉斯卡蒂手册》[①]给出的"基础研究"定义。《弗拉斯卡蒂手册》将"基础研究"定义为"为制定和检验假设、理论或定律而进行的实验性、观察性和理论性工作，工作结果发表在科学期刊上，这种工作通常在高等教育部门开展。"同一文件还将"实验发展"定义为"利用从研究和实际经验所获得的知识，为产生新的材料、产品和装置而进行的系统性工作"。通常包含"扩大过程"的发展。然而，我们应指出，德国最常用的基础研究和应用研究定义[②] 严格遵循经济合作与发展组织（OECD，简称经合组织）的定义，不能直接转化成非商业和商业研究，因为非商业研究可能需要"应用研究"（如应用在实验管理或自然保护中），然后带来社会或公共利益，但不能给研究人员带来知识产权或任何商业价值。然而，实验发展（一般）可能更常带来对知识产权和私人利益敏感的发明。

清楚了这一定义，最初用于非商业研究的遗传资源有时就可能有助于研发形成商业研究，意味着如果最初为非商业研究采集的某一特定遗传资源显示出可通过实验发展转化成商业开发潜在候选材料的特性，那么遗传资源的使用意图可能会改变。因此，学术部门内这两组使用者的区分似乎有点随意。研究人员（乃至其所在机构）可参与商业和非商业研究。因此，根据所属机构对使用者进行分组就容易得多。因此，出于实际原因和为了本文件的目的，我们将把使用者分为学术使用者和非学术使用者两组。

德国大学历来开展的是基础非商业研究。但最近 10 年（和其他国家一样），德国激励各大学获得知识产权，各大学鼓励其研究人员寻求知识产权和专利发明，并与工业部门合作，以使公私单位之间经常交换材料[③]。不过，2012 年德国专利局收到了所有类型发明的 46 586 项专利申请，其中来自大学的申请只有 640 项（不到 1.5%）[④]。数据表明，知识产权申请仍主要来自私营工业部门。

同理，各大学鼓励开展国际研究，有的系通过长期合作专门研究生物多样性丰富国家。大学里很大一部分研究人员对获取与惠益分享原则和法规不甚了解[⑤]。而且，可以说大学里的法律系对此了解得更少，因为它们从未参与过遗传或生物

---

① 经合组织，2002 年《弗拉斯卡蒂手册》：研究与实验发展调查标准惯例建议，《科技活动考评》（巴黎，经合组织出版社，2002）。

② "应用科学大学的研究活动"，联邦教育与研究部，http://www.bmbf.de/en/864.php。

③ 萨宾·塔尤伯（Sabine Taeuber）、卡琳·霍尔姆·穆勒（Karin Holm-Mueller）、特蕾丝·雅各布（Therese Jacob）和尤特·费特（Utte Feit），"对获取与惠益分享新文书以及《生物多样性公约》的经济分析——对获取与惠益分享交易的标准化选项"，最终报告，BfN-Skripten 286，波恩（2011）：120。

④ 德国专利和商标局，2012 年年度报告。

⑤ 卡琳·霍尔姆·穆勒（Karin Holm-Mueller）、卡门·里切尔扎根（Carmen Richerzhagen）和萨宾·塔尤伯（Sabine Taeuber），《德国遗传资源使用者》。

材料的获取过程。

非学术使用者包括以下工业部门：制药、护肤品与化妆品、工业生物技术、植物医学、保健营养品、园艺和生物防治剂等[①]。多数从事生物技术的企业都是德国生物技术协会（DIB）[②]的成员，该协会隶属化学工业协会（VCI）。最大型的公司还属于生物技术产业协会（BIO），这是一家世界性组织，2005 年以来发布了一般指南，提供实用建议，帮助成员单位应对和遵守获取与惠益分享要求。

2. 德国使用者的遗传资源获取

使用者主要通过两种方式来获取遗传物质：直接从现场获取，或者通过中间提供者获取。

1）直接从现场获取

获取遗传资源的一种方式是在基础研究项目（主要为非商业目的）内的现场采集样本。这是大学研究人员和非原生境收集库研究人员（收集死体或活体材料）获得材料的主要方式[③]，通常与提供国的研究人员合作。

基础研究活动和现场采集的一个例子是 1997 年以来一直在厄瓜多尔南部进行的一个项目[④]。该项目为提供国带来了大量惠益[⑤]，如能力建设（厄瓜多尔和德国的厄瓜多尔人获得了 12 个博士学位和至少 26 个硕士学位）、研究设施（新设施、保藏设施和研究设备或者建立了研究生合作培养项目）或社会利益，如改善了最近小镇的道路和电气系统。而且，这项研究的成果已应用于洛哈（Loja）地区的土壤和森林恢复，进而还帮助改善了该地区的生态系统服务，完成了与生物多样性养护有关的国家目标。

现场获取材料的另一种方式是商业化方式，就是通过生物勘探活动获取（即

① 萨宾·塔尤伯（Sabine Taeuber）、卡琳·霍尔姆·穆勒（Karin Holm-Mueller）、特蕾丝·雅各布（Therese Jacob）和尤特·费特（Utte Feit），"对获取与惠益分享新文书以及《生物多样性公约》的经济分析——对获取与惠益分享交易的标准化选项"，最终报告，BfN-Skripten 286，波恩（2011）：120。

② 德国工业生物技术，https://www.vci.de/dib/Seiten/Startseite.aspx。

③ 萨宾·塔尤伯（Sabine Taeuber）、卡琳·霍尔姆·穆勒（Karin Holm-Mueller）、特蕾丝·雅各布（Therese Jacob）和尤特·费特（Utte Feit），"对获取与惠益分享新文书以及《生物多样性公约》的经济分析——对获取与惠益分享交易的标准化选项"，最终报告，BfN-Skripten 286，波恩（2011）。

④ 由个别研究人员发起，2001～2012 年各研究单位纷纷效仿。2012 年以来建立了生物多样性监测平台。见 http://www.tropicalmountainforest.org/。

⑤ 约尔格·本迪克斯（Jorg Bendix）、布鲁诺·帕拉丁（Bruno Paladines）、莫妮卡·里巴德内拉·萨米恩托（Mônica Ribadeneira-Sarmiento）、路易斯·米格尔·罗梅罗（Luis Miguel Romero）、卡洛斯·安东尼奥（Carlos Antonio）、瓦拉雷佐（Valarezo）和埃尔温·贝克（Erwin Beck）"研究、教育和知识转移对惠益的分享：厄瓜多尔南部生物多样性研究成功案例"，刊登于《跟踪生物多样性科学与政策的主要趋势》，编辑 L.阿纳西娅·布鲁克斯（L. Anathea Brooks）和萨尔瓦多·阿里科（Salvatore Arico）。基于联合国教科文组织生物多样性科学与政策国际会议的会议记录（巴黎：联合国教科文组织，2013）。

以发现新的用于个人护理、制药或功能保健品的可销售化合物为目的收集生物材料）。厄瓜多尔也曾尝试通过满足所有可能的获取与惠益分享要求来妥善开展生物勘探。该项目由联邦研教部（BMBF）资助（Pro-Benefit 2003—2008），联邦研教部主要资助开展框架活动，如事先知情同意和可能取得许可的文件。不过，主要由于厄瓜多尔缺乏一整套针对这些类型活动的程序，最终没有取得开展预期活动的许可①。

2）中间提供者

在德国获得遗传物质的第二种方式比较常见，特别是在生物技术部门，那就是从贸易伙伴那里获得。对于生物技术部门，遗传物质主要提供者位于原产地国家，或者位于德国以外、欧盟范围内的其他国家。生物技术公司偏爱于轻松获取、材料优质和不受限制地使用。另外，为了非商业研究目的，保存物和活体材料收集库之间交换材料的比例也很高，其中很多机构都遵循自愿行为准则（见上文）。

植物育种者、动物育种者、微生物研究人员等其他使用者在《粮食和农业植物遗传资源国际条约》的监管下使用由国际农业研究磋商小组（CGIAR）下属中心提供的菌种收集品或材料。我们还知道，有研究人员从进口生物体的观赏园艺或宠物商店获得材料。这也许说明了区分出境生物资源和遗传资源的难度。

3. 德国使用者的惠益分享

惠益分享根据具体情况来决定，因为法律至今尚未作出相关规定。与分享货币化惠益相比，德国工业部门显然对技术或技术诀窍转让持有更加开放的态度，因为它还能提高生产力。然而，这种开放态度取决于公司和部门的规模②。一种很常见的技术诀窍转让形式包括雇用当地员工参与项目③。生物技术产业协会建议④，如果资源肯定会用于商业目的，就可以在工业价值创造过程的最后阶段进行惠益分享协议的谈判。

---

① 克里斯蒂娜·普洛兹（Christiane Ploetz），"ProBenefit（支持惠益）：面向过程建立公平分享厄瓜多尔亚马孙低地生物资源利用所产生惠益的模式"，刊登于《遗传资源的获取与惠益分享》《在捍卫获取与惠益分享规定的同时促进生物多样性研究和养护的方式与手段》，编辑尤特·费特（Utte Feit）、马丽丝·德里施（Marliese von den Driesch）和沃尔夫拉姆·洛宾（Wolfram Lobin），BfN-Skripten，波恩（2005）。

② 萨宾·塔尤伯（Sabine Taeuber）、卡琳·霍尔姆·穆勒（Karin Holm-Mueller）、特蕾丝·雅各布（Therese Jacob）和尤特·费特（Utte Feit），"对获取与惠益分享新文书以及《生物多样性公约》的经济分析——对获取与惠益分享交易的标准化选项"，最终报告，BfN-Skripten 286，波恩（2011），第4章。

③ 安·凯瑟琳·布克斯（Ann Kathrin Buchs）和乔格·贾斯珀（Jorg Jasper），《为了谁的利益？从经济视角看获取与惠益分享合同协议内的惠益分享，以制药业生物勘探为例》讨论会发言 0701，哥廷根格奥尔格·奥古斯特大学 Agrarokonomie 研究所（2007）。

④ 萨宾·塔尤伯（Sabine Taeuber）、卡琳·霍尔姆·穆勒（Karin Holm-Mueller）、特蕾丝·雅各布（Therese Jacob）和尤特·费特（Utte Feit），"对获取与惠益分享新文书以及《生物多样性公约》的经济分析——对获取与惠益分享交易的标准化选项"，最终报告，BfN-Skripten 286，波恩（2011），图6。

虽然《名古屋议定书》提到了技术转让、协作与合作，但《欧盟获取与惠益分享条例》和德国法律草案都没有涉及惠益分享这一部分。不过，在学术部门内部，非货币化惠益分享是德国研究基金会①等资助机构所推行的现行做法，是一种传统的与同行机构联合进行科学领域更好合作的方式（见 Helmholtz、Leibniz、Max Planck 和德国所有大学的网页）。除了让来自生物多样性丰富国家的研究人员熟悉最新研究方法，大学要进行技术转让似乎很困难，因为投资国外新技术是需要钱的。根据《名古屋议定书》第 23 条之规定，技术转让是来源于获取与惠益分享的重要惠益之一（《生物多样性公约》第 16 条和第 19 条也讨论了技术转让问题）。如果资助机构不考虑在其所资助项目中支付这些费用，就没有机会进行这种技术转让。

第四节 结 论

只要没有特定的合法例外情形，德国就准许不受限制地获取其遗传资源。虽然德国认为自己是使用国，但到目前为止，德国确保遵守获取与惠益分享的监管工作十分薄弱，许多其他使用国情况相同。不过，主要因为德国研究基金会的指南，学术部门内对《生物多样性公约》概念、获取与惠益分享要求、《波恩准则》和《名古屋议定书》规定已经比较熟悉。活体植物非原生境收集库，如植物园、微生物菌种保藏中心和其他非原生境收集库，也出台了旨在确保遵守获取与惠益分享的制度。这些指南和行为规范可能需要稍加修改和更新，以引入《名古屋议定书》和欧盟框架，然后即可成为值得其他资助组织和收集库效仿的榜样。

目前，德国没有获取与惠益分享法律，但是有实施《欧盟获取与惠益分享条例》的德国获取与惠益分享法律草案。该法律草案指定德国联邦自然保护局为主管部门，但仍在争论之中。根据该法律草案，所有监测任务都由主管部门承担，但法律草案为联邦环境部进一步规范监测工作提供了可能，以尽可能地遵守《欧盟获取与惠益分享条例》。此外，根据该法律草案，研究基金接受机构必须向主管部门声明其将进行尽职调查。德国已将用于创新和发明的生物材料来源披露列入专利申请过程。德国法律草案补充了《专利法》第 34a 条，规定如果发明是以生物材料为基础的，并且专利申请包含生物材料的原产地信息，那么德国专利与商标局必须通知主管部门，但该规定并不适用于微生物，也不能改变即使没有披露也会授予专利的事实。

德国研究基金会针对基金接受机构出台了获取与惠益分享指南，但行为

---

① "国际合作"，德国研究基金会，http://www.dfg.de/en/ dfg_profile/intemationaUcooperation/ index.html，2013 年 11 月查阅。

准则和指南在德国却难觅踪迹。一些公立非原生境收集库坚持国际标准和行为准则。研究表明，与分享货币化惠益相比，工业使用者更愿接受技术转让。学术研究人员通常似乎非常愿意进行非货币化惠益分享，但又受到研究预算的限制。

以现状来说，惠益分享似乎还没有成为德国的标准实践，但资助组织和非原生境收集库有一定的积极性，并且企业对惠益分享普遍持开放态度。迄今为止，德国法律草案限制自己对《欧盟获取与惠益分享条例》进行最低限度的补充，对《名古屋议定书》的遵循可能只是字面上的，而不是精神上的。德国仍需要额外的关于执行、仲裁和处罚方面的立法①，这主要取决于欧洲委员会根据《欧盟获取与惠益分享条例》第 7 条第 6 段作出的进一步规定。

---

① 欧洲环境政策研究所（IEEP）、生态学（Ecologic）和 GHK，《名古屋议定书》的执行法律和经济方面分析研究，附件 1，（2011）：36。

第五章 希腊有关获取与惠益分享机制方面的法律框架、实施差距与需要国家和国际关注的问题

艾弗拉西娅-艾斯拉·玛丽亚（Efpraxia-Aithra Maria），乔治亚-帕纳吉奥塔·利尼努（Georgia-Panagiota Limniou）

希腊位于巴尔干半岛南端、欧洲东部，毗邻地中海。希腊领土面积（包括岛屿在内）共计 13.2 万 km^2。希腊的生物多样性资源极其丰富，具有种类繁多的植物、动物、生态系统和景观[1]。

希腊是欧洲"生物多样性热点"地区，由于具有突出的地方特色，它是欧洲重要的动植物栖息地[2]，而且它也是很多稀有物种的栖息地[3]。希腊拥有欧洲最丰富的植物群，包括 6437 种和亚种本土植物，这相当于欧洲植物种类的 50% 左右，而 1442 种和亚种植物是希腊独有的[4]。

对于希腊的动物群，根据官方摸底调查[5]，共记录了 23 130 个陆生和淡水物种，其中并不包括 3500 个海生物种。如果加上已记录但未包括在统计清单中的更多物种，物种总数可能会达到约 3 万种[6]。

本项研究的主要目的是从严格的视角进行考察和记录，并评价希腊在获取与惠益分享方面的公法和私法情况。在公法方面，我们进行的研究遵循了已批准的相关生物多样性国际公约、《名古屋议定书》[7]，以及欧洲议会和欧盟委员会有关《欧盟获取与惠益分享条例》。

《欧盟获取与惠益分享条例》归因于术语"获取"，即根据《名古屋议定书》缔约方适用的法律或监管要求获取遗传资源，而相关的法律法规（公法和私法）

---

① S. 达菲斯（S. Dafis）等（编辑），《希腊栖息地项目：自然（NATURA）2000 概览》（塞萨洛尼基：欧盟共同体委员会）。古兰德里斯自然历史博物馆——希腊群落生境湿地中心，（1996）：1-2。

② 《国际多样性公约》希腊首次国家报告，1998 年 1 月，第 10 页。

③ M. 阿里亚诺苏·法拉吉塔基（M. Arianoutsou-Faraggitaki）、A. 詹尼奥塔斯（A. Giannitsaros）和 L. 孔普·索瓦兹（L. Koumpli-Sovantzi），《希腊陆地生态系统》（雅典：雅典卡帕德斯兰大学生物学部生态学与分类学系，2003）：1-3（希腊语）。

④ K. 乔治乌（K. Georgiou）和 P. 德利佩特鲁（P. Delipetrou），"希腊地方特有植物模式与特征"，《林奈学会植物学杂志》，162（2010）：134。

⑤ 《欧洲动物》之《欧洲动物 2004》，http://www.faunaeur.org。

⑥ A. 莱加基斯（A. Legakis）和 P. 马兰古（P. Marangou），《希腊濒危动物红色数据册》（雅典：希腊动物学会，2009）：14（希腊语）。

⑦ E. 莫格拉（E. Morgera）、M. 巴克（M. Buck）和 E. 苏曼尼（E. Tsioumani），有关获取与惠益分享的《名古屋议定书》考察 2010：对国际法和实施挑战的影响（莱顿：马丁努斯·尼霍夫出版社，2012）。

就在这个意义的基础上汇集①。另外，我们不考察土著和当地社区掌握的传统知识的法律规制问题，因为根据《生物多样性公约》第三份国家报告，希腊不存在《生物多样性公约》所定义的土著和当地社区②。

大部分已经生效且目前依然有效的法规分为两节按公法和私法分别介绍。在每一节法规都是按照时间顺序来介绍，分为若干主题单元，以便各单元的内容和特征有所区别。相关法律通过批判性分析在两节里介绍。

在本研究的第三节，我们提出了批判性意见，表达了我们所考虑的问题，而且针对必要的国家监管框架的详细阐述提出了我们的建议。

第一节　以公法为依据的获取——当前的法律框架

适用法律的制定是以 1975 年的《宪法》为依据，该《宪法》包含一项特殊规定，即保护环境和生物多样性是国家的责任③。该规定是未来每项法规的基础，因此有关获取的监管框架不断扩展和演化。相比之下，该《宪法》生效之前颁布的法规对待这些问题有不同的方法，具体分析如下。

1. 第一阶段：1975 年《宪法》生效前的法律框架——与获取有关的法律的来源

遗传资源的获取问题在希腊法律中的表述并不总是相同的。对获取行为进行监管的第一个方法就是管理森林及其产品。为实现监管，国家对私有林场的伐木行为进行管理以满足公共需求④，或者对伐木和采收林产品（如松香）的行为进行监控⑤，同时引入在发生森林遭受破坏的情况下暂停一切伐木行为的权力⑥。在此期间（1836～1923），法规的规定仅涉及植物物种，而植物物种只在一个特别类别（森林）下归类，主要是为了确保森林的管理。

某些植物物种（养蜂植物）的法律保护后来有所扩展，从而确保安全获取或禁止获取这些物种⑦。有关植物物种的法规首次规定，植物物种不但可以种植在林区以内，还可以种植在林区以外。政府当局首次发出许可证，允许在某些情况下采伐或根除石楠属植物和黑醋栗物种。

随着《林业法典》的颁布，法律体系后来又进一步扩展，对林区实行全覆盖，

---

① 《名古屋议定书》第 3 条。
② 《希腊生物多样性公约第三份国家报告》，2008 年 4 月 8 日，第 76 页、第 79 页。
③ 《希腊宪法》第 24 条。
④ 1836 年 11 月/12 月 1 日第 17（29）号有关"私有森林"的皇家法令。
⑤ 1928 年 11 月 30 日有关"森林管理以及树脂采集与栽培等"的第 19 号总统令。
⑥ E-A. 玛丽亚（E-A Maria）《森林的法律保护》（雅典：Ant. Sakkoulas 出版社，1998）：16-19（希腊语）。
⑦ 1934 年有关"完善养蜂业"的第 6238 号法律和 1963 年有关"禁止砍伐和根除养蜂所需植物"的第 657 号皇家法令。

保护对象包括动物和植物①。首次规定对受保护林区内的科学研究进行监管，而且因此引入了禁止获取一般规定之外的例外规定。与上述许可制度（第 657/1963 号皇家法令）不同的是，后者只涉及采伐或根除，不涉及科学研究。

在《林业法典》颁布后，首先是国有森林②经公告成为保护区，之后受保护的自然遗迹也经公告成为保护区。明令禁止采集、采伐、砍伐、根除、销毁和转移保护区内发现的植物和林产品，而且禁止在保护区内狩猎和捕鱼③。另外，森林检查员有权发布命令，监管、限制或完全禁止未经允许在任何地点、任何时间以任何方式砍伐，林产品的采集或建造，以及监管、限制或完全禁止对在农业或林业种植区、草原、部分林地和公有或私有森林生长的树木、灌木、矮树丛和草进行砍伐、修枝、根除的行为④。此外，《林业法典》允许在以科学研究为目的且经过政府部门批准的情况下对植物进行采集、除根和转移，以及捕捉和转移野生动物。

同样的保护精神也体现在有关水生动植物获取的法规中，不过没有科研活动例外的规定⑤。后来《拉姆萨公约》的通过填补了这个空白⑥，该公约明确规定国家有义务鼓励有关湿地和动植物的科学研究⑦。

总之，这个时期（1836～1974）颁布的法规所管辖的，最初主要是生长在森林中的植物，之后主要是存在于森林中的动物，但并不涉及现代意义上的遗传资源。因此，相关法律包含在森林法之中或从属于森林法，不过相关规定到今天依然有效。

2. 第二阶段：1975 年《宪法》生效后的法律框架——与获取有关的法律的发展

1975 年，希腊的环境法发生了真正的变革，《宪法》规定保护自然环境和文化环境是国家的义务，且国家有义务为保护自然和文化环境采取特别的预防或抑制措施。《宪法》特别提到了保护森林和森林扩展区，而且明确规定了相关法律的发布⑧。《宪法》2001 年修正案对该规定进行了补充，载明保护环境不仅是国家的义务，而且是每个人的权利，因此每个人获得了保护环境的宪法权利⑨。在最近一

---

① 森林法典——1969 年第 86 号法令。需要注意的是，立法法令和皇家法令都是在全希腊境内必须遵守的法律文件，反映了 1975 年的《宪法》发布之前不同的政体。

② 《林业法典》第 78 条。

③ 1969 年第 86 号法令第 80 条 2f。

④ 《林业法典》第 66 条。

⑤ 1971 年有关"湖泊、河流内水生生物的捕捞与保护"的第 142 号皇家法令规定，为保证某些品种水生动物的繁殖，在特定时期内禁止捕捞、交易和出售这些水生动物（第 1 条）。

⑥ 1974 年有关"国际保护湿地条约"的第 191 号立法法令。

⑦ 出处同上，第 4 条第 3 部分。

⑧ 希腊《宪法》第 24 条第 1 款。

⑨ Gl. 索尔迪（Gl. Siouti），《环境法手册》（雅典-塞萨洛尼基：Sakkoulas 出版社，2011）：16（希腊语），以及 Gl. 索尔迪（Gl. Siouti）和 G. 耶拉佩特里蒂斯（G. Gerapetritis）的《走近欧盟环境问题司法》第 9 章：希腊，乔纳斯·埃贝森（Jonas Ebbesson）编辑（海牙：Kluwer 国际法律出版社，2002）：261-262。

次的修正案中，宪法立法者明确提到了可持续性原则，称国家应按照可持续性原则采取相关措施；在同一条款（解释条款）内，立法者规定了"森林"、"森林生态系统"和"森林扩展区"的定义，提到了共存于其内的植物和动物，它们共同构成了一个特定的生物群落。

根据这些规定，保护生物多样性成为一项宪法权利①；结果，立法者对待获取问题的思维逐渐受到影响：从受保护动植物物种框架内的获取转变到自然和景观保护框架内的获取，再到植物遗传物质和遗传资源的获取。

1）受保护动植物物种框架内的获取

针对野生动物和本土植物的研究问题（现在还涉及非森林物种），立法者单独制定了一项法令：1981 年"关于保护本土植物和野生动物以及制定相关研究的协调控制程序"的第 67 号总统令②。

1981 年第 67 号总统令是第一项解决与本土植物及其组成部分或产品的获取（采集、运输、除根、砍伐、转移、购买、销售和出口）和野生动物及其组成部分或产品的获取（捕杀、企图捕杀、虐待、造成损伤、造成损害、拥有、捕捉、标本剥制、购买、销售、转移和出口）有关的所有问题的法令。某些本土植物首次被列为受保护物种，同时也区分为特有和非特有珍稀物种，且这些物种已明确列出（见总统令中的表 A）。同样，某些野生动物也首次被列为受保护物种，分为无脊椎动物和脊椎动物，且明确列出（见总统令中的表 B）。随后，法律全面、绝对禁止（在任何空间、任何时间）以任何方式获取（采集、运输、除根、砍伐、转移、销售、购买和出口）表 A 中列明的植物物种及其花果。与此类似的是，对于表 B 中列明的野生动物，法律也有类似不分时空的禁止性规定（禁止捕杀、虐待、造成损伤、捕捉、转移、销售、购买和出口）③。但是，这些禁止性规定可在某些例外情况下解除④。

另外，根据总统令，森林法（《林业法典》）⑤适用于表 A 和表 B 中不包括的某些种类的本土植物和哺乳动物及野生禽类，因此撤换了该法的相关规定，恢复了该法与本土植物和野生动物获取的关联性。

对于以研究为目的的获取问题，立法者采取了不同的方法。在 1981 年第 67 号总统令第 6 条第 1 款中，立法者设置了一项一般性的非禁止性规定，"对任何种类的野生动物和本土植物进行的研究都是自由的"，表明科研行为不受那个时期绝对禁止性规定的制约。但是，这种受到特别限制的自由是有条件的，

---

① M. 德克莱瑞斯（M. Dekleris），《可持续发展法律——通则》（比利时：欧共体，2000）：94-95。
② 需要说明的是，总统令由共和国总统根据国务院合宪性预防控制文件发布。总统令在全国具有法律效力。
③ 1981 年第 67 号总统令第 2、3 条。
④ 同上，第 7 条。
⑤ 同上，第 80 条。

即研究者必须向主管机关简要说明研究的性质、进行研究的地点和研究结果。研究结果还必须向科学研究与技术服务部以及国内至少一家具有类似使命的科研机构通报。如果主管机关认为研究活动可损害生态系统平衡，则可能禁止该项研究①。

第 8 条规定了以上规则的例外情形。该规定要求，对于以采集受保护或非受保护本土植物和野生动物为目的的任何活动，若采集的材料确定用于出口，则必须发放许可证才能允许进行该活动。许可证要注明采集的方式和物种数量，同时考虑当地的生态平衡。当以科研为目的的获取涉及表 A 和表 B 中列明的受保护物种时，也要求提供许可证，这种情况需要农业部（MoA）发放许可证。这项规定明确将希腊高等教育机构排除在外，希腊高等教育机构只需向当地主管机关申报要进行的研究，无须申请许可证②。对这项法令而言，农业部是监督机关，监管许可证发放、研究协调野生动物和本土植物有效保护以及与国外相关部门的沟通等方面的问题③。

因此，在此期间（1975～1981），立法者继续主要通过森林法处理获取问题。因此，除了上述总统令中表 A 和表 B 规定的例外情形，所有其他有关本土植物和野生动物的情形都适用于相同的有关森林物种的法律规定。不过，一个新类别（即 1981 年第 67 号总统令载明的受保护物种）的出现有利于脱开森林法实现获取的初步自主化。

2）《濒危野生动植物种国际贸易公约》特别许可和与获取适用法律有关的《伯尔尼公约》

与野生动物和本土植物受保护物种的获取有关的适用措施，在欧盟层面由欧共体 1982 年第 3626 号有关"在欧盟内实施《濒危野生动植物种国际贸易公约》④和《伯尔尼公约》⑤"的条例得以补充。这两项公约产生了两个方面的创新。

（1）《濒危野生动植物种国际贸易公约》增加了受保护物种⑥，根据这些物种生命周期中面对的风险程度对其进行分类。如果为附件一至三中列明的物种的标本出口发放 CITES 特别许可，出口国的管理部门⑦必须提供证据，证明该标本（每一动植物个体，无论活体或死亡）的取得不违反本国适用的动植物保护法律。

---

① 1981 年第 67 号总统令第 6 条第 1（b）款。
② 同上，第 6 条第 2 款。
③ 同上，第 10 条。
④ 在希腊，《濒危野生动植物种国际贸易公约》已通过 1992 年第 2055 号法律批准，不过该法十多年前已通过 1982 年第 3626 号条例生效。
⑤ 经 1983 年第 1335 号法律批准。
⑥ 33 500 个物种、亚种或群落。
⑦ 当前《濒危野生动植物种国际贸易公约》的中央管理机关是环境、能源与气候变化部的风景林、国家公园与狩猎理事会，见编号为 125188/246/2013 的"野生动物与本土植物物种贸易"部长级联合决定（JMD）。

（2）根据《伯尔尼公约》，不但野生动植物受保护，而且野生动植物的栖息地也受保护，无论动植物生长或生活在哪里。受保护物种明确列出，划分到三个附件中。因此，根据物种包括在哪个附件中来监管该物种的获取[①]。

3）通过保护自然和景观获取

受《伯尔尼公约》，尤其是 1975 年《宪法》的影响，1986 年第 1650 号 "有关环境保护" 方面的框架法正式颁布。该法律在保护自然和生物多样性方面作出了重大变革，成为该领域法律框架的主要基石之一。在这个框架之内，立法者将动植物看成一个整体而不是分散的个体，而且扩大了获取的范围，把在森林生态系统之外生长和生活的物种也包括在内。一般的保护从自然和景观开始[②]，保护对象包括本土植物和野生动物，没有任何例外和限制[③]。同时，立法者有必要在制定法律时将本土植物和野生动物看成一个整体，将这些动植物及其生物群落和栖息地看成生物遗传储备和生态系统的构成要素，因为它们是相互关联、相互依存的关系[④]。

保护和保护区的范围扩大了[⑤]。受保护动植物分为多个类别（珍稀物种，濒危物种，虽无灭绝危险但呈下降趋势的物种，具有特殊生态、科研、遗传、传统和经济价值的物种）[⑥]，而且相关活动（农业、林业、狩猎、渔业）要与本土植物和野生动物保护需求相协调[⑦]。法律中还规定，经部长级联合决定（JMD），将根据保护类别编制特别保护物种名录。此外，将制定野生动植物保护的限制、禁止、条件和措施以及野生动植物科学研究的条件[⑧]。但是，该部长级联合决定尚未发布。需要注意的是，1986 年第 1650 号有关遗传资源监管的法律影响很小，因为上述规定的重点是扩大保护区和对受保护动植物进行分类。由于缺乏遗传资源的概念，因此没有遗传资源方面的具体规定。

现有法律的一个重要缺陷是本土植物中不包括农耕植物，而且立法者没有综合看待植物遗传物质。

根据第 20 条第 2 款之规定，与第 92/43/EEC 号指令相呼应的是，关于 "保护天然栖息地、野生动植物" 的第 33318/3028/1998 号部长级联合决定正式发布，旨在对获取这些内容的行为进行监管。该文件载明了针对法令附件中列明的动植物的禁止性规定。该文件还为国家设定了两项新的主要责任（可以通过部长级联合

[①] G. 萨米奥提斯（G. Samiotis），《国际野生动物法》，有关生物多样性保护的国际规定（雅典：Sakkoulas 出版社，1996）：768（希腊语）。

[②] 1986 年第 1650 号框架法第 18 条第 1 款。

[③] 同上，第 18 条第 6 款。

[④] 同上，第 20 条第 1 款。

[⑤] 同上，第 18 条第 3 款。

[⑥] 同上，第 20 条第 1b 款。

[⑦] 1986 年第 1650 号框架法第 20 条第 3 款。

[⑧] 1986 年第 1650 号框架法第 20 条第 2 款、第 3b 款。

决定履行该责任）。

（1）编制本国的本土植物和野生动物特别受保护物种国家名录；

（2）针对获取以上物种制定详细规定（以上物种保护的限制、禁止、条件和措施以及科学研究的条件）。不过，在部长级联合决定发布（依然尚未发布）前，法律明确规定适用 1981 年第 67 号总统令。

最后，针对任何人违反有关环境以及生物多样性和遗传资源的法律法规需要承担的民事、行政和刑事责任，1986 年第 1650 号法律 G 章提供了监管框架。根据第 29 条规定，民事责任适用"污染者付费"原则，*无论污染者为自然人还是法人，对环境造成污染或以其他方式使环境退化的，污染者应赔偿损失，除非可以证明该等损害因不可抗力或第三方欺诈性的过错行为所导致*[①]。

这是明确的一般条款，规定了环境损害的转承责任，而且由于该条款的概括性和对"环境"概念的扩大[②]，它适用于遗传资源，尤其是遗传资源受到污染或发生退化的情形。需要注意的是，到目前为止，没有相关的案例法，该条款似乎已被闲置。在刑事责任方面，最引人关注的规定是有关因违法行为或疏忽导致环境退化的规定[③]，该规定适用于受保护的本土植物和野生动物，将其生物群落和栖息地视为生物遗传储备和生态系统的构成要素。此外，还有另外两项规定使得本法条格外引人注目：

（1）扩大有权出庭支持追责的自然人和法人的范围，无论其是否遭受任何实际损失，且要求污染者在最大限度内恢复原状；

（2）规定了违法者或第三人持有的，被捕获、杀害、采集或受伤的野生动植物扣押和没收的后续措施。另外，没收使用的相关工具或物品[④]。

在行政责任方面[⑤]，对环境造成污染或以其他方式使环境退化或存在其他违法行为的人（自然人或法人），无论其民事或刑事责任如何，都将被处以高额的行政罚款（最高 200 万欧元）。该规定的适用范围已扩大到遗传资源的非法获取或使遗传资源受到污染或退化。此外，对生物多样性、土壤或水资源（地表水和地下水）造成破坏或带来紧迫威胁的人，同时还要承担环境责任[⑥]。

虽然 1986 年第 1650 号法律第 28～30 条的规定可能是有关刑事和民事责任的主要法条，但其他法条也是有效的，如根据第 2008/99/EC 号指令发布的有关通过

[①] 由作者翻译。希腊语：第 29 条，民事责任。造成环境污染或其他环境退化的任何自然人或法人应承担赔偿责任，除非他证明损害是由不可抗力造成的，或是由第三方的过失行为或欺诈行为造成的。

[②] 第 2 条第 1 款："环境"：对生态平衡、生活质量、居民健康以及历史、文化传统和美学价值有影响并与其相互作用的所有自然和人为因素的总和（由作者翻译）。希腊语环境：影响生态平衡、生活质量、居民健康、历史和文化传统和审美价值的相互作用。

[③] 1986 年第 1650 号框架法第 28 条第 2 款。

[④] 1986 年第 1650 号框架法第 28 条第 9 款。

[⑤] 1986 年第 1650 号框架法第 30 条。

[⑥] 第 2004/35/EC 号指令及其通过 2009 年第 124 号总统令作出的协调。

刑法保护环境的第 4042/2012 号法规。另外，为批准或协调国际条约（如《濒危野生动植物种国际贸易公约》）或第 92/43 号指令而形成的法律法规中有关刑事责任的规定并行实施。

4）植物遗传资源的获取

1990 年第 80 号有关"保护国家植物遗传资源"的总统令，填补了 1986 年第 1650 号法律有关非本土植物监管方面的缺口。该总统令的发布旨在执行 1985 年第 1564 号有关"植物繁殖材料的组织、生产和贸易"方面的法律规定[①]。该总统令首次提到了植物遗传物质，将保护和保全栽培植物及其野生祖代或相关物种的地方性遗传物质确立为其基本规定。另外，立法者首次开始保护自然栖息地以内（原生境）或以外（非原生境）的植物遗传物质，直接引用遗传物质库（BGM）、植物园、植物采集园和农村种植园等概念[②]。立法者将受保护的植物遗传物质分成几个组。

（1）传统栽培种群的本土品种；

（2）栽培植物的野生及其他品种、近亲或直系祖代；

（3）直接用于人类和动物食用、生产工业产品或用于装饰的野生植物；

（4）依然存活但目前并非广泛栽培且不再因"育种植物权"而受保护的育种植物的新品种和老品种；

（5）对农业非常重要的自交系植物[③]（其获取方式受监管）。

虽然该总统令仅涉及植物遗传物质，但其适用范围很广，保护对象已扩大到野生植物。

该总统令在许可证发放制度方面与 1981 年第 67 号总统令不同，该法令要求根据许可证的用途和许可证使用者的情况为所有受保护的植物发放许可证，没有任何例外和区别。尤其是，该总统令提出对在国内外采集和运输第 3 条载明的植物物种、品种或无性繁殖系个体的行为发放许可证的制度。许可证由农业部以及农业部在采集和运输活动发生地的县级附属机构根据具体情况征求相关部门［遗传物质库、希腊北部农业研究中心（CARNG）、各大学、农业部研究机构及其他机构］的意见后发放[④]。采集和运输活动的目的（科研、收藏、商业或其他）、植物的珍稀程度及其对国家的特殊重要性和本身的独特性是新增加的许可证发放条件，是在发放许可证时必须要考虑的方面[⑤]。外国研究团体在希腊采集植物遗传物质，必须持有上述许可证，且必须由希腊北方农业研究中心遗传物质库的农学家或国家相关农业耕作机构的科学专

---

① 1990 年第 80 号总统令第 14 条第 2 款。

② 同上，第 2 条。

③ 同上，第 3 条。

④ 同上，第 10 条第 1 款。

⑤ 1990 年第 80 号总统令第 10 条第 2 款。

家陪同和监督。外国研究团体还需要向遗传物质库提供采集的植物遗传物质的代表性样本和采集表复制件，以便于长期保存和存档①。从许可证发放制度的角度看，这些规定是最接近生物勘探和事前知情同意及其监管概念的第一种方法。

5）遗传资源的获取

希腊以 1994 年第 2204 号有关"批准《生物多样性公约》"的法律批准了《生物多样性公约》，从此希腊对本国遗传资源享有的主权②以及希腊在决定其遗传资源获取方面的相关权力得到正式承认，这是希腊法律的重大变革。希腊作为《生物多样性公约》的缔约方在促进其遗传资源获取方面的义务，以及各缔约方之间公平、公正地分享遗传资源的研究和开发成果和从遗传资源的商业及其他利用中产生的惠益，是否影响后续立法，是否已被全部或部分采用，以及是否改变了希腊在这方面的理念，这些问题都已经过调查研究。

随着相对较近的 2011 年第 3937 号有关"保护生物多样性及其他规定"的法律的颁布，希腊首次尝试将遗传物质看作一个整体并采用综合手段监管与遗传物质有关的事项。这样做的目的是实现生物多样性的可持续管理和有效保护，使生物多样性成为希腊珍贵的、不可替代的国家资产。特别是，第 15 条第 6 款规定，全国所有遗传资源都是受保护的国家资产，任何遗传资源的使用都要遵守与获取和惠益分享有关的条款和限制。多项国际条约（《生物多样性公约》《名古屋议定书》《粮农植物遗传资源国际公约》）都直接引用了遗传资源的定义。尽管如此，遗传资源的利用并不受监管，但据称相关规定将会发布，国家目录、行动计划和希腊境内公共或私有收藏馆生物多样性编目将在该规定的基础上制定，遗传资源进入数据库，而且遗传资源的使用将在本框架之内受到监管③。

2011 年第 3937 号法律以综合的视角看待遗传物质，但与此同时，该法似乎割裂了对获取遗传物质行为的监管④，尤其是该法对其要监管的两个大类进行了区分。

（1）重要物种；

---

① 同上，第 10 条第 3 款。

② 对于有关《生物多样性公约》的主权权利，请查看 M. 佩蒂（M. Petit）、C. 福勒（C. Fowler）、W. 柯林斯（W. Collins）、C. 科雷亚（C. Correa）和 C-G. 桑斯特罗姆（C-G. Thornström）撰写的《为什么政府不能制定政策——国际上的植物遗传资源案例》（利马：国际马铃薯中心，CIP-CGIAR，2000 年）：11，以及 R. Rana 撰写的"获取植物遗传资源与惠益分享：印度的经验"，《印度植物遗传资源杂志》，25（2012）：39。

③ 2011 年第 3937 法律第 10 条、第 11 条和第 17 条第 4 款、第 5 款。

④ E-A. 玛丽亚（E-A. Maria）、Ch. 佛纳罗奇和 K. 塔诺斯，"植物多样性的非原生境保护问题与有关建立有效的希腊种子库网络管理组织体系的建议"，《环境与法》第 4 期（2012）：632，646（希腊语）。

（2）地方特有物种。

该法最初的目的是编制重要物种全国目录以及地方特有动植物及其他生物和自然栖息地全国目录。这些物种又进一步分为以下子类（这些子类将优先获得保护）[①]。

（1）国际和欧盟承诺强化保护与管理的物种；

（2）国家和国际红色数据册风险类别中包括的物种；

（3）地方特有物种；

（4）分布特别分散的物种；

（5）虽然没有包括在红色数据册中，但对当地（食品、原材料、传统医药）很重要的物种；

（6）本土家畜品种和当地植物品种。[②]

对于所有物种，立法者规定，环境、能源与气候变化部（MoEECC）将与主管部门及其他相关机构合作制定和实施相关的行动计划[③]。

同样，对于地方特有物种，据规定环境、能源与气候变化部将编制一份全国目录[④]，该目录将修订 1981 年第 67 号总统令中的表 A 和表 B，对其进行扩充。该目录中的物种将分别细分为若干保护类别，直接参考红色数据册中的风险类别。但是，立法者明令禁止获取地方特有物种，载明在这些物种生物周期的每个阶段，禁止移除、采集、砍伐、根除、持有和转移这些物种及其一切标本，以及禁止交易、破坏、毁坏以及直接或间接杀害这些物种。在当地生产和消费中起重要作用的植物、当地植物品种、本土牲畜品种排除在以上禁止性规定之外，除非与这些动植物有关的全国性或欧盟法规和行动计划有不同规定。

法律还规定了针对这些物种的科研活动发放许可证的监管框架[⑤]。环境、能源与气候变化部的相关部门将会同农业发展与食品部（原农业部）的相关部门负责许可证申请的审批。采用的研究方法和预期结果应在申请中详细说明。许可证的发放有两个必要的前提条件，一是所在地区的特有物种或其他受保护物种和受保护栖息地不会受到损害，二是研究者为了国家利益放弃可能产生的特许经营权。地方特有生物多样性研究的结果要向环境、能源与气

---

① 2011 年第 3937 号法律第 10 条。

② 1995 年有关"本土家畜品种的保育与保护"的第 434 号总统令为本土家畜品种遗传资源的保护和保育确立了一个规则和活动框架。

③ 行动计划根据部长级联合决定来制定。农业发展与食品部的决定确立了本土濒危家畜品种和本土野生植物品种及相关栽培品种的现场保护措施，同时对这些植物的采集和砍伐以及放牧设定了限制，而且提出了防火、减少土地退化、植物园和（或）遗传物质库内植物的原生境保护以及其他必要的细节（第 20 条 2a 和 2b 款）。

④ 2011 年第 3937 号法律第 11 条。

⑤ 2011 年第 3937 号法律第 11 条第 3 款。

候变化部报告。这是首次试探性地提及国家惠益分享的概念，但并不充分，因为这与《名古屋议定书》和欧盟有关获取与惠益分享的法规规定的内容差别很大。

在引入以科研为目的获取遗传资源发放许可证的制度时也采用了相同的办法。2011 年第 3937 号法律第 17 条第 3、第 4 款提出了相关许可证发放制度的监管框架。这实质上是一项有关遗传资源的平行规定，明确说明国家许可、控制和鼓励对包括遗传资源在内的生物多样性构成要素的状态和利用情况进行研究，但是许可证发放机关因研究课题不同而不同。该规定具体说明如下。

（1）与动植物及其栖息地科学研究项目和计划的执行有关的许可证由环境、能源与气候变化部的相关部门发放；

（2）经 2003 年第 3165 号法律批准通过的《粮农植物遗传资源国际公约》中包括的、与农村动植物品种有关的许可证由农业发展与食品部（MORDF）的相关部门审批；

（3）与野生物种和相关栽培品种相关的许可证由城市区域规划和环境保护部在取得遗传物质库的同意后发放；

（4）与地方特有物种有关的许可证由环境、能源与气候变化部会同农业发展与食品部的相关部门遵循以上程序发放。

这些规定表明，虽然立法者的本意是从整体上综合监管遗传资源，但实际上并没实现这个目标，缺乏一个统一的监督部门负责遗传资源获取许可证的发放。行政机关根据研究对象的类别承担不同的职责，这种明显分散的职责分工很可能会增加官僚问题。另外，由于一个植物物种（通常）归为一个以上的物种类别，因此需要一个以上的主管部门发放许可证，这往往让许可证申请者望而却步。

3. 评价最近发布的公法法条

从以上对 2011 年第 3937 号法律的批判性评价中可以看出，国家立法者明确提出要监管全部遗传资源的获取，并且还为政府提供了发布相关授权性规定的指南，这将促使产生一个与遗传资源的利用有关的完整的法律框架。但是，惠益分享的目标没有达到，至少在公法范围内没达到。

这个缺陷从某方面看甚至更大，因为虽然获取遗传资源用于运输或研究需要全国性主管部门（环境、能源与气候变化部和农业发展与食品部）发放许可证，但没有任何与科研成果的公平、公正分享以及与遗传资源使用、利用和交易产生的惠益分享有关的规定。国家立法者将自己局限于要求公布科研成果或研究者放弃地方特有动植物的特许经营权，但是并没有保留以任何方式参与遗传资源使用后产生的惠益分享的权利。但是，现在正鼓励在最近针对科研活动发放的许可证中增加一项规定，要求如果科研成果以后用于商业目的，则必须在《名古屋议定书》的框架内达成相互约定条款①。海洋研究许可证发放委员会发放的与海洋遗传资源（没有专门的法律框架）有关的许可证中也包括这项规定。这两种情况虽然都不涉及获取与惠益分享的监管，但针对这个问题起草法条的时机已经成熟。

同样，关于采集的遗传物质的运送，发证机关无权要求许可证使用者提供相互约定条款，但是根据欧盟有关获取与惠益分享的条例规定，许可证使用者必须按照相关法律规定提供相互约定条款。有一项规定要求向环境、能源与气候变化部提交研究成果②以及向遗传资源库提交采集的遗传物质代表性样本和采集表复制件③。该规定并不充分，因此需要进一步努力创造必要的法律背景，以便所有发证机关都能对许可证使用者行使相应的权利。

2011 年第 3937 号法律的另一个明显缺陷体现在重要事件的延迟方面。例如，确定重要濒危动植物行动计划内容的部长级联合决定推迟发布。另外，另一项制定濒危本土牲畜品种和本地野生植物相关栽培品种现场保护措施的部长级决定也推迟发布了。两年过去了，以上部长级决定都没有发布，这一事实说明在相关领域的不作为情况，这无疑会增加更多考量。

第二节　私　　法

在私法领域，遗传资源获取问题都围绕民法制度的两极（即财产和人）产生④。因此，在私法方面，我们需要研究与遗传资源的专利权和知识产权有关的对物权和对人权。此外，国际私法问题也要研究。

1. 物权法

不动产所有权延伸到地面以上和以下，除非法律另有规定⑤；因此不动产延伸到地面上下的微生物和细菌，而不动产所有权延伸到物权的基本组成部分。不动产的基本组成部分尤其包括（明确说明）不动产的产出物（只要该

---

① 见环境、能源与气候变化部在 2013 年 9 月 26 日发放的抽样许可证。
② 2011 年第 3937 号法律第 11 条第 3 款。
③ 1990 年第 80 号总统令第 10 条第 3 款。
④ 人是法律关系特别是权利与义务关系的主体，而物是可用金钱衡量的一切权利与义务的总和，A. 乔治亚迪斯（A. Georgiadis），《民法典》第五卷，A. 乔治亚迪斯（A. Georgiadis）和 M. 斯塔索普洛斯（M. Stathopoulos）（雅典：P. Sakkoulas 出版社，2004）：5（希腊语）。
⑤ 《民法典》第 1001 条。

产出物与土地相连接）、曾经播种的种子以及曾经种植的植物（无须长出根部）。不动产基本组成部分在与其主体连接之前存在的物权，因该连接关系而永久性消除，该物权与主体物享有相同的法律待遇，即公共物品（如公共园林或森林）的基本组成部分也属于公共性质。因此，果实在被采集之前不具有任何具体的物权，但是短暂种植的树木或苗圃（作为幼苗出售），不构成土地的基本组成部分①，而是被视为独立的可移动物品，具有具体的物权，与不动产的命运不同。这项规则也有例外，位于不动产边界的树木就不适用该规则，它是独立所有权的客体②。

所有权可以延伸到果实③，甚至可以延伸到果实与其主体分离之后④。国家对无主财物⑤、公共物品和禁止流通物品保留扩大的所有权⑥。公共物品包括但不限于沙滩、泉水、古代遗物、河流、古生物学发现等。但是，自治市、社区以及自然人或依据公法或私法成立的法人可以享有公共物品的所有权，前提是法律中有此规定⑦。此外，需要注意的是，《民法典》规定了对物权的各项限制（主要来源于公法），如保护公共健康和保护环境⑧。

2. 人权法

《宪法》第 24 条第 1 款有关个人环境权的规定延伸到私法，通过有关绝对保护人格的规定对私人法律关系产生间接横向效力⑨。在界定人格权时评价为人类利益综合保护环境的要求，允许为保护重要空间要素提出索偿，这对于人格的自由、全面发展是必要的。另外，共有或公共物品中不包括的物品包括在人格权中，该规定是为人类利益和全面保护环境⑩的结果，从宪法中的人格发展权⑪和国家尊重和保护人类价值观的主要义务⑫中产生。这些物品指野生动植物、生物多样性⑬、

---

① 《民法典》第 955 条。
② 《民法典》第 1023 条。
③ 根据《民法典》，物的果实是该物的自然或有机产品，即根据自然规律定期以有机方式产生的，在不破坏或损害主体物的情况下产生的产品。
④ 《民法典》第 1064 条。
⑤ 《民法典》第 972 条。
⑥ 《民法典》第 966~968 条。
⑦ 《民法典》第 968 条。
⑧ 见《民法典》第 1000 条和 A. 乔治亚迪斯（A. Georgiadis）的《物权法》（雅典：Nomiki Bibliothiki 出版社，2004）：317，319-320（希腊语）。
⑨ 根据《民法典》第 57 条第 1a 款之规定，人格权受到不法侵害的人有权要求立即停止侵害和以后侵害不再发生。
⑩ 《希腊宪法》第 24 条。
⑪ 《希腊宪法》第 5 条。
⑫ 《希腊宪法》第 2 条。
⑬ I. 卡拉塔斯（I. Karakostas）《环境与法》（雅典：Nomiki Bibliothiki 出版社，2011）：293（希腊语）。

景观美学[①]等。希腊民事法院案例法也遵循这个理念[②]，根据该案例法，人格权的含义包括公共物品（如空气）使用权[③]，非公共物品（如非自由无限流动的水、私有森林）纳入更广义的环境范畴内，在很大程度上属于最重要的环境物品，是生命的前提条件和保证生活质量的要素。因此，遗传资源的获取还取决于人格权并受相应的保护。

3. 遗传资源的知识产权

1985 年第 1564 号法律确立了植物品种知识产权保护的国家框架，保护范围限于除森林物种之外所有栽培植物品种的遗传物质[④]。该全国性法律的发布早于欧共体1994 年有关欧共体植物品种权的第 2100 号条例的发布，已经过修订，目前依然有效。根据该法第 8 条规定，每个自然人或法人，只要发现或创造了任何起源于自然或技术的任何全新、原创、稳定、一致的植物品种，都被视为该植物品种的"创造者"（从"繁殖者"意义上说）。该创造者享有生产和交易其品种遗传物质的权利，并有权从该权利中获利或转让该权利。为实现这些权利，法律要求"创造者"或其任何继承人取得农业部（现在是农业发展与食品部）发放的植物保护证书[⑤]。农业发展与食品部有植物品种"创造者"的权利登记册，登记册中记录发放的植物保护证书对应的植物品种、名称以及和"创造者"权利的法律地位有关的资料。权利登记推定第三人已知晓权利登记情况[⑥]。与上述法律第 8 条有关的重要问题的实施需要发布总统令。但所需的总统令尚未发布[⑦]。因此，欧盟植物品种保护构成了当前的主要框架。根据该框架，植物品种所有者获得欧共体植物品种权，因此在希腊享有欧共体制度保护。

最后，一个植物品种，只有在希腊栽培植物品种全国目录中登记，或根据欧盟的植物品种保护制度在欧盟植物品种目录中登记[⑧]，或在第三国的全国性目录中登记[⑨]，才能进行生产和交易[⑨]。

植物品种的知识产权并不能等同于专利的知识产权[⑩]。专利是涉及法律、技术

---

① E-A. 玛丽亚（E-A. Maria），《国际法、欧盟法和国内法中有关景观的法律保护情况》（雅典：Ant. Sakkoulas 出版社，2009）：378-381（希腊语）。

② 哈尔基达（Chalkida）一审独任法官法庭，2010 年第 1158 号；沃洛斯一审独任法官法庭，2002 年第 1531 号，*Elliniki Dikaiosyni*（2002）：1497；高里路斯一审独任法官法庭，2001 年第 2536 号。

③ 《民法典》第 967~970 条。

④ 1985 年第 1564 号法律第 1 条第 2 款。

⑤ 1985 年第 1564 号法律第 8 条第 1、第 2、第 3 部分。

⑥ 1985 年第 1564 号法律第 8 条第 6b 部分。

⑦ 见 M-D, 帕帕多波洛（Papadopoulou），"希腊知识产权保护与植物品种权执法的另一方面"，《商法评论》（2012）：226（希腊语）。

⑧ 我们不参考这个制度，因为它涉及希腊与其他欧盟国家共同的立法领域。

⑨ 第 4 条第 1 部分。

⑩ 请看 2005 年欧洲法院第 C431 号默克生物仿制药公司与默克股份公司、默沙东公司案件，以及 2011 年第 3830 号雅典一审法院案件。

和经济的问题，1987年第1733号法律和2001年第321号总统令提出了专利的概念。在此基础上，希腊法律就生物技术发明法律保护方面的问题与第98/44/EC号指令进行了协调。以上法条确立了专利的形式要件，即首先，需要评估是否存在发明，其次需要调查发明的各项特征（新颖性、发明活动、工业应用）。这些法律过滤器要求将所有人的信息"分散"到可以构成对象的信息中，并可以构成"排他性和绝对权利"客体的权利。这些法律要求将公共利益与私人利益区别开来[①]。该法明确规定[②]，不会为动植物品种或用于生产动植物的生物方法授予专利，微生物学方法和采用该方法生产的产品除外。

此外，2001年第321号总统令[③]载明，与包含生物材料或由该材料组成的上述产品有关的发明，以及与用于生物材料的生产、加工或利用的上述方法有关的发明，都可以授予专利。对于动植物，法律尤其规定，发明可以授予专利，前提是发明的技术应用不限于特定的动植物品种[④]。该法也规定，任何生物材料即使已在自然中存在，但如果已脱离其自然环境，或借助技术方法生产，就可以构成发明的客体[⑤]。但是，该法没有把生物材料的地理起源信息看作专利应用的必要内容，而欧盟其他成员国已经把该信息认定为专利应用的必要内容，但编号为98/44/EC的指令前言部分第27条提到有这种认定的可能性。工业产权组织（IPO）授予的专利的持有者享有利用其专利获利的20年独家权利[⑥]，包括但不限于生产、销售、持有和使用受保护的专利产品或方法。专利持有者还有权禁止任何第三方利用其发明获利及未经其允许进口受保护产品。但是，该禁止性规定有例外情形，不适用于以教学和研究为目的使用发明的行为，以及在药房凭处方为特定人员配制药品以及分配和使用该药品的行为[⑦]。

需要注意的是，欧盟有关农产品和食品地理标志及原产地名称保护方面的法律[⑧]构成了惠益分享的另一个方面，因为产生了归属更大范围获益者的惠益[⑨]。

4. 国际私法

国际私法指一整套法律规则，它指定同时生效的各国法律中哪一项有能力规范涉及涉外因素的关系或超越一国边界的关系。由于其涉及各种要素，因此国际

---

① M-Th. 马里诺斯（M-Th. Marinos），"发明活动。关于专利法的基本模糊法律概念的几点意见"，*Elliniki Dikaiosyni*，53（2012）：913。
② 1987年第1733号法律第5条第8b部分。
③ 2001年第321号总统令第3条第1部分。
④ 2001年第321号总统令第3条第3部分。
⑤ 2001年第321号总统令第3条第2部分。
⑥ 1987年第1733号法律第11条。
⑦ 1987年第1733号法律第10条。
⑧ 2006年3月20日有关农产品及食品地理标识和原产地名称保护的第510号委员会条例（EC）。
⑨ 另见2006年3月20日有关农产品及食品认定为传统名特产品的第509号委员会条例（EC）。

私法与很多国家有关联。除了法律冲突，国际私法也包括国际管辖权，承认和执行外国决定①。

对于事前知情同意和相互约定条款的国际遵从情况，特别是这两项在国际私法领域的遵从情况，没有任何规定明确提及从另一国取得事前知情同意和相互约定条款的遵从问题。国际公法、欧盟法律和国内法的相关承诺将事前知情同意视为公法问题。对于相互约定条款，如果把它看作私法问题，希腊《国际私法》第25、第26条的规定②（在《罗马一条例》③和《罗马二条例》④发布后生效）可作为适用法律分别适用于契约义务和非契约义务。合同产生的更具体的义务由双方选择的法律管辖。如果没有选择管辖法律，则在综合考虑合同具体情况的基础上，将与合同关系最紧密的法律视为适用法律⑤。

对于因侵权产生的义务⑥，以侵权行为发生的国家的法律（侵权行为地法）作为适用法律。但是，《罗马二条例》适用于环境损害，包括自然资源的不利改变、为了一种自然资源或为了公共利益而对另一种自然资源造成损害，以及生物多样性受到损害⑦。对于由环境损害产生的非契约义务，或因环境损害造成人或财产受到损害而产生的非契约义务，以（直接）损害发生国家的法律作为适用法律，无论造成损害的事件发生在哪个国家，除非寻求赔偿的人选择根据自己的法律作为赔偿依据，目的在于确定造成损害的事件所在国家⑧。

另外，财产的物权⑨适用财产所在国家的法律（物之所在地法）。当动产进入另一个国家境内时，即开始适用新的"物之所在地"法律。如果一项动产位于某个国家，且满足该国法律与物权的产生有关的所有要求，即使该动产被转移到另一个国家，其物权依然有效，前提是新进入的国家具有相同或相似内容的物权制度；否则，该动产的物权在进入另一个国家时被破坏，返回第一个国家时自动恢复⑩。

鉴于专利的地域性原则，因此希腊境内发明权的确认（承认）依赖并完全受

---

① A. 德玛缇卡基·亚历克西乌（A. Grammatikaki-Alexiou）、Z. 帕帕斯皮·帕西亚（Z. Papasiopi-Passia）和 E.瓦西里卡基斯（E. Vasilakakis），《国际私法》第 5 版（雅典-赛拉洛尼基：Sakkoula 出版社，2012）：21（希腊语）。

② 《民法典》第 4~33 条。

③ 2008 年 6 月 17 日欧洲议会和委员会作出的有关契约义务适用法律（《罗马一条例》）的 2008 年第 593 号条例（EC）。

④ 2007 年 7 月 11 日欧洲议会和委员会作出的有关非契约义务适用法律（《罗马二条例》）的 2007 年第 864 号条例（EC）。

⑤ 《罗马二条例》第 25 条，《罗马一条例》第 4 条第 1a 款。

⑥ 《民法典》第 26 条。

⑦ 《罗马二条例》引言部分第 24 条。

⑧ 《罗马二条例》第 7 条和第 4 条第 1 款相结合。请看 S. 维尔尼斯（S. Vrellis），《国际私法》（雅典：Nomiki Bibliothiki 出版社，2008）：263-287（希腊语）。

⑨ 《民法典》第 27 条。

⑩ S. 维尔尼斯（S. Vrellis），《国际私法》。

希腊法律的规定管辖[①]。

5. 评价私法规定

国家全部遗传资源的获取问题由私法立法者管辖，但管辖方式与公法立法者的管辖方式相比更为间接。这是由于公共环境法为环境保护确立了相关规范和要求，但专利法（举例）对环境保护的认可没有达到同样的程度，专利法强调的是技术，对提高技术水平的发明予以奖励，但并不审查一项发明是否带来环境风险[②]。有关人格权的规定对希腊《宪法》第 24 条所保护的权利有平行效力，似乎更为合理。还有，希腊《宪法》第 24 条与《民法》第 57 条的关系已被国务院的案例法接受。根据该法，使用自然资源的社会权利是人格权的体现[③]，涉及人类重要空间的每个要素。从国际私法的角度看，遵从问题涉及需要进一步调查的复杂的法律问题。表面上看，对于相互约定条款，如果把它看作私法问题，希腊《国际私法》第 25、第 26 条的规定[④]（在《罗马一条例》和《罗马二条例》发布后生效）可作为适用法律分别适用于契约义务和非契约义务。

第三节　结论—建议

在公法中，国家立法者在获取问题方面已经走过很长的道路，现在明显的趋势是让监管自治化，并使其纳入获取与惠益分享的综合立法体系，因为细化获取监管的条件似乎已经成熟。这个进程需要加快，一方面是因为公法在惠益分享方面的缺口，另一方面是因为虽然有关获取的适用法律数量众多且同时有效（其中没有任何一部法律被废除），但这些法律实行不同的标准，往往在法律应用方面造成混淆。尤其是在植物学方面，一个植物物种可以归属到一个以上的类别（地方特有、非地方特有、本土、芳香等）。因此，有关该物种待遇的判断可能是不同的，该物种的管辖部门可能不止一个，该物种的许可证发放可能也由多个部门负责并适用不同的制度。在责任（尤其是刑事责任）方面，需要强调的是，对于有关野生动植物的犯罪行为，刑事责任不仅体现于保护野生动植物和追究犯罪分子的刑事责任，而且体现了刑事审判的普遍性，因为允许第三方参与刑事审判。因此可以看出，环境问题和遗传资源（甚至限定于受保护物种）获取问题是全人类都应该关心的问题，因为人类是环境和遗传资源的一部分。

在私法中，对于遗传资源获取问题，知识产权作为第三方权利与公平的惠益分

---

① S. 维尔尼斯（S. Vrellis），《国际私法》。

② M-Th. 马里诺斯（M-Th. Marinos），"发明活动"，930。

③ 第 3521/1992 号全体大会。

④ 《民法典》第 4~33 条。

享相交叉。惠益分享机制似乎是存在的，特别是可通过社区植物品种权（CPVR）、地理标识和专利的形式实现，因为权利人有权根据自己的意愿生产、分配甚至交易其产品，收回成本和赚取利润。虽然专利权的保护有时间限制，但它似乎就是按照惠益分享制度实行，因为相关的法律框架规定可以向他人转让专利权和（或）授予专利许可，这样就扩大了受益人的范围。列举了法律意义上存在的专利要满足的要求，从"私人"信息中区分"公共"信息，并实现知识产权效力。

建议特别关注相关监管框架的结构。特别是遗传资源的保护、以研究为目的的获取或不以研究为目的获取以及惠益分享等问题，需要普遍性的综合监管，由一部简要明确的法律予以阐述，该法将体现横向效力，以全面的视角综合看待国家的所有遗传物质。必要的条件包括，采用综合立法遵循的基本原则，以及现有法律的法典化整理，这样在显露出各种缺口、重叠和差异之后，会出现获取与惠益分享法规的新格局。

另外，鉴于许可证发放是国家机关的专属权力，国家机关负责许可证的发放或监督，或者负责遗传物质的采集，因此国家必须保留其许可证审批权。这样国家保护环境和保护生物多样性的宪法目的就实现了。但是，为了更好地实现立法者的目标，我们建议成立一个统一的许可证发放机构，该机构应具有必要的专业知识和经验，负责管理国家遗传资源获取问题。特别是对于许可证发放问题，由于这个问题高度复杂，因此相关流程需要简化。这样，无论所需的许可证的类型和客体是什么，当事人只需要和一个部门打交道即可。

不过，这还不够。国家在履行其宪法责任的同时，必须扩大这个领域，以便从遗传资源利用中产生的惠益也流向该领域。为此，需要明确的立法基础和明确的法律规定。

总之，值得注意的是，欧盟有关获取与惠益分享的条例为重新评估国家的立法框架提供了一个难得的机会，需要更加综合、全面地看待这个框架，这样才能确立获取与惠益分享立法的基础。迫在眉睫的修正案的核心内容包括，将事先知情同意和相互约定（共同商定条件）条款作为平行的法律概念并入本国法，以及指定一个统一的获取与惠益分享主管机关（将与欧盟的获取与惠益分享条例设想的国家权力机构保持一致）。此外，现在缺乏非原生境采集许可制度，该制度以及监测制度都将建立起来，这样希腊才能符合其国际和欧盟承诺。希腊需要迈出的第一步是落实《名古屋议定书》确立的原则。为此，必须有一个一般性承诺（法律-国家-行政管理），这样就能在每一项（与获取与惠益分享有关的）活动中遵循这些原则，仅适用于公民。但是，遗传资源作为国家资产应该实现其价值，为此应制定相关行动计划，这样不但可以有效保护国家丰富的生物多样性，而且可以有效保护国家财富。

第六章　荷兰获取与惠益分享制度分析

伯特·维瑟（Bert Visser），贝尔恩德·范德穆伦（Bernd van der Meulen），
汉娜·谢贝斯塔（Hanna Schebesta）

第一节　促进自律的基本政府政策

多年以来，荷兰政府一直选择在可行的、合适的时间与地点①在全社会实行自律政策②。这一普遍化的政策已经渗透到关于遗传资源保护和利用的更具体政策中。有人确信，为了确保健康产业部门和精干政府部门的利益，行政负担需要加以控制。因此，荷兰政府已将提供获取和实际利用遗传资源的责任委托给利益相关者。

本章说明了荷兰国内获取与惠益分享政策如何遵循全国普遍适用的自我监管方法，并描述了荷兰在国际获取与惠益分享安排中的具体利益与其强大动植物育种部门之间的关系。在这一背景下，本章提供了关于荷兰获取公共遗传资源收藏物政策以及与遗传资源管理相关的其他国家立法方面的更多详细信息。

第二节　关于获取与惠益分享的国家政策

考虑到荷兰在动植物育种、食品饮料和制药产业方面的主要活动，再加上该国较小的国土面积和经济规模，荷兰的重大经济利益在于确保跨境和荷兰境内遗传物质的持续有效性和可获得性，以便长期维持其生产、加工和出口农产品、观赏植物、种子和牲畜③以及食品的能力。

在荷兰，经济事务部负责协调《生物多样性公约》、《名古屋议定书》和《粮食和农业植物遗传资源国际条约》的实施。该部还负责农业事务。为此，经济事

---

① 泽倪尔·D. 范·希森·拉克莱（Zayènne D. Van Heesen-Laclé）和 安妮·C. M. 梅韦斯（Anne C. M. Meuwese），"荷兰自律法律框架"，《乌得勒支法律评论》，3（2007）：116-139。

② 1992年，荷兰首相发布了一份立法和法规指导文件（监管指南，总理通知，1992年11月18日）。其中，第 2.1 节涉及法规的使用。第 6（1）项指出，只有在确定采取这种行动的必要性时，才应考虑制定新的规则。第 7 项要求在决定制定新的规则之前先采取某些措施。在这些措施中，第 7（c）项中所述的措施旨在调查这些目标是否可以通过自律来实现，或者政府干预是否确实有必要。

③ 尼尔斯·楼瓦尔斯（Niels Louwaars）等，"从专利权和植物育种者权利的发展情况来看育种业和植物育种的未来"，荷兰遗传资源中心报告，14（2009）。荷兰瓦赫宁根。

务部与负责环境、国际合作和科学的部委密切合作。政策制定由经济事务部牵头，并且上述部委积极参与。

该部已任命一名工作人员代表部长担任获取与惠益分享领域国家主管当局（CNA）的负责人，并将此项任命通知至《生物多样性公约》秘书处。该工作人员与荷兰遗传资源中心（CGN）主任共享获取与惠益分享国家联络点（NFP）的职责。

2002 年，荷兰政府通过了关于保护和可持续利用遗传资源的政策文件《存在的来源》[①]，其中包括自由获取荷兰境内遗传资源的政策，包括并不仅限于农业、海洋及森林遗传资源。

部分遗传资源都存在于原生境，包括保护区，但仍缺乏有关此类遗传资源的信息。在这种情况下，它们并未得到特别管理，遗传资源的维护将取决于土地所有者的一般管理政策。例如，众所周知，胡萝卜、莴苣、香菜、洋葱、草和饲料作物的野生近缘种存在于自然界中，包括自然保护区，并且这种材料的一部分均已收集并纳入非原生境收藏机构中[②]。

人们认为，荷兰只是与生命产生有限相关物种的原产国，荷兰政府到目前为止都不认为其有必要通过立法巩固其在获取和使用其管辖范围内资源方面的国家主权。CNA（见下文）并不参与提供获取此类材料的途径。从严格意义上说，荷兰尚未就获取遗传资源事宜进行惠益分享安排。然而，荷兰遗传资源中心与土地所有者签订的合同保证了土地所有者今后能够获取所收集的材料，包括用于重新引入。

当地社区，特别是非政府组织、种畜登记组织和育种爱好者始终在保持传统的作物和家畜品种。政府当局和广大公众越来越赞赏维护这种生物文化遗产的努力。

现有政策和实践并未特别明确地考虑传统知识[③]。虽然有人提出，关于某些传统遗传资源或其加工品（本地品种、地方品种）特性方面的知识可视为传统知识，但这种知识已经在很大程度上纳入现有的文件系统，这种知识的原始持有人已无法追踪。因此，使用这种知识不应认为可以导致任何有关获取与惠益分享方面的协议。

到目前为止，荷兰政府在实施国际获取与惠益分享协议方面选择自我监管方法。在《存在的来源》中，政府呼吁企业、研究机构和个人严格遵循国际上制定的或其他国家实施的法规、立法和政策。

此外，该政策指出，荷兰拥有许多非常好的机会在现有法律框架内运用获取与惠益分享原则，前提是：

---

① "存在的来源：遗传多样性的保护和可持续利用"，http://www.dienstlandelijkgebied.nl/txmpub/files/?p_file_id = 4II82。
② R. 范·特雷伦（R. van Treuren）等，"古荷兰草原黑麦草和白车轴草与品种和自然保护区相比的遗传多样性"，《分子生态学》，14（2005）：39-52。
③ 另见第四份 CBD 国家报告，第 37 页，http://www.cbd.int/doc/world/nl/ nl-nr-04-en.pdf。

（1）尽可能公开地使用和管理荷兰遗传资源；

（2）谨慎开展遗传资源交易和贸易；

（3）每个人都应该承担管理遗传资源的责任。[①]

在 2008 年发布的政策文件"生物多样性永远有利于自然与人类"[②]中，荷兰政府再次强调了获取与惠益分享在国际层面上的重要性。与此同时，在实施《名古屋议定书》的国家立法中，荷兰仍将保持自由获取其国家遗传资源的制度。

第三节　与遗传资源管理有关的其他国家立法

虽然荷兰并未设立专门法律来处理获取与惠益分享问题，但其一些现行国家法律与遗传资源的使用和获取相关。因此，自由获取资源已纳入公共立法框架，特别是关于自然保护、动植物健康以及自然和景观保护方面的立法框架。

荷兰是世界自然保护联盟（IUCN）的成员，因此有义务保护在《IUCN 濒危物种红色名录》中所列出的物种。该红色名录中的物种不会自动受到保护，但当局已经承诺努力实施这种保护。荷兰通过《动植物法》[③]以及《自然保护法》和《森林法》实现了这种保护。根据《动植物法》，1317 个物种已被确定为受保护物种。尽管主管部门可以为各种形式的采集活动提供豁免，但仍禁止开展对受保护物种有破坏性影响的活动。

一项关于设立《自然保护法》（Wetsvoorstel Natuurbescherming）的提案目前正处于立法过程中，以期强化现行的 1998 年《自然保护法》、《动植物法》和《森林法》，并履行《濒危野生动植物种国际贸易公约》以及相应的《欧盟条例》和《欧盟木材条例》规定的职责[④]。

由于执行政府政策，荷兰遗传资源中心依赖于与土地所有者签订的简单合同，该合同规定：荷兰遗传资源中心获得在特定地点和特定时间框架内收集特定物种的许可，土地所有者保留获取所收集材料的权利，荷兰遗传资源中心将遵循当地的自然保护区（地）条件，并将向土地所有者通报任何计划的收集作业的性质、规模和时间安排。此类合同并未提及关于获取与惠益分享的国际义务。

尽管政策文件《存在的来源》确实提出要努力维护国家生物文化遗产（传统作物品种和动物品种），而且荷兰遗传资源中心根据政府的指示通过技术和后勤援

---

① 有很好的机会以现有立法为基础开展实施，前提是：a）我国对使用遗传资源的管理尽可能地开放；b）谨慎地进行遗传资源交易；c）每个人都有责任管理遗传资源。

② www.dienstlandelijkgebied.nl/txmpub/files/?p__file__id=40923。

③ 《动植物法》，2002。

④ 2010 年 10 月 20 日，欧洲议会和理事会通过了第 995/2010 号条例（欧盟），该条例规定了将木材和木制品投放市场的运营商的义务。

助支持相关组织,但迄今为止并未采取进一步的法律或实际措施来维护这一遗产。

同样,必须遵守遗传资源方面的动植物健康法律①,以及自然与景观保护方面的法规②。

第四节　与遗传物质获取相关的物权法

荷兰的自由获取政策源于其缺乏遗传资源所有权方面的具体立法。因此,在公法框架范围内,遗传物质获取适用于一般物权法。在《荷兰民法典》(DCC)体系中③,商品所有者拥有该商品的所有方面,包括与该商品相关的所有要素④。就土地而言,这些要素包括在土地上生长的所有植物和这些植物的果实⑤。因此,所有权通常包括土地或动物遗传资源的所有权。对该权利的任何干预都必须征得所有者的许可(通常通过签订合同)。

动物遗传资源通常是以活体动物或精液形式进行转让和交换。在没有相关立法的情况下,转让的权利和范围通常由一般合同法规定的遗传资源(种畜或育种材料)的提供者和使用者之间签订的协议来界定。例如,动物后代的权利可由卖方保留。在无具体条款的情况下,人们认为销售代表着(或意味着)将动物作为遗传资源用于育种计划的所有权利,包括因商业和私人目的获得后代⑥。

植物遗传资源可存在于原生境,也可以存在于农田、家庭花园(如果树)或自然保护区。土地所有者保留允许或拒绝植物遗传资源的预期使用者到访其处所的权利。采集通常是为了利用样品中包含的遗传资源,而不只是直接用于生产目的。森林遗传资源也是如此。采集这种资源,无论是整株植物还是种子或幼芽,都需要得到土地所有者的同意。

活体生物防治试剂,包括昆虫和微生物,在内可用于生产系统。这种转移允许相关生物体培养和进一步繁殖及选择,但这需要专门知识,只有很少的用户才会拥有。

迄今为止,尚没有任何外国当事方通过 NFP(荷兰研究基金项目)或 CNA通知荷兰政府计划从原生境采集遗传资源,尽管有人询问采集遗传资源的相关

---

① 例如《植物病害法》(Plantenziektenwet)、《动物卫生与福利法》(Gezondheids-en welzijnswet voor dieren)以及《动物法》(Wet dieren)。

② 例如《自然保护法》(Natuurbeschermingswet)。

③ 《民法典》(Burgerlijk Wetboek),缩写为"BW"。

④ 同上。第 5.3 条。

⑤ 同上。第 5.20(1)(f)条和第 5.1(3)条。

⑥ S. J. 希姆斯特拉(S. J. Hiemstra)、A. G. 德鲁克(A. G. Drucker)、M. W. 特维特(M. W. Tvedt)、N. 路易瓦斯(N. Louwaars)、J. K. 奥尔登伯克(J. K. Oldenbroek)、K. 奥奇(K. Awgichew)、S. 阿伯戈兹·凯比德(S. Abegaz Kebede)、P. N. 布哈特(P. N. Bhat)和 A. 达·西瓦·玛丽安(A. da Silva Mariante),2006。动物遗传资源的交换、利用和保护:政策和监管选择的确定。2006 年 6 月荷兰遗传资源中心报告。

条件。

在荷兰，尚未收到有关明确约束买方不得复制上述任何材料（如美国育种公司对其部分受保护农作物品种的处理）的合同内容的报告。

第五节　知识产权和遗传物质的利用

植物育种和动物育种部门，以及餐饮部门（如联合利华和喜力啤酒）和制药工业的主要公司（利用生物体）定期通过知识产权保护其产品。因此，这些权利也影响到遗传资源的获取。

欧盟关于生物技术方面的第 98/44/EC 号指令①规定授予生物技术发明专利、由生物材料组成或含有生物材料的产品专利，或生物材料生产、加工或使用过程专利。不包括在内的发明仅限于特殊动植物品种，以及本质上的生物过程。自该指令生效以来，除授予生物技术过程和转基因植物的专利外，全欧洲已授予 100 多项体现本土特征的相关植物专利。对于受到专利保护的所有有机物，禁止在其他研究和研究成果商业化过程中自由使用此类有机物，而是需要获得一般研究豁免权。

本指令已通过1995年《国家专利法》在荷兰得到实施②。几年前，应农业、自然及食品质量部的要求，相关人员发表了一份关于专利权和植物育种者权利之间关系的研究报告③。该项研究得出以下结论：有必要修订法规，通过限制植物育种的专利范围，来增加植物育种创新的空间。最近，荷兰通过了该方面的新立法，并引入了有限的育种者豁免规定④。这将会对使用受专利保护植物进行新研究和育种的情况产生影响，因为所有涉及生物材料、旨在用于其他植物品种的育种、发现与开发的行为都将获得专利豁免。

当前讨论侧重于以下问题，即这些专利中的部分专利是否向专利持有人提供关于公共基因库信息中确实出现的特征方面的保护，以及这些专利在技术上和政治上可利用的程度。特别地，可提出这样一个问题，这种专利是否会阻碍公共基因库信息的自由获取和使用。

2005 年《种子和种植材料法》是荷兰关于植物品种保护方面的立法⑤。根据1991 年《国际植物新品种保护公约》和《欧盟植物品种权利条例》第 2100/94 号

---

① 欧洲议会和委员会于1998年7月6日发布的关于生物技术发明法律保护方面的第98/44/EC号指令。
② 1995 年《国家专利法》。
③ 尼尔斯·楼瓦尔斯（Niels Louwaars）等，"育种业，从专利权和植物育种者权利的发展情况看植物育种的未来"，荷兰遗传资源中心报告，14（2009）。荷兰瓦赫宁根。
④ 通过修订于 2014 年 7 月 1 日生效的 1995 年《国家专利法》的第 53b 条规定。
⑤ 2005 年《种子和种植材料法》（2005 年 2 月 19 日建立新的品种授权制度，将繁殖材料投放市场，并授予植物品种权，2005 年《种子和种植材料法》）。

之规定[①]，该法案规定了植物育种者的权利。荷兰的植物育种业根据《植物育种者权利法》广泛利用植物品种保护。植物育种者权利法的两个重要特征是所谓的育种者豁免和农民特权。育种者豁免允许受保护的植物品种用于新品种的深入研究和育种，而农民特权则允许在某些条件下将从受保护品种中获得的种子用于农民自有土地。在实践中，植物育种者的权利并不构成任何限制，从而阻碍受保护品种作为遗传资源的使用，即用于研究和育种。部分利益相关方质疑农民特权的局限性，并主张对小规模农民使用受保护品种的情形提供更充分的豁免。

第六节　私营部门对获取与惠益分享的立场

荷兰植物育种行业中的许多公司都严重依赖于植物遗传资源的获取。因此，该行业密切关注获取与惠益分享领域的国际政策发展，总体表现出遵守已实施政策的意图。关于从国外获取植物遗传资源这一情况，公司越来越依赖于与公共基因库荷兰遗传资源中心的合作，并根据正式要求，通过采集任务或从国外非原生境收藏机构获得这种遗传资源。

在过去数十年间，由于公共收藏机构的持续可用性存在不确定性，许多大公司都建立起自有的收藏机构。

作为遗传资源的常规使用者，荷兰的相关行业部门已经对由于国际遗传资源交换安排方面的新法规（特别是《名古屋议定书》）而导致的日益上升的工作量和官僚主义做法，以及对国外遗传资源使用者权利与义务方面的法律确定性不足等问题表达出其担忧。

第七节　欧盟关于实施《名古屋议定书》的新条例

"欧盟关于在欧盟区域内的遗传资源获取与公平和公正地分享其利用所产生惠益的第 511/2014 号条例"要求对在荷兰境内的遗传资源相关活动执行相关条例并进行更加正式的监督。在此情况下，荷兰将在可行和有效条件下选择自我监管。尽职调查、最佳实践（利益相关方团体）和注册收藏机构等概念的引入非常符合自我监管政策。《欧盟获取与惠益分享条例》中提及的最佳实践概念预见了各国政府在监督特定部门商定的最佳实践遵循情况的职责，此外，荷兰政府还可推动相关部门组织对遵守情况的自我监管，从而减轻政府当局的工作量。

欧盟关于获取与惠益分享方面的条例允许各国在未来维持当前实施的自由获取政策。

---

① 1994 年 7 月 27 日通过的、关于群落植物品种权利的第 2100/94 号《理事会条例》（EC）。

似乎显而易见的是，在《欧盟获取与惠益分享条例》（《欧盟条例》）范围内实施注册收藏机构概念将会给收藏机构持有人带来额外的工作量，从而减轻了接收方在尽职调查条款下的义务。换句话说，注册收藏机构持有人有责任核实并保证适当的获取与惠益分享条件已得到满足并传达给使用者，注册收藏机构持有人和接收方之间的《材料转移协定》将充当合规证书。

荷兰政府已经准备制定一项新的国家法律，该法律涉及荷兰用户对与外国供应商就事先知情同意和共同商定条款达成一致的条款的遵守情况进行监督所需的措施和机构。荷兰食品安全局（NVWA）将负责履行政府的监督义务。一旦违反该法律，相关处罚措施可能包括刑事制裁和行政罚款，类似于 CITES 和《欧盟木材条例》中的相关规定。[①]

此外，相关政府部门还与主要收藏机构持有人进行了磋商，以探讨荷兰收藏机构持有人获得可信的或已注册的收藏机构地位的结果。荷兰收藏机构持有人必须遵守《名古屋议定书》中关于其收集材料的事先知情同意和共同商定条件要求，就像该《欧盟条例》所规定的那样，而且政府必须监督对这些要求的遵守情况。

在通过该《欧盟条例》全面实施《名古屋议定书》的过程中，荷兰将寻求最有效和高效的政策和程序：一方面确保提供国了解荷兰用户的合规要求，并为荷兰用户提供法律确定性；另一方面尽可能减少随后的工作量。

在荷兰看来，《名古屋议定书》包含了一个全面的获取与惠益分享制度。因此，其他法律文书［如联合国粮农组织《粮食和农业植物遗传资源国际条约》或国际植物新品种保护联盟（UPOV）］中所载的具体获取与惠益分享规则作为特别法规并以其为准。

第八节　荷兰在遗传资源保护以及获取与惠益分享方面的国际角色

政策文件《存在的来源》说明了荷兰迄今为止如何履行其在遗传资源方面的国际义务。政府宣布，它打算"推动有关各方在国家层面的合作，并为促进专门知识和信息的国际交流建立基础设施"。

如上所述，关于在其管辖下的自然人和法人的活动，荷兰承担其公民在其他国家开展业务时的谨慎和守法责任。这种行为已被纳入公共机构的政策。然而，对于个人或公司在遗传资源的国际交换和利用方面的活动，荷兰并没有进行明确概述。

---

① 在这些情形中，相关政策包括：对犯罪的刑事措施可能是最高 6 年的监禁，并对个人最高 81 000 欧元的罚款和对法律实体最高 810 000 欧元的罚款。对于刑事犯罪，罚款金额分别为 20 250 欧元和 81 000 欧元。

到目前为止，荷兰政府还没有制定任何相关文书，来监督和执行外国事先知情同意和共同商定条件为荷兰用户设定的条件。政府认为严格遵守获取与惠益分享协议是合同双方的责任。在一个广为人知的案例中①，一家荷兰公司与埃塞俄比亚当局就小粒画眉草的使用事宜达成了一项获取与惠益分享合同。当合同双方在后来发生冲突时，荷兰政府认为自己是非当事方，尽管它积极推动争端的解决，但认为直接干预冲突是不合适的。

虽然政府政策在实施后一直在考虑审查是否需要进一步的法律协议，但如果在实行多年后，关于特定遗传资源交换的信息显然没有跟上时代发展，或者似乎难以确认源自国际协定的义务是否得到履行，则不进行这种审查。鉴于国家实施关于执行《名古屋议定书》的《欧盟条例》的情况，这种审查现在实际上已经变得无关紧要。

鉴于荷兰在遗传资源获取和交换方面的重大利益，荷兰相关方传统上对建立区域网络和其他形式的国际合作方面进行了大量投资。通过建立这种合作，有关各方促进了遗传资源的跨境自由交换。

同样，该国历来非常积极地参与相关国际条约的谈判和执行，特别是《生物多样性公约》、《粮食和农业植物资源国际条约》和《名古屋议定书》。

在欧盟内部，荷兰一贯倡导欧盟促进和加强遗传资源国际交换的立场。此外，荷兰政府还发起了双边合作，与一些战略目标国家和地区就透明条件达成一致，并推动遗传资源的国际交换。

从为一个重要生命产业提供家园的角度来看，上述《存在的来源》文件②指出，无论是与材料来源国，还是与没有能力适当管理其遗传资源或执行国际法规的国家，进行适当的合作都是至关重要的。

此外，荷兰还专门建立了"国家遗传资源信息中心"，其中纳入了 NFP 关于获取与惠益分享方面的角色。荷兰遗传资源中心的任务是作为国家信息中心，并在早期建立了一个网站，提供关于荷兰遗传资源收藏机构、这些收藏机构中的遗传物质以及具有国家或国际关联性的原生境获取的资源的广泛信息③。NFP 还通过双边协商等方式，向荷兰遗传资源使用者提供关于其他国家现行的获取与惠益分享制度方面的建议。

---

① 雷吉恩·安徒生（Regine Andersen）和罗·温厄（Tone Winge），"关于画眉草遗传资源的获取与惠益分享协议及相关事实和教训"，FNI 报告，6（2012）。挪威奥斯陆。

② "存在的来源：遗传多样性的保护和可持续利用"，第 10 页，http:www.dienstlandelijkgebied.nl/txmpub/files/？ p_file_id＝41182。

③ "获取与惠益分享焦点"，瓦赫宁根大学（Wageningen UR），http://www.wageningenur.nl/en/Expertise-Services/Legal-research-tasks/Centre-for-Genetic-Resources-the-Netherlands-i/Centre-for-Genetic-Resources-the-Netherlands-i/ ABS-Focal-Point.htm。

第九节　非原生境收藏机构政策

荷兰没有一个属于政府所有的遗传资源收藏机构。然而，荷兰拥有大量重要的公共遗传资源收藏机构。这些收藏机构正式归一个合法自治的公共实体所有，但其维护费用由政府提供。这些公共收藏机构包括植物园的收藏机构（其中许多是大学的一部分）、荷兰皇家文理学院真菌多样性研究中心（CBS-KNAW）的收藏机构、荷兰遗传资源中心的食品和农业收藏机构以及自然生物多样性中心的国家植物标本室，所有这些机构都由研究机构进行管理。

此外，大量收藏机构由私营部门持有，但没有关于这些收藏机构所包含材料的详细信息。

最后，大量动植物遗传资源（主要是传统品种和种类）由非政府组织持有。本土乔木和灌木的基因库由一家公共组织——国家林业局来管理[①]。

至于原生境产生的遗传资源，荷兰选择了自由使用其公共遗传资源收藏机构的政策，如荷兰遗传资源中心和荷兰皇家文理学院真菌多样性研究中心（CBS-KNAW）的遗传资源。该国已将荷兰遗传资源中心维护的所有相关植物遗传资源纳入了 ITPGRFA 多边体系，并已通知条约秘书处。荷兰政府采取的立场是，《生物多样性公约》中的获取与惠益分享规定不适用于在公约生效前荷兰各方已获得的遗传资源。

此外，它还根据与 ITPGRFA 中《标准材料转移协定》（SMTA）相同的条款和条件采取了分配所有剩余植物遗传资源的立场，即使这些资源不属于条约多边体系的范围。为此，它还与 AEGIS[②]（欧洲植物遗传资源收藏机构系统）签署了一份谅解备忘录。荷兰的大多数植物园都是国际植物交换网的一部分，并采用了《IPEN 材料转移协定》来交换植物材料。事实上，该协定对相关材料的使用情况进行了限定，只能用于非商业研究目的。

荷兰遗传资源中心和荷兰皇家文理学院真菌多样性研究中心（CBS-KNAW）每年分别基于《粮食和农业植物遗传资源国际条约》的"标准材料转移协定"和"材料转移协定"，向全世界许多国家的用户分发数千份样本。

国家植物标本馆包含许多来自荷兰的样本。目前，荷兰还没有相关立法或政策巩固其对原生境生长的植物和相关植物标本的所有权。

尽管国际社会争论往往集中在与遗传资源相关的传统知识上，但在荷兰，

---

① 关于荷兰收藏机构的详细信息，可访问获取与惠益分享方面的 NFP 网站 http://www.wageningenur.nl/en/Expertise-Services/Legal-research-tasks/Centre-for-Genetic-Resources-the-Netherlands-i/Centre-for-Genetic-Resources-the -Netherlands-i/ABS-Focal-Point/Genetic-Resources-held-in-the-Netherlands.htm。

② 参见"关于欧洲植物遗传资源收藏机构系统（AEGIS）"，http://aegis.cgiar.org/about_ aegis.html。

许多知识也来自于其非原生境收藏机构中关于此类遗传资源的科学研究。荷兰公共收藏机构持有的大量遗传资源信息可通过互联网访问的数据库获得，如荷兰遗传资源中心、荷兰皇家文理学院真菌多样性研究中心和植物园收藏机构等。由于其收藏机构和相关信息的质量较高，其收集物在国内和国际上的分布十分广泛。

荷兰积极向全球生物多样性信息机构（GBIF）提供捐助，该机构通过链接数据库并使感兴趣的用户能够方便地访问数据库，从而可以交换生物多样性数据。

第十节　结　　论

自律这一最重要的原则和只有少数有价值的遗传资源存在于原生境的观点对有关获取与惠益分享方面的国内政策有重大影响。对于获取与惠益分享，荷兰在国际上始终支持开放获取，反映了其主要动植物养殖业的利益。

第七章　挪威的遗传资源获取与惠益分享经验

莫滕·沃勒·特维特（Morten Walløe Tvedt）

挪威在《生物多样性公约》谈判及其执行过程中以及在《名古屋议定书》谈判过程中都发挥了主导作用。自《生物多样性公约》谈判展开以来，挪威一直致力于实施获取与惠益分享，并在《粮食和农业植物遗传资源国际条约》的谈判和实施过程中发挥了重要作用。尽管挪威在国际舞台上作出了承诺，但在其国家立法中实施获取与惠益分享的速度并不是很快，但挪威仍然是少数几个采取了使用者措施并对获取制定了监管法律的国家之一。这主要是因为政府决定将遗传资源的权利和获取纳入更全面的立法，即《自然多样性法案》，以便从整体上处理与生物多样性相关的问题。尽管如此，挪威在实施使用国措施以使获取与惠益分享发挥作用方面取得了很大进展，并且其发展远超其他经济合作与发展组织成员国。制定该法案是一个漫长的过程，立法者还必须处理极具争议的问题，即因限制土地所有者使用自己的土地而对其进行补偿，这是一个与遗传资源无关的问题。因此，监管遗传资源权利和获取的主要法律文件是 2009 年生效的《自然多样性法案》[①]。截至 2014 年，一项行政命令草案正亟待环境部的定稿和政府的批准，以建立一套完整的获取与惠益分享制度。尽管该法案中生物多样性法规已经生效，但获取与惠益分享获取方面的规定能否发挥作用仍取决于这一行政命令。所有行政命令都需面向社会进行公开听证，再由国王在与挪威议会的会议上通过。鉴于在官方听证和咨询中存在许多批判性回应以及 2013 年 10 月的政府换届，行政命令草案极有可能在最终定稿前再次进行修改。因此本次对挪威法律状况的调查将主要根据现行立法进行探讨，并仅通过使用行政命令草案的文本以展示最终确定的整体制度的可能状态。

挪威的遗传物质管理基于以下一般原则：

[遗传物质]应在国家和国际范围内对其加以利用，以尽可能地造福于环境和人类，并重视采取适当措施分享利用遗传物质所产生的惠益，以保护土著人民和当地社区的利益[②]。

---

* 本章所述研究由挪威研究理事会出资，项目名称为 ELSA：农业和水产养殖中的生物技术——知识产权对食品生产链的影响（项目编号 220630/070）。

① 《自然多样性法案》，挪威，LOV-2009-06-19-100。

② 《自然多样性法案》第 57 条，《自然多样性法案》所有引述都来自环境部提供的译文。详见 http://www.regjeringen.no/en/doc/laws/acts/nature-diversity-act.html?id=570549，访问日期：2014 年 10 月 1 日。

这一法定原则为当局管理遗传物质作为一种资源提供了依据。如何在每次决策中考虑到这一原则，由各部和其他公共当局自行决定。这一理念是利用遗传物质为当今社会创造价值，同时为后代管理遗传遗产。有趣的是，该原则参考了挪威和外国参与者的行为。

挪威是少数几个实施使用者立法的国家之一。在国内立法中强制执行其他国家主权权利的制度，由此可见挪威确实在认真履行其作为资源使用者的义务。本章首先探讨挪威遗传资源的法律地位；其次着眼于获取授权框架，然后探讨惠益分享要求；第四，深入研究遵守其他国家规范的规则；第五，简要介绍了挪威的体制结构；最后，探讨如何建立挪威的制度体系与《名古屋议定书》之间的联系，并给出最终结论。

第一节　挪威遗传资源和传统知识的法律地位

虽然挪威遗传资源的法律地位长期以来都未明确，但《自然多样性法案》第57 条详细说明了"遗传资源管理"的法规现状："从自然环境中获得的遗传物质是挪威社会整体的共同资源，由国家管理。"①

应注意的是，该法案中使用的术语是"遗传物质"，而不是"遗传资源"。从筹备工作来看，这一措辞并不意味着"遗传物质"与"遗传资源"之间有任何实质性的区别②。在挪威的法律传统中，"筹备工作"对于解释法案的措辞具有相当重要的意义。当提到筹备工作时，是指构成法案制定的一部分的正式文件，因此具有解释价值。

尽管《自然多样性法案》适用于挪威主权范围内的所有生物资源，但对海洋资源有特别规定。挪威议会于 2008 年通过该法案。《海洋资源法案》总体上确定了海洋资源（以下简称"海洋遗传资源"）的法律地位。该法案确定了这些海洋资源"属于挪威整个社会"③。这里该权利被定义为属于整个挪威社会，就其筹备工作（由环境部展开）来看，其含义与《自然多样性法案》中"公共资源"的概念相同。

从实践的角度来看，遗传物质究竟属于"公共资源"还是属于社区资源，这一点很重要。主要是需确保法律地位为获取许可制度提供法律基础，同时不会抑制对基因探索和开发的投资。鉴于一般行政法中的合法性原则，在挪威立法中，要求私人当事方获得许可需取决于挪威立法的执行情况。

然而，在筹备工作中，环境部同意起草委员会的意见，即积极使用遗传物质

---

① 《自然多样性法案》第 57 条。
② 2008～2009 年第 52 号提案，第 294 页。
③ 《海洋资源法案》，挪威，LOV-2008-06-06-37，第 2 条，《海洋资源法案》所有引述都来自海洋与海岸事务部提供的译文，详见 http://www.fiskeridir.no/english/fisheries/regulations/acts/the-marine-resources-act，访问日期：2014 年 10 月 1 日。

并从中获益的权利源于合法拥有发现遗传物质的生物材料[①]。环境部还解释说，个人对材料进行研究和利用此类材料的权利不妨碍其他人拥有相同的权利。有一条一般性条款规定，使用作为共用资源的遗传物质的权利不应妨碍其他人申请该物质的知识产权。

作为公共资源的地位迫使国家将遗传物质作为公共资源进行管理，从而确立了政府促进资源管理的责任；然而，这并没有赋予政府任何特定的产权。有人提议将所有权分配给政府，但遭到了明确拒绝。这就提出了一个复杂的问题，即不受任何形式的知识产权（如专利或植物育种者权利）保护的改良遗传物质的法律地位的问题。此处的"改良物质"指遗传物质已经被人类开发，并被带出原野生环境。经过改良、不受知识产权保护的遗传物质在挪威得到广泛使用，对其经济发展具有重要意义。在没有知识产权保护的情况下，挪威已经对水产养殖业（三文鱼养殖）和畜牧业（挪威红葡萄酒和诺斯文葡萄酒的研发）进行了巨额投资。改良遗传物质管理非常不规范，也缺乏管理改良遗传物质产权的法律制度。在这种情况下，只要生物材料是通过合法途径获得的，公共资源条款即适用。

该法案承认《粮食和农业植物遗传资源国际条约》及其实施，并将植物遗传物质，甚至是收藏的植物遗传物质，纳入其规范范围内。该法案第 59.7 条规定：

关于去除 2001 年 11 月 3 日通过的《粮食和农业植物遗传资源国际条约》或另一项国际协定所涵盖的遗传物质，应适用该协定规定的标准条件。

此外，该法案第 61 条"关于《粮食和农业植物遗传资源国际条约》的实施"规定了条约与国内立法之间关系的重要法规。

国王可在挪威法律中就 2001 年 11 月 3 日《粮食和农业植物遗传资源国际条约》的执行情况制定条例。条例可对本章规定作出进一步澄清和豁免。

因此，政府可以在行政命令中减损《自然多样性法案》中本章所述的一般获取与惠益分享规则的效力，使其与《粮食和农业植物遗传资源国际条约》的规则一致，而不修改法案本身。赋予政府为特定目的而减损法律的权限意味着议会无需对法案进行修改，但出于这些特定目的，政府有权自行制定规则，修正该法案所述的一般获取与惠益分享规则，以便实施《粮食和农业植物遗传资源国际条约》。

该法案没有区分遗传物质在保护区的法律地位，适用于公共资源的一般原则也同样适用于受保护物种。该法案将遗传物质获取监管规则与各类生物材料获取监管规则区分开来。这些区别取决于生物材料的性质，并非针对特定行业的遗传资源使用者（这是粮食及农业组织下属的粮食和农业遗传资源委员会讨论的议题）。

---

① 2008～2009 年第 52 号提案，第 295 页。

第二节　遗传资源和相关传统知识获取的监管

探讨了遗传物质的法律地位后，下一步将探索遗传物质获取的监管规则。在挪威，遗传物质获取方面存在两大问题。对获取遗传物质的监管基于另外两种产权制度。存在遗传物质的生物材料的所有者可以控制对生物材料的获取，土地所有者可以限制合法获取其控制土地上的遗传物质。

《自然多样性法案》和《海洋资源法案》彼此独立，这就允许政府自行建立一项遗传物质获取的监管制度。《自然多样性法案》的表述为：

国王可以决定，从自然环境中收集生物材料以利用遗传物质，或对此物质的利用，需要获得环境部的许可。

因此，在政府要求任何人收集或利用在挪威发现的遗传物质之前，需出台一项行政命令。因此，在收集或利用遗传物质时，需要在行政命令中明确和具体规定该法案要求的义务，以对私人当事人强制执行。根据行政法中的合法性原则，政府必须利用其自由裁量权限制法人或自然人获取遗传物质的法律地位。换言之，在发布行政命令之前，生物勘探并未纳入许可制度，若无许可，在挪威亦不违法。关于行政命令草案的咨询商讨自 2013 年既已开始。然而，由于 2013 年大选、随后的政府更迭以及咨询机构的批判性回应，不太可能一成不变地开始执行该行政命令。

《自然多样性法案》还规定：

如果已经授予了收集许可，则后续使用无须新的许可，但许可的条件相应地适用于获得物质或收集成果的任何人。用于公共收集和用于农业或林业用途、进一步育种或栽培的收集无须申请许可。

如果使用目的发生变化，这似乎可以解决当前这个问题。但该法也提到了在收集生物材料之前没有获得获取许可的情况。在这种情况下，需要获得许可才能使用遗传物质。这对监管获取和利用而言是一种有意思的做法。许多参与《名古屋议定书》谈判的国家都声称，正是利用之情状需要许可证从而引发了利益共享。在挪威，该法案允许政府可自由裁量，对获得物质利用许可的当事人加诸义务，条件是以前并未获得获取许可。

该法案假定，若首次获取者将物质材料转给其他人，原始条款和条件继续适用于第二使用者以及后续使用者。这就为挪威采用许可证制度时的法律状况制定了一项核心规则。该法案除对实施《粮食和农业植物遗传资源国际条约》进行大量豁免外，没有明确区分农业、海洋、林业或其他行业的遗传物质。

已经对生物勘探者有约束力的关于获取的要素是获取发现遗传物质的

生物材料必须是合法的。受《自然多样性法案》保护的生物材料有两类利益或产权:

第一款并未限制任何所有者或其他所有权人以其他理由拒绝获取可从中获得遗传物质的(a)生物材料或(b)土地①。

这是指土地所有者控制获取土地的权利,从而间接控制生物材料,最终控制遗传物质。获取某些形式的生物资源受"每个人的权利"或"公众获取权"制约,因此所有人都可获得。每个人的权利是典型的北欧人(挪威、瑞典和芬兰)的权利,赋予公众使用并在私人土地上通过的权利。尽管该项权利在某些方面受到限制,即使是私人的非耕地,公众也有权在其中收集某些物种。

遗传物质获取也可以通过行使生物材料拥有者的权利来进行管理。如果某人可以阻止他人获取生物材料,那么间接获取遗传物质也受到限制。对生物材料的所有权可能有理由对遗传物质的获取进行限制。这意味着必须由生物材料的所有者授予获取遗传物质的许可。在某种意义上,这将赋予所有遗传物质(改良或野生)持有者通过控制生物材料来控制遗传物质的权利。然而,这种权利在权利持有人无法阻碍获取生物材料的情况下即为终止。当养鱼户用尽了《水产养殖法》赋予他的权利而重新捕获一条逃脱的养殖鲑鱼时,任何人也都可以合法地捕获这条鱼。捕获这条鱼的人将有权继续使用其遗传物质,即使这条鱼是经过多年选择性育种而繁殖的。如果这条鲑鱼是基于一项专利发明而繁殖的成果,则情况会有所不同。在这种情况下,专利法将规范有关遗传物质的权利和义务。当养殖的鲑鱼不受任何知识产权保护时,获取改良材料则不受影响。

环境保护部(现为气候和环境部)和渔业部长(现供职于商务部)提出了一项联合行政命令草案。该草案提出建立许可制度,包括严格的惠益分享义务。2013年就职的新一届政府是否维持这一许可制度,是否会要求挪威和外国使用者履行同样的惠益分享义务,这要在新的行政命令草案中才能见分晓。

第三节　惠益分享要求

惠益分享原则载于《自然多样性法案》中。

法规中还可就可设定的条件作出进一步规定,例如,使用从挪威管辖范围内的自然环境中收集的遗传物质所产生的任何利益应归国家所有。

该法案未具体说明挪威希望分享的惠益类型或其范围。在拟议的行政命令中,各部委制作了一份表格,将具体的百分比与从挪威遗传物质衍生的不同产品的总销售额关联起来。这一提议收到了很多负面评论,例如,这将给遗传物质使用者

---

① 译文由环境部提供,仅供参考。http://www.regjeringen.no/en/doc/laws/Acts/nature-diversity-acthtml?id=570549,访问日期:2014年10月1日。

留下一个过于不确定的法律状况。

有一个经常被引用的例子让挪威对获取与惠益分享的讨论引起极大的关注，瑞士研究人员在挪威度假时发现了一种真菌，这种真菌最后成为诺华公司销售的价值数十亿美元的药物基础。这个例子提高了人们的期望，说明了生物探索的潜力和规范惠益分享的必要性。行政命令将如何解决这一惠益分享问题，仍然是一个待解决的问题。

第四节　获取与惠益分享遵约机制[①]

挪威是最早在其国内立法中通过外国获取与惠益分享规则的国家之一。挪威《自然多样性法案》第 60 条实施了一项关于来自其他国家的遗传物质的一般规则[②]。另外两项关键的使用国措施是《专利法》[③]第 8b 条和《植物育种者权利法》[④]第 4（3）条所规定的要求。《自然多样性法案》第 60 条为挪威的获取与惠益分享使用国措施制定了最普遍、最广泛的规则。尽管该法案规定了一项独立的使用者措施，但政府认为，制定此类措施并不能"完全解决履行公平和公正惠益分享义务的挑战"[⑤]。政府呼吁提供国应制定必要的措施，并认识到挪威的措施只是辅助性的法律和政治工具。

监管获取与惠益分享实施的主要规则详见《自然多样性法案》第 60（1）条，该条规定：

---

　　① 作者在别处讨论过这个话题，详见：特维特（Tvedt）和费于沙尔（Fauchald），"《名古屋议定书》有关获取与惠益分享的实施规定：挪威实施惠益分享的假设案例研究"，《世界知识产权杂志》，14（2011）：5。
　　② 《自然多样性法案》第 60 条规定：从需要获得同意才能收集或出口其遗传材料的国家进口遗传材料以供在挪威使用的，只能根据该国的同意进行此类活动。控制该材料的人受已设定的同意条件的约束。国家可以代表设定条件的人提起法律诉讼来强制执行这些条件。来自另一个国家的遗传材料在挪威用于研究或商业目的，应附有关遗传材料接收国（提供国）的信息。如果提供国的国家法律要求获得同意才可进行生物材料收集的，则应附上已获得同意的信息。

　　如果提供国并非遗传物质来源国，还应注明来源国。来源国是以原生境为来源收集遗传物质的国家。如果来源国的国家法律规定收集遗传物质须征得同意，则应提供表明是否已获得此类同意的相关信息。如果尚不明确本款所要求的信息，也应明确说明。

　　国王可制定法规，规定如果遗传物质利用涉及使用土著和地方社区的传统知识，相关遗传物质应附有这方面的信息。

　　如果 2001 年 11 月 3 日通过的《粮食和农业植物遗传资源国际条约》所涵盖的遗传物质在挪威用于研究或商业目的，应附上有关信息，表明此类遗传物质是根据该条约所确立的《标准材料转移协定》获得的。该法案英文版本可从 http://www.regjeringen.no/en/doc/Laws/Acts/nature-diversity-acthtml?id=570549 获取，访问日期：2014 年 10 月 1 日。
　　③ 挪威专利局翻译的《专利法》英文版可查阅 http://www.patentstyret.no/en/For-Experts/Patents-Expert/Legal-texts/TheNorwegian-Patents-Act/，访问日期：2014 年 10 月 1 日。
　　④ 《植物育种者权利法》的英文版可查询 http://www.ub.uio.no/ujur/ulovdata/lov-19930312-032-eng.pdf，访问日期：2014 年 10 月 1 日，本法案由外交部翻译。应注意的是，相关披露条款中尚未更新本译本。
　　⑤ 请参考：特维特（Tvedt）和费于沙尔（Fauchald），"《名古屋议定书》有关获取与惠益分享的实施规定：挪威实施惠益分享的假设案例研究"，《世界知识产权杂志》，14（2011）：5，311。

从需要征得同意进行收集或出口遗传物质的国家进口此类遗传物质以供在挪威使用的，必须在获得同意的情况下进行。对物质材料具有控制权的人受已设定的同意条件的约束。国家可以代表设定同意条件的人以提起法律诉讼的方式来强制执行这些条件。①

此条款规定了遗传物质使用者应履行的两项重要义务。如果提供国的国家立法要求获得"事先知情同意"，那么只有获得"事先知情同意"才能向挪威进口遗传物质。在进口后的任何时间点，进口遗传物质的拥有者均受"事先知情同意"规定的条件约束。这是使用者需履行的一项明确义务，且挪威法院和有关当局可直接采用提供国设定的条款。通过立法规定其他国家的"事先知情同意"和"共同商定条件"及条件在挪威管辖范围内均具有法律效力和约束力，这在获取与惠益分享实施方面已向前迈出了一大步。在 2009 年议会通过《名古屋议定书》时，这项义务独立于该议定书执行。

但是正如环境部在筹备工作中所指出的，即使这种方法也不能解决获取与惠益分享实施过程中遇到的所有问题。主要有以下三个弱点。

（1）这种方法将主要的责任留给了提供国。如果提供国未制定有关实施"事先知情同意"和"共同商定条件"的制度，挪威的法案本身也不对它自己的惠益分享作出规定；

（2）这给挪威使用者和决策者带来了一定程度的不确定性。关于获取的立法因国家而异。如果进口商随后将遗传物质转让给挪威境内的第三方，相关义务也会随之转移，则这种不确定性可能会大大增加；

（3）挪威的法案或《名古屋议定书》都没有制定具体的最低要求来确保实现公平和公正的惠益分享。显然，此类法案假定按照提供国的要求进行惠益分享是公平和公正的。

该条款的最后一句提出了一个程序性的重要规则："国家可以代表设定同意条件的人提起法律诉讼来强制执行这些条件。"这里的"人"既可以是与法人签订合同中规定的条件，而当合同的一方当事人是国家时，又可以指该国家，这一规则起到了很大的作用，据此可以授权挪威政府代表另一个国家，对于挪威的使用者使用源于该国的遗传资源之情事，向挪威法院提起诉讼，并承认代表提供者在外国管辖区执行利益分享条款的过程中，所面临的困难和产生的费用。挪威司法部长将负责代表挪威政府（国家）行事②。代表政府提起法律诉讼需要由另一个国家机关发起。另一个政府机构或机关必须将该案件提请司法

---

① 译文由环境部提供，仅供参考，详见 http://www.regjeringen.no/en/doc/laws/Acts/nature-diversity-act.html?id=570549，访问日期：2014 年 10 月 1 日。

② 挪威司法部办公室目前无英文版网页，详见 http://www.regjeringsadvokaten.no/，访问日期：2014 年 3 月 11 日。

部长予以关注，此时司法部长无权提出他认为相关的任何索赔要求。也就是说，想要从《自然多样性法案》第 60 条受益的遗传物质提供者最好联系环境部内负责获取与惠益分享问题的挪威国家联络点[①]。提供国只能向环境部提请关注该案件。环境部将自行决定是否代表该提供国提起诉讼将取决于案件的是非曲直，并由政府在政治层面上作出相关决定。根据《公共行政法》，有关当局必须就是否提起诉讼作出合理决策，提供者有权提起行政申诉[②]。提供国保留对挪威使用者采取法律措施的权限。如果政府决定不起诉使用者，提供国仍有权自行采取法律措施。

《自然多样性法案》第 60（2）条将进口商的实质性义务扩大到遗传物质的后续使用者：

> 如果其他国家的遗传物质在挪威被用于研究或商业目的，应附上此类遗传物质来源国（提供国）的信息。如果提供国的国家法律规定收集生物材料需征得同意，则应附上表明已获得此类同意的信息。

这种扩大义务背后的理念是首先要确保已有关于同意使用该遗传物质的标准的信息。这一要求似乎还假设遗传物质将以实物样本的形式出现，因此较少关注数字化 DNA 或基因形式的信息，因为这种无形的信息可以更容易地以非纸质化的方式转移。然而，没有什么可以阻止各国要求以信息形式交换遗传资源时附带的文件，无论此类遗传资源来自何种生物材料。

《自然多样性法案》第 60（3）条将信息要求扩大到通过第三国进口遗传资源的情况：

> 如果提供国并非遗传物质来源国，还应注明来源国。来源国是指以原生境为来源收集遗传物质的国家。如果来源国的国家法律规定收集遗传物质需征得同意，则应提供是否已获得此类同意的相关信息。如果尚不明确本款所要求的信息，也应明确说明。

这一义务的扩大是为了确保更多关于材料来源的信息而不仅仅是关于提供者的信息。然而，这一要求并不是绝对的，使用者只需声明他不知道相关信息即可规避。如果使用者不知道这些信息，他就没有义务去寻找相关信息。如果使用者承认他不知道材料的来源，则他仍需遵守规则。在使用者表明来源不明的情况下，来源国很难提出惠益分享的主张，因为它将承担论证和证明材料具有某种来源的责任。特维特（Tvedt）和费于沙尔（Fauchald）在 2011 年发表的文章中总结"因此，当遗传物质是通过第三国进口的，或者遗传物质的来

---

① 详见 http://www.cbd.int/doc/lists/nfp-abs.pdf，访问日期：2014 年 3 月 11 日。
② 详见 1967 年 2 月 10 日通过的有关公共行政案件程序的法令第 24～32 条后续修正案，最近一次修正为 2003 年 8 月 1 日第 86 号法令（简称《公共行政法》），其非官方英文版可参考 http://www.ub.uio.no/ujur/ulovdata/lov-19670210-ooo-eng.pdf，访问日期：2014 年 10 月 1 日。

源不清楚时，该规则的效力可能会使第 60 条失效”[①]。强调这一点很有必要，因为这一限制与欧盟讨论的尽职调查要求有些相似。声明来源不明，可能会成为获取与惠益分享使用者一方用以规避义务的简单方法。

挪威的知识产权制度采用了另外两种实践机制。它们涉及挪威立法中披露生物材料来源信息的要求，即《专利法》[②]第 8b 条和《植物育种者权利法》[③]第 4（3）条。《专利法》要求的披露涉及几种不同但互补的信息类型：

发明人接收或收集生物材料的来源国；

如果提供国要求“事先知情同意”，则应包括关于此类同意存在的信息；

如果原产国与提供国不同，则应说明；

如果不知道原产国的信息，则应说明；

如果来源国要求“事先知情同意”，则应包括关于是否存在此类同意的信息；

如果根据《粮食和农业植物遗传资源国际条约》第 12.2 条和第 12.3 条获取了生物材料，则应随专利申请附上《标准材料转移协定》的副本。

同样的信息要求也适用于申请植物品种保护的各方。这些义务并未在《专利法》中直接针对获取与惠益分享或《名古屋议定书》而实施，而是作为一种“平衡措施”被引入挪威立法，成为挪威作为欧洲经济区（EEA）成员国而作出的一部分政治妥协以实施欧盟关于生物技术专利的指令（EC 指令）。

这些义务的重点是生物材料，而非《生物多样性公约》第 15.7 条、《名古屋议定书》或挪威《自然多样性法案》规定的遗传资源或遗传物质。这意味着披露义务超出了《生物多样性公约》对获取与惠益分享的要求。例如，这些义务也适用于在生物材料中因发现的化学成分或其他成分而产生的发明。

触发披露要求的条件是“一项发明涉及或使用了生物材料”。这意味着生物材

---

① 特维特（Tvedt）和费于沙尔（Fauchald），“实施《名古屋议定书》”：387。

② 《专利法》，挪威，LOV-1967-12-15-9，2009 年 12 月 18 日修正案（第 139 号）以及 2010 年 3 月 26 日修正案（第 8 号）第 8b 条，规定如下：如果一项发明涉及或使用生物材料或传统知识，专利申请应阐明发明人从中收集或接收相关材料或知识的国家（提供国）的信息。如果遵循提供国的国内法律规定，获取生物材料或使用传统知识必须事先征得同意，则申请应说明是否征得同意。

如果提供国并非生物材料或传统知识的来源国，申请还应注明来源国。对生物材料而言，来源国指从自然环境中收集相关物质的国家，传统知识的来源国指开发相关知识的国家。如果来源国的国内法律要求获取生物物质或使用传统知识时必须事先征得同意，则申请书应说明是否已征得同意。如果尚不明确本款所要求的信息，申请人应进行相应说明。

即使发明人已经改变了所接收物质的结构，第二段和第三段规定披露有关生物材料信息的义务仍然适用。信息披露义务不适用于源自人体的生物材料。根据 2001 年 11 月 3 日通过的《粮食和农业植物遗传资源国际条约》第 12 条第 2 款和第 3 款规定，获取生物材料时，专利申请应附上根据该条约第 12.4 条规定订立的《标准材料转移协定》副本，而非第二段和第三段中提到的信息。

根据《公民通用刑法典》第 221 条规定，违反有关信息披露义务将受到处罚。信息披露义务不影响专利申请的处理或授予专利所赋予的权利有效性（由挪威专利局翻译），详见 http://www.patentstyret.no/en/For-Experts/Patents-Expert/Legal-texts/The-Norwegian-Patents-Act/，访问日期：2014 年 10 月 1 日。

③ 《植物育种者权利法》，挪威，LOV-1993-03-12-32，由外交部翻译，详见 http://www.ub.uio.no/ujur/ulovdata/lov-19930312-032-eng.pdf，访问日期：2014 年 10 月 1 日。

料和发明之间的依赖性或相似性较低。《专利法》进一步规定，披露要求也适用于"发明人已经改变了其收到的材料的结构"的情况，强调立法者希望扩大该规则的范围，以涵盖所有的基因改造。如果使用国不同于"从其自然环境中收集到材料的国家"，那么也会触发披露信息的义务。

《专利法》还要求申请人说明"事先知情同意"是否以来源国要求的形式存在。只需说明已征得同意即可，没有必要说明获取这种同意的条件。正如我们再次观察到的，挪威针对使用者的机制旨在让提供者更容易实施操作，而不是建立一个完善的、自动执行的系统。同样，也没有义务提供有关惠益共享程度或正在进行的任何其他共享活动相关的信息。当生物材料通过第三方或第三国时，获取与惠益分享的复杂性会增加，因为这样有可能降低义务。

《专利法》第8b条和《自然多样性法案》第60条所述义务本身并不构成惠益共享的功能性机制。它们只是有助于根据《自然多样性法案》第60条提供假设可用于执法行动的信息。

如果不履行提供信息的义务，挪威当局可以援引刑法中规定的惩罚措施。如有虚假陈述，例如虚假地声称相关信息不存在，根据《自然多样性法案》第73条和第75条或《一般公民刑法典》第166条的规定，专利申请人可会受到处罚（在不遵守《专利法》和《植物育种者权利法》的情况下）。实施刑事制裁相对困难，因为判决必须符合有利于被告的证据标准，即未经审判证明有罪确定前，推定被控告者无罪。检察官必须确定该信息是否存在事实错误和（或）故意误报，并提供充分的证据，排除合理怀疑①。对来源国或提供者或"事先知情同意"作出虚假陈述将处以罚款和最多两年的监禁。罚款将支付给挪威政府。鉴于没有程序以确保必须与提供者或来源国分享惠益，也无法规规定过错方有责任进行赔偿。因此，惠益分享的目标和违法时适用的程序之间存在差异。这可能会降低要求的有效性。

披露要求不太可能有效促进惠益分享的另一个重要原因是，不遵守规定的行为不会自动产生具体的法律后果。如《专利法》所述，不履行披露义务的后果"不影响专利申请的处理或授予专利所产生的权利的有效性"②。《植物育种者权利法》第4（3）条也有同样的陈述。

专利披露要求作为功能上有效的使用国机制，其实际效果进一步受限于其适

---

① 见《公民通用刑法典》第40条，"本法典的刑事条款不适用于任何无意行为的人，除非明确规定或毫不含糊地暗示过失行为也应受到惩罚外"，由外交部翻译，详见 http://www.ub.uio.no/ujur/ulovdata/lov-igo20522-oro-eng.pdf，访问日期：2014年10月1日。

② 《专利法》，挪威，LOV-1967-12-15-9和8b，另见欧洲议会和理事会1998年7月6日通过的关于生物技术发明法律保护的98/44/EC号指令，[指令98/44/EC]，1998年7月6日[1998] OJ，L 213/13，1998年7月30日生效，该指令禁止因不遵守以下义务而拒绝专利申请：（a）未遵守规则"对专利申请处理没有影响"；（b）在专利被授予后，信息的缺乏对专利的有效性不产生任何影响。

用范围。《专利法》第 8b 条仅适用于向挪威专利局提交的专利申请，不适用于根据《专利合作条约》（PCT）①通过该系统提交专利申请的情况。

此外，自挪威加入欧洲专利局（EPO）以来，直接提交给挪威专利局的专利数量大幅下降②。因《欧洲专利公约》中缺乏相应的披露要求，可能会促使专利权人通过欧洲而非挪威系统输送生物技术专利。

对于根据《专利法》和《植物育种者权利法》建立的制度安排而收集的有关促进有效惠益分享的信息，有关当局需确保将此信息传递给负责遵守《自然多样性法案》第 60 条的机构③。由于无法在挪威相关机构的网站上找到相关程序或信息，特维特（Tvedt）和费于沙尔（Fauchald）在之前的研究中咨询了各主管部门，在专利申请和植物品种权申请中是否可以获得关于遗传物质来源的信息，以及是否有程序向来源国或负责执行《自然多样性法案》第 60 条的主管部门提供此类信息。环境部、挪威工业产权局和挪威植物品种委员会的回复是，尚未建立任何程序来确保获取并传递相关信息。挪威获取与惠益分享联络点没有关于源自挪威以外的遗传材料的知识产权的信息。挪威工业产权局的回复是，自 2003 年《专利法》生效以来，已有 17 项与第 8b 条相关的申请。其中，13 项申请被撤回或被拒绝，因此信息无法公开。在其余 4 项申请中，两项包括了来源国信息，一项申请被拒绝，另一项申请尚处于申请过程的早期阶段，现在提供信息还为时过早。挪威植物品种委员会的回复则是，他们没有与植物新品种申请相关的遗传物质来源的相关信息。

在这种背景下，特维特（Tvedt）和费于沙尔（Fauchald）在 2011 年得出结论，尽管挪威通过了被认为非常超前④且有益于惠益分享的立法，但各机构在确保有效执行方面所做的工作并没有多大意义⑤。2003 年的《专利法》修正案和 2009 年的《自然多样性法案》和《植物育种者权利法》修正案通过了相关的立法规范。鉴于《专利法》修正案⑥的政治重要性，以及《自然多样性法案》长达八年多的筹备

---

① 在这种情况下，世界知识产权组织（WIPO）于 1970 年 6 月 19 日通过的《专利合作条约》（PCT）第 27 条（于 1978 年 1 月 24 日生效，并于 1979 年 9 月 28 日、1984 年 2 月 3 日和 2001 年 10 月 3 日修订）规定，禁止各国对专利申请的内容施加与该条约所列内容不同的或额外的要求："国家要求：（1）任何国家法律均不得要求遵守与本条约和条例所规定的国际申请的形式或内容不符的规定，或其他附加的规定。"

② 专利申请数量预计将从 6000～6500 份降至 1300～1400 份；详见第 34 页关于挪威批准《欧洲专利公约》（挪威文）的第 35 号法令（2006—2007 年）。

③ 本条基于特维特（Tvedt）和费于沙尔（Fauchald）"实施《名古屋议定书》"第 383-402 页中的观点。

④ 挪威的《自然多样性法案》是获得 2010 年未来政策奖提名的六项法案之一：详见 http://www.worldfuturecouncil.0rg/3454.html#c47432，访问日期：2014 年 3 月 11 日。

⑤ 特维特（Tvedt）和费于沙尔（Fauchald），"实施《名古屋议定书》"：390。

⑥ 《专利法》2003 年修正案与 2003 年 1 月 31 日的决议有关，该决议将关于生物技术发明法律保护的第 98/44/EC 号指令纳入《欧洲经济区协议》（EEA，1993）。对于挪威的各个政党来说，这是一个极具争议的问题，《专利法》第 8b 条说明了政治妥协的一个重要因素。

时间①，挪威当局尚未能取得进展的情况尤其令人担忧。

关于《欧盟获取与惠益分享条例》②是否会要求挪威淡化或放弃本文所述的任何一个法律概念，还是一个悬而未决的问题。该条例与挪威作为欧洲经济区成员国相关，对于该条例是否会要求挪威放宽其执法制度，还尚待进一步的研究。

最后，关于使用国机制的问题，在实现法律形势和政治局势方面仍然存在相当大的障碍，即提供国可以在挪威管辖范围内有效地实施其主张。特维特（Tvedt）和费于沙尔（Fauchald）在他们于2011年发表的文章中指出了提供国仍面临的几个法律技术问题，这些提供国希望挪威法院强制执行它们的获取与惠益分享合同或行政许可③。尽管挪威在实施相关法规过程中仍然缺少某些步骤，但这是一个很突出的实例，展现出使用国试图形成一种法律形势，使提供国能够保护其利益并执行其主权权利。许多使用国也可以从这些实施方法中吸取经验教训。

第五节　监管获取与惠益分享的权限

正如我们所见，这些法案明确指定了获取与惠益分享领域的两个主管部委。在拟议的行政命令中，除各部委之外有两个政府执行机构将成为负责执行新获取与惠益分享许可制度的单位。挪威环境局④和挪威渔业局⑤预计将合作执行行政命令和许可制度。

对使用国立法的一个批评声音是，没有任何特定机构负责监督或强制履行义务。任何国家机构都可以对获取与惠益分享使用者行使权力。任何国家机关都可以起诉违反另一国家获取与惠益分享立法或挪威提供方与使用方之间合同的行为，这一广泛的权限很容易导致没有实体机构愿意承担责任。为避免出现这种局面，行政机关需要拥有开展此类活动所需的资源，而且也只能在其法律能力所界定的领域内采取行动。分配给所有机关的任何权力或自由裁量权都很容易导致无人采取行动。因此，应确定专门机构，并为其分配必要的资源和划分相应的责任。

第六节　结　　论

挪威关于获取与惠益分享获取方面的规则目前以公开获取原则为基础。法律要求获得许可以获取材料资源，但未制定获取和监管制度，这一事实造成了一种

---

① 2001年4月任命了《自然多样性法案》起草委员会；详见NOU 2004：28第3条。
② 《关于获取遗传资源及公正公平分享其利用所产生惠益的名古屋议定书》中使用者遵约的欧盟第511/2014号条例。
③ 特维特（Tvedt）和费于沙尔（Fauchald），"实施《名古屋议定书》"。
④ 详见"挪威环境局"，http://www.miljodirektoratet.no/english/。
⑤ 详见"渔业管理局"，http://www.fiskeridir.no/english。

相当不明确的法律状况。目前的制度体系显然符合《名古屋议定书》中获取方适用的规则。

从使用者的角度看则更有趣。挪威的制度不仅仅是遵循《名古屋议定书》的规定，也远远超出了使用国立法的最低要求。目前正在运转工作的检查点是"专利局"（挪威专利申请）和"植物育种者权利批准办公室"。

关于传统知识的工作仍在继续推进。现在就讨论这些规则将如何实施还为时过早。

尽管挪威的相关实施工作仍处于非常早期的阶段，但在挪威的法律状况能够保证提供国充分实施遗传物质利用的条款和标准之前，障碍和困难依然存在。即使在挪威这样一个对实施获取与惠益分享有着浓厚兴趣的国家，相对而言，获取与惠益分享未能够有效实施表明《名古屋议定书》的谈判阶段延后了国家层面的工作。《名古屋议定书》生效后，遗传资源红利的获取与惠益分享则进入关键阶段。人们可能会期待，需要在相对较短的时间内看到功能性利益分享合同的例子，以使《名古屋议定书》的制度系统保持势头和动力，并保持《生物多样性公约》的可信度。如果目前与遗传资源有关的获取与惠益分享制度最终不能为生物多样性保护和可持续利用提供资金，《生物多样性公约》的核心存在理由就岌岌可危。因此，《生物多样性公约》越来越迫切需要使获取与惠益分享发挥预期作用。《名古屋议定书》的生效即是朝着这个方向迈出的一步。然而，无法单凭新手段实现这些目标，因此将在很大程度上依赖于功能性措施的推进和进展。

第八章 英国遗传资源获取与惠益分享框架分析

埃塔·史密斯（Etta Smith）

英国政府于 2011 年 6 月 23 日签署了《名古屋议定书》，并承诺批准该议定书。作为遗传资源使用国的英国（UK）来说，《名古屋议定书》的实施将主要影响其众多利用海外获得的遗传资源用于商业和非商业目的的行业。其中，英国的制药和农业行业是该国遗传资源最大、最重要的两个使用行业。

英国虽然没有大量的原生境生物多样性，但一些遗传资源已用于科研和工业。种植者和业余园艺师培育地方品种和栽培品种；谷物、饲料作物以及水果和蔬菜品种呈现广泛的地方品种多样性。英国还有大量的作物野生亲缘种和地方牲畜品种，以及源自英国海外领土的鸟类和海洋资源。

英国主要通过非原生境收集来成为遗传资源的提供者，但却拥有一些世界上最大现存的保护遗传资源。生物材料直接从"提供者"国家和通过中间商收集，以及向英国和海外的第三方提供材料而获得。

因此，从历史上看，获取与惠益分享原则在英国由私人行为者实施，特别是拥有大量遗传资源的人士。英国政府尚未通过遗传资源或相关传统知识的获取与惠益分享相关的立法，而是依靠其财产和侵权法、场地保护和物种的法定保护来解决与获取有关的问题。英国法律不保护传统知识，也未规定英国土著和地方社区的地位。

本章首先回顾了英国获取与惠益分享的法律框架，概述了英国法律下的遗传资源状况，然后评估了英国目前的做法是否符合《名古屋议定书》，最后总结英国按照《欧盟获取与惠益分享条例》实施该议定书的提案[①]。

第一节 英国遗传资源获取与惠益分享法律框架

英国尚未制定具体获取或使用遗传资源及相关传统知识的立法，而是依赖现有财产和侵权法以及对物种和特殊场地的法定保护，它们并不涉及与遗传资源相

[①] 欧洲议会和理事会《〈关于获取遗传资源及公平公正分享其利用所产生惠益的名古屋议定书〉欧盟使用者遵约措施》第 511/2014 号（欧盟）条例。

关的传统知识事宜①。

目前适用的英国法律中没有关于遗传资源或相关传统知识的具体惠益分享义务，也没有确保遵守获取与惠益分享条款的机制。这包括英国管辖范围内获取遗传资源的措施，如事先知情同意和建立遗传资源提供国可能需要的共同商定条件。

第二节　遗传资源的所有权

由于英国依赖现有国内和欧盟法规，遗传资源的所有权属于传统的产权范畴。原生境材料的所有权通常分配给获得这些材料的土地所有者。这包括植物、微生物、家畜和牲畜②。遗传资源也可能受到知识产权的约束，包括涉及新产品或新工艺的发明专利③。英国法律源于欧盟立法：植物和动物本身不能获得专利，专利也不能涵盖遗传材料的发现，因为它们存在于自然界中，或者它们与已知的物质有关。植物品种权（PVR）与专利密切相关，并受英国法律保护。所有植物属和植物种都可以根据英国植物品种权法获得保护④。植物品种权不能扩展到私人或非商业目的、实验目的或繁殖其他品种目的的行为。

第三节　获取和使用遗传资源

尽管有些方面已下放到苏格兰、威尔士和北爱尔兰，但英国政府仍全面负责获取与惠益分享的实施。例如，英国政府保留使用遗传资源的资格和管辖权，委任分权政府负责一些获取有关的事宜。由于产权可以管辖英国大部分遗传资源的获取（包括原生境和非原生境材料），且在有形和无形财产情况下，获取需得到资源所有者的授权⑤。

1. 英国作为遗传资源的提供者

虽然英国不是遗传资源的重要提供者，但种植者和业余园艺师仍为谷物、饲

---

① 英国环境、食品和农村事务部（DEFRA），分享遗传资源的惠益。伦敦：2012 年 10 月 31 日下议院欧洲审查委员会第十八次会议报告，http://www.publications .parliament.uk/pa/cm201314/cmselect/cmeuleg/83 xix/8304.htm，2012。

② 同上。

③ 英国专利保护立法框架包括《专利法》（1977）、《版权、外观设计和专利法》（1988）、规章改革（专利）命令（2004）和《专利法》（2004）。

④ 英国《植物品种法》（1997）。

⑤ 英国环境、食品与农村事务部（DEFRA），获取与惠益分享：英国法律关于获取与惠益分享的综述（伦敦：环境、食品和农村事务部，2010），http://archive.defra.gov.uk/environment/biodiversity/geneticresources/documents/access'legal .pdf!

料作物以及水果和蔬菜品种维持广泛的地方品种多样性[①]。英国有超过 200 种地方特性畜品种[②]。2011 年，一种基于化学物质秋水仙碱的新型癌症治疗方法宣布，该方法使用了源自英国的本土花卉：秋番红花（秋水仙）[③]。

野生遗传资源通常可通过获得土地所有者的许可，在私人土地上获取（包括为了收集遗传材料），但在某些情况下，物种本身或土地可能受到保护，除了土地所有者要求的许可，可能还需获得法定机构的许可。

英国的非法侵入法属于侵权法的范畴，涵盖了私人土地上大量未经许可的活动，如土地本身、底土、空气和永久附着在土地上的任何东西。在非法侵入的情况下，土地所有者可以寻求民事补救措施，并且所有者可以在不必证明发生任何损害的情况下提出索赔。除非侵入官地，否则刑事犯罪不适用于非法侵入的情况[④]。

英国有着相当多的乡村地区，土地所有者允许这些地区的进入权（实际上的进入），或者通过第三方合同、法定条款[⑤]、惯例或习惯做法予以正式记录进入权[⑥]。进入权可能受到限制或条例的约束，以防止带走或伤害野生动物，否则可能构成刑事犯罪。

《乡村和道路通行权利法》（2000）规定公众可以进入英格兰的乡村。人们可以进入公共土地的地图区域，不需要停留在道路上。该法于 2005 年生效，并且严禁收集野生动物标本，但也为 2005 年 10 月之前生效的那些土地许可或允许研究或科学活动提供了例外[⑦]。

在英国，进入公地的相关法律也各有不同。公地是指由一人或多个人拥有但其他人拥有某些权利或进入该土地的土地。公地通过《公共土地法》（2006）在英国法律上获得承认[⑧]。公地的某些权利（如牲畜放牧）分配给"平民群体"的特定个人，而土地所有者保留某些其他权利（如采矿权或采伐权）。大多数公地（约3/4）位于"国家公园"（48%）和"法定特殊自然美景区"（30%）[⑨]。20%指定公地位于具特殊科学价值地点（SSSI）。英格兰共有 7052 个公地，占地约 4000hm^2

---

① 英国环境、食品与农村事务部（DEFRA），粮食和农业植物遗传资源状况报告（伦敦：环境、食品和农村事务部，2010），http:// archive.defra.gov.uk/environment/biodiversity/geneticresources/documents/genetic-resources-country-report.pdf，访问日期：2013 年 9 月 10 日。

② 国家常设委员会，2008～2011 年畜禽遗传资源国家常设委员会工作报告（伦敦：畜禽遗传资源国家常设委员会，2011）。

③ L. 巴蒂森（L. Battison），《新癌症药物源自英国花卉》，BBC 新闻，科学与环境，2011 年 9 月 12 日。

④ 英国《严重有组织犯罪和警察法》（2005）。

⑤ 例如，英国《国家公园与乡村进入法》（1949）和《野生动物及乡村法》（1981）。

⑥ 英国环境、食品与农村事务部（DEFRA），《英国法律的方方面面》。例如，国家信托持有的农村或林地信托持有的林地。

⑦ 英国环境、食品和农村事务部（DEFRA），《英国法律的方方面面》。

⑧ 《公共土地法》（2006）取代《公共土地法》（1285）。

⑨ 自然英格兰《公共土地》，http://www.naturalengland.org.uk/ourwork/landscape/protection/historiccultoal/commonland/，2013。

或约 3% 的土地。一些公地也有自己的地方或私人法案。

可咨询相关公共土地登记当局，确定进入要求①。当局包括根据《英国土地登记法》（1965）指定的郡议会、都会区议会和伦敦自治市议会，其职责详见《公共土地法》（2006）第一部分的规定。

获取涉及受保护物种或受保护地点的遗传资源也需要相关国家主管当局（CNA）的同意。受保护区包括欧洲保护区，如特殊保护区（SAC）和特别保护区（SPA），也可是 Natura 2000 自然保护区一部分的 SSSI、国家级自然保护区（NNR）和地方级自然保护区（LNR）。

受保护物种受到《野生动物及乡村法》（1981）或《自然保育法》（1994）的管辖。《野生动物及乡村法》履行英国在《鸟类保护令》下的义务②，为所有野生鸟类及其蛋、巢提供法定保护。《野生动物及乡村法》还涵盖附表 5 中列出的动物及其用于庇护或保护的结构或地点，以及附表 8 中列出的植物③。《自然保育法》（1994）履行英国在《栖息地指令》④下对欧洲受保护物种及其繁殖和休憩地点所承担的义务。

在进入或获取受重叠保护管制的某些地点或物种时，获取遗传资源有关的活动必须符合每类地点和（或）物种保护有关的要求。获取受保护土地或与受保护物种有关的原生境遗传资源可能需要得到有关法定机构的许可⑤。如果获取依据的是另被视为禁止的活动，在某些情况下可授予许可。在某些情况下，可以通过获得有关当局的许可来获取受《野生动物及乡村法》管辖的遗传资源⑥。

有关进入受保护地点的条例适用于距离海岸 12 海里⑦以内的陆地和海洋区域以及距离海岸 12 海里以上的英国近海水域⑧。这包括内陆、沿海和领海以及专属经济区⑨。不直接适用于野生动植物保护的海洋保护区和土地保护（包括法定特殊自然风景区和国家公园）与其他受保护地点的进入条例有所不同。

如果需要私人土地持有者以外的其他许可，负责提供原生境遗传资源获取的主要政府机构将权力下放至各委任分权政府的机构⑩。各机构都有准许获取原生境遗传资源研究的指南。例如，某些机构指南要求地点管理人负责授予对站点的科学访

---

① 英国环境、食品与农村事务部（DEFRA），《英国法律的方方面面》
② 欧洲议会和理事会 2009 年 11 月 30 日《关于保护野生鸟类》指令 2009/147/EC。
③ 英国环境、食品和农村事务部（DEFRA），《英国法律的方方面面》。
④ 1992 年 5 月 21 日《关于保护自然栖息地和野生动植物》理事会指令 92/43 / EEC。
⑤ 英国环境、食品和农村事务部（DEFRA），《英国法律的方方面面》。
⑥ 同上。
⑦ 1 海里=1852 m，下同。
⑧ 自然保护联合委员会，"特殊保护区及海洋组成部分"，http://jncc.defra.gov.uk/page-1445，2013。
⑨ 英国环境、食品和农村事务部（DEFRA），《英国法律的方方面面》。
⑩ 负责机构为林业委员会、自然英格兰、苏格兰自然遗产、威尔士乡村委员会和北爱尔兰环境局。
⑪ 史密斯（Smith）、埃塔（Elta）等，英国执行《名古屋议定书》：评估受影响行业，英国环境、食品和农村事务部（DEFRA）最终报告，2012。

问权限。但是，任何机构都没有关于使用任何遗传资源或记录采集样本的程序[11]。

英国海外领土[①]（约 340 种特有物种）和皇家属地[②]也有原生境遗传资源，特别是鸟类和海洋资源。在南乔治亚岛和南桑威奇群岛的英国海外领土周围的经济区发现的极端微生物可能对未来研究具有重要价值。

英国政府负责代表皇家属地和 13 个海外领土监督《生物多样性公约》有关的义务及其实施。属地是自治的，因此不属于英国[③]。海外领土是半自治的，有自己的成文宪法，国内事务下放到每个领土的地方政府。无论是属地还是领土，英国政府都负责其国防和国际关系：《生物多样性公约》和《名古屋议定书》被认为属于国际关系[④]。

2. 英国作为遗传资源的使用者

英国是遗传资源的使用者，主要从其他国家或地区获得遗传资源用于商业和非商业目的[⑤]。英国遗传资源的获取大都通过非原生境向私人收集实现的。涉及使用遗传资源的主要行业包括制药、化妆品、植物育种（园艺和农业）、天然和传统药品、野生动物贸易、培养物保藏、动物园、水族馆、植物园和大学[⑥]。英国制药和农业企业长期以来被认为是遗传资源最大最重要的使用者。

因此，在这些情况下获取遗传资源需要获得遗传材料所有者的授权，而不是土地所有者的授权。例如，获取有专利的遗传资源需要得到专利持有者的许可，某些研究豁免或强制许可情况除外[⑦]。与专利一样，为了使用遗传资源，必须获得植物品种权持有人的许可，强制许可除外。

根据欧盟立法框架，对植物品种（即涉及同一遗传材料的专利和植物品种权）也有可能进行双重保护[⑧]。生物技术发明取得专利方面的条例受欧盟《关于生物技术发明的法律保护指令》（98/44/EC）的约束，该指令已在英国国家专利法中得到

---

① 英国海外领土包括安圭拉、百慕大、英属南极领地、英属印度洋领地、英属维尔京群岛、开曼群岛、马尔维纳斯群岛、直布罗陀、蒙特塞拉特、皮特凯恩群岛（包括皮特凯恩、亨德森、杜西和奥埃诺群岛）、圣赫勒拿（包括圣海伦娜属地：阿森松岛和特里斯坦-达库尼亚）、南乔治亚岛和南桑威奇群岛以及特克斯和凯科斯群岛。

② 英国皇家属地包括泽西岛、根西岛和马恩岛。

③ 吉尔布兰登报告（皇家委员会宪法的报告第 1 卷第 11 部分，1973）提供了关于这种关系的声明。

④ 英国环境、食品和农村事务部（DEFRA），《英国法律的方方面面》。

⑤ 史密斯（Smith）等，英国实施《名古屋议定书》，欧洲环境政策协会（IEEP），生态协会和 GHK，欧盟 ABS。

⑥ 史密斯（Smith）等，英国实施《名古屋议定书》。

⑦ 英国环境、食品和农村事务部（DEFRA），《英国法律的方方面面》。

⑧ 史密斯（Smith）等，欧共体植物品种权获取评估，DG SANCO 最终报告（布鲁塞尔：欧洲委员会，2011年4月28日）。

实施①。根据该指令，如果植物或动物是通过"基本的生物方法"获得，则该植物或动物不可取得专利。这种不同之处意味着，如果生物技术发明与单一植物品种无关，则可以申请专利，但植物专利可包括植物品种，而不需要直接应用于该植物品种。因此，如果植物群中含有专利的遗传元素，则可以通过专利保护比品种等级更高或更低一级的植物群。对于双重保护的情况，必须征得专利和植物品种权利持有人的许可。

获取受专利和（或）植物品种权保护的遗传资源通常涉及《材料转移协定》②。《材料转移协定》通常包括一系列遗传资源使用有关的条款和条件，还可能包括任何惠益分享规定。《材料转移协定》条件经常变化，通常涉及分配等事宜，并要求使用者确认他们知晓《生物多样性公约》规定的义务③。《材料转移协定》各方负责确定每项协定的具体条款和条件（包括如何使用和不能使用遗传资源）。例如，英国食品工业与海洋细菌菌种保藏中心（NCIMB）的培养物保藏使用标准《材料转移协定》，其不限制分配，并且不要求原产国的提供者直接受益，尽管该协定规定使用者承认他们知晓《生物多样性公约》规定的适用义务④。其他如希利尔爵士花园组织通常不涉及样本的商业使用或将样本转让给另一组织。

英国各行业之间遗传资源（和相关传统知识）的使用各有不同：一些小型组织每年可能只有少量遗传资源交易⑤，而英国皇家植物园（邱园）这样的大型组织每年大约有 9 万次交易⑥。英国遗传资源及其相关传统知识的使用者从世界各国获得遗传资源。这包括相对有限的原生境收集（即生物勘探），以及广泛使用的异位采集和从英国及整个欧盟运营的其他组织获得的非原生境收集与获取。仅植物园和培养物保藏就从全世界 130 多个不同国家获得遗传资源⑦。最终利用前（如商业化），10~15 个中间商可能参与了遗传资源转换的交易。

---

① 《与贸易有关的知识产权协定》（TRIPS）（1994）是世界贸易组织管辖的一项多边贸易协定。欧盟及其成员国是世界贸易组织的成员，也是 TRIPS 的缔约方。TRIPS 第 27（1）条要求所有世界贸易组织成员为所有技术领域的发明提供专利保护，但前提是遵守第 2 款和第 3 款规定（所谓"可选择的排除"）。第 27（3）（b）条允许成员拒绝接纳某些植物和动物，但应通过专利或一种有效的特殊制度或通过这两者的组合来保护植物品种。

第 27（2）条："各成员可拒绝对某些发明授予专利权，如在其领土内阻止对这些发明的商业利用是维护公共秩序或道德，包括保护人类、动物或植物的生命或健康或避免严重损害所必需的，只要不排除此种拒绝并非仅因为此种利用是他们的法律所禁止的。"

第 27（3）条："各成员可拒绝对下列内容授予专利权：（a）人类或动物的诊断、治疗和手术方法；（b）除微生物以外的植物和动物，以及除非生物和微生物外的生产植物和动物的主要生物方法。但是，各成员应规定通过专利或一种有效的特殊制度或通过这两者的组合来保护植物品种……"

② 史密斯（Smith）等，欧共体植物品种权获得。

③ 史密斯（Smith）等，英国实施《名古屋议定书》。

④ 英国食品工业与海洋细菌菌种保藏中心（NCIMB），《材料转移协定》（MTA），http://wvm.ncimb.c0m/Files/QF203%20-%20Material%20Transfer% 20Agreement%20-%2oNCIMB.pdf，访问日期：2011 年 5 月 24 日。

⑤ 交易可以是任何类型，如通过合同或许可方式。

⑥ 史密斯（Smith）等，英国实施《名古屋议定书》。

⑦ 史密斯（Smith）等，英国实施《名古屋议定书》。

由于这种多样性，科研机构、非原生境收集网和特定部门的行业组织制定了一系列机构政策和行为守则，以确保任何材料的交易都适当满足《生物多样性公约》获取与惠益分享条款①。植物园和制药业在制定政策和行为准则方面最先进，但是许多公共或私营行业的组织都制定了获取与惠益分享程序，包括：获取与惠益分享示范协定、最佳做法程序、材料转移协定、许可程序、行为准则、基于风险的获取与惠益分享做法以及谅解书。

工业和研究组织所开发的获取与惠益分享程序往往是针对具体行业提出的，并且具有灵活性，让使用者规定自己的条款和条件。这些组织制定通用原则，帮助使用者开发完整且遵约的获取与惠益分享做法。例如，邱园（Kew，英国皇家植物园）提出了获取与惠益分享示范协定，以协助植物园和标本馆制定自己的获取与惠益分享政策和程序，包括如何在非原生境和原生境条件下获得事先知情同意，并分享使用中的惠益等问题②。国际植物园和标本馆集团精心制定该框架并遵守。

尽管如此，众多参与遗传资源使用的英国行业还是对获取与惠益分享政策和程序缺乏经验，特别是化妆品、园艺和大学研究部门等行业对《生物多样性公约》和《名古屋议定书》义务的认识存在差距③。例如，英国自然历史博物馆（NHM）制定了一种基于风险的获取与惠益分享做法，并且在获取遗传材料方面累积了丰富经验，但是在获得使用传统知识的同意方面经验较为有限。由于经验有限，NHM 没有机构政策或程序，个别研究人员已开发制定了自己的做法。除传统知识产权制度和《粮食和农业植物遗传资源国际条约》规定的要求外，农业和园艺行业的政策甚少。

第四节　现行文书与《名古屋议定书》和《欧盟获取与惠益分享条例》的一致性

英国政府于 2011 年 6 月 23 日签署了《名古屋议定书》，并打算批准该议定书。理事会结论中确认政府致力于《名古屋议定书》的批准和实施，自然环境白皮书进一步强调了这一承诺④。该白皮书是政府对未来 50 年自然环境愿景的声明。白皮书指出，《名古屋议定书》的实施将有助于发展中国家分享遗传资源商业化带来的惠益，并获取这些资源⑤。英国政府还希望实施该计划以支持工业，特别是国内制药业，以获得可靠的遗传资源。

---

① 史密斯（Smith）等，英国实施《名古屋议定书》。
② 国际植物园保护联盟（BGCI）。关于获取遗传资源和惠益分享的原则，http://www.bgci.org/resources/abs_principles/，年代不详。
③ 史密斯（Smith）等，英国实施《名古屋议定书》。
④ 英国环境、食品与农村事务部（DEFRA），惠益分享，委员会于 2013 年 10 月 30 日审议的文件。
⑤ 英国环境、食品与农村事务部（DEFRA），我们在国际上做了什么——获取遗传资源（伦敦：环境、食品和农村事务部，2011）http://wmv.defra.gov.uk/environment/natural/biodiversity/internationally/access-genetic-resources/。

《名古屋议定书》在英国实施可能意味着许多获取与惠益分享问题仍将按有关财产、非法侵入、物种以及地点保护的现行法律处理。英国有关"获取与惠益分享"实施的经验回顾（2005）中总结道：实施是足以满足《生物多样性公约》要求的，但是适用于获取与惠益分享的法律需再次审查，以评估是否符合《名古屋议定书》和相关《欧盟条例》[①]。

《生物多样性公约》缔约方大会第五届会议要求，各缔约方指定一个国家联络点（NFP）和一个以上的国家主管当局，负责获取与惠益分享安排并提供有关安排信息[②]。国家联络点的作用是提供有关特定国家获取与惠益分享程序的信息，并确定可能需要事先知情同意的国家主管当局或利益相关方。英国设立了"获取与惠益分享"国家联络点（ABS NFP），受环境、食品和农村事务部（DEFRA）科学理事会国际生物多样性政策机构的管辖。英国还指定了一个由英国环境、食品和农村事务部主管的获取与惠益分享国家联络点，该联络点提供有关获得事先知情同意和谈判共同商定条款的主要联系方式信息，以及获取英国遗传资源的指南[③]。

英国政府把获取与惠益分享国家联络点纳入倡议之中，实现英国环境、食品和农村事务部指南向新的跨政府平台过渡（gov.uk）。这项倡议——更智能的环境法规审查（SERR）旨在促进英国企业和公众获取信息和遵守环境法规，从而实现环境目标的同时减轻经济负担。简化和澄清获取与惠益分享有关的指南文件，以便向使用该指南的人士提供最佳信息。还提供国家联络点网站的存档版本和相关指南[④]。

国家主管当局的作用是处理和决定获取遗传资源的申请。英国指定国家计量局（NMO），商业、创新和技能部（BIS）的执行机构作为国家主管当局，负责协调获取与惠益分享安排[⑤]。

其他国家的法律可能要求根据双方共同商定的条件分享利益[⑥]。这有可能延伸到使用遗传资源和任何相关的传统知识。只要满足相关获取法律和合同承诺，协定缔约方就应按"尽可能富有想象力和独创性"的方式确定获取与惠益分享原则及其机制[⑦]。这表明将继续达成协议，国外事先知情同意和共同商定条件产

---

① 《关于获取遗传资源及公正公平分享其利用所产生惠益的名古屋议定书》使用者遵约措施第511/2014号（欧盟）条例。

② 《生物多样性公约》缔约方大会第五届会议，2000年5月15～26日，肯尼亚内罗毕（第五届会议），V/26决定。

③ 《生物多样性公约》《大不列颠及北爱尔兰联合王国——国家概况：生物多样性的、现状和趋势》，生物多样性公约国家概况，访问日期：2013年11月15日，http://www.cbd.int/countries/profile/default.shtml?country=gb。

④ 英国环境、食品与农村事务部（DEFRA），档案：遗传资源获取与惠益分享，伦敦：环境、食品和农村事务部，7月29日，http://archive.defra.gov.uk/environment/biodiversity/geneticresources/access.htm，2010。

⑤ 英国环境、食品和农村事务部（DEFRA），英国实施《名古屋议定书》。

⑥ 英国环境、食品和农村事务部（DEFRA），《英国法律的方方面面》。

⑦ 英国环境、食品和农村事务部（DEFRA），《英国法律的方方面面》。

生的任何问题将逐案解决。

目前，惠益分享安排由私营组织牵头，预计将继续如此。到目前为止，尚未达成有关获取源自英国的遗传资源获取与惠益分享协定。但是已有一些范例，英国组织与提供国政府合作制定获取与惠益分享协定。

例如，英国皇家植物园（邱园）与澳大利亚政府和瓦勒迈松树国际有限公司合作，将瓦勒迈松（瓦勒迈杉）商业化。该杉树于 1994 年在澳大利亚悉尼附近被发现，是世界上最古老、最稀有的植物之一[1]。邱园于 1997 年和 2005 年再次获得了标本种子以进行抗寒性试验。到 2010 年，邱园已从试验中获得了一批瓦勒迈杉种子，其中一些种子储存在"新千年种子银行"中[2]。据估计，目前野生的成年瓦勒迈杉不到 100 棵[3]。该杉树正在种植并向公众出售，作为为澳大利亚保护野生植物筹集资金的一种方式。

另一个例子是伊甸园项目，这是一个位于英格兰西南部康沃尔郡的生态景点，自 2000 年以来一直与塞舌尔政府和其他组织合作开展保护和恢复项目。它涉及教育和公众意识项目、能力建设、技术开发以及促进和选区建设建立[4]。

一项与英国雷丁大学合作创建的博士资助项目，支持地区植物保护；为极度濒危的凤仙花制定了植物恢复计划，并开发了杂交植物"希望之光"凤仙花，以促进塞舌尔的保护事宜和支持筹款倡议[5]。与马埃岛植物园的合作，伊甸园项目获得了塞舌尔环境部的事先知情同意。协定规定，出售新品种产生的零售利润，有一半返还给塞舌尔，以支持珍稀濒危物种的植物保护[6]。

最后，英国没有任何社区认为自己是《生物多样性公约》所定义的土著、传统或地方社区，但通过英国国际发展部（DFID）[7]支持其他国家的土著社区发展，包括参与美洲开发银行的土著开发战略和《达尔文倡议》。《达尔文倡议》协助各国实现《生物多样性公约》下的目标，包括获取与惠益分享。

---

[1] 国际植物园保护联盟（BGCI）"伊甸园项目"，访问日期：2013 年 12 月 29 日，http://www.bgci.org/ourwork/case_studies_commercialis/，年代不详。

[2] 邱园，《瓦勒迈杉种子》，邱园科学家，40（2011），访问日期：2013 年 12 月 22 日，http://www.kew.org/kewscientist/KewScientist_40.pdf。

[3] Wollemi 澳大利亚私人有限公司，"概略"，访问日期：2013 年 12 月 22 日，http://www.wollemipine.com/fast_facts.php，年代不详。

[4] 伊甸园项目"伊甸园项目于塞舌尔"，访问日期：2013 年 12 月 29 日，http://www.edenproject.com/sites/default/files/documents/eden-project-and-the-seychelles.pdf，2010 年 7 月。

[5] 同上。

[6] 伊甸园项目"伊甸园为濒危植物创造希望之光"，访问日期：2013 年 12 月 29 日，http://www.edenproject.com/blog/index.php/2011/03/eden-creates-ray-of-hope-for-endangered-plant/，2011 年 3 月 14 日，BGC1，"伊甸园项目"。

[7] 《生物多样性公约》（CBD）英国国家概况。

第五节　英国根据欧盟条例实施《名古屋议定书》的提案

政府普遍支持欧洲统一的获取与惠益分享做法，特别是尽职调查。在欧盟委员会关于获取与惠益分享条例的最初提案[①]之前，英国环境、食品和农村事务部于2011年委托进行了一项独立研究[②]，评估最有可能受《名古屋议定书》实施影响的行业，并为英国提出和评估潜在的实施方案。根据欧盟委员会的提案，英国环境、食品和农村事务部也开始编制影响评估，以支持英国在欧盟一级的最终谈判。英国政府确定了国家层级的实施方法，符合《欧盟获取与惠益分享条例》。

"2011年研究"评估了最有可能受《名古屋议定书》实施影响的行业，并确定和评估可能的实施方案[③]。此项研究考虑了法规在内的一系列方案，确定了英国履行其在《名古屋议定书》第15~18条下承诺的三种方案，其中包括在英国遵守、监督和实施遗传资源及相关传统知识的使用。该项研究没有评估欧盟《获取与惠益分享条例》的影响，也没有考虑苏格兰、威尔士和北爱尔兰各委任分权政府可能出现的具体事宜。考虑的方案包括：非立法行动、现行立法修正和专门的获取与惠益分享立法。研究认为，"一切照旧情景"不是可选方案，因为在这种情景下，英国无法履行其在《名古屋议定书》的义务。

英国政府随后制定了一项实施《名古屋议定书》的国家层级提案，并牵头磋商，获取利益相关方的反馈意见[④]。该提案涵盖了英国如何执行欧盟条例的要求以及英国对违规的民事处罚制度[⑤]。该项提案旨在补充现有国家法律，而不是将其取代。它填补了现行法律尚未满足《名古屋议定书》义务的空白。

根据这些提议，英国环境、食品和农村事务部仍将是国家联络点；国家计量局负责在英格兰、苏格兰、威尔士和北爱尔兰根据《名古屋议定书》执行《欧盟条例》。有关遵约，国家计量局预计采用基于风险的做法，重点是确保使用者遵约，而不是首先想到实施处罚或处分。遵约检查将侧重于那些被认为最不遵约的行业和使用者，而那些遵守最佳做法的使用者应该在减少检查或其他惠益方面获得积极的"奖励"。国家计量局还将根据《欧盟条例》第5条核实登记收集状态。

英国环境、食品和农村事务部和国家计量局都将与利益相关者合作，根据《欧盟获取与惠益分享条例》监督尽职调查。英国政府将开发一个专门的获取与惠益

---

① 欧洲议会和理事会《关于获取遗传资源及公正公平分享其利用所产生惠益（欧盟）条例的提案》，布鲁塞尔，COM（2012）576 终稿。

② 史密斯（Smith）和埃塔（Elta）等，英国实施《名古屋议定书》：评估受影响行业，DEFRA 最终报告（伦敦：ICF GHK，2012）。

③ 史密斯（Smith）等，英国实施《名古屋议定书》。

④ DEFRA，英国实施《名古屋议定书》，consult.defra.gov.uk，2014。

⑤ DEFRA，英国实施《名古屋议定书》。

分享网站，为使用者提供指导以及使用者根据需要向政府提供信息。

预计英国不会根据《名古屋议定书》就遗传资源和相关传统知识建立特定的获取机制，但将扩大欧盟获取传统知识的制度，条件是涵盖相关遗传资源的惠益分享合同未涉及传统知识。因此，同样的尽职调查法规将适用于遗传资源和相关传统知识，无论惠益分享协定中是否也确定了遗传资源和相关传统知识。

为了使国家计量局根据《欧盟获取与惠益分享条例》履行执行职责，可能会给予国家计量局某些权力（包括在发出通知后的进入权力，尽管可能出现不会发出通知的例外情况），以及检查相关文件和记录的检查权力。

民事处罚也可能适用，包括以下执行行动：执行承诺、遵约通知、可变罚款和停止通知。该做法是英国仿照执行《用能产品和能源标签条例》的做法，促进了遵约，而无须经常诉诸法院。如果使用者多次不履行其义务，也可能受到刑事处罚。

英国提案下可能的违法行为包括：

- 未按照《欧盟获取与惠益分享条例》进行详细的尽职调查；
- 未能向后续使用者寻求、保存和转让国际公认的遵约证书或《欧盟获取与惠益分享条例》中列出的其他信息；
- 使用结束后未保存相关信息 20 年；和（或）
- 未向国家主管当局声明在开发产品的最后阶段，使用遗传资源或相关传统知识符合《欧盟获取与惠益分享条例》规定的义务，或者提交虚假声明。

如果在郡法院定罪，这些违法行为可处以两年及以下的监禁和（或）无限额罚款，如果在治安法院定罪，可处以三个月监禁和（或）5000 英镑及以下罚款。处罚是根据《欧盟木材条例》的规定设计的[①]。

第六节　结　　论

英国政府有关实施《名古屋议定书》的提案力图建立在现有法律框架的基础上，填补了现行法律尚未充分解决获取与惠益分享要求的空白。由于大多数使用似乎不会侵犯提供国的获取与惠益分享要求，也不是在英国或其领土获取而产生，因此使用基于风险的做法进行监督和报告，加上强有力的处罚，有助于确保获取与惠益分享问题在最可能出现时得以解决，而不给所有遗传资源和相关传统知识的使用者带来负担。

此外，英国主要是使用者而非遗传资源提供者，并且英国使用者从其他国家获得遗传资源和传统知识，因此政府侧重于确保符合其他国家的获取与惠益分享

---

① 欧洲议会和理事会 2010 年 10 月 20 日《关于规定木材和木材产品投放市场的经营者义务》第 995/2010 号（欧盟）条例。

要求的实施做法。

英国政府过去与利益相关方就获取与惠益分享开展了一些外联宣传和提高认识的活动，并很有可能继续这样做。例如，在实施《名古屋议定书》提案之前举行了在线磋商①。尽管如此，为了使所有潜在使用者都遵守《名古屋议定书》，政府可能需要做更多的工作。这可能包括进一步开展增强意识活动；为一些使用遗传资源的小型组织和已建立不太完善的获取与惠益分享程序的行业提供机会，以便学习诸如邱园这样的组织制定的长期和完善的做法。许多使用者也很少意识到使用与遗传资源相关的传统知识所产生的潜在问题，并且很可能需要有关该领域获取与惠益分享要求的重点信息。

英国虽只是刚刚开始实施《名古屋议定书》，但许多核心要素已确定或到位。英国做法并未力求超越《名古屋议定书》的基本要求，但政府一直积极与利益相关方合作，评估潜在方案并建立能够履行其义务的做法。考验英国的将是拟议CNA和处罚制度所支持的现有法律结构是否足以确定和阻止潜在的不遵约情况，同时实现目标，即：在这种使用不违反《名古屋议定书》的情况下，不对遗传资源和传统知识的广泛使用者造成太大负担。

---

① 英国环境、食品与农村事务部（DEFRA），英国实施《名古屋议定书》。

第九章 《名古屋议定书》在西班牙的实施： 挑战观点

卢西亚诺·西尔维斯特里（Luciano Silvestri），亚历杭德罗·拉戈·坎德拉
（Alejandro Lago Candeira）

本章首先介绍了西班牙作为遗传资源提供者与使用者的独特身份，然后分析了其在实施《名古屋议定书》时面临的挑战。由于《名古屋议定书》在西班牙全国范围内的实施受到现有多层次环境职能体系的制约，因而引发了一些重大难点问题。该多层次环境职能体系由上层治理阶层（欧盟）和下层治理阶层（西班牙各自治社区）组成。因此，本章对这一问题进行了深入的研究。随后，本章对西班牙未来建立遗传资源获取与惠益分享制度所依据的法律和政策相关基础进行了研究。这些法律和政策包括 1999 年《西班牙生物多样性保护和可持续利用战略》、2007 年第 42 号法规《自然遗产法》以及《2011—2017 年国家生物多样性战略和行动计划》。最后，本章对西班牙制定获取与惠益分享措施所必须采取的具体步骤进行了评估。

第一节 走在十字路口的西班牙：在遗传资源提供者与使用者之间寻求平衡

西班牙的地理位置、地形、风土条件、气候多变性和偏狭性，使其享有独特的生物多样性。该国被列为欧洲自然和文化遗产最多样化的国家之一，是全球著名的 25 个生物多样性热点地区之一①。

西班牙管辖下的陆地和海洋区域包括欧盟 9 个生物地理区域中的 4 个：大西洋、阿尔卑斯山、地中海和马卡罗尼西亚区域。这 4 个生物地理区域共同促成了各种各样的生态位，并孕育了各类植被和相关动物群。维管植物总计超过 8000 种，占欧洲分类群的 85%。地方特有率也很高，因为这些物种中约有 1500 种是该

---

① "生物多样性热点地区"，保护国际基金会，访问日期：2013 年 10 月 14 日，http://www.biodiversityhotspots.org。

国特有的，这一数字相当于欧盟所有特有物种的一半[①]。同样，动物多样性也很丰富。已经确定了约 57 600 种陆地物种和 1790 种海洋分类群，合计占欧盟动物物种总量的 50%[②]。

西班牙作为一个生物多样性丰富的国家，成为工业和科学领域生物技术研发的主要遗传资源来源也就不足为奇了。

此外，西班牙也被认为是欧洲文化最多样化的国家之一。伊比利亚人、凯尔特人、腓尼基人、希腊人、罗马人和阿拉伯人都生活在伊比利亚半岛，几个世纪以来为独特文化遗产的建立作出了贡献。文化遗产与高度的生物多样性相结合，产生了大量有关植物、动物和真菌使用的传统知识[③]。

例如，今天约有1200 种植物仍被用于医疗用途[④]，估计约有 500 种野生植物可供食用[⑤]。因此，西班牙不仅被视为生物多样性保存大国，而且也被视为有关遗传资源利用的重要传统知识的保存国。

另外，西班牙也越来越多地被视为遗传资源的使用者。在过去的几十年里，西班牙经济经历了前所未有的发展，目前有 700 家公司[⑥]从事生物技术研发。

因此，在获取与惠益分享这一难题方面，西班牙是欧洲独一无二的国家。西班牙既是遗传资源的提供者，在较小程度上也是相关传统知识的提供者，同时也是遗传资源的使用者。

这种双重身份使西班牙处在十字路口。一方面，西班牙与其他生物多样性丰富的国家有着类似的环境关切，希望充分规范对其遗传资源的获取，并从惠益分享协定中获益。另一方面，西班牙与其他一些主要作为遗传资源使用者的欧盟成员国有着相同的经济利益。因此，西班牙希望使用者遵约措施尽可能得到有效和高效的实施，以免阻碍其快速成长的生物技术领域的发展。

[①] 2011 年 9 月 16 日第 1274 号皇家法令适用 2007 年 12 月 13 日第 42 号法规《自然遗产法》，批准了《2011—2017 年国家生物多样性战略和行动计划》（自译）。西班牙语：Real Decreto 1274/2011，de 16 de septiembre，por el que se aprueba el Plan estratégico del patrimonio natural y de la biodiversidad 2011-2017，en aplicaciôn de la Ley 42/2007，de 13 de diciembre，del Patrimonio Natural y de la Biodiversidad。

[②] 西班牙农业、食品和环境部，《2011年西班牙自然遗产和生物多样性状况报告》，访问日期：2013 年10月15日，http://www.magrama.gob.es/es/biodiversidad/publicaciones/IEPNB_2011_19marzo_tcm7- 264661. pdf。

[③] 曼努埃尔·帕尔多·德·桑塔亚纳（Manuel Pardo de Santayana）等。"民族学与生物多样性：西班牙传统知识清单"，《环境杂志》，99（2012）。

[④] 卡洛斯·费尔南德斯·洛佩兹（Carlos Fernandez Lopez）和康塞普西翁·阿梅斯卡·奥加亚尔（Concepcion Amezcûa Ogayar），伊比利亚半岛的可利用的植物有 37 500 种，其中药用植物有 2400 种（西班牙：哈恩植物标本馆，2007）。

[⑤] 拉蒙·莫拉莱斯（Ramôn Morales）等，"西班牙的生物多样性和民族植物学"，收录于《生物多样性：接近西班牙的植物和动物多样性》，何塞·路易斯·维耶霍-蒙特西诺斯（José Luis Viejo-Montesinos）编辑（马德里：西班牙皇家自然历史学会，2011）：166。

[⑥] 麻省理工学院，"西班牙新技术：生物技术"，《技术评论》，访问日期：2013 年 10 月 15 日，http://icex. technoiogyreview.com/articles/2009/03/biotechnology-in-spain/biotechnology-in-spain.pdf。

第二节 西班牙与《名古屋议定书》

西班牙于 2011 年 7 月 21 日签署了《名古屋议定书》。此后，西班牙立即展开报批工作。到 2012 年，所有法律内部手续都办理完成。尽管采取了早期行动，西班牙仍然需要等待欧盟采取行动，并提出明确的获取与惠益分享立法草案。

2012 年 10 月，就在第十一届生物多样性公约缔约方大会召开之前，欧盟委员会提出了一项关于获取与惠益分享方面的欧盟立法提案。这一提案被认为"足以"在当前阶段实施《名古屋议定书》的强制性规定。与此同时，欧盟委员会要求成员国在欧盟批准《名古屋议定书》之前不要批准《名古屋议定书》，这为条约的文字和精神以及共享职权原则，特别是在环境领域，树立了一个危险的先例。在这一背景下，欧盟委员会和各成员国最终同意争取尽可能同时提呈各自的批准文书。尽管如此，在欧洲议会和理事会通过 2014 年第 511 号条例《获取与惠益分享条例》后[①]，欧盟立即于 2014 年 5 月 15 日提呈了批准文书，而没有等待成员国或与成员国协调（只有匈牙利和丹麦分别于 2014 年 4 月 29 日和 5 月 1 日先于欧盟取得了批准）。

2014 年 6 月 3 日，西班牙"最终"提交了自己的《名古屋议定书》批准书，再次表明其对《名古屋议定书》的持续政治承诺[②]。同时，西班牙进行了战略评估，以便更好地了解需要采取哪些措施来履行其在《名古屋议定书》下的义务，并根据欧盟立法进行一致的调整[③]。

除其他因素外，战略评估的起点显然侧重于未来建立获取与惠益分享制度的法律基础。这些基础主要包括 1999 年《西班牙生物多样性保护和可持续利用战略》[④]、2007 年 12 月 13 日第 42 号法规《自然遗产和生物多样性法》[⑤]、《2011—2017 年国家生物多样性战略和行动计划》[⑥]以及《欧盟获取与惠益分享条例》[⑦]。

---

① 欧洲议会和理事会于 2014 年 4 月 16 日通过了 2014 年第 511 号条例。该条例于 2014 年 6 月 9 日生效，一旦《名古屋议定书》对欧盟生效，该法规的某些规定将于 2014 年 10 月 12 日生效。该条例的某些条款只有在此后一年后才适用，因为在那之前需要采取一些额外的措施。

② 亚历杭德罗·拉戈·坎德拉特里（Alejandro Lago Candeira）和 露西亚娜·西尔维斯（Luciana Silvestri），"从欧盟成员国的角度看执行《名古屋议定书》的挑战：西班牙案例"，"透视《2010 年获取和惠益分享名古屋议定书》对国际法的影响和实施挑战"，伊丽莎·莫格拉（Elisa Morgera）等编辑（莱顿/波士顿：马丁努斯·尼霍夫出版社，2013）：270-272。

③ 西班牙农业、食品和环境部，"自然遗产状况……"

④《西班牙保护和利用生物多样性战略》（西班牙语）。

⑤ 自译。西班牙语：12 月 13 日关于自然遗产和生物多样性的第 42/2007 号法规。

⑥ 经 2011 年 9 月 16 日上述的第 1274 号皇家法令批准。

⑦ 欧洲议会和理事会 2014 年第 511 号条例《关于获取遗传资源及公正公平地分享其利用所产生惠益的名古屋议定书〉欧盟使用者遵约措施的条例》（《欧盟获取与惠益分享条例》）。

第三节　西班牙环境保护：欧盟、西班牙国家政府和自治区之间共享的多层次职权

为便于落实《名古屋议定书》，西班牙需要制定一些获取与惠益分享措施，在深入探究制定这些措施的具体步骤之前，弄清现有的多层次治理体系是如何影响欧盟与西班牙（上层治理阶层）之间以及西班牙与其自治区①（下层治理阶层）之间的环境职权分配的，将会对此有所帮助。

上层治理阶层的环境职权分配明确属于共享职权，因为《欧洲联盟运行条约》（TFEU）规定联盟和各成员国可以"[在环境领域]制定法律并采取具有法律约束力的行为"②。补充条文：

成员国应在联盟未行使其职权的情况下行使职权。如果欧盟决定停止行使其职权，成员国同样应行使职权。③

据此，只要欧盟没有就特定环境事宜作出规定，成员国就可以自由地进行监管。当然，如果有欧盟条例，成员国就必须遵守。

在下层治理阶层，国家政府和自治区之间的环境职权分配也在获取与惠益分享政策制定和实施方面发挥着关键作用。根据西班牙宪法，国家政府对环境保护的基本立法行使专属职权，但不妨碍自治区采取额外保护措施的权力④。此外，自治区对环境保护管理享有专属权力，这是所有自治区都有的权力。这种专属职权的一个极端例子是西班牙宪法法院在 2004 年作出的判决，其中认定自治区对其下辖的国家公园的管理拥有完全职权⑤，这表明西班牙分散的环境职权模式甚至可以超越德国或美国等联邦国家建立的模式，在这种模式下，没人会质疑联邦政府的管理职权。

第四节　奠定未来西班牙遗传资源获取与惠益分享制度的基础

1. 1999 年《西班牙生物多样性保护和可持续利用战略》

首先，1999 年《西班牙生物多样性保护和可持续利用战略》是第一份提出若

---

① 自治区是西班牙政府下第一级行政和政治区划。
② 《欧洲联盟运行条约》（TFEU）第 4.2.e 条。
③ 《欧洲联盟运行条约》（TFEU）第 2.2 条。
④ 《西班牙宪法》（1978）第 149-1-23 条（英语版获取地址 http://www.congreso.es/portal/page/ portal/Congreso/Congreso/Hist_Normas/Norm/const_espa_texto_ingles_o.pdf）。
⑤ 2004 年西班牙宪法法院第 194 号判决书（西班牙语版获取地址 http://hj.tribunalconstitucional.es/docs/BOE/BOE-T-2004-20437.pdf）。

干措施来规范西班牙遗传资源获取的政治文书。在初步分析该国的生物多样性状况（包括遗传资源状况及与其利用相关的传统知识状况）之后，该战略首先要求根据《生物多样性公约》的精神起草关于获取遗传资源的具体条例。为此，该战略提出设立一个工作小组，负责法律文书的起草，并监督拟定措施的执行情况。获取与惠益分享法律制度的通过被认为是西班牙整个获取与惠益分享战略的基石。

其次，该战略建议建立一个行政体系，以监督全国遗传资源的获取情况。有趣的是，按照《名古屋议定书》所设想的，将建立的这个体系本应区分"非商业获取"（植物园、动物园、大学和科研机构等）和"商业获取"（私营和跨国公司、代理和个人）[1]，但是，"商业获取"或"非商业获取"的划分标准似乎并不合适，因为其侧重于谁需要获取遗传资源，而不是侧重于遗传资源使用者（申请人）的意图。这里有一个例子将有助于说明这一点：尽管在大多数情况下，大学需要获取遗传资源来进行没有商业目的的研究，但情况可能并非总是如此；大学所开展的研究和开发活动也可能涉及商业目的。生物技术领域的其他参与者也可能如此。因此，基于获取和研究意图的划分标准似乎更加适合。

再次，该战略设想建立一个遗传资源网络，其中将包括种质库、种子和微生物群、植物园、农业研究中心、苗圃和牧草。此外，该网络将包括关于原生境遗传资源和与遗传资源利用相关的传统知识的信息。而且，该网络还将包括一个西班牙遗传资源潜在使用者数据库。

最后，该战略要求通过立法、体制和金融工具，确保惠益分享和适当的技术转移。

不幸的是，1999 年《西班牙生物多样性保护和可持续利用战略》所预见的措施都没有实现，只是以某种方式零星地开展了一些增强意识的活动。

2. 2007 年第 42 号法规《自然遗产和生物多样性法》[2]

近 10 年之后，2007 年 12 月 13 日第 42 号法规《自然遗产和生物多样性法》加入了几项有关获取与惠益分享的条文。该法规没有建立获取与惠益分享制度，可以说，至少在遗传资源获取方面，其真正的价值在于为将来建立完整和一致的获取与惠益分享制度奠定了基础。

该法规在序言中指出，根据《生物多样性公约》对遗传资源获取与惠益分享进行监管。实际上，该法规唯一做的事就是授权国家当局按照国家政府的决定进一步就遗传资源获取与惠益分享这一主题立法。

除此之外，该法规所预见的将有助于制定未来制度的一般规定少之又少。一

---

① 《名古屋议定书》第 8（a）条。
② 自译。西班牙语：12 月 13 日关于自然遗产和生物多样性的第 42/2007 号法规。

方面，该法规规定，西班牙遗传资源的获取将根据《生物多样性公约》进行①。另一方面，该法规还规定，如果皇家法令有要求，对西班牙遗传资源的获取需经事先知情同意，并需满足共同商定条件②。因为"皇家法令"只能由国家政府颁布，2007 年第 42 号法规事实上关闭了自治区在国家政府作出决定之前对遗传资源获取进行监管的可能性。因此，很明显，在这种皇家法令颁布之前，地区当局无法对获取与惠益分享进行监管。尽管如此，一些自治区（加泰罗尼亚、加那利群岛和安达卢西亚）还是通过了一些有关获取与惠益分享的条例，但是这些条例最终可能会因受到国家政府的质疑，而被西班牙宪法法院终止实施③。

如果国家政府决定对遗传资源的获取进行监管，自治区将能够针对其领土范围内的原生境遗传资源和其下辖保护机构所保存的非原生境遗传资源授予事先知情同意并商定共同条件④。如前所述，这一职权符合西班牙宪法条文，其中规定自治区可以享有环境保护管理职权⑤。

现在，无论国家政府是否决定对其遗传资源行使主权，并因此要求对遗传资源的获取需经事先知情同意和满足共同商定条件，如果资源的收集可能影响到遗传资源的保护和可持续利用，自治区仍然可以对原生境遗传资源的获取设置限制⑥。例如，这些要求或限制可能涉及针对濒危物种或栖息地开展的特定生物勘探活动。这些措施必须传达给环境部，由环境部适时通知欧盟主管当局和《生物多样性公约》秘书处⑦。

最后，从 2007 年第 42 号法规中可以清楚地看出，迄今为止，西班牙尚未行使其权力来确定获取其遗传资源的条件，因为国家政府迄今尚未通过立法（在此指皇家法令），规定获取西班牙遗传资源需要经事先知情同意和满足共同商定条件。因此，可以肯定，西班牙遗传资源的获取是自由的。自由是因为它们不受任何获取与惠益分享立法的约束；然而，可能仍然需要遵守一些其他立法。例如，如果遗传资源位于私人或公共土地上，根据产权立法，需要获得进入该地区的许可。此外，如果遗传资源包含在受保护的物种中或位于保护区内，关于物种保护或保护区的立法可能间接影响遗传资源的实际获取，因为申请人仍需遵守这些条例。

---

① 2007 年第 42 号法规第 68.1 条。
② 2007 年第 42 号法规第 68.2 条。
③ 令人惊讶的是，中央政府在意识到可能与这些自治区存在职权冲突后，却并没有向宪法法院提起针对他们的诉讼。其中一个原因是国家政府担心，如果将冲突提交给法院，法院的判决可能会对国家政府不利，因为国家政府因自身没有对这一问题进行监管，而长期以来一直阻碍自治区规范（和管理）其领土范围内遗传资源获取的合法权益，当然这只是一个假设。
④ 2007 年第 42 号法规第 68.2 条。
⑤《西班牙宪法》第 148.1.9 条。
⑥ 2007 年第 42 号法规第 68.3 条。
⑦ 2007 年第 42 号法规第 68.3 条。

在这一点上，还值得一提的是，西班牙立法没有明确规定谁是遗传资源的所有者，无论遗传资源属于实物还是信息。这一法律漏洞有望在不久的将来通过有关获取与惠益分享的立法时得到解决。然而，这种法律沉默并不妨碍在涉及获取私有或公有土地或生物成分时所适用的产权法（例如，如果申请获取特定遗传资源的人需要进入私有土地才能获取该资源）。

关于与利用遗传资源相关的传统知识，该法规规定，公共机构将保存和促进与保护和可持续利用生物多样性相关的传统知识和做法，并促进公平分享利用这些知识和做法所产生的惠益[1]。此外，法律规定了传统知识的定义。传统知识是当地社区在自然环境和生物多样性方面的知识、创新和实践，是从经验中发展而来并适应当地文化和环境[2]。后面的定义可能有助于实施获取与惠益分享措施，因为《生物多样性公约》和《名古屋议定书》都没有包括这种概念。

尽管理论上这两项规定听起来都不错，因为它们似乎完全适应《生物多样性公约》[3]，但实际却不然。如前所述，西班牙拥有丰富的与利用生物多样性特别是遗传资源相关的传统知识；然而，这些传统知识虽然丰富而生动，但并不属于土著社区，人们对当地社区本身的存在表示怀疑。问题的出现是因为事实上西班牙在其领土内没有土著社区；因此，没有与这些社区相关的传统知识可以受到法律保护。另外，对当地社区所拥有的传统知识这一概念也提出了复杂的问题，因为国际上对于"当地社区"的定义并没有取得一致，西班牙也没有对这些社区表明立场。

因此，西班牙接下来在传统知识方面需要做的将是回答两个重要问题：首先，在西班牙，如何解释"当地社区"一词；其次，根据其对"当地社区"的解释，西班牙在其领土内是否有"当地社区"[4]。

在这一点上，重要的是要注意有些遗传资源被排除在 2007 年第 42 号法规范围之外。这些遗传资源是[5]：

• 2006 年第 30 号法规规定的粮食和农业植物遗传资源[6]；
• 2001 年第 3 号法规规定的渔业资源[7]；
• 粮食和农业动物遗传资源，受具体规定管控。

上述每一项豁免都有一定程度的混淆和法律不确定性。第一个是指粮食和农

---

① 2007 年第 42 号法规第 70a 条和第 70b 条。
② 2007 年第 42 号法规第 3.4 条。
③《生物多样性公约》第 8（j）条。
④ "当地社区"的概念没有国际定义，这将极难实现，因为这一概念因文化和地区而异。
⑤ 2007 年第 42 号法规第 3 项补充规定。
⑥ 2006 年 7 月 26 日关于种子、园林植物和植物遗传资源的第 30 号法规（自译）。西班牙语：Ley 30/2006, de 26 de julio, de semillas y plantas de vivero y de recursos fitogenéticos。
⑦ 2001 年 3 月 26 日颁布的第 3 号法规《国家海洋渔业法》（自译）。西班牙语：Ley 3/2001, de 26 de marzo, de Pesca Marítima del Estado。

业植物遗传资源。2007 年第 42 号法规明确将它们排除在 2006 年第 30 号法规规定的范围和国家之外。然而，问题在于，对于那些加入《粮食和农业植物遗传资源国际条约》的国家来说，2006 年第 30 号法规的范围并不包括该国际条约所建立的多边体系中包含的粮食和农业植物遗传资源①。这意味着 2007 年第 42 号法规第 68 条又涵盖国际条约多边制度所涵盖的原生境植物遗传资源的获取。

实际上，这种隐蔽的交叉参照可能产生不良影响：缺乏针对西班牙原生境获取相关的国际条约多边制度所涵盖的植物遗传资源的具体规定。

关于第二个例外情况，2010 年 12 月 29 日第 41 号法规《海洋环境保护法》②规定海洋遗传资源受一般渔业法的管制，应与任何其他海洋生物资源一样予以考虑③。这意味着，在对待海洋遗传资源时，并没有考虑到其具体的本质，即海洋遗传资源不仅包含非常有用的遗传信息，同时也是这些有用的遗传信息的提供者；相反，海洋遗传资源只被视为同任何其他普通的海洋生物资源（如鱼类）一样。很明显，这背后的逻辑是缺失的。因此，当西班牙准备通过一项获取与惠益分享制度，以履行《名古屋议定书》规定的义务时，应认真考虑对 2010 年第 41 号法规作出修正。

第三个例外情况提及了粮食和农业动物遗传资源，这些资源将被特定规定涵盖，但目前尚无此类规定。

除上述核心规定外，2007 年第 42 号法规还实施了 1999 年《生物多样性保护和可持续利用战略》规定的一项措施，即建立基因库网络和基因清单。对于第一种情况，法律明确规定，国家自然遗产和生物多样性委员会将推动建立一个网络，把保护生物和遗传物质的库整合在一起。该网络将优先保护受威胁的特有动植物物种④；自治区将对其管辖范围内的基因库做登记，并更新其收集的信息⑤。该网络已接近完成⑥，如果国家生物技术研究中心能够参与研究和开发项目，至少参与初期阶段，当西班牙遗传资源被纳入该网络后，就可以在该国生物技术领域发展中发挥关键作用。

其次，该法规制定了与野生物种有关的生物和遗传资源清单。针对其实施，自治区⑦将负责向环境部提供三个主要类别的有用信息⑧：

① 2006 年第 30 号法规第 45.3 条。
② 自译。西班牙语 12 月 29 日关于保护海洋环境的第 41/2010 号法规。
③ 同上，第一项补充规定。
④ 2007 年第 42 号法规第 60.1 条。
⑤ 2007 年第 42 号法规第 60.2 条。
⑥ 该网络是 REDBAG（西班牙野生植物和植物种质库网络-本土资源），访问日期：2013 年 10 月 21 日，http://www.redbag.es/index.htm。
⑦ 2007 年第 42 号法规第 60.3 条。
⑧ 2011 年 4 月 20 日第 556 号皇家法令《西班牙自然遗产和生物多样化清单》（自译）。西班牙语：Real Decreto 556/2011, de 20 de abril, para el desarrollo del Inventario Espanol del Patrimonio Natural y la Biodiversidad. 附件 1，标题 3.a。

- 保存生物和遗传物质的官方机构名单；
- 各机构保存的所有生物和遗传物质的目录和清单；
- 作为所保存的生物和遗传物质来源的物种清单，包括关于所保存样本的种类、数量和来源的数据。

该法规生效 7 年后，可以说，清单的发展相当缓慢，因为只确立了运行的基本规则①。尽管如此，从积极的一面来看，至少一些自治区（卡斯蒂利亚-拉曼查、加那利群岛、巴斯克、马德里和穆尔西亚以及安达卢西亚）已经提供了关于保存现有遗传资源的有用信息②，这些信息很快将被编入清单。

最后，值得一提的是，该法规预见到要建立西班牙自然遗产和生物多样性传统知识清单，这是环境部管理的更全面的西班牙自然遗产和生物多样性清单的一部分③。再一次出现无进展的情况是因为清单还没有建立起来④，而且只确立了零星的规定来执行这一工作⑤。尽管如此，应该提到的是，已经有一些自治区，如卡斯蒂利亚-拉曼查、穆尔西亚和安达卢西亚，提供了一些民族植物学资料，这些资料将在清单建立好后录入其中。

3.《2011—2017 年国家生物多样性战略和行动计划》⑥

西班牙获取与惠益分享框架的第三个基础是《2011—2017 年国家生物多样性战略和行动计划》⑦。该战略和计划在这个问题上没有取得真正的进展，基本上重新拟订了 1999 年《西班牙生物多样性保护和可持续利用战略》的目标，这表明一个完整获取与惠益分享制度并不存在，而且迄今所做的工作也不多。其基本目标是⑧：

- 通过获取遗传资源的具体条例；
- 成立一个工作小组，监督拟定措施的执行情况；
- 建立一个行政体系来监督国家遗传资源的获取情况。

总之，从对现有法律状况的分析中可以看出，主要的基础仍然有待建立。因此，仍然需要通过一个一致、有效和完整的国家制度，以获取遗传资源和与遗传

---

① 2011 年第 556 号皇家法令。
② 西班牙农业、食品和环境部，"自然遗产状况……"
③ 2007 年第 42 号法规第 9.9 和 70c 条。
④ 西班牙农业、食品和环境部，"自然遗产状况……"
⑤ 2011 年第 556 号皇家法令。附件 I，标题 4.b。
⑥ 2011 年 9 月 16 日第 1274 号皇家法令适用 2007 年 12 月 13 日第 42 号法规《自然遗产和生物多样性法》，批准了《2011—2017 年自然遗产和生物多样性战略计划》（自译）。西班牙语：Real Decreto 1274/2011, de 16 de septiem- bre, por el que se aprueba el Plan estratégico del patrimonio natural y de la biodiversidad 2011-2017, en aplicación de la Ley 42/2007, de 13 de diciembre, del Patrimonio Natural y de la Biodiversidad。
⑦ 西班牙语：Plan Estratégico del Patrimonio Natural y de la Biodiversidad 2011-2017。
⑧《2011—2017 年国家生物多样性战略和行动计划》目标 2.7。

资源利用相关的传统知识以及公正和公平地分享其利用所产生的惠益。

4.《欧盟获取与惠益分享条例》

如前所述（见第三节），欧盟环境立法必须由成员国适当执行，成员国只能加强环境保护水平。如果不存在此类立法，成员国即使在共享职权领域（如环境保护）也保留对该事项的全部职权。

在国家层面取得进一步发展之前，最近通过的《欧盟获取与惠益分享条例》[①]值得适当考虑。该欧盟条例的唯一重点是"使用者合规措施"；这反过来又建立在"尽职调查义务"的基础上[②]。

尽管"尽职调查义务"旨在履行《名古屋议定书》规定的义务[③]，但它显然创建了一个无法履行这些义务的平行系统。"尽职调查方法"的一个主要缺陷是，《名古屋议定书》明确规定，证明遗传资源已被合法获取的必要文件是许可证[④]，后来许可证成为国际公认的合规证书[⑤]。因此，任何遗传资源使用者（工业、研究机构等）的主要义务是从获取遗传资源的缔约方获得许可证。尽管如此，整个"尽职调查方法"[⑥]是基于例外情况［获取各种信息[⑦]、制定和实施行为准则或最佳做法[⑧]或从（生锈的收藏品）获取遗传资源[⑨]］，而不是《名古屋议定书》的主要义务，即取得获取许可（后被称为国际公认的合规证书）。

另一个重要不足在于检查点。根据该条例，当涉及公共研究资金[⑩]或处于最终开发阶段时，使用者有义务向成员国设立的主管当局声明，他们已经尽职尽责[⑪]。

---

① 欧洲议会和理事会 2014 年第 511 号条例《关于获取遗传资源及公正公平分享其利用所产生惠益的名古屋议定书）使用者遵约措施条例》（《欧盟获取与惠益分享条例》）［关于欧盟条例的更深入讨论，请参阅库尔赛特（Coolsact）对本书的贡献（总结）］。

② 将尽职调查义务作为获取与惠益分享制度的核心部分，是《名古屋议定书》谈判期间欧盟最初提案的内容。尽管这一选择在议定书的最终文本中被放弃，但欧盟正在分析的条例仍然围绕尽职调查义务构建了整个欧洲获取与惠益分享体系。坚持这样做只能认为是委员会在提出有关环境领域的立法提案时内部遇到了困难。在这种情况下，尽职调查被认为是确保采纳法律基础模糊的提案的最安全方法。尽职调查义务的一个先例可以在 2010 年 10 月 20 日的第 995 号条例中找到，该条例规定了将木材和木材产品投放到市场的经营者的义务［关于尽职调查方法的更深入讨论，见奥利瓦（Oliva）（第十二章）和戈特（Godt）（第十三章）］。

③《名古屋议定书》第 15.1 条和第 16.1 条。

④ 许可证或其等同物将在获取时作为决定授予事先知情同意和建立共同商定条件的证据。《名古屋议定书》第 6.3.e 条。

⑤ 国际公认的合规证书可作为证据，证明其所涵盖的遗传资源是根据事先知情同意获得的，并且已按照提供事先知情同意的缔约方的国内获取与惠益分享立法或监管要求，确立了共同商定条件。《名古屋议定书》第 17.3 条。

⑥ 2014 年第 511 号条例第 4 条。

⑦ 2014 年第 511 号条例第 4.3.b 条。

⑧ 2014 年第 511 号条例第 8 条。

⑨ 2014 年第 511 号条例第 4.7 条。

⑩ 2014 年第 511 号条例第 7.1 条。

⑪ 2014 年第 511 号条例第 7.2 条。

主管当局有义务将收集到的所有信息转交给委员会和《生物多样性公约》获取与惠益分享信息交换中心①。这似乎远没有《名古屋议定书》第 17 条规定的关于要收集的信息类型和应向谁发送信息的义务严格。

继续讨论欧盟条例，还值得一提的是，根据该条例国家当局必须进行检查，以核实使用者是否遵守尽职调查义务②。会员国将被要求对违反尽职调查义务的行为进行处罚，并采取一切必要措施确保履行尽职调查义务③。这可能是最令人失望的部分，因为如果有什么东西可以证明欧盟的干预是正当的，那就是需要确保非法获取遗传资源的使用者在欧盟所有成员国都得到平等的对待、起诉和制裁。

《欧盟获取与惠益分享条例》的另一个重大缺陷是其适用的传统知识 "……各国对其行使主权的遗传资源以及在《名古屋议定书》对欧盟生效后获得的与遗传资源相关的传统知识……"④这一条款似乎符合《名古屋议定书》，但仔细阅读该条款，会发现其引入了不同定义的清单，这表明它确实极大地限制了该条款的范围。因为它将传统知识的存在与适用于遗传资源使用的共同商定条件联系起来⑤。因此，根据该条例，只有在双方同意的条款规定的情况下，才能利用传统知识。这严重偏离了《名古屋议定书》规定的义务，因为该国际文书的主要目标是在这方面打击盗用传统知识的行为，这种情况不属于现行《欧盟获取与惠益分享条例》的范围。

第五节　西班牙制定获取与惠益分享制度可能立即采取的行动

现在很清楚，大多数所谓的 "使用者遵约措施" 都来自欧盟层面。然而，很可能在国家层面需要更多的元素。这些可能围绕欧盟法规中预见的程序的必要操作而展开，例如，向国家主管部门提交信息或定期计划的检查。显然需要作出一项改进：那就是必须为不遵守欧盟条例所载义务的使用者建立一个制裁制度。因此，西班牙立法中应该引入的第一个变化恰恰是建立制裁。这可以通过修订 2007 年第 42 号法规或另一项立法来实现。

首先，西班牙立法还应努力弥补《欧盟获取与惠益分享条例》的上述不足。否则，西班牙可能会不遵守《名古屋议定书》规定的某些义务。在撰写本章时，最明显的是目前欧盟立法对传统知识定义的限制。

其次，由于欧盟条例中没有关于获取遗传资源的措施，西班牙应利用《名古屋议定书》已建立起的势头，让现有系统投入运行。只需简单修改 2007 年第 42

---

① 2014 年第 511 号条例第 7.3 条。
② 2014 年第 511 号条例第 9.1 条。
③ 2014 年第 511 号条例第 11.1 条。
④ 2014 年第 511 号条例第 2 条。
⑤ 2014 年第 511 号条例第 3.7 条。

号法规（第 68.2 条），就可以轻松做到这一点；在新版本中可以读到"遗传资源的获取将受事先知情同意和共同商定条件的约束"，实践中的这一变化将意味着国家政府没有保留其管理西班牙遗传资源获取的主权，而是已经行使了这一权利，技术法规将形成获取体系。随着这一变化，自治区将有权颁布自己的获取程序，以允许获取在其领土上发现的遗传资源，即使国家政府继续处于目前不制定和通过获取条例（皇家法令）的状态。

第 68 条要做的第四项修改是具体说明国家政府通过环境部有权授予事先知情同意和批准共同商定条件。很明显，自治区将有权针对在其领土上发现的遗传资源的获取授予事先知情同意和批准共同商定条件；然而，第 68 条仍应改进，以适当反映国家政府对某些资源的职权。从这个意义上说，西班牙环境部应该对海洋遗传资源有管辖权，因为它目前对所有海洋生物多样性都有管辖权[1]。国家政府应有权就流经一个以上自治区的河流中发现的遗传资源的获取[2]，或属于国家公共领域的资产和货物中发现的遗传资源的获取[3]，以及国家机构保存的非原生境遗传资源的获取授予事先知情同意，并批准共同商定条件。

最后，为了避免 2011 年第 41 号法规造成不必要的混淆，减少其第一项附加条款将会有所帮助[4]。

第六节　结　论

2007 年第 42 号法规颁布后，西班牙等待《名古屋议定书》的通过，以发展本国的获取与惠益分享体系。虽然欧盟关于获取与惠益分享的立法正在讨论中，但该国再次阻止了法律程序。幸运的是，现在这两项文书都已成为现实，并于 2014 年 10 月 12 日生效。因此，西班牙必须采取有效措施来实施获取与惠益分享。对其遗传资源的获取应以简单的方式进行管理，以便能够跟踪其利用情况，有效地让西班牙科研界参与进来，并为生物多样性保护筹集急需的额外资金。

国家级遗传资源的提供者和使用者正在等待这些发展，以提高其交易的法律确定性，并为西班牙丰富的生物多样性贡献力量。

---

① 2007 年第 42 号法规第 6 条。
②《西班牙宪法》第 149.1.22 条。
③《西班牙宪法》第 132 条。
④ 无论如何，渔业部门和渔业部门的利益仍将由 2007 年第 42 号法规目前的第三个补充条款涵盖（2001 年第 3 号法规管理的渔业遗传资源被排除在 2007 年第 42 号法规的范围之外）。

第十章 土耳其遗传资源方面的法律制度：获取与惠益分享机遇

富利亚·巴图尔（Fulya Batur）

最近，随着《名古屋议定书》的签订，如今的学者们的任务是确定自 20 世纪 20 年代以来由尼古拉·瓦维洛夫（Nikolai Vavilov）博士确定的世界"基因中心"能否变成一座座堡垒，保护新基因"黄金国"中的黄金免受技术充足但遗传资源匮乏国的侵害[1]，或者通过生物勘探能否发现新的遗传资源，满足直接使用者、患者或饥饿者的需求，或许还会与成功的惠益分享安排相匹配。土耳其已被确定为小麦的基因中心，也被认为其遗传资源丰富。因它地处中亚草原与地中海绿色里维埃拉的极端多样化气候的交界点，并且在其境内存在多种自然生态系统，所以该国长期以来都被认为是世界上罕见的生物多样性天堂之一[2]。建立生物多样性"热点地区"的预定生物多样性测定方法，应考虑物种集中程度、物种丰富度和地方性，以及灭绝危险性[3]。土耳其处于几个热点地区内，即地中海盆地、高加索山脉和伊朗-安纳托利亚高原。据说，在其领土范围内发现了 12 000 多种植物类群和品种，数量惊人，其中约 4000 种被列为地方特有品种，足以媲美整个欧洲大陆的植物种类[4]。据查，大多数植物种类已消失，其原因是人口过度增长、农业用地滥用和减少、水土流失加快、道路和水坝建设造成破坏性影响、具有

---

[1] 海因里希·冯·洛施（Heinrich Von Loesch），"基因战争：双螺旋是个烫手山芋"，CERES 131，23（1991）。

[2] 土耳其国家规划组织，《土耳其生物多样性国家战略和行动计划》，(2001)：9。

[3] 热点方法由诺曼·迈尔斯（Norman Myers）开发，"受威胁的生物群：热带森林中的'热点'"，《环境保护主义者》，8（1988）。另见沃尔特·V.里德（Walter V. Reid），"生物多样性热点"，《生态学与进化趋势》13，第 7 号（1998）。作者将指导我们了解确定热点时可用的多种标准、克服评估缺陷的方法以及指定应如何影响保护政策。从那以后，热点地区评估方法被环境协会和国际组织（包括国际保护联盟）频繁使用。

[4] 研究结果显示，该国有 9000~13 000 种植物，但因缺乏国家清单，所以很难得出准确的结果。然而，这些数字在各种官方和学术文件中被反复提及。见《土耳其生物多样性国家战略和行动计划》，2001，弗雷德里克·门德尔（Frederic Mendail）和皮埃尔·奎泽（Pierre Quezei），"地中海盆地的植物生物多样性保护热点分析"，《密苏里植物园年鉴》，84（1），1997（尤其是第 118 页的图表）。2007 年全年开展的最新研究确定了 12 476 个分类群，其中 32.7%，即 4080 个分类群被确定为地方特有品种。尼里曼·厄扎泰（Neriman Özhatay）、苏克兰·克约图尔（Sukran Kültür）和 塞尔达尔·阿斯兰（Serdar Aslan），《土耳其植物志补充目录附加税检查表》，土耳其植物志 Iv.33，3（2009）；和厄金·哈姆兹奥古鲁（Ergin hamzaoglu）等，"土耳其植物区系的新记录：Scorzonera ketchhovelii Grossh［菊科（Asteraceae）]"，土耳其区系的一个新记录：Scorzonera ketchhovelii Grossh［菊科（Asteraceae）] 34，第 2 号（2010）。

重大经济性的植物被采集①、过度使用化学品和肥料、与外来物种杂交、教育不足以及惊人的政治剥削②。

鉴于这些因素，土耳其制定了有关生物勘探的基本法令，证明其是一个具有挑战性的执行场地，这是因为土耳其有着作为资源提供国的明确立场，它在国际环境法律界的谈判立场含糊不清，以及它与欧盟存在长达 50 多年的联系且目前已持续10 年拥有欧盟正式成员国的候选资格。无论从政治学、法学还是自然科学领域的学术研究中都缺乏对这一主题的深入研究，导致困难加剧。尽管如此，还是可以将目前适用的制度定义为一种极具保护性和防御性的获取途径，它很少（如果有的话）正式考虑制定确保惠益分享或合规方面的程序。国家立法工作强调需采取行动打击生物剽窃，似乎表明该国在等待更大的国际行动与合作。关于遗传资源获取的中间惠益分享制度，提交给《生物多样性公约》秘书处的 2009 年第四次报告内容如下：

土耳其农业和林业部门获取其他国家遗传资源的机会非常有限，其获取方式是签订材料转移协定，以便土耳其与资源提供国实现惠益分享。然而，采取国家层面的措施来管控外国人对土耳其遗传资源的获取并确保相关惠益分享并不够，因为分享遗传资源的惠益与是否采取措施确保资源获取国遵守《生物多样性公约》直接相关。因此，缺乏有效的国际机制，包括制裁生物材料走私，是妨碍实现 2010 年相关目标的主要障碍。

在这种生物多样性高、明显不愿提供遗传资源获取途径以及无法预料的惠益分享办法的背景下，我们将试图阐明土耳其目前适用的遗传资源法律制度，包括管理遗传资源获取和使用遗传资源所产生的惠益分享的国际和国家工具。

第一节　国际法律文书和国家实施计划

在正式签署 1992 年的《生物多样性公约》后，土耳其于 1996 年 8 月 29 日颁布了第 477 号法律，核准了该公约③。该公约于 1997 年 2 月 14 日生效。负责制定生物多样性保护和可持续利用政策的主要机构是前环境和林业部。现该部门已分化成两个部门，即林业和水务部以及环境和城市化部。例如，环境和城市化部的"自然资源保护"总局负责划定和监测特殊保护区，而《生物多样性公约》的国家联络点隶属于林业和水务部的自然保护和国家公园总局。然而，评估结果表明，

---

① 已确定了数个因社会和烹饪目的而过度开发的例子。例如，38 种兰花被过度采摘，用于制作传统的土耳其饮料 "salep"，见埃尔凯·塞兹克（Erkem Sezik）发表在《生物多样性》上的 "土耳其兰花的破坏和保护" 一文；《生物多样性的生物分子情况和创新利用》，比尔盖·塞纳（Bilge Sener）编辑（纽约：斯普林格出版社，2002）。

② 这些原因得到了政府当局的正式承认；见《土耳其国家生物多样性战略和行动计划》，（斯普林格出版社，2001）：19。

③ 2006 年 8 月 29 日颁布的第 4177 号法律，《政府公报》，第 22860 期，1996 年 12 月 27 日。

随之而来的分裂势力并不总被认为是积极的。关于这点，欧盟委员会的最新进展报告[①]声称：

2011 年，前环境和林业部一分为二，新的环境和城市化部（MoEU）进一步重组，大大削弱了土耳其推行强有力的环境和气候变化政策的行政能力。环境和城市化部内部仍需寻求环境与发展议程之间的平衡。工作人员的流动性很高，导致专业单位的工作能力下降，这一点令人担忧。

土耳其也是联合国粮食及农业组织 2004 年的《粮食和农业植物遗传资源国际条约》的缔约方，它于 2002 年 11 月 4 日签署了该国际协定，并于 2005 年 10 月 28 日批准了该协定[②]。因此，农业和农村事务部（MARA）是有权力和责任保护和可持续利用生物多样性的第二大机构，尤其是在制定该国的获取与惠益分享框架制度方面，它发挥着重要作用。

由于获得了上述批准，为制定总体的国家环境政策，土耳其当局颁布了多个全面行动计划。这些行动计划通常涉及环境政策，尤其是遗传多样性的保护和利用。1998 年通过了多项行动计划，包括《国家环境行动计划》和《植物遗传多样性原生境保护国家计划》。2001 年，围绕 10 个全球目标提出了《国家生物多样性战略和行动计划》，该计划重点针对特定生态系统的保护，但也涵盖遗传资源的可持续利用。在这些目标的推动下，该国重新制定了国际协定的条款，但没有设定具体目标，而是敦促进一步开展立法工作。第九个生命年发展计划（2007—2013 年）将保护和发展生物多样性列为优先事项。它指出"将促进有关调查、保护、评估和增加生物多样性和遗传资源经济价值的活动"（第 459 条）。具体工作包括修订 2001 年的"国家生物多样性战略和行动计划"以及制定"遗传保护和管理领域的实施"相关具体细则。2006 年，起草了 2007~2023 年的《欧盟综合环境合规战略》，该战略更侧重于欧盟《共同体法律总汇》的调整。该战略包括阻止其总体目标范围内的生物多样性枯竭，但没有涉及遗传资源使用或分享使用遗传资源所产生的惠益这种更为具体的问题。根据这些一般环境战略计划，林业和水务部于 2008 年 7 月 29 日批准了自然保护领域的《国家生物多样性战略和行动计划》。该文件是在履行其他义务和解决生物多样性丧失问题时执行《生物多样性公约》的指南[③]。成立了技术工作委员会来制定"战略和行动计划"的执行机制，但据我

---

① 欧盟委员会致欧洲议会和理事会的信函，2013~2014 年的扩大战略和主要挑战，以及随附的土耳其 2013 年进展报告，COM（2013）700 最终版，2013 年 10 月 16 日，布鲁塞尔，SWD（2013）417 最终版，2013 年 10 月 16 日。

② 第 5414 号法律批准了《粮食和农业植物遗传资源国际条约》（Gida Ve Tarim için Bitki Genetik Kaynaklari Uluslararasi Antlaçmasinin Onaylanmasinin Uygun Bulunduguna Dair 5414 sayili Kanun），Resmi Gazete，第 25984 期，2005 年 11 月 2 日。

③ 土耳其欧盟事务总秘书处 2012 年编写的进度报告第 27 章，谈判、环境和气候变化政策，第 196-197 页。

们所知，这些活动没有形成正式文件，也未使 2008 年以来的适用法律得到实质性的立法修正。

第二节　遗传资源的法律地位、获取条件和惠益分享规定

鉴于其国际义务，土耳其不得不通过合适的立法，有时还不得不修订现有的法规，以便提供具体措施来制定关于遗传资源财产权的一般法律制度，确保其获取和使用的原则具有足够的法律确定性并得到遵守。

1. 宪法框架与财产制度

1982 年 10 月 18 日通过的土耳其《宪法》第 63 条规定，国家应保护历史、文化和自然资产，并就此采取配套措施。本条还涉及自然环境中的物种保护。该《宪法》第 169 条具体涉及森林的保护和发展。此外，还有一些额外的宪法条款，即使这些条款没有直接指向生物多样性保护，如第 44 条（土地的有效利用）和第 45 条（禁止将农田、草甸和牧场用于其他用途）。为保护环境，早在 1983 年就颁布了《环境法》[①]，以确保这些全球规定能够保护自然资源；《环境法》规定："根据可持续环境和可持续发展的原则，环境是所有生物的共同资产"。该法规确定并规定了与保护和改善环境及防止环境污染有关的基本原则。

在财产权方面，考虑到公共利益，《宪法》第 56 条限制行使私有财产权。还应指出的是，遗传资源的财产制度已经并且可以通过知识产权进一步加以划分。可以通过植物品种权保护的方式将这些特权授予有共同表型的现有生物群体，也可以通过专利保护授予特定的基因和相关信息组合。2004 年出台的《土耳其新植物品种种植者权利保护法》（2004 年 1 月 8 日第 5042 号法律）符合 1991 年的《国际植物新品种保护公约》标准。专利是根据 1995 年《专利保护法令》规定的标准授予的[②]，土耳其也是《欧洲专利公约》的缔约方，因此其承认由欧洲专利局授予的专利。过去 10 年来，土耳其一直在审查国家框架，有望出台一项新法，其中包含有关生物技术相关专利的具体条款，其主要目的是满足欧盟第 98/44/EC 号指令的规定[③]。应当指出的是，尽管履行这一特定义务可能无法阻止保护所有权的授予，也不能触发对先前存在的控制与对该资源拥有主权的国家进行知情同意或利益分享安排，但新法草案规定了很大的遗传资源专利来源披露空间，此项条款确实更有义务采取程序要求的形式来披露生物材料的来源，该来源可能与《生物多样性

---

① 第 2872 号《环境法》，官方公告，1983 年 8 月 9 日。
② 第 551011 号专利保护法令，官方公告，1995 年 6 月 24 日。
③ 欧洲议会和理事会于 1998 年 7 月 6 日颁布的关于对生物技术发明的法律保护的第 98/44/EC 号指令，1998 年 7 月 30 日，JOL 213，第 13-21 页。

公约》或《名古屋议定书》中所述的"来源"一致或不一致。

2. 获取遗传资源、惠益分享和遵约

虽然直至 20 世纪末，大多数国家仍采用关于自由获取植物遗传资源的良好基础原则，但却建立了许可制度，要求科学家向国家当局申请材料收集许可。土耳其也不例外，与其他国家一样，在各部立法中均规定了遗传资源的获取原则。首先，各种遗传资源的原生境获取应符合有关环境保护和需特殊保护的区域划定的一般原则。其次，根据需获取的遗传资源的种类（原生境或非原生境，尤其是农业遗传资源），适用具体细则。然而，这些规定大部分并不尽如人意，而且，尽管对特定获取原则的遵守情况进行了严密监控，但适用法律并未就惠益分享问题作出任何规定，这一点令人担忧。

1）一般环境监管规定和保护区特例

如上所述，土耳其关于环境保护的最普通的成文法规形成于 1983 年，其总体思路是遵照污染者付费原则、环境影响评估义务和旨在最大限度恢复环境损害的赔偿标准来阻止污染。它的许多细则（其中一些很晚才通过）涉及水污染[1]和固体废物的控制[2]，湿地建立[3]、环境影响评价程序的制定[4]或从事对环境有影响的活动的实体需获得的许可证和执照[5]。第 2872 号《环境法》本身并未涉及遗传资源的获取与惠益分享制度，也未深入研究自然资源的保护问题。尽管如此，1989 年制定的一项细则却规定，应设立"环境保护机构"，负责确定和控制"特殊环境保护区"，密切监测其内的生物勘探和其他活动。尽管没有专门针对遗传资源获取问题的条款，但该细则赋予了相对灵活的行动权，确保该地区的各种生态系统得到保护。在合规性方面，第 2872 号《环境法》确定了在违反其条款时可能面临的处罚。根据该法规第 20 条和第 21 条的规定，各公共机构可对造成环境污染者或违反环境影响评价或环境保护义务者处以相当严重的行政处罚，同时司法机关也可以根据第 26 条的规定对其判处监禁。

2006 年，《环境法》进行了一些修正[6]，新修订的第 9 条明确列入了保护生物多样性的重要性的条款，并更为详细地定义了该法规中的"环境保护"所涵盖的内容。该条款的一般规定阐述了保护生态系统的代际方法，扩大了"特别环境保

---

① 《水污染控制细则》，官方公告，1988 年 9 月 4 日。
② 《固废管理细则》，官方公告，1991 年 3 月 14 日。
③ 《湿地建设细则》，官方公告，1995 年 4 月 5 日。
④ 《环境影响评价细则》，官方公告，2002 年 2 月 6 日。
⑤ 《环境法规定的许可证和执照申请细则》，官方公告，2009 年 4 月 29 日。
⑥ 修正《环境法》的第 5491 号法律，官方公告，2006 年 4 月 26 日。

护区"的覆盖范围①。这些保护区目前通过内阁的正式决议确定，同时禁止珍稀动植物物种的贸易［新增的第 9（f）条］。尽管第 2872 号《环境法》的适用范围明显扩大，但 2006 年的修正案也加大了对检查发现的破坏生物多样性行为的行政制裁力度，同时专门指出这种违法行为不仅包括直接危害生物多样性的行为，还包括无视特殊环境保护区的管理规定或关于珍稀物种的贸易禁令的行为［第 2872 号《环境法》第 20（k）条新增条款］。

土耳其周边区域还设立了其他类型的保护区，应制定具体的制度（包括获取遗传资源的规定）来管理保护区，这些制度往往非常严格。在这些制度中，最古老的书面制度是 1956 年出台的《森林法》②。《森林法》规定了森林规划、运作和保护的原则，涵盖俗称的"基因保护林和种子林"。该《森林法》非常注重资源的可持续利用，而非对资源本身的保护。同样，1983 年颁布的《国家公园法》③，用于规定如何确定具有国家和国际价值的国家公园、自然公园、自然遗迹和自然保护区。该《国家公园法》目前适用于面积超过 870 000 hm² 的区域。1983 年的《文化和自然资产保护法》④进一步明确了需采取足够的保护措施保护自然和文化动产和不动产，尤其是被承认属于"遗址"的自然和文化动产和不动产。在该法规中，"自然资产"被定义为"来自地质、史前和历史地区、地表、地下或水下的贵重物品，由于其具有独有的特征和美感，所以对其的保护至关重要。"有趣的是，第 5 条规定，该法律涉及的所有已知和将要发掘的自然和文化资产均视为国家财产。这些场地和资产由 2011 年设立的各种委员会确定⑤，基本上不允许在此类资产上进行"建设和人为干预"，且根据 1983 年颁布的法律第 14 条的规定，这些资产的利用受到非常严格的限制。

现阶段应注意，土耳其国民议会环境委员会于 2012 年 6 月通过了"自然和生物多样性保护法草案"，该草案极大地改变了保护区的制度，确立了更明确的保护和运作原则制定标准，也部分解决了传统知识问题，或至少解决了当地社区问题。它还更明确地规定了保护区的许可证发放，同时明确要求，除农业活动外，与生物资源收集有关的所有活动均必须取得林业和水务部在其草案第 21 条中规定的许可证。该计划于 2013 年通过，但尚未在全体会议上讨论。在编写本报告时，因出现无关的政治动乱且非政府组织（NGO）对法规中关于私有化时机的规定反应消极，该计划文本已撤出国民议会议程。

尽管有上述各种关于生物多样性保护和资源收集的规定，但希望在土耳其境

---

① 这些领域的最新清单于 2012 年 7 月公布：有关保护区识别、登记和批准的细则，官方公告，2012 年 7 月 19 日。
② 第 6831 号《森林法》，官方公告，1956 年 8 月 31 日。
③ 第 2873 号《国家公园法》，官方公告，1983 年 8 月 9 日。
④ 第 2863 号《文化和自然资产保护法》，官方公告，1983 年 7 月 23 日。
⑤《文化和自然资产保护委员会的建立和运作细则》，官方公告，28088，2011 年 10 月 18 日。

内开展研究活动的外国研究人员还需满足其他现行要求，不管其在此领域内的研究范围如何。外国科学家需遵守的申请和授权程序在"关于希望在土耳其从事科学研究或影片拍摄活动的外国人或以其名义申请从事此类活动之人及外国记者的管理原则"中规定，该原则由 1988 年 4 月 4 日通过的第 88/12839 号内阁决议生效实施。外交部的申请程序十分严格，并且已经导致原生境生物多样性勘探活动许可证的申请出现了一些问题。

2）植物遗传资源

土耳其于 1992 年出台了《植物遗传资源的收集、保护和利用细则》，从而建立了首个农业生物勘探许可证制度①。该制度规定了植物遗传资源的调查、收集、保护、研究、更新、表征、评估、记录和交换原则，包括交付植物遗传资源研究许可证。根据这一条例，最近成立了国家种质库。该细则第 5 条规定，获取植物遗传资源必须得到农业和农村事务部的授权。出台这些制度的主要目的是控制种质流动，但是，因国家当局随后缺乏核查和跟踪，使得在管理遗传资源的流出方面，许可证几乎没有起到任何作用②。由公共机构保管的非原生境采集材料的相关制度则要简单得多。事实上，对于属于国家采集范围的材料，需签订《材料转移协定》才能进行交易。《材料转移协定》中应规定获取反馈意见的条件，以及使用所获取的遗传资源来进行研究并得到表征信息的条件；随后通过国家数据库管理系统获取的信息③。

虽然看似宽松的契约法似乎能使农业植物遗传资源获益，但基本都需要向农业和农村事务部申请官方许可，这一点通过严格的海关条例和类似培训方案进行了补充，同时还制定了相当严格的边境管理制度。例如，2004 年出台的《天然花球的采集、生产和进口细则》中也反映了对生物剽窃的严厉态度④，该细则规定了从野外采集种子、球茎花卉或天然球茎花卉其他部分的原则。它还包含上述种子和花卉的研究、种植、储存和国内外贸易规定。考虑到许多土耳其特种是球茎花卉，所以该制度主要用于避免这些花卉种群遭到破坏和消耗。因此，技术委员会不仅是球茎花卉的保管人，也是根据具体限额决定其采集和培植程度的决定人。根据第 21 条规定，所有保护区内仍禁止采集球茎花卉。该细则最有意思的规定是第 28 条规定，所有"未经授权或不按收获计划进行的非法采集活动均视为以伪造的名义进口《反走私法》规定的禁止交易的物种"。2003 年出台的这部法律将非常严格的海关管制态度与遗传资源获取监管相结合，建立了打击生物剽窃和濒

① 1992 年 8 月 15 日的《植物遗传资源的采集、保护和利用细则》，官方公告，第 21316 期，1992 年 8 月 15 日。
② 帕里·布朗温（Parry Bronwyn），《基因组交易：调查生物信息的商品化》（纽约：哥伦比亚大学出版社，2004）：204-205；作者叙述了实地研究人员的陈述，这些实地研究人员为获得国家许可证而克服了行政障碍，但在国界处却未受到任何官方控制。
③ 艾费尔·坦（Ayfer Tan），"Turkiye Bitki Genetik kaynaklari ve Muhafazasi"（土耳其植物遗传资源及其保护），爱琴海农业研究所（AARI）阿纳多卢（Anadolu）期刊，20（1），2010：26。
④《天然花卉种球的采集、研究和出口细则》，官方公告，第 25563 期，2004 年 8 月 24 日。

危物种贸易之间的联系。这种转变的典型表现是轰动一时的外国公民被捕案，荷兰公民被全球定位系统追踪，并在土耳其-希腊边境被截留。这名荷兰公民随身带着 5000 多颗种子、球茎和幼苗，包括 2011 年和濒危地方性郁金香标本①。嫌犯因违反第 2872 号《环境法》被判每人支付 29 000 土耳其里拉的赔偿金。2012 年发生了一起类似的起诉案件，日本侨民在加齐安泰普镇附近采集野生小麦标本，对其的处罚金额高达 220 000 土耳其里拉。

3）动物遗传资源

土耳其当局对动物遗传资源也特别关注。主要的相关法律从 2001 年②开始制定，其具体实施细则于 2002 年首次通过并于 2003 年修订③。已根据这些法律文书的规定建立了动物遗传资源保护国家委员会，该国家委员会由农业和农村事务部的农业研究总局（TAGEM）负责协调。它负责确定直接针对生物多样性保护的行动（如制定濒危物种清单和相关保护项目），并作出有关动物遗传资源进出口的决定。2003 年的细则第 10 条规定，获取动物遗传资源必须得到农业和农村事务部的授权。物种根据另一条细则进行登记注册④。另外还通过了关于登记注册⑤、使用和进口国家驯养动物遗传资源的各个补充法令⑥。所有国家驯养动物遗传资源均需由家畜登记委员会登记。在土耳其境内或境外进行的所有研究活动（包括对基因库内的遗传材料进行的研究活动）均需获得许可。对于基因库内遗传材料的研究活动，立法规定，如果认为基因库的库存有限，则不会接受此类请求（2012 年颁布的《国家驯养动物遗传资源的使用和进口细则》第 4 条第 12 款）。

4）海洋遗传资源

海洋遗传资源属于 1971 年《水产品法》的全球保护范围⑦。该《水产品法》对海洋和内陆水域中的水生生物的保护、狩猎、生产、营销、健康和控制作出了基本规定。它还用于解决海洋污染问题和建立具体的生产区。2012 年，先后通过了新水生品种登记规则和程序的制定细则⑧及海洋遗传资源保护和可持续利用细则⑨。前者规定，应以品种、品系或杂交种的形式登记土耳其直接主权范围内的、

---

① 土耳其主流媒体广泛报道了这一案件，http://www.cnnturk.com/20u/turkiye/06/19/hollandali.bitki.kacakcilari.sinirda.yakalandi/620591.0/，访问日期：2013 年 12 月。
② 第 4631 号《动物遗传资源法》，官方公告，第 24338 期，2001 年 3 月 10 日。
③《动物遗传资源保护细则》，官方公告，第 24700 期，2002 年 3 月 19 日；2003 年 6 月 21 日在第 25145 期 Resmi Gazete 上发布了新细则，从而对其进行了修改。
④《动物物种登记细则》，官方公告，第 25141 期，2002 年 3 月 17 日。最新颁布的《牲畜家系图登记规则》细则（官方公告，第 28133 期，2011 年 12 月 5 日）对上述《动物物种登记细则》进行了一定程度的补充。
⑤《国家驯养动物遗传资源登记细则》，官方公告，第 28150 期，2011 年 12 月 22 日。
⑥《国家驯养动物遗传资源的使用和进口细则》，官方公告，第 28418 期，2012 年 9 月 22 日。
⑦ 第 1380 号《水产品法》，官方公告，1971 年 3 月 23 日。
⑧《水生遗传资源登记细则》，官方公告，第 28388 期，2012 年 8 月 18 日。
⑨《海洋遗传资源的保护和可持续利用细则》，官方公告，第 28396 期，2012 年 8 月 29 日。

在内陆和领海使用的新水生遗传资源。后者更关注新旧水生遗传资源的识别、保护和可持续利用。该细则规定，应在农业和农村事务部内设立秘书处，负责开展海洋遗传资源（包括基因库内的海洋遗传资源）的保护活动及其可持续利用活动，寻求资源的经济、技术和科技利用，同时从长远看来不会影响这些资源的多样性。该细则未明确提及遗传资源获取条件，也未涉及惠益分享时机，但其授权新成立的农业和农村事务部下属的水资源秘书处和全国委员会制定各种正确保护和可持续利用遗传资源的政策，以便今后具体立法。

5）惠益分享情况

尽管许多法规似乎都规定了遗传资源的获取条件，但值得注意的是，没有任何法律和细则提及惠益分享。惠益分享的相关问题似乎通过不具约束力的准则和示范合同来规定。如前所述，农业植物遗传资源的相关制度最为全面；需签订材料转移协定才能进行农业植物遗传资源的交换，该协定将惠益分享确定为接收材料本身的反馈以及通过使用植物遗传资源进行研究工作所获得的材料特征信息[1]。土耳其植物遗传资源研究所发布的指导方针特别要求，在与外国机构交换种质时，接受者需提供反馈数据，公布信用情况，并保留土耳其政府材料的专利权[2]。尽管如此，似乎没有任何迹象表明《粮食和农业植物遗传资源国际条约》多边体制范围内的植物遗传资源的获取便利性存在差异，也没有迹象表明土耳其研究所使用的材料转移协定包含确保更好地遵守《生物多样性公约》原则的实质许可条款。由于缺乏明确的监管规定来指导内容合同安排，国家当局似乎承认了这一普遍缺陷，并在其向《生物多样性公约》提交的国家报告中提到了这一缺陷。

第三节　《名古屋议定书》和欧盟程序的前景

尽管土耳其密切关注并参与了谈判，但迄今为止，该国尚未表现出有任何签署或批准《名古屋议定书》的积极意向[3]。在谈判期间，它并未参加"超级生物多样性国家同盟"，反而加入日美加澳新集团（JUSCANZ），这是一个非欧盟工业化国家集团[4]。这一选择意义深重，因为这种联盟对获取与惠益分享问题的态度和做法仍然与使用国无异，而这些使用国的重要产品开发产业依赖的是遗传资源利用

---

① 艾费尔·坦（Ayfer Tan），"Turkiye Bitki Genetik kaynaklari ve Muhafazasi"（土耳其植物遗传资源及其保护），爱琴海农业研究所（AARI）阿纳多卢（Anadolu）期刊，20（1），2010：26。

② J. H. 巴顿（J. H. Barton）和 W. E. 西贝克（W. E. Siebeck），《遗传资源交换中的材料转移协定》：国际农业研究中心案例（罗马：国际植物遗传资源研究所，1994）。

③ 相比而言，土耳其于 2000 年 5 月 24 日异常迅速地签署了《卡塔赫纳生物安全议定书》，并于 2003 年 10 月 24 日交存了批准书（生效日期确定为 2004 年 1 月 24 日）。

④ 琳达·沃伯特（Linda Wallbott）、弗朗茨卡·沃尔夫（Franziska Wolff）和贾斯蒂娜·普罗文卡（Justyna Pozarowska），"名古屋议定书的谈判：问题、联盟和进程"，全球遗传资源治理：《名古屋议定书》发布后的获取与惠益分享，已校订。塞巴斯蒂安·奥伯蒂尔（Sebastian Oberthür）和 G. 克里斯汀罗森达尔（G. Kristin Rosendal）（阿宾顿：劳特里齐出版社，2014）：33-59。

而非提供其具有主权权利的生物材料。在某些问题上，通过加入上述联盟，土耳其使自身远离了欧盟的立场。欧盟似乎更倾向于建立一个具有法律约束力的获取与惠益分享制度，该制度的最低国际标准不会使贸易或研发活动遭到歪曲。尽管林业与水利部自然保护和国家公园总局于 2014 年 9 月与所有相关公共机构的代表新近召开了一次专门讨论影响和监管差距分析的研讨会，但土耳其并未表示愿意签署 2014 年 10 月举行的《生物多样性公约》缔约方大会第十二次会议前起草的《议定书》。

如果政治浪潮决定转向，则需采取重大监管行动，以履行《议定书》规定的众多义务。首先是传统知识，尽管该国积极参与了世界知识产权组织的相关国际谈判，但目前还没有立法。具体规定还应指明，原则上，在事先知情同意的基础上，根据共同商定条件授予应征税款。事先知情同意这一术语目前未在适用的立法中规定，因此很可能需要在现有细则中加入有关事先知情同意的条款。2012 年，《生物多样性法（草案）》将生效，这会在一定程度上减轻对事先知情同意的要求。另一个关键点是根据《议定书》第 8 条授予获取权，以便进行研究，这样或许可以更详尽地定义"非商业研究"的概念，而目前适用的立法似乎恰恰相反，外国研究人员还需获得一份特别许可证。在制定包含披露要求的拟议专利立法草案时，还应考虑跨领域的遵约机制。然而，这一程序性义务需与现有的国际私法原则相权衡；在这些原则中，应规定确保违反外国获取与惠益分享立法甚至合同的行为得到司法补救的条款。

自 1999 年赫尔辛基首脑会议以来，土耳其一直是欧洲联盟的正式候选国，而正式谈判进程于 2005 年 9 月 3 日启动。应当指出，尽管 1986 年首次举行会议的土耳其-欧盟联合委员会第 1/95 号决定的条款规定了权利、义务和限制，但自 1996 年以来，土耳其和欧洲联盟之间仍在实施《关税同盟协定》，以确保各国之间的货物自由流通。撇开围绕土耳其加入欧盟的候选资格的更广泛瓶颈问题不谈，在各种各样的谈判章节中，共同体法律的转变一直在或多或少地进行。因此，未来的欧洲法规将在《名古屋议定书》可能生效后规定获取与惠益分享问题；必须详尽研究这些欧洲法规并将其纳入土耳其国家法令，以满足附着程序的需要。迄今为止，土耳其在欧洲环境法转变方面确实存在重大缺失，这一点将在谈判章节的第 27 章中论述。关于保护生物多样性的具体问题，欧盟委员会的最新进展报告①指出：

自然保护的相关立法框架及国家生物多样性战略和行动计划仍有待通过。自然保护法草案不符合欧盟法律规定。如果在未制定二级立法的情况下通过，该草案将导致《国家公园法》被废除，形成法律真空。

① 欧盟委员会致欧洲议会和理事会的信函，2013~2014 年的扩大战略和主要挑战，以及随附的土耳其 2013 年进展报告，COM（2013）700 最终版，2013 年 10 月 16 日，布鲁塞尔，SWD（2013）417，最终版，2013 年 10 月 16 日。

尽管许多立法提案还在酝酿之中，但土耳其当局肯定需要做出相当大的努力，以确保与生物多样性相关的立法符合《名古屋议定书》及其在欧洲实施的需要。

第四节　结　　论

尽管拥有极其丰富的生物多样性，并且可能也正因为如此，土耳其如今采用非常传统的遗传资源国家管理法律框架，有意限制和控制遗传资源的获取，并且似乎准备放弃分享使用遗传多样性所带来的惠益。尽管如此，土耳其也没有完全授权自我监管，因为其既没有正式宣布进行这种尝试，也没有将其纳入土耳其政策制定历史的一部分。事实上，遗传资源的获取受到极其严格和充分的管制，如企图走私的行为会受到高额处罚。然而，在部长级改组的背景下，法规并未明确指定实际主管当局，森林和水务部似乎负责协调各种生物多样性政策，而农业部仍然主要关注获取与惠益分享问题。这些因素可能暗示了该国未正式签署或批准《名古屋议定书》的原因，因为实施《名古屋议定书》需要进行重大监管干预来明确获取条件和事先知情同意规则、明确促进研究用途的遗传资源的获取、明确提及双方同意的条款和潜在指导方针，以及采取措施确保遵守第三国的获取与惠益分享立法。

第二部分

《名古屋议定书》在欧盟的实施

第十一章　私掠船、海盗船还是幽灵船？
为谋求法属圭亚那土著人民利益的社区法
与法国法律之间的互补性探讨[*]

菲利普·卡普（Philips Karpe），亚历克西·蒂乌卡（Alexis Tiouka），伊万·博耶夫（Ivan Boev），阿梅勒·吉格纳（Armelle Guigner），佛罗伦辛·爱德华
（Florencine Edouard）

在过去 30 年中，土著人民[①]的权利逐渐多样化、发展和更新。这些权利具有不同的性质。它们与政治、经济、社会和文化一样重要，包括自治权和参与权、土地权、语言权等。现今，土著社区的每一项权利都变得越来越重要，例如遗产权，可以定义为土著社区保护其传统知识的权利。这种知识目前正遭受着威胁[②]。近年来，我们确实可以注意到许多非土著人获得了关于传统知识的知识产权案例。这种现象被认为是一种"生物海盗"或"生物剽窃"行为。这些侵占行为主要由发达国家的公司和研究人员实施，在许多活动领域都是如此，尤其是在食品、化妆品和制药行业。因此，必须促进和保护包括土著社区自身在内的传统知识的公平、公正地使用及由此产生的惠益。为了实现这一目标，国际和国内都在制定专门法律。

与其他土著社区一样，法属圭亚那的美洲印第安人也需要保护他们的传统

---

* 本章作者感谢埃梅拉·恩古坲·图卡桑巴女士（Mrs Emela Ngufor Samba）对本文翻译所作出的贡献。
① 土著人民是指原始居住在该领土上的人口（无论该领土是否为该国当前边界内的领土），而不是目前在该领土内受统治的人口（社会、文化、政治和经济统治）。
② 总之，许多法律和学理对可以被称为土著知识的定义一般如下：
  • 在传统背景下创造、保存和传播；
  • 与土著社区的文化有明显的联系，这种文化受世代保存并代代相传；
  • 认为自己是与本地区相关的知识的保管人或监护人，或在该问题上被赋予文化责任（有义务保护知识，或意识到盗用或贬低使用此类知识是非法的或冒犯性质的），这种身份关系可能是正式授予的身份，也可能是根据习惯法或惯例而建立的；
  • 在社会、文化、环境和技术等各个社会领域形成知识产权；
  • 被知识来源的社区公认为传统知识（对此的一个参考：WIPP/GRTKF/IC/6/4§58）。

知识①。这不仅需要保护和维系他们的身份，还需为了他们的发展而同等实施法律文书中的条款规定。考虑到法国已经批准了《生物多样性公约》缔约方（这一事实长期以来被政府当局忽视），但目前在这一问题上没有统一和明确的声明。尽管如此，正如第一节所述，通过运用书面的法律文书，保护传统知识仍然是可能实现的。还可以通过利用土著习惯法及其现有的自治权来提高其保护价值。本章第二节也提到这两个条件在法国的成文法中也逐渐地得到承认。不过这种保护方式也存在诸多弊端。这也意味着在特定情形下相关的学理解释可能会得到相反的解释。这种学理解释的司法效力仍不明朗，可能还需要很长时间。迄今为止，此种解释尚未得到任何法院的认可。由此产生的问题是，欧洲委员会关于《名古屋议定书》②使用者的遵约措施的条例（即《欧盟获取与惠益分享条例》）是否会改变和改善这种情况。本文的结尾对此问题提供了答案。

第一节　法国法律的条款

与其他长期关注土著人民传统知识的国家（巴西、巴拿马、秘鲁等）③不同，直到最近，法国才制定了一项保护传统社区权利的特别条例④。然而，这种缺失并不等于缺乏适当的保护措施。

1. 保护的基本要求

保护土著遗产权利的基本条件、这些权利之间的相互关系及其范围现已广为人知，并被证实和理解。现在需要做的是要协同和深化。实现保护有三个基本的叠加条件。首先，承认土著人民对其知识产权的具体权利。其次，这项法律必须服从这些人民的具体权利规则。最后，在新的普通法出现之前，应有用以解决冲突的规则。

这意味着承认土著人民及其知识产权的具体权利，然后由他们自己的习惯法对这一权利进行规范，最后，在建立新的、真正的普遍适用的法律之前适用冲突解决规则。我们现在还不知道这些情况的全貌，相关的研究也仍在进行中⑤。

---

① 法国的海外属地，法属圭亚那"自动的"（官方翻译）受管辖于跟法国大都市相同的法律（《宪法》第 73 条第 1 款）。然而，法规和条例"可根据此类社区的具体特点和限制条件进行调整"（官方翻译）（《宪法》第 73 条第 1 款）。另一方面，考虑到法属圭亚那的特殊性，法属圭亚那"可通过法规或条例（视情况而定），对于法规或条例无法确定的有限事项中，自行确定适用于其领土的规则"（官方翻译）。

② 欧洲议会和理事会《〈关于获取遗传资源与公正公平分享其利用所产生惠益的名古屋议定书〉欧盟使用者遵约措施条例》。

③ 具体见 WIPO/GRTKF/IC/2/5。

④ 关于法国 ABS 法规的最新发展，请参见基亚罗拉（Chiarolla）对本书的贡献（第三章）。

⑤ 特别参见世界知识产权组织（WIPO—http://www.wipo.int/tk/en）或《生物多样性公约》秘书处（http://www.biodiv.org）。

只有在每个土著人民都能从其权利中获益的情况下，他们才会去保护他们的知识并为其定价。目前，没有人质疑这项权利的存在：对这项权利的排斥限制都是不可能的，因为土著人民与其他人一样都是人类公民。最近，法律对此权利的认可日渐提升，这是一个具有政治重要性的事实［例如，《生物多样性公约》第 8（j）条］[①]。

现在需要解决的问题是确定这项权利的法律结构。主要有两种不同的结构：现有的知识产权成文法（经过一些修改）及一种针对土著人民适用的全新法律。

根据传统社区的各种具体情况，有可能适用并因此改进现行知识产权成文法的法律发展概念和制度。这种可能性可以解释为，首先，改革实体法，使其适应尚未涵盖的新表达的诉求（例如，通过互联网进行音乐交流的情况）。还可以解释为，由于对当前法律发展提出的调整，这些概念和机构符合法律已经涵盖的特征，尽管是以不同的方式。例如，根据专利或商标的法律法规，法人权利并不是单独个体权利的集合这一观点早已被接受（即法律的集体性质）。[②]

然而，不可能既对土著人民的知识产权进行全面调整，同时又充分保护这些人的知识产权。事实上，通常成文法的概念和制度符合西方世界所持的世界观，这种观念不同于全球范围内的土著人民的精神。成文法中存在着所谓的"文化冲突"：两种世界观之间的明显而尖锐的对立，使法律无法有效保护土著人民和当地社区的权利。在这种情况下，为了充分和有效地确保当地社区对其知识产权的权利，应在土著社区特有的法律制度下建立一个法律框架。

显而易见的是，根据当地社区的具体法律制度而对其知识产权进行法律完善的可能性不大。令人遗憾的是，这种解决方案无法有效保护社区自身的权利。事实上，它的适用及实施主要将导致当地社区与其他群体的隔离，或者在彼此互动的情况下，导致前者的权利受到保护，而后者的权利则受到损害。

在这种情况下，如果当地社区的权利充分遵从自己的法律规则将是非常显著的成就，但显然这一权利不会全权行使。因此，有必要为其制定一套专门的规则，以应对不可避免的情况，但同时也要在公众间建立理想和谐关系（从而避免价值观和标准与法律之间的冲突[③]，即所谓殖民冲突或殖民化背景下的法律冲突）。[④]

就其本质而言，一部法律优先适用于另一部法律的原则不太可能确保在不

---

① 《生物多样性公约》第 8（j）条规定："每一缔约方应尽可能并酌情：依照国家立法，尊重、保存和维持土著和地方社区体现传统生活方式而与生物多样性的保护和持续利用相关的知识、创新和实践并促进其广泛应用，由此等知识、创新和实践的拥有者认可和参与下并鼓励公平地分享因利用此等知识、创新和实践而获得的惠益"（官方翻译）。

② 《授予欧洲专利公约》（1973）第 58 条和《商标法条约》（1994）第 3 条，第（1）（a）（iv）款。

③ 特别见亨利·索卢斯（Henry Solus），《土著人民的私下状况，殖民地、保护国（不包括北非）和授权国》（巴黎：Librairie du Recueil Sirey，1927）：6，7。

④ 特别参见 P. F. 戈尼代克（P. E. Gonidec），《海外法律，第二卷：法国大都会和海外国家的最新报告》（巴黎：Editions Montchrestien，1960）：243。

同人群（当地人和其他人）之间建立和维持和谐的关系。事实上必须牢记，一方面，法律优先原则是在不同文化空间的两部法律的对立背景下运作的，另一方面，它突出了其中一部法律相较于另一部法律的重要性。

因此，似乎有必要对从属和被从属法律的条款进行重新检视与协商（这一过程可能是渐进式的）。只有通过法律对抗才有可能创设一项新的、由不同主体共享的本地及其他种族共同适用的法律。这具体涉及承认和有效实行地方社区享有平等的公民权，即参与立法程序的权利，与其他人，特别是与不同的政治当局，享有自由和平等参与的权利。合作原则的必然结果即是授予土著居民自决或自治权利。

如果土著社区和其他社区对新法律的需要恰好完全一样，那么建议未来立法不仅应规范它们之间的复杂关系，也应在同样的土著社区内部创设不同的内部规范。可以说，以共存精神调解文化冲突似乎只有在起草和执行一部真正的针对当地社区和其他人的成文法律时才能实现。在这种情况下，实施自己的法律规则只是一个过渡阶段，但也同时为制定新的成文法提供了准备时间。

2. "盘活"法国法律的规则、法律及原则

虽然仍然有问题需要解决，但是法国法律满足了保护知识产权的基本条件。事实上，目前不仅没有排除保护的条款，而且还有各种法律、规则、原则和程序可以积极用于这一目的。其中当然包括保护知识产权。《合同法》和《刑法》也有规定。合同是一种广泛适用于该领域的法定工具，如沙曼制药（Shaman Pharmaceuticals）案即为实例。顺理成章的，它将成为确保土著和当地社区传统知识得到法律保护的宝贵工具。这主要有两个原因。

（1）同意原则[①]。如果没有对该事项的同意和有效允诺，（自由和知情）则不存在合同。换言之，如果错误地给出同意（错误评估了事实的存在或性质，或错误评估了法律规则的存在或解释），或是在暴力勒索或欺诈情况下作出同意，例如，旨在欺骗法律诉讼一方以征得其同意的骗局。如果在缺乏上述要素的情况下，合同可以被撤销。

（2）有效设计所有合同的强制力[②]。刑法中也有关于偷盗[③]、欺诈[④]和违背诚信[⑤]的界定及处罚规定。上述条款也能对传统社区所拥有的公民身份及《宪法》第一条平等原则的实现提供助益。

---

① 《民法典》第 1108 条。
② 《民法典》第 1134 条和第 1135 条。
③ 《刑法》第 311-1 及其下条款。
④ 《刑法》第 311-1 及其下条款。
⑤ 《刑法》第 314-1 及其下条款。

　　法国法律的现行标准也允许强制遵循土著社区的习惯法。人们普遍认为这是一项庄严而基本的权利。这一点尤其体现在《宪法》第 75 条以及关于保持个人身份的规定中："不具有第 34 条所指的唯一身份即普通公民身份的共和国公民，在放弃前者之前，应保留其个人身份"（官方译文）。

　　还有一些文本和监管规定，如《国家财产法》第 D.34 条和 R.I70-56 条及其他条款，以及《林业法》第 L.272-4 条（使用权）和 L.272-5 条（特许权/销售）。事实上，这些条款一方面将部落（或社区）与联盟或社会区分开来，另一方面，赋予了它它自己的权力，也就是说，在其集体性质之外，还有其自己的合法存在。

　　此外，作为有意识地和深思熟虑地推动建立新社区的一部分，法国法律支持新的成文法的出现。

　　正如其承认的，法国认识到了需求，确定了原则，并确定和保证了工具和方法。所有这一切都是庄严的，尤其是源于关于新喀里多尼亚的协议的序言，其中一再强调对建立共同命运的关注。

　　如果卡纳克人（美拉尼西亚群岛上新喀里多尼亚人）履行国家责任的权利仍然不足，应通过积极措施加以扩大其权利，那么在其领土上生活的其他社区的参与也至关重要。今天，有必要为新喀里多尼亚公民身份奠定基础，使原居民能够与外来男子和妇女组成一个具有共同命运的人类社区〔……〕十年后，以充分承认卡纳克人的身份为标志，将开启一个新的阶段；与法国共享主权，是在新喀里多尼亚生活的所有社区之间重建社会契约的先决条件。这将是走向完全主权的道路上的一次远征。过去是殖民时期，现在是通过调整来分享的时刻。未来应该是一个身份认同的时代，在共同的命运中〔……〕①

　　还有人会问，新喀里多尼亚协议是否具有法律约束力。要回答这个问题，可以仔细看看《宪法》第 76 条和第 77 条，这两条来自 1998 年 7 月 20 日关于新喀里多尼亚的修订宪法，其中明确了《努美阿协议》中的一些规定是违宪的。因此，在 1999 年 3 月 19 日对《新喀里多尼亚组织法》进行违宪审查的时候，宪法委员会认为《努美阿协议》应作为其第二十六项议程的基本准则。此处所提到的解决方案与所考虑的方案非常相似，后者明确参考了《宪法》第 88-3 条中规定的《欧

---

① 此段文字为原作者对原文的翻译。原文为："Si Íaccession des kanak aux responsabilités demeure insuffisant et doit être accrue par des mesures volotaristes，il n'en reste pasmoins que la participation des autres communautés à la vie du territoire lui est essentielle. Il est aujourd'hui nécessaire de poser les bases d'une citoyenneté de la Nouvelle-Calédoine，permettant au people d'origine de constituer avec les hommes et les femmes qui y vivent une communauté humaine affirmant son destin commun…Dix ans plus trad，il convient d'ouvrir une nouvelle étape，marquee par la pleine reconnaissance de Ìidentité kanak，préalable à la refondation d'un contrat social entre toutes les communautés qui vivent en Nouvelle-Calédonie，et par un partage de souveraineté avec la France，sur la voie de la pleine souveraineté. Le passé a été le temps de la colonization. Le présent est le temps du partage，par le rééquilibrage. L'avenir doit être le temps de l'identité，dans un destin commun…4ème alinéa."

盟条约》的规则。可以推断的是，无论宪法所针对的规范的性质如何，无论是从国际文件还是国内文件中得出的，它都有可能成为合宪性的基准。对这一点可作如下解释：通过引用宪法之外的技术标准，制宪权要求政府（特别是立法机构）遵守宪法中未包含的标准，但是这些标准是宪法规定的一种引用。因此，《努美阿协议》的法律地位问题由此产生。虽然宪法委员会尚未就此问题作出决定，但是最高法院已明确表示，根据《宪法》第 77 条，《努美阿协议》是符合宪法的①。下一步，宪法委员会则支持宪法意义上的"协议指南"②。

在《宪法》第 77 条要求立法机关尊重《努美阿协议》的情况下，这一说法同样值得怀疑，即使这并不一定意味着它必须承认当时政府与新喀里多尼亚政党签署的协议的宪法价值。尊重文本的宪法义务并不会使该文本内容成为宪法规范。《宪法》第 55 条要求，法律必须遵守被定期引入国内法并可相互适用的国际条约和协定。因此，在立法机构遵守协议的宪法义务下，可以将其视为合宪性的标准参考。后者的内容也远未达到宪法价值。③

当然，制定真正的成文法仍存在一些限制。尤其是维护某种人权观念的规则。有关新喀里多尼亚④、性别平等和海外世俗主义⑤的议会辩论在某种程度上

---

① 最高上诉法院，2000 年 6 月 2 日，弗雷斯小姐（Miss Fraisse），Plen Bul，No Ass，7。

② 2004 年 7 月 29 日第 2004-500 号法令《地方当局财政自治组织法》，第 116 页。

③ 此段文字为原作者对原文的翻译。原文为："Cette affirmation 'nen est pas moins contestable dans la mesure où，si l'article 77 de la Constitution fait obligation au législateur de respecter l'accord de Nouméa，il 'nimplique pas nécessairement qùil faille reconnaître la valeur constitutionnelle d'un accord conclu entre le gouvernement de l'époque et les partis politiques néo-calédoniens. L'obligation constitutionnelle de respecter un texte ne fait pas du contenu de ce texte une norme constitutionnelle：en atteste l'article 55 de la Constitution qui implique que les lois doivent respecter les traités et les accords internationaux régulièrement introduits dans l'ordre interne et faisant l'objet d'une application réciproque. Aussi est-il permis de considerer quétant une norme de reference du contrôle de constitutionnalité en vertu de l'obligation constitutionnelle faite au législateur de respecter l'accord，le contenu de ce dernier n'a pas acquis pour autant une valeur constitutionnelle." 阿格尼斯·罗布洛特·特洛伊齐尔（Agnès Roblot-Troizier）《宪法委员会参考合宪性反思》2007 年第 22 期。以上可见网页：http://www.conseil-constitutionnel.fr/conseil-constitutionnel/francais/cahiers-du-conseil/cahier-n-22/reflexions-sur-la-constitutionnalite-par-renvoi.50861.html。

④ 请参阅：弗朗索瓦·科尔科贝特（François Colcombet），国民议会议员辩论。1958 年 10 月 4 日《宪法》。1997—1998 年常会。第 247 届会议。1958 年 10 月，第 11 届议会。1997—1998 年常会。完整报告。1998 年 6 月 11 日星期四举行的会议（本届会议第 109 个会议日）。1998 年，第 61 号 AN（CR）。1998 年 6 月 12 日，第 4963 页。

⑤ 见伯纳德·罗曼（Bernard Roman）代表共和国宪法、立法和行政委员会提交的第 2103 号报告：I. a）旨在促进男女平等获得选举授权和选举职能的法案（2012 年第 2 号）；b）该法律草案（第 2013 号）旨在促进男女在参加新喀里多尼亚议会和大会、法属波利尼西亚议会和瓦利斯和富图纳领土议会方面，具有平等的参会资格。II. 岛屿。立法建议：a）（1268）皮埃尔·阿尔伯蒂尼（Pierre Albertini）和他的几位同事修订 1988 年 3 月 11 日关于政治生活的财务透明度以及并确保市政选举中的平等的第 8-227 号法案；b）（第 1761 号）米歇尔·比卢（Michel Billout），旨在市政选举中建立平等；c）（第 1837 号）玛丽·乔·齐默尔曼（Marie-Jo Zimmermann），旨在在政治生活中建立真正的男女平等；d）（第 1850 号）玛丽·乔·齐默尔曼（Marie-Jo Zimmermann），旨在在政治生活中建立真正的男女平等；e）（第 1895 号），莱昂斯·德佩兹（Leonce Deprez）和其他人试图在 2001 个以上数量的居民社区中制定男女平等原则，国民议会。1958 年 10 月 4 日第十一届立法会，《宪法》。2000 年 1 月 20 日向国民议会主席团登记，第 31 页。

为扭转这种局面提供了可能性。

　　与人们可能认为的情况相反，没有关于保护土著人民知识产权的专门条例并不意味着完全没有适当的保护。然而，最好就此事通过一项专门条例。这样的发展至少可以确保相关标准在一套连贯和具体的标准中得到统一，从而更好地理解其间差异及其补救措施。因此，缺乏此类立法可能会阻碍或破坏对知识的保护。更重要的是，它将确保在土著社区遗产权的伦理基础上进行讨论和采取立场，这仍然是保护土著社区遗产的基础和基本条件。这项特别规定及其伴随的辩论最终得以实施，其结果与预期相去甚远。显然，土著人民的地位根据迄今为止的现状或可能的现状，已经发生了明显和广泛的变化。

第二节　土著知识在法国法律中的特殊地位

1. 亚马孙公园的适用规则

　　与国家公园①有关的条例在法国法律中引入了对土著社区知识产权的特殊保护。虽然有必要，但直到现在仍然缺乏这种保护。这是真正意义上的创新，一种真正的进步。尽管作出了这一承诺，但这一计划并不能构成全面和充分的保护。更糟糕的是，这明显违反了法国在这个问题上的国际承诺②。

　　1）法律的新精神

　　从一开始，法国政府就坚定地致力于将圭亚那的特殊性颁布为法律，据其称，这一点在土著社区的存在和维护其自身身份的必要性方面尤其引起共鸣③。在法国国民议会的一次辩论中，生态、可持续发展和能源部部长声称：

　　政府提出的修正案旨在反映圭亚那民选议员在去年 10 月 18 日的一次会议上通过的决定，在该会议上，对圭亚那的国家公园项目达成了法律协议，同时也报告了一些观察结果。这些观察主要是为了让国家更加了解其领土的特殊性。

　　事实上，在政府看来，这是一项从国会中脱颖而出的决议。尽管法案的草案已经表达了对这个海外属地的特点予以考虑的意愿，但这还不够，且未能充分体

---

　　① 2006 年 4 月 11 日颁布的第 2006-436 号关于国家公园、海洋自然公园和区域自然公园的法律，2006 年 11 月 15 日，法国官方公报第 90 号，第 5682 页及其后文。

　　② 请特别参阅：P. 卡帕（P. Karpe），"法国传统储蓄者法律地位的非法性"，《环境法律评论》，2（2007）：173-186；P. 卡帕（P. Karpe）和 A. 蒂妮卡（A. Tiouka），保护法属圭亚那的土著和传统政党，建立一个正在建设的制度，《政策事项》，18（2010）：30-32。

　　③ 具体参见 2005～2006 年国民议会常会，第 87 届会议，生态、可持续发展和能源部部长在国民议会辩论期间发表的评论。2005 年 12 月 1 日星期四第二届会议，会议报告全文。2005 年 12 月 2 日星期五，2005 年 AN（CR）第 101[2]号文件，第 7846 页。

现与公园项目相关的领土的特殊性质及其居民的生活条件。笔者提出的修正案将
圭亚那国家公园项目置于南美区域的最前线，并命名为"圭亚那亚马孙公园"。其
次，作为吸收了亚马孙文化的结果，该地区的特点是拥有广袤的森林面积、人口
密度低、交通问题严重，有美洲印第安人和黑棕色人种的存在，且他们的习惯与
我们不同。

传统上，这些土著社区的生存依赖于森林资源。他们的生活方式也有很强的
固定性——这就是为什么要保留这种生活方式的原因——而且这种生活方式特别
适合他们特殊的环境条件。无论是美洲印第安人、黑棕人种还是克里奥尔人，圭
亚那潮湿热带森林中的人类居住区只有通过其特有的可持续环境知识、可接受的
森林实践及其生态才能发挥价值。在圭亚那建立国家公园的机会对他们有利。因
此，圭亚那地方政府希望承认亚马孙地区的这种特殊性，并对法律进行调整，使
这一群体能够在未来的公园中获得充分的地位。

因此，该修正案包含了一系列必要的调整，这些调整将考虑到《环境法典》
六个法条涉及的所有方面①。此外，国家承认并明确表示其对土著和地方社区的国
际承诺。尽管有些迟延，但法国对这些人的国际义务，在辩论和法律规定中都
得到了明确和一致的承认。因此，《环境法典》第 L331-15-6 条参考了《生物多
样性公约》第 8（j）条：

根据地方政府《通则》第 L.5915-1 条规定的国会部门和地区代表的提案，国
家公园章程规定了获取和利用这些资源的条件的指导方针，包括可能关于惠益分
享的条款，从而可能产生遵守 1992 年 6 月 5 日的《生物多样性公约》的情况，特

---

① 此段文字为原作者对原文的翻译。原文为："Author's translation of the original text: 'L'amendement proposé
par le Gouvernement est destiné à tenir compte de la délibération adoptée par les élus de la Guiane réunis en congrès le 18
octobre dernier qui，tout en donnant un accord de principe au projet d'un parc national en Guiane, ont fait part d'un certain
nombre d'observations. Celles-ci visent en particulier à faire advantage reconnaître par la nation les spécificités de ce
territoire. Il est en effet apparu au Gouvernement, à la lecture de la délibération du congrès, que même si le projet de loi
manifestait déjà la volonté de prendre en compte les caractéris-tiques de ce départment d'outre-mer，cette prise en compte
était insuffisante et ne rendait pas assez tangible le caractère tout à fait excepetionnel du territoire concerné par le projet de
parc et des conditions de vie de ses habitants. L'amendement que je vous présente place en premier lieu le project de parc
national de Guiane dans son context à l'échelle du continent sud-américain, en le désignant comme «parc amazonien» de
Guiane. En second lieu, il tire les conséquences de ce context amazonien, caractérisé par un très vaste espace forestier, une
densité de population très faible, de grandes difficultés de circulation et l'existence de populations amérindiennes et
Noires-marrons qui entretiennent un rapport à la nature très different de cului auquel nous sommes habitués. Ces
communautés humaines tirent traditionnellement leurs moyens de subsistence de la forêt, leur mode de vie y est
étroitement associé-d'où l'importance de la preserver-et il est particulièrement adapté aux conditions exceptionnelles du
milieu. Qùelles soient amérindiennes, noires-marrons ou créles, les implantations humaines dans la forêt tropicale humide
en Guiane ne sont viables qu，à travers le développement d'une connaissance du milieu qui leur est propre et les pratiques
respectueuses de la forêt et de son écologie. L'opportunité de créer un parc national en Guiane leur doit beaucoup. Il est dès
lors justifié, comme le demandent les collectivités territoriales de Guiane, de reconnaître cette spécificité amazonien et
d'adapter la legislation pour que ces populations gardent toute leur place dans le futur parc. Cet amendement comprend
donc une série d'adaptations indispensables pour tenir compte de tous ces aspects au travers dex six articles dans le code
de l'environment." 2005~2006 年国民议会常会第 87 次会议。2005 年 12 月 1 日星期四第二十次会议，会议报告
全文。2005 年 12 月 2 日星期五，2005 年 AN（CR）第 101[2]号文件，第 7846 页。

别是第 8（j）条款和第 15 条①。

如此强烈表达的和更新的意愿可能会对法律产生影响。这可能会导致或有助于以对当地社区最有利的方式解释关于当地社区的模糊规则。我们可能会认为这种法律公式的观点在 20 多年来不断重复，是一种神秘的"生存所必需的活动"②。这包括三个概念：关联性、必要性和存在性。

更有趣的是，由于得到了议员的支持，情况将更加明朗，由此政府表示承诺将法国的法规纳入保护土著和地方社区权利的主流思想之中。在此方面，它们明确地且不断地提到国际自然及自然资源保护联盟（即世界自然保护联盟，IUCN）的非约束性法案③。它甚至有助于制定法律实施的法规④。生态、可持续发展和能源部部长在参议院辩论期间提供的信息如下：

应我的要求，我的部门已经起草了一份法令草案，与各利益攸关方的磋商会议已经开始研究联合委员会提出的文本。因此，2006 年 3 月 8 日，我们与国际自然保护协会的法国委员会、世界自然保护联盟（IUCN）举行了第一次工作会议，这是一次积极的会议，会议非常重视检查拟议的法国国家公园法令的充分性，当然也同时注意了国际规则和标准⑤。

根据这一决定，可以认为，即使没有获得批准或通过，关于土著和当地人民的第 169 号公约，甚至《联合国土著人民权利宣言》也构成了法国关于土著社区条例的法律框架。

---

① 此段文字为原作者对原文的翻译。原文为："Sur proposition du congrès des élus départementaux et régionaux prévu à l'article L. 5915-1 du code général des collectivités territoriales, la charte du parc national définit les orientations relatives aux conditions d'accès et d'utilisation de ces reesources, notamment en ce qui concerns les modalités du partage des bénéfices pouvant en résulter, dans le respect des principes de la convention sur la diversité biologique de 5 juin 1992, en particulier du j de son article 8 et de son article 15."

② 见《国家法典》和《森林法典》领域的文章。

③ 自 1975 年（第十二届世界自然保护大会，扎伊尔/刚果民主共和国，恩塞勒）以来，世界自然保护联盟（IUCN）承认公园内土著社区的权利，包括身份权。决策中包含土地所有权的内容（第 5 号决议，"保护传统生活方式"）。随后，世界自然保护联盟（IUCN）重申承认这一条款，并将重点放在两个具体的国际标准上：国际劳工组织第 169 号公约和《联合国土著人民权利宣言》。通过这一提法，IUCN 承认了土著人民的自决权，并得到其他人对此的支持（1996 年 10 月 14 日至 23 日，在加拿大蒙特利尔举行的第一届世界自然保护大会上通过的第 1.55 号决议"土著人民与森林"）。这种对土著社区权利的一再承认导致了对其分类制度的更新，且该制度现在正以积极的方式维护土著地区人民的权利。N. 达德利（N. Dudley），《关于保护区管理类别申请指南》（瑞士格兰：世界自然保护联盟，2008）。

④ 在 2005～2006 年参议院常会上，生态、可持续发展和能源部部长在辩论期间提供的信息。2006 年 3 月 14 日星期二举行的会议（本届会议第 80 个会议日），会议报告全文。2006 年 3 月 15 日星期三，2006 年第 27S（CR）号文件，第 2064 页。

⑤ 此段文字为原作者对原文的翻译。原文为："À ma demande, mes services ont d'ores et déjà élaboré un projet de décret sur lequel les reunions de consultation avec les divers partenaires concernés ont déjà commencé dès la connaissance du texte sorit de la commission mixte paritaire. C'est ainsi que la première reunion de travail, d'ailleurs positive, a eu lieu le 8 mars 2006 avec le comité français de l'adéquation du projet de décret sur les parcs nationaux français avec les règles et standards internationaux, bien évidemment." 2005～2006 年参议院常会。2006 年 3 月 14 日星期二举行的会议（本届会议第 8 个会议日），会议报告全文。2006 年 3 月 15 日星期三，2006 年第 27S（CR）号文件，第 2064 页。

2）土著社区的有限权利

国家公园的地位揭示了法国法律对获取遗传资源的具体法律地位及其开发，以及开发这些资源所要求的财务状况的认识的第一步，《环境法》第 L.331-15-6 条规定：

获取从国家公园收集的遗传资源及其使用须经授权。根据国会民选部门和地区根据《地方当局通则》第 L5915-1 条提出的建议，《国家公园宪章》规定了获取和使用这些资源的条件，特别是如何根据 1992 年 6 月 5 日《生物多样性公约》的原则分享由此产生的惠益，如第 8（j）条和第 15 条的要求。在不损害《知识产权法》规定的情况下，许可证由区域理事会主席在总理事会主席的同意下签发，并与国家公园的公共机构进行协商。①

它规定，公园"将有助于保护……生物财富免受掠夺。②"如上所述，《国家公园宪章》阐明了这一保护的基本原则："获取从国家公园收集的物种的遗传资源及其使用必须经过授权。"③它已经准确地确定了授权程序：

在不影响《知识产权法》规定的前提下，经总理事会主席批准并与国家公园公共部门协商后，由区域理事会主席颁发许可证④。

至于其他方面，应由《国家公园宪章》具体规定其作用⑤。《国家公园宪章》

① 此段文字为原作者对原文的翻译。原文为："L'accès aux ressources génétiques des espèces prélevés dans le parc national ainsi que leur utilization sont soumis à autorisation. Sur proposition du congrès des élus départmantaux et régionaux prévu à l'article L. 5915-1 du code général des collectivités territoriales，la charte du parc national définit les orientations relatives aux conditions d'accès et d'utilisation de ces ressources，notamment en ce qui concern les modalités du partage des bénéfices pouvant en résulter，dans le respect des principle de la convention sur la diversité biologique de 5 juin 1992，en particulier du j de son article 8 et de son article 15. Les autorisations sont délivrées par le president du conseil regional，après avis conforme du président du conseil général et consultation de l'établissement public du parc national，sans prejudice de l'application des dispositions du code de la propriété intellectuelle."

② 此段文字为原作者对原文的翻译。原文为："permetta de protéger […] contre le pillage des richness biologiques"。2005～2006 年国民议会常会第 84 次会议。2005 年 11 月 30 日星期三第一次会议，会议报告全文。2005 年 12 月 1 日星期四，2005 年 AN（CR）第 100[1]号文件，第 7741 页。

③ 此段文字为原作者对原文的翻译。原文为："L'accès aux ressources génétiques des espèces prélevées dans le parc national ainsi que leur utilization sont soumis à autorisation."《环境法典》第 L.331-15-6 条第 1 款。

④ 此段文字为原作者对原文的翻译。原文为："Les autorisations sont délivrées par le president du conseil regional，après conforme du president du conseil général et consultation de l'établissement public du parc national，sans prejudice de l'application des dispositions du code de la propriété intellectuelle."《环境法典》第 L.331-15 条第 3 款。

⑤《环境法典》第 L.331-15-6 条第 2 款：该《宪章》是法属圭亚那亚马孙公园领土可持续发展和保护自然遗产、景观和文化权利的项目……《宪章》是一个促进希望加入合同的各方，加入由圭亚那亚马孙公园和总理共同签署合同文件的过程（国务委员会法令）。它展示了圭亚那亚马孙公园及其合作伙伴 10 年来干预公共机构的路径图。《宪章》中规定的方向、目标和措施将通过为选择加入《宪章》的社区提供服务，通过具体行动措施，在伙伴关系的基础上实施《宪章》"（"领地宪章"——圭亚那亚马孙公园，http://www.parc-amazonien-guiane.fr/le-parc-amazonien-de-guiane/la-charte-des-territoires）。这些目标、目的和行动包括打击非法采矿、改善人们的生活质量，加强对饮用水、电力、废物的管理等，以适当发展当地经济，保护森林和溪流，使文化瑰宝重放光彩。

应界定土著社区的权利。

在编写本文本时，土著社区的居民在获得授权和财务结算方面没有发挥任何建议作用或作出任何决定。圭亚那和公园的其他人和当局也是如此①。事实上，土著社区的居民通过圭亚那领土上的一个权力下放的政治机构（民选县和地区议会）和公园的决策和咨询机构（公共机构，如其董事会、科学理事会委员会和当地生活委员会）间接地实现了这一目标。他们的权利和主张被淡化，很可能被忽视或侵犯。这很可能是因为土著社区在这些机构中的代表性并不总是能得到保证。因此，地方委员会的组成没有任何法律规定和依据。目前，仅建议它应该包括"国家公园中的不同参与者：人、使用者、经济活动者、协会等"②，包括"亚马孙雨林中的居民社区"③。当土著社区在这些机构中有合法代表时，他们最多只能有很小的影响力，而没有真正的决策权。因此他们可以在公园董事会任职，从而通过"根据其能力选出的成员"参与公园的工作，其中包括"环境保护协会、业主、居民和运营商、专业人员和使用者的代表"④。更佳的是，除了对公园感兴趣的人或公园内的人在大会上体现出的普遍性和共同性的代表人，还有传统、政治和文化权威的特殊代表⑤。这种特殊的代表性预计至少有助于唤起当地和土著社区的具体利益和愿望。然而，在出现僵局的情况下，董事会主席将投出决定性的一票⑥，土著社区仍没有足够的力量来确保按照他们的意愿作出决定⑦。

特别是在许可证制度方面，法律没有赋予地方社区和土著社区明确的建议权或决策权。由于法律已对此问题有明确规定，《公园宪章》也不能再回到这个问题上。他们无权通过公园机关发表意见。这一事实再次表明，土著人民的权利受到忽视或侵犯的风险很高，而且更重要的是，在这种情况下，其所赋予的咨询角色并没有得到授权。在这种情况下，仅将总理事会主席的意见作为具有约束力的决定。然而，最初的筹备工作表明，土著社区将通过其传统的政治当局拥有自己的

---

① 亚马孙公园：《环境法》第L331-15-1s条和2007年2月27日第2007-266号法令，设立了一个名为"圭亚那亚马孙公园"的国家公园。

② J. P. 吉兰（J. P. Giran），"国家公园，法国的一个参考，对其领土的一个机会。"2003年6月，向总理递交的报告。

③ 此段文字为原作者对原文的翻译。原文为："less forces vives du parc national，habitants，usagers，acteurs économiques，associations [y compris les] communautés d'habitants présentes dans la forêt amazonienne."代表经济事务和规划委员会提交的关于（1）法案的第159号报告，该法案由国会在发布了关于国家公园和海洋公园的紧急声明后通过，由参议员M.让•波尔（M. Jean Boyer）提交。2005~2006年参议院常会，圭亚那国家公园创建任务，2005年。《圭亚那国家公园的创建草案》，第1册，拟建的圭亚那国家公园。

④ 此段文字为原作者对原文的翻译。原文为："members choisis pour leur competence [lesquels comprennent] notamment des resprésentants associations de protection de l'environment，des propriéttaires，des habitants et exploitants，des professionnels et des usagers."《环境法典》第L.331-8条第1款。

⑤《环境法典》第L.331-15-4条第2款。

⑥《环境法典》第L.331-28条。

⑦ 2007年2月27日第2007-266号法令第27条，圭亚那亚马孙公园公共机构董事会成员建立了被称为国家公园的"圭亚那亚马孙公园"。2013年10月20日，http://www.parc-amazonien-guiane.fr/assets/membres-ca_pag.Pdf。

决策权和控制权①。

土著社区采用的方法在原则上被接受，但受到议员们的质疑②。从而导致这一遗产财富私有化的事实受到质疑。根据议员们的说法，只有"生活于国家公园内的个别本地群体③才有权从财富中获得收益"④。他们进一步辩称，有必要使这些国家财产所有权"归所有圭亚那人所有"⑤，则财富应由该领土的权力下放机构相应管理。这一观点最终获得了胜利，法律承认地方和土著社区没有建议权或决策权。这种做法表明，法律没有考虑到《生物多样性公约》第 8（j）条关于土著和地方社区知识产权的规定。考虑到这项条款所涉及的产权⑥，事实上，甚至可以说法律违反了这些条款。

亚马孙公园《国家公园宪章》的困惑

圭亚那亚马孙公园于 2013 年 10 月 28 日通过了其章程⑦。2009 年至 2012 年期间，在董事会及主席的指导下，该项目由国家公园的一个官员团队开发，并得到所在区域所有利益相关者的支持：地方当局（市、市协会、县和地区）、传统地区当局、协会、社会专业人士、普通民众、政府部门和公共机构。

在公共调查过程中，卡莫皮市、美洲印第安人和布希宁格人口咨询委员会以及负责宪章草案环境评估的环境管理局对该项目的准入和利益共享条款提出疑问，特别是《生物多样性公约》第 8（d）条，该条规定了土著社区知情同意的权利。事实上，尽管该公约承诺尊重上述条款，但正在进行公开调查的《国家公园宪章》草案并未赋予这些人咨询的权利，亚马孙公园修改了其章程草案，取消了最初登记的土著人民事先知情同意的原则⑧。

在这些质疑之后，圭亚那亚马孙公园已承诺纠正《国家公园宪章》草案，以同意权取代建议权，从而使项目符合《生物多样性公约》。

最后，目前生效的《国家公园宪章》已经修改，现在明确要求土著和当地社区事先自由知情同意。《国家公园宪章》现在与法国的国际法承诺一致，但与《环境法》的规定相违背。

---

① 政府提出的第 217 号修正案（第 2 次更正）：新《环境法典》拟议的第 L.331-15-6-1 条。

② 见讨论：2005～2006 年国民议会常会第 87 次会议，会议报告全文。2005 年 12 月 1 日星期四第二次会议，会议报告全文。2005 年 12 月 2 日星期五，2005 年 AN（CR）第 101[2]号文件，第 7846-7851 页。

③ 此处为原作者对原文的翻译。原文为："populations micro-locales habitant le parc"。

④ 同上，第 7849 页。

⑤ 此处为原作者对原文的翻译。原文为："par l'ensemble des Guianais' Idem"。

⑥ P. 卡普（P. Karpe）和 T. 勒斐布（T. Lefebre），《森林产品的研究与开发会议论文集：社区权利、知识产权，应采取什么公平的做法？》，M. 弗勒里（M. Fleury）、C. 莫雷蒂（C. Moretti）（Gadepam：Cayenne，2006）：43-57；P. 卡普（P. Karpe）（2008），"土著社区"。哈马坦（L'Harmattan），"法律逻辑"系列。

⑦ 有关国家公园宪章的更多信息，请参见：A. 吉尼尔（A. Guignier），M. 普里厄（M. Prieur）（2011），《保护区的法律框架：法国》，IUCN-EPLP No. 8（http://cmsdata.iucn.org/downloads/ france_en. Pdf）。

⑧ 参见：太盟投资集团（PAG）董事会主席对卡莫皮市议会关于 PAG 宪章草案的意见的答复。2013 年 1 月 4 日的信信函。

最后，土著社区将始终有办法确保适用任何违背其自身标准的法律是切实可行的、灵活的，并适应其自身情况。事实上，现在要求特定公园的管理人员具备特定公园①的"自然文化遗产和景观的经验和知识"②。这一新要求引起了强烈的争议，它要求"掌握地形"③以"更好地应对风俗习惯"④，以显示该区域⑤不可或缺的"微妙"⑥。

实际情况的现实需求具备自然环境相关知识、生存能力以及对社会组织的理解，这些很难通过简单的学校项目或行政竞争或引入法定要求来满足⑦。

这是"绝对必要的"⑧，尤其是在圭亚那的情况下⑨。除此之外的任何事情都会导致公园"崩溃"⑩。也应注意到目前并无在土著社区中招募人才的计划。

2. 法属圭亚那域内规则适用情况：地区的内提案

这一特殊制度仅适用于亚马孙公园所覆盖区域内的土著知识。《环境法》第 L.331-15-6 条确实插入了题为"圭亚那亚马孙公园"的第 3 节的内容。其他国家土著知识也通过援引多种法律、规则、原则及程序而引起的使用行为而得到保护。

2012 年 9 月 14~15 日，在法国巴黎召开的生态转型环境会议⑪上，与会各方在"共识"⑫中决定，部长委员会于 2014 年 3 月⑬提交的未来生物多样性法案框架，将包括法国就关于获取与惠益分享而预先批准《名古屋议定书》：

政府将为批准《名古屋议定书》建立获取遗传资源和分享因使用所产生的惠

---

① 此处为原作者对原文的翻译。原文为："expérience et des connaissances du patrimoine naturel, culturel er paysager"。

② 2006 年 4 月 14 日关于国家公园、海洋公园和区域公园的第 2006-436 号法律，第 26 条。

③ 此处为原作者对原文的翻译。原文为："La comprehension du terrian"。

④ 此处为原作者对原文的翻译。原文为："mieux composer avec les us et coutumes"。

⑤ 2005~2006 年国民议会常会第 87 次会议，会议报告全文。2005 年 12 月 1 日星期四第二次会议，会议报告全文。2005 年 12 月 2 日星期五，2005 年 AN（CR）第 101[2]号文件，第 7831 页。

⑥ 此处为原作者对原文的翻译。原文为："subtilité"。

⑦ 此处为原作者对原文的翻译。原文为："La réalité des terrains demandent à la fois une connaissance du milieu naturel, une capacité à y vivre et une comprehension de l'organisation sociale, qúil est difficile d'acquérir par un simple cursus scolaire tout autant que de sanctionner par un concours administratif ou de faire entrer dans de contraintes statutaires"。代表经济事务和规划委员会提交的第 159 号报告。同前文所引。

⑧ 此处为原作者对原文的翻译。原文为："absolument indispensable"。

⑨ 2005~2006 年国民议会常会第 87 次会议，会议报告全文。2005 年 12 月 1 日星期四第二次会议，会议报告全文。2005 年 12 月 2 日星期五，2005 年 AN（CR）第 101[2]号文件，第 7831 页。

⑩ 此处为原作者对原文的翻译。原文为："se planter"。同上。

⑪ "每年一次的环境会议的目的是，讨论政府的可持续发展工作方案，特别是确定解决关键环境挑战的优先问题，商定要实现的目标、具体执行措施并立即进行磋商，以及积累所取得的一切成就。"（http://www.developpment-durable.gouv. fr/Conference-environmentale-la.html）。

⑫ 2012 年 9 月 14 日和 15 日在法国巴黎举行的生态转型环境会议之后通过的生态转型路线图。第 3 页。

⑬ 关于对法国新生物多样性法的分析，见基亚罗拉（Chiarolla）对本书的贡献（第三章）。

益的渠道。法律将规定获取资源和分享惠益的法律框架①。

早些时候，圭亚那地方当局已经注意到其丰富的生物多样性和与之相关的传统知识，以及在这一领域存在的破坏性法律真空，随之制定了关于获取与惠益分享制度的指导方针，在参与和分头编制②获取与惠益分享国家法律制度③时他们回顾了这一指导方针④。

总的来说，被选定参与制度设计的圭亚那人确认有必要以符合圭亚那的方式创设特定的获取与惠益分享制度："特别是一项针对整个国家的法规，一项侧重于遗传和生物资源的法规，一项侧重于授权于地方进行管理的制度、侧重于地区政治当局公平分享惠益的法规。⑤"依据上述描述，这种特殊性将有助于适当考虑该领土的具体现实。⑥最终，它们认为：

议会授权法属圭亚那区域委员会根据《宪法》第3条第3款和《区域行政通则》第 LO 4435-1 条，制定获取生物资源和与其相关的传统知识，以及在圭亚那领土上使用生物资源所产生的公平和公正的惠益转移的规则⑦。

在开发这些设备结构的过程中，他们规定了圭亚那土著社区的权利。在这方面，他们试图在所有利益之间建立一种平衡，当然这种平衡往往是困难和微妙的。首先，他们描述了旨在优化保护的土著知识和做法。事实上，他们并不排除任何特定知识的保护。其次，关于知识的使用，他们不受任何法规的约束，因此也不

---

① 此段文字为原作者对原文的翻译。原文为："Le Gouvernement mettra en place un régime d'accès aux ressources génétiques et de partage des avantages issues de leur utilization envue de la ratification de Protocole de Nagoya. Le dispositive juridique d'accès aux resources et de partage des avantages（APA）sera inscrit dans la loi." 欧洲事务委员会提交并由成员丹妮尔·奥罗伊（Danielle Auroi）提交的关于批准和执行《名古屋议定书》的资料，第37页。

② 这不是唯一的贡献。因此，鉴于《生物多样性公约》和《名古屋议定书》的执行情况，法国生态、可持续发展、交通和住房部（MEDDTL）、获取与惠益分享国家联合协调中心与外交和欧洲事务部，于2009年11月发起了一项关于"海外获取与惠益分享设备的适当性、法律和体制可行性"的研究招标，涉及遗传资源和传统知识。生物多样性研究基金会（FRB），即"中标人"提出了一种多学科专家和多方利益相关者的方法，以产生对所有已诉的需求的分析（《生物多样性研究基金会报告》，2011）。该报告具有关于获取与惠益分享遗传资源和传统知识的海外设施的相关性、法律和体制可行性。经济可持续发展、可持续发展评估和一体化总专员，《研究和文件》第48号，2011年9月13日。

有人就土著遗产权发表了意见。但比被选定参与制度设计的圭亚那人少，但只有后者才可当选。

③ 请参阅《圭亚选举大会的报告》，获取生物资源和利益分享，2011年7月21日。

④ 法国生态转型路线图。同上，第3页。

⑤ 此段文字为原作者对原文的翻译。原文为："avec et notamment：une réglementation pour l'ensemble du territoire；une réglementation qui porte sur les ressources génétiques et biologiques；un egestion régionale locale de régimes d'autorisation et de juste partage des avantages par l'autorité politique régionale."《生物多样性框架法》文件，《吉亚纳地区的贡献》，第5页。

⑥ 同上，第7页。

⑦ 此段文字为原作者对原文的翻译。原文为："au Parlement d'habiliter le conseil regional de la Guiance sur le fondement de l'article 73，alinéa 3，de la Constitution et des article LO 4435-1 et suivants du code général des collectivités territoriales aux fins de fixer spécifiquement pour le territoire de la Guiane des règles sur l'accès aux ressources biologiques，aux connaissances traditionnelles associées et sur le portage juste et equitable découlant de leur utilization."圭亚那地区委员会于2012年12月21日提交的关于获取生物和遗传资源以及利益共享的 ABS-授权申请，第003673号决定第1条。2013年3月22日第0069号官方公报，第4939-4941页，文本编号102。

受社区内部制定的任何限制、禁止或对价支付的行为的约束[1]。

虽然我们甚至可以假定当地社区愿意在基层充分和有效地划定土著知识及其用途的界限，但被选定参与制度设计的圭亚那人承认，在划定界限方面存在实际困难，且有必要在未来对现有描述的内容进行扩充[2]。但毫无疑问，在圭亚那即将举行的框架法辩论中，关于土著知识及其使用的定义将尘埃落定。

关于土著社区知识产权的权利，圭亚那关切且全面强调相关方面的问题，即：

《名古屋议定书》如何得到尊重？框架法案中土著和当地社区最佳代表如何被确认？如何确保实施工具（规则、程序及机构等）能够将正确的土著和地方代表纳入其中？土著和当地社区及传统机构代表如何被确定？[3]

由于这些问题的复杂性，尤其是在土著代表的性质和条件上，无法提供所有这些问题的答案，但却给出了一些详细、有用和创新的特点。例如，它承认社区土著知识集体所有权原则："即使是由该社区某个成员持有"[4]。它还承认获取土著知识方式的多样性：调查、访谈及图像采集（视频、照片等）[5]。而在许可制度背景下，即使是在土著知识缺失的情形下，它也提倡并提供了土著社区特定的参与方式。在被描述为一种简化程序的后一种情况中，生物勘探者必须告知并培训他进行研究的地区的土著居民。此外，在土著居民作出授权决定之前，只要他们是研究勘探工作的土地的管理者，则进行研究活动的人必须先咨询他们的意愿。但是这仅是一个简单告知。相反，在土著知识被关注且被认为符合适当程序的情形下，土著社区必须同意勘探者获取和使用这些知识。而且，必须符合《波恩准则》规定（尽管严格意义上而言这是自愿遵守），而进行后续策略开发[6]只不过是对圭亚那现实情况的适应。最后，它坚决主张，在"实际上（并且）[7]总是"考虑到土著人民及其知识[8]的跨境性质之前，土著人民的地位并不能得到真正和充分的保护。

整个获取与惠益分享制度丰富了法国法律中迄今不存在的特殊管控和惩罚

---

[1]《生物多样性框架法》，圭亚那地区的贡献文章，第25页。

[2] 同上，第25页。

[3] 此段文字为原作者对原文的翻译。原文为："Comment respecter le Protocole de Nagoya? Comment s'assurer de la bonne représentativité populations autochtones et locales dans le dispositive? Comment s'assurer de la mise en place des outils（réglementation，procédures，instances，etc.）en impliquant un niveau correct de représentativité autochtone et locale? Comment construire une representation des populations autochtones et locales et des autorités coutumières?" 同上，第35页。

[4] 此处为原作者对原文的翻译。原文为："même s'il n'est détenu que par un seul member de la communauté"。同上，第25页。

[5] 同上，第25页。

[6] 同上，第27、28和23页。

[7] 此处为原作者对原文的翻译。原文为："pratiquement [et] systématiquement"。同上，第35页。

[8] 同上，第25和35页。

程序。不过，圭亚那地区目前没有针对土著社区的特别规则。总而言之，应当注意到的是，土著社区为界定最终的获取与惠益分享制度作出了贡献①。

第三节 欧盟法律的影响

1. 减少法益

关于欧洲有关法国土著社区保护其传统知识的权利的立法，法国仍然是其命运的主宰者。

1）欧盟法律的法律影响

在环境保护领域，首先寻求的干预规则是欧盟关于获取与惠益分享的规则机制，虽然不是排他性规则，但只要欧盟尚未对相关领域进行干预，各国就不得对共享权限或竞争对手行使其权力②。因此，如果在特定过渡期结束时，欧盟的管辖权则开始逐步取代或代替各国国家权力。然而，《里斯本条约》也首次规定，如果欧盟停止其成员国行使其国内专门知识，在共享权限的领域成员国则可以行使其国内专门知识。

在 2011 年 6 月签署《名古屋议定书》后，欧盟与其成员国一道致力于批准《名古屋议定书》的进程。根据《欧洲联盟运作条约》第 218 条关于在属于欧盟权限的领域内缔结国际协定的规定，此类批准需要理事会作出决定。关于将《名古屋议定书》颁布为欧盟法律，则必须通过一项条例（Regulation），这是《欧洲联盟运作条约》中提到的立法来源，从而使此类问题合法化。

让我们首先回顾一下，在正式层面上，该条例构成了一项法律文书，其适用范围很广。在各机构适用条例时，其目的就是以抽象方式将各类预期接受者以符合《欧盟基础条约》第 218 条规定的方式表现出来。一旦在欧盟生效，这就是一项总体上和直接适用于各成员国的具有特殊法律效力的工具。同时，依据首要原则，按照其定义，就像欧盟法律所有的渊源一样，它高于国际法。由此产生的特别结果是，国家当局，特别是司法部门，有义务搁置任何与国内法相反的法律③。

因此，欧洲议会和理事会通过的《欧盟获取与惠益分享条例》保留了成员国引入该条例的自由（对其拥有的遗传资源事先知情同意）。这种自由也符合《欧洲联盟条约》（TEU）第 4 条所列的欧盟的义务："尊重会员国的民族特征，这是其

---

① 法国圭亚那法规委员会于 2012 年 12 月 21 日第 15 次提交的第 003673 号决定：关于获取生物和遗传资源以及利益共享的 ABS-授权申请。2013 年 3 月 22 日第 0069 号官方公报，第 4939-4941 页，文本编号 102。

② 《欧洲联盟运作条约》第 2 条第 2 款。

③ 请特别参阅伊万·博耶夫（Ivan Boev）《欧洲法》（巴黎：Editions Breal，2012）：191。

政治和宪法的基本结构所固有的，包括区域和地方自治。它应尊重其基本的国家职能，包括确保国家的领土完整。"然而，该草案生效后将对成员国产生的法律影响充分证明，在最终通过该草案之前需要相当长的时间，这对有效纳入所有方面的利益，包括土著人民的利益至关重要。

最后，也是最重要的是，根据第 349 条[①]提到的关于在所谓的最外层领土上适用欧盟法律的条约所确立的特殊规则，法国不承认欧盟有权代替其对法国本土知识进行立法。

2）权力分配

虽然理事会于 2009 年将成员国主权下的土著知识排除在欧盟的管辖范围之外[②]，但是欧盟规则似乎将其包括在内。欧盟规则没有明确将土著知识排除在管辖范围之外，而是隐含地将其纳入管辖范围，并且使用了最常见的表达方式表示在这一领域具有完全权限[③]。

至少可以强调，欧盟《条例》应"不对欧盟成员国裁决与遗传资源相关传统知识事宜的能力和权益构成损害，不对成员国采取措施保障土著和当地社区权益的能力和权益造成损害"[④]。

在就该《条例》拟议案文进行辩论之际，法国国会议员强烈质疑欧盟确保土著知识内部地位的能力，特别是在其海外领土[⑤]。这一反对意见在欧洲议会关于《条

---

① 第 349 条规定："考虑到瓜德罗普岛、法属圭亚那、马提尼克岛、留尼汪岛、圣巴特莱米岛、圣马丁岛、亚速尔群岛、马德拉岛和加那利群岛的结构性社会和经济状况，由于其地处偏远、岛屿性、面积小、地形和气候恶劣、经济依赖于少数产品，理事会应根据委员会的建议并在与欧洲议会协商后采取具体措施，特别是规定《条约》在这些地区的适用条件，包括共同政策。如果理事会根据特殊立法程序通过了相关的具体措施，它还应根据委员会的建议并在咨询欧洲议会后采取行动。"

② 欧盟理事会于 2009 年和 2010 年再次授权理事会代表欧盟参加《名古屋议定书》谈判，讨论属于欧盟职权范围内的事项（欧洲联盟理事会，2011）。在理事会的坚持下，《欧共体条约》（EC）第 175（1）条［现为《欧洲联盟运作条约》（TFEU）第 192（2）条］（缔结国际协议的一项外部权限）为委员会的谈判提供了法律依据（欧洲联盟理事会，2009）。

理事会发布的《谈判指南》承认，议定书的操作规定将影响美国管辖的几个地区。其中包括环境、公共卫生、共同贸易政策、海关合作以及研究和技术发展。根据《里斯本条约》的定义，几乎所有这些领域都由欧盟和成员国行使共同权限。唯一明确排除在委员会谈判任务之外的领域是由土著和地方社区持有的与遗传资源相关的传统知识。所有这些都由担任理事会主席的成员国直接处理（欧洲联盟理事会，2009），"理事会关于欧洲共同体参与《生物多样性公约》框架内获取和利益分享国际制度谈判的决定。"欧洲联盟理事会，第 14456/09 号文件，2009 年 10 月 15 日；欧洲环境政策研究所（IEEP）、生态学和 GHK，分析欧盟执行《名古屋获取与惠益分享议定书》的法律和经济方面的研究（布鲁塞尔/伦敦，2012）：14。

③《欧盟获取与惠益分享条例》，序言第 35 条和正文第 1、2 条。

④《欧盟获取与惠益分享条例》，第 20 条。

⑤ 特别参见：欧洲事务委员会提交的关于批准和执行《名古屋议定书》的第 396 号《信息报告》。2012～2013 年参议院常会，第 174 号报告，第 33-34 页。参议员让·比泽（Jean Bizet）代表欧洲事务委员会，根据欧盟委员会条例第 73 条提交的关于《欧盟决议》的提案，该提案符合拟议条例中关于获得遗传资源以及公平和公正分享在欧盟使用遗传资源产生的利益的辅助原则［COM（2012）576］。2012 年 11 月 29 日注册为参议院主席。2012-2013 年参议院常会，第 65 号决定，第 4-5 页。《欧盟决议》的动机是，遵守在欧盟［COM（2012）576］公告中所列的，关于获取遗传资源和公平公正地分享在欧盟使用遗传资源所产生的惠益的提案条例的辅助性原则。这种做法是基于《里斯本条约》在法律上承认的国家议会监督各机构遵守辅助性原则的新权力（2012 年 12 月 20 日通过）。这种政治性的控制可以通过成员国转介给欧洲联盟法院。

例》最初提案的立法决议项目中就被提及。

即使在讨论过程中，议员们认为欧洲立法提案尊重《欧洲联盟条约》规定的权力分工，他们也以该提案符合成员国为其土著知识立法的自由为由，而为其辩护①。

最后，我们必须记住，如果在《条例》生效后对欧盟的管辖权产生争议，法国仍可向欧洲法院（ECJ）提出上诉。然而，可以向欧洲法院提起的诉讼（撤销诉讼②和因未采取行动而提起诉讼③）仍然受到严格的条件限制，即遵守在撤销期限届满前两个月内提起撤销诉讼，并有意愿采取行动以便能够向法院提起诉讼④。此外，使用非合同责任也可能导致针对任何非法行为造成的损害而对机构提起诉讼⑤。这两种诉讼情形也适用于个人。

3）扩大对法国本土知识的保护以符合或超过欧洲的保护

正在起草的法国法律规定了土著社区保护其土著知识的权利的要点，即事先同意、集体所有权、惠益分享和土著居民参与标准化进程。但是，这些权利必须遵守相关国际标准，特别是《生物多样性公约》第 8 （j）条。此外，法国似乎希望为自己和欧洲制定一项比欧洲机构现有法律更严格、更详细、更有约束力的法律⑥。

法国和欧洲两个司法制度草案的主要区别在于其各自的基础。与法国当局不同，欧洲机构将其法律地位建立在有关土著知识的两项主要国际文书上，即国际劳工组织（劳工组织）《独立国家土著和部落居民公约》（劳工组织第 169 号公约）和《联合国土著人民权利宣言》⑦。

从严格法制角度来说，上述前提实际上无助于有效保护法国的土著知识。甚至可能适得其反。事实上，他们的主张将掩盖法国法律固有的积极性潜力。但最重要的是，它将赋予法国土著居民一种与其真正追求的意义截然相反的结果。

---

① 见国民议会，XIV 立法机关，欧洲事务委员会。2012 年 11 月 13 日星期二 16 时 30 分，第 14 号报告，第 20 页。

② "撤销诉讼是可以向欧洲联盟法院（CJEU）提起的诉讼之一。通过这一诉讼，索赔人要求撤销欧盟机构、实体、办公室或组织通过的法案"（http://europa.eu/legisaltion_summaries/institutional_affairs/decisionmaking_process/ aioo38_en.htm）。

③ "因未采取行动而提起诉讼是可以向欧洲联盟法院（CJEU）提起的诉讼之一。这些类型的诉讼是针对欧盟机构、实体、办公室或相关机构的不作为而进行的"（http://europa.eu/legisaltion_summaries/institutional_affairs/decisionmaking_process/aioo38_en.htm）。

④ 《欧洲联盟运作条约》（FEU）第 263 条。

⑤ 《欧洲联盟运作条约》（TFEU）第 268 条，欧洲法院（ECJ）的权限与《欧洲联盟运作条约》第 340 条有关。

⑥ 特别见 2012 年 11 月 13 日国民议会欧洲事务委员会《会议纪要》。XIV 立法机关。欧洲事务委员会。2012 年 11 月 13 日星期二 16 时 30 分，第 14 号报告，第 17、18、20 和 21 页。

⑦ 参见：《欧洲议会和理事会关于获取遗传资源及公正公平分享其利用所产生的惠益条例》第 3 序言，修正案 8；关于条例的提案；草稿 3 和修正案 14；关于条例的提案；序言部分 4 d（新）欧洲议会关于《欧洲议会和理事会关于获取遗传资源及公正公平分享其利用所产生的惠益条例》提案的立法决议草案（欧洲议会 2009—2014，A7-0263/2013，2013 年 7 月 16 日，第 4-131 页）。

2. 一种新的政治平台？

"鉴于假定生物资源提供国和使用国具有特殊性[①]"法国希望成为欧洲保护土著知识的引擎。那么，问题是欧洲的倡议和起草过程如何使法国能够在自己的立法中走得更远？如何说服法国提高和深化土著居民的地位，超越其最初的设想，以及它能够独自实现什么？这一《欧盟获取与惠益分享条例》将引起关注。事实上，

很明显，除欧洲人权法院的判决外，欧洲委员会的建议、决议和报告通常不具有与欧盟相同的可见性和影响力。在 27 个成员国中，欧洲联盟法案更具强制性。[②]

1）社区法的一般原则

在社区法的一般原则中，包含充分尊重人权的原则。欧洲联盟法院（CJEU）的工作最初是通过尊重共同体法律的一般原则来执行的。尊重人权后来被认为是机构行为合法性的先决条件。根据《欧盟基本权利宪章》，欧盟有一个关于这一主题的目录。随着《里斯本条约》于 2009 年 12 月 1 日生效，该目录具有宪法意义。《欧洲联盟条约》（TEU）第 6 条实际上将《欧盟基本权利宪章》引入了欧盟的主要法律。

在同一平台上，所有权将在《欧盟基本权利宪章》第 17 条中进行转换。它特别承认保护知识产权的权利。在《里斯本条约》生效后，欧洲法院早就有机会在此法律基础上进行裁决[③]。然而，值得回顾的是，早前，所有权已经通过法院判例被广泛认定为欧盟法律的一般原则。根据《欧洲人权公约》附加议定书第 1 条和成员国的共同宪法传统，所有权成为法院根据既定惯例披露的信息。

2）欧洲联盟法院

在实施《名古屋议定书》原则的《欧盟获取与惠益分享条例》生效后，不遵守土著社区的土著知识可能导致将案件诉至欧洲法院。除上述的直接诉讼外，虽然也可以主张合同撤销和（或）合同瑕疵以及合同责任（赔偿），但仍然受到严格限制。这就是为什么最初可选规则看上去更合乎利益，因为对个人申请者来说是

---

① 此处为原作者对原文的翻译。原文为："Compte tenu de sa spécificité revendiquée de pays à la fois fournisseur et utilisateur de ressources biologiques." 欧洲事务委员会提交的关于批准和执行《名古屋议定书》的第 396 号信息报告，第 36 页。

② 此段文字为原作者对原文的翻译。原文为："[force] est de constater qu'en dehors des arrêts de la Cour européenne des droits de l'Europe ne jouissent généralement pas de a même visibilité que les demandes émanant de l'Union européenne. Dans les vingt-sept États members，la contrainte de l'Union européenne oblige sans doute davantage." 2012～2013 年参议院常会，第 199 号文件。参议员米歇尔·比卢（Michel Billout）特代表欧洲事务委员会提交《关于罗姆人融合：欧洲联盟及其成员国面临的挑战的信息报告》。记录于 2012 年 12 月 6 日的参议院主席会议。第 6 页。

③ 见欧洲法院（ECJ），2013 年 4 月 18 日的判决，案件 C-565/11，玛丽安娜·伊丽米（Mariana Irimie）诉锡比乌（Sibiu）公共财政管理局。

可获利的。受益于《条例》的直接适用性，各国国家法院在审理案件时可直接援引该《条例》。考虑到可能需要对规则有效性进行解释，它也可能随后面对同时违反本国法及生效的《欧洲联盟条约》的情形。国家法院仍需对案情作出裁决，但要考虑到欧洲法院的判决。为了在欧洲法院启动之前让上述机制在土著社区内充分发挥作用，下一步即要确保和提升土著社区在国家层面诉诸司法的能力。

3. 法国本国公民和欧洲公民必不可少的身份构建

圭亚那人民的情况仍然较为特殊。土著人民正在谨慎地执行恢复权利的政策。鉴于当地的、政治的和社会背景的特殊性，这种自由裁量权是绝对必要的①。那么是否有可能考虑到这种特殊性？换言之，未来的欧盟《条例》会破坏现有对土著人民去殖民化浪潮的？保护吗？

1）偏远地区地位的更新

《欧洲联盟运行条约》第 349 条很大程度上使欧洲立法适用②于欧盟最边远的地区（ORS），包括圭亚那。它规定：

理事会可根据委员会的建议，并在咨询欧洲议会后，停止采取具体措施，特别是在不损害欧盟法律秩序的完整性和一致性的情况下，考虑到最边远地区的特点和限制，为欧盟规则的适用创造条件，包括内部市场和共同政策。

不幸的是，这些措施几乎没有被采纳。欧盟委员会"以立法倡议的载体机构的身份"③在本条款中提供了一个"狭小范围"④。

［欧盟委员会行为］背后的逻辑支持各地区朝着共同市场的方向发展，并逐步实施欧盟法律文书［而不是为了调整政策和工具而可持续地考虑和发展最边远地区（ORs）的特殊性］。因此，优先实施普通法，而不是采用具体部门的框架，以

---

① P. 卡帕（P. Karpe）和 A. 蒂妮卡（A. Tiouka），"超越法律主义：法属圭亚那的非殖民化印第安人的进步"，《圭亚那庇护下的土著问题》，莫德·埃尔福特（Maude Elfort）和 V. 沃克斯（V. Roux）编辑。领土。艾克斯-马赛（Aix-Marseille）：海外领土的收集法（艾克斯马赛大学出版社，2013）。

② 参见：2012~2013 年参议院常会，第 378 号文件。代表欧洲事务委员会提交的《关于欧洲联盟在最外围地区政策：圭亚那在寻找他的奇点》的信息报告，参议员乔治·帕蒂安（Georges Patient）和西蒙·苏图尔（Simon Sutour）。2013 年 2 月 20 日注册为参议院主席。参议院，附录 4。2012 年 7 月 3 日的《欧盟决议》，以获得欧盟对法国最外围地区渔业状况的认可（AND E 6449 E 6897）。第 60 页。

③ 此处为原作者对原文的翻译。原文为："en sa qualité d'institution porteuse de l'initative legislative"。参见：参议院第 378 号文件。2012~2013 年常会。代表欧洲事务委员会提交的《关于欧洲联盟在最外围地区政策:圭亚那在寻找他的奇点》的信息报告，参议员乔治·帕蒂安（Georges Patient）和西蒙·苏图尔（Simon Sutour）。2013 年 2 月 20 日注册为参议院主席。参议院，附录 5，圭亚那地区对欧盟最外围地区战略的立场，第 70 页。

④ 此处为原作者对原文的翻译。原文为："portée restrictive"。同上，第 59 页。

最大限度地发挥上文第 349 条规定的法律基础的潜力[①]。

　　上述情形也将在未来发生改变。事实上在其通知中，"欧盟最边远的地区：建立智慧、可持续和包容性增长的伙伴关系"[②]，欧盟委员会承认，"每个最边远地区的情况都千差万别，必须为每个地区考虑具体的路径"。委员会补充道，"每个边远地区都必须根据其特点，找到自己的道路，以实现更大的发展。"但感觉边远地区"有时会得到欧盟规则的调整或在实施时考虑到它们的具体需求而获得更好的支持"[③]。

　　2）参与原则

　　欧洲关于知识的法律有效性的一个基本条件是土著人民具体参与制定欧洲的立法，以"捍卫他们的道德和物质利益"，"捍卫[它们]的道德及物质利益[④]。"法国早已表现其相关方面的需求及对确保有效性及效率的关注：

　　然而，土著群体在参与[获取与惠益分享]的协商过程中的参与程度，在不同地区之间仍然不均衡。卡纳克人在出席海得拉巴[缔约方会议]的法国代表团中的代表比其他法国土著社区更具代表性，特别相较于来自圭亚那的土著社区而言。因此必须克服收集代表通知的困难。

　　确保土著社区权利的挑战[之一]在于这些群体的政治代表模式，这些群体无法直接参与国际谈判，只能通过国家当局代为进行抗辩，而国家当局有时对其文化差异并不敏感。[⑤]

　　尽管有所保留[⑥]，但圭亚那仍有常规程序及机构，如美洲原住民和布什宁盖人咨询委员会[⑦]。这一委员会的建立就是确保为没有任何代表的社区有特定的代表性。

---

　　① 此段文字为原作者对原文的翻译。原文为："La 'philosophie' qui sous-tend [l'action de la Commisson européenne] demeure l'accompagnement des regions dans la convergence vers le marché commun et la transposition progressive des instruments juridiques communautaires de droit commun（et non la prise en compte pérenne et la valorization des spécificités des RUP avec le souci de l'adaptation des politiques et des outils). Ainsi, la transposition du droit commun est préférée à l'adoption de cadres sectoriels spécifiques permettant d'exploiter au maximum tout le potentiael de la base juridique offerte par l'article 349 [susmentionné]." 同上，第 70 页。

　　② 布鲁塞尔，SWD（2012）170 最终版，2012 年 6 月 20 日 COM（2012）最终版。

　　③ 同上，第 27 页。

　　④ 此处为原作者对原文的翻译。原文为："défense [de leurs] interéts matériels et moraux"。欧洲事务委员会提交的关于批准和执行《名古屋议定书》的第 396 号《信息报告》。同上，第 38 页。

　　⑤ 此段文字为原作者对原文的翻译。原文为："L'association des groups autochtones aux processus de consultation [sur l'APA] reste toutefois inégale d'un territoire à l'autre. Ainsi, siles Kanaks étaient représentés en tant que tells dans la delegation française à la Cdp d'Hyderabad, la structuration d'autres communautés-notamment celles de Guiane-est traditionnellement moins bien charpentée, ce qui rend plus hypothétique la prise en compte de leurs intérêts. Cette difficulté à surmonter pour garantir leurs droits réside dans les modes de representation politiques de ces groups humains, qui n'ont pas accès directement aux negociations internationals mais ne sont défendus que par leur accès directement aux négociations internationales mais ne sont défendus que par l'intermédiaire d'autorités nationales parfois insensibles à leurs spécificités culturelles." 同上，第 36-38 页。

　　⑥ 卡帕（Karpe）和蒂妮（Tiouka），《超越法律主义》。

　　⑦ 地方当局的一般规范，第 L 4436-18 条。

但是在关于欧盟获取与惠益分享规则草案的辩论中，法国议员建议在这一领域进行创新，以提高参与度①。而关于参与程序的发展仍未进一步被明确。有制定计划吗？它如何构建呢？它的有效形式是什么？当要求提出推荐代表的时候，我们能够满足最近更新的印第安人种族咨询委员会②设想的以一种简单、但仍然属于建议的方式来提升参与程度吗③？是否必须遵守相关的国际标准④以满足土著人民在"采取和实施可能涉及他们的立法或行政措施"时"自由、事先和知情"同意⑤？但在法属圭亚那，这是可能的还是必需的呢⑥？

毫无疑问，土著人民为欧洲立法的发展作出了贡献。当然，在没有从特定条件中受益的情况下，他们作为目标受众群体在 2001 年最后一个季度（10 月 24 日至 12 月 19 日）举行的公开会议⑦上被关注，从而在探讨《名古屋议定书》可能产生的影响时，就与议定书实施相关的实际挑战而向他们收集具体的建议。遗憾的是，最终，他们在这些会议上的贡献有限。

委员会收到了 42 份问卷回复，其中也包含一份挪威政府的反馈。虽然收到的回复数量相对较少，但实际上代表了一定数量的广泛的受访者，因为超过 40% 的回复来自拥有数以千计的成员的利益相关方联盟。受访者的反馈情况如下：

利益相关方联盟：17 份回复（占总回复量的 41%）；

---

① 国民议会，第 12 项建议，《国民议会欧洲事务委员会的结论》。欧洲事务委员会，立法机关 XIV。2012 年 11 月 13 日，星期二，16 时 30 分，第 14 号报告，第 20 页。

② 新《领土地位总法典》的第 L.7-121 条。2011 年 7 月 27 日关于法属圭亚那和马提尼克地方当局的第 2011-884 号法律。

③ 卡帕（Karpe）和蒂妮（Tiouka），《超越法律主义》。

④《联合国土著人民权利宣言》第 19 条。

⑤ 同上。

⑥ 卡帕（Karpe）和蒂妮（Tiouka），《超越法律主义》。

⑦ "过渡期是（欧洲立法）的实际发展阶段，通常通过互联网提交草案供公众咨询，委员会保留组织不同利益相关者召开会议的可能性。"然而，委员会始终拒绝通过对其普遍适用的条例来"裁判"这一阶段的磋商。但加入《奥胡斯公约》导致了第 1367/2006 号条例的通过，该条例特别指出，"在所有选择仍然开放的情况下，共同体机构或机构为公众提供了一个真正的机会，让他们能够更早地参与与环境有关的计划和方案的制定、修改或审查。"（第 9 条）。总而言之，第 1367/2006 号条例第 1 条第 2 款规定，"机构和部门应努力协助公众并向公众提供建议，使他们能够获取信息、参与决策和诉诸司法"（作者翻译）以下为原文："La période intermédiaire, qui est celle de l'élaboration proprement dite voit le plus souvent le projet de texte soumis à consulation publique via internet, la Commission se réservant la possibilité d'organiser des reunions entre porteurs d'intérêts divergentsToutefois, la Commission s'est toujours refuse à 'juridiciser' cette phase de consultation par un règliment de portée générale à son égard. Mais l'adhésion à la convention d'Aarhus a provoqué l'adoption du règlement 1367/2006 qui indique en particulier que 'les institutions ou organs communautaires donnent au public, lorsque toutes les options sont encore possibles, une réelle possibilité de participer au plus tôt à l'élaboration, à la modification ou au réexamen des plans et des programmes relatifs à l'envirnnement' (article 9). De manière générale, l'article 1§2 du règlement 1367/2006 dispose que 'les institutions et organs s'efforcent d'aider et de conseiller le public afin de lui permettre d'accéder aux informations, de participer au processus décisionnel et d'accéder à la justice'; G. Monédiaire, 'La participation du public organisée par le droit: des principes prometteurs, une mise en oeuvre circonspecte", Participations 1 (2011): 134-155, www.cairn.info/review-equity-2011-1-pages-134.htm。

大学、收藏机构和研究机构：17 份回复（占总回复量的 40%）；

个人企业：4 份回复（占总回复量的 10%）；

欧盟生物遗传资源工作小组：2 份回复（占总回复量的 5%）；

非政府组织：1 份回复（占总回复量的 2%）；

土著和当地社区：1 份回复（占总回复量的%）[①]。

有计划地让他们参与欧洲立法的具体实施[②]。在这份非详尽清单中，可能包括："[帮助]界定及审查[惠益分享[③]和控制[④]程序]的授权法案以及实施[……]通过相互协议确定商定条款的可能准则。"[⑤] 这些特别参与的条款尚未明确。《欧盟条例》规定，参与者应数量"平衡"且参与者应在一个协商会议中会面讨论[⑥]。

类似"协商会议"应该仿照"生态设计协商论坛"的模式[⑦]。《协商会议议事规则》规定，"为了确保相关利益相关者的均衡参与，总统可邀请感兴趣的非会议方成员参加在某些会议环节，对审议议程上的具体事项发表意见"[⑧]。也可以根据《欧盟获取与惠益分享条例》对这种法作出规定，从而允许土著社区参加会议，丰富协商会议的辩论和意见。

第四节　结　　论

在圭亚那保护土著知识方面，共同体法律和法国法律之间的真正联系，无论是从空间上还是时间上，都没有形成一种互补关系或垂直等级关系。欧洲法律秩序和法国法律，既不是私掠船，也不是海盗船，更不是幽灵船，而是一艘脚踏船或一艘带着两个桨的小船，每一艘都在相互协调下朝着预期目标做出努力，在承认和深化对圭亚那土著人的保护方面，进展的确缓慢，但也确实有效。这更像是一个过程，而不是一个一揽子计划。我们要承认欧洲土著人民的特殊法律地位的

---

① 欧盟委员会。布鲁塞尔。2012 年 10 月 4 日。SWD（2012）292 最终稿。委员会工作人员工作文件。影响评估。随附文件。关于欧洲议会和理事会《关于获取遗传资源以及在欧盟内公平和公平分享利用遗传资源所产生利益的条例》的提案，第 2 部分注释[COM（2012）576 最终稿][SWD（2012）291 最终稿]。附件 3：支持行业组织（IA）的公众磋商结果。第 17 页。

②《欧盟获取与惠益分享条例》第 15 条。

③ 欧洲议会关于《欧洲议会和理事会关于获取遗传资源和公平、公平地分享在欧盟使用遗传资源所产生的利益的条例》提案的立法决议草案：修正案 52——关于条例的提案——关于第 4 条第 4 款 a 项（同上，第 4-131 页）。

④ 欧洲议会关于《欧洲议会和理事会关于获取遗传资源和公平、公平地分享在欧盟使用遗传资源所产生的利益的条例》提案的立法决议草案：修正案 63——关于条例的提案——关于第 9 条（同上，第 4-131 页）

⑤ 欧洲议会关于《欧洲议会和理事会关于获取遗传资源和公平、公平地分享在欧盟使用遗传资源所产生的利益的条例》提案的立法决议草案：修正案 75——关于条例的提案——关于第 15a 条（新）（同上，第 4-131 页）。

⑥《欧盟获取与惠益分享条例》第 15 条。

⑦ 委员会 2008 年 6 月 30 日关于生态设计咨询论坛的决定。欧盟官方期刊，L.190，2008 年 7 月 18 日，第 22-26 页。

⑧《协商论坛议事规则》第 5 条第 1 款。

存在。他们的这一地位基于国际公认的原则。这不仅是在适应国家的基本约束或要求，同时，且特别是在适应欧洲土著人民自身的现实和原住民的权利主张。通过这种方式，一个土生土长的圭亚那人、法国人和欧洲人的公民身份则同时建立了。

第十二章　私人标准与《名古屋议定书》履约：
《欧盟获取与惠益分享条例》中尽职调查义务
界定与实践

玛丽亚·茱莉娅·奥利瓦（María Julia Oliva）

在实施获取与惠益分享的过程中，实践指南是否有必要被认为是具有挑战性的议题呢？不同种类的生物遗传资源、使用动机的广泛性、很多参与生物多样性相关活动的经济及其他主体也会提出同等数量、关于如何构建获取与惠益分享监管框架范围、程序及要求等问题①。获取与惠益分享意义缺乏确定性也使得公司与参与讨论和行动的其他生物多样性相关组织备感沮丧②。

《名古屋议定书》意图通过包括自愿性方式在内的各种工具和机制为获取与惠益分享提供另外指导。依据该议定书第 20 条规定：鼓励各缔约方支持创设和适用各种自愿方式，如获取与惠益分享相关的行为准则、指南、最佳实践和标准③。上述方式创设的潜在作用为支持国际、地区和国内获取与惠益分享法律及规则的实施④。

传统与创新管制方式之间可能存在相当关联。人们越来越认识到促进公共政策的新形式的工具的价值⑤。而在获取与惠益分享视角下，围绕生物多样性开展活动的参与主体创设规则和实践——是一种"从下至上"的实施方式——并为更具有实践意义及有效适用性的法律要求提供解释⑥。即使是在议定书创设者之间仍缺乏信任，同时某些问题也仍未得到解决的情况下，自愿性方式——特别是通

---

① 生物多样性公约秘书处，"遗传资源的使用"，获取与惠益分享信息工具包（蒙特利尔：生物多样性公约秘书处，2011）：4。

② 玛丽亚·茱莉娅·奥利瓦（María Julia Oliva），《获取和利益分享：原则、规则和实践》（日内瓦：民族生物贸易联盟，2010）：6。

③《京都议定书》第 20 条。

④ 托马斯·格雷伯（Thomas Greiber）等，《关于获取与惠益分享的名古屋议定书解释指南》（格兰德：世界自然保护联盟，2012）：195。

⑤ 詹森·莫里森（Jason Morrison）和内奥米·罗特·阿里亚扎（Naomi Roht Arriaza），"私人和准私人标准制定"，《牛津国际环境法手册》，D. 博丹斯基（D. Bodansky）、J. 布鲁内（J. Brunnée）、E. 埃（E.Hey）编辑（牛津：牛津大学出版社，2007）：498-527。

⑥ 玛丽亚·茱莉娅·奥利瓦（María Julia Oliva），"名古屋议定书对生物多样性伦理追求的影响"，《2010年名古屋协定关于获取和利益分享的展望》，伊莉萨·莫杰拉（Elisa Morgera）、马蒂亚斯·巴克（Matthias Buck）、埃尔萨·乔马尼（Elsa Tsioumani）编辑（莱顿：马丁努斯·尼霍夫出版社，2012）：384。

过多方协商达成的——能为后续讨论及支持政策过程提供有益平台①。

关于《欧盟获取与惠益分享条例》，学界早就有关于如何通过自愿性方式对其实施提供支持的考量②。该规则包括要求生物遗传资源和相关传统知识使用者在收集、提供获取信息时，可以履行尽职调查义务并遵守相应法律规定③。为了遵守上述规定，该规则预见到使用者应依赖于不同部门创设的现有规则和实践④。使用者联盟也会提供认知程序以作为最佳实践并成为监督上述实践及尽职调查义务如何履行的监管者⑤。

本章对自愿性方式如何为欧盟规则中尽职调查义务，以及更广泛意义上议定书关于使用者规定进行考察。而在如此多的自愿性方式中，本章仅集中讨论私人标准的可能角色。而对于其他自愿性方式，私人标准提供良好实践通常与社会或环境议题相关。在透明的、对创设及适用规则负有说明义务的过程中，与其他作为多主体参与结果的自愿性方式而言，该标准似乎更容易受到实践改变的影响⑥。在获取与惠益分享视角下，私人标准或许是一项有用的参与式工具，它将提供者、使用者和其他利益相关方集中起来，依赖于不同主体的专业知识及经验，并为不同生物多样性相关部门获取与惠益分享实践提供更为精确和有效的指导。

而在上述介绍之后，本章将会关注私人标准及如何支持实现包括获取与惠益分享在内的公共政策目标。紧接着，本章将回顾《欧盟获取与惠益分享条例》并考虑私人标准是否为上述规则实施提供便利并使之优化。本章结论包括应对欧盟条例与私人标准之间关系进行考虑——获取与惠益分享要求可能会更具有实践意义并得到有效实施。

第一节　获取与惠益分享实施过程中私人标准

1.《名古屋议定书》使用者及自愿性方式

以生物多样性为基础的研究与开发活动相关的各类公司与研究机构——生物遗传资源的"使用者"——在获取与惠益分享实践中发挥基础性角色。《生物多样性公约》背景下，各国创设生物遗传资源和相关传统知识获取法律要求与行政程

---

① 事实上，自愿规范，特别是标准，已经被认为是促进法律要求的发展而不是对它的破坏。参见：格雷姆·奥尔德（Graeme Auld）等，"非国家治理是否能提高全球标准？"《欧洲共同体和国际环境法评论》，16（2007）：158-172。

② 欧洲议会和理事会第 511/2014 号条例，关于《〈关于获取遗传资源及公正公平分享其利用所产生惠益的名古屋议定书〉欧盟使用者遵约措施条例》。

③《欧盟获取与惠益分享条例》第 4 条。

④《欧盟获取与惠益分享条例》第 8 条。

⑤《欧盟获取与惠益分享条例》第 9 条。

⑥ 以下章节定义了私人标准，并解释了其区分于其他自愿规范的特点，从获取与惠益分享的角度来看，这使其具有参与性。

序①。不过,各国有必要考虑各参与主体必须在其法律、商业及财政相关生物多样性计划中对获取与惠益分享条款有所认知。这在创设制度环境过程中是尤为重要的,而该制度环境将会对生物遗传资源获取、便利研究及开发活动、提高惠益分享的产出以及促进生物多样性保护及可持续利用有所助益②。

在《生物多样性公约》所创设双边协议方式背景下,生物遗传资源使用者有责任联合创设并实现获取条件及对相应惠益分享进行安排。而且,生物遗传资源的使用者、提供者及受托者有必要搜集并提供获取许可及惠益分享协议信息,监督并对相关要求履行情况进行评估,采取措施防止出现非法获取行为③。从结果来看,获取与惠益分享的有效实施不仅依赖于行政措施,也需要包括私营部门在内的生物遗传资源使用者的积极参与④。

《名古屋议定书》也在诸多条款中提到使用者在获取与惠益分享实施过程中的角色。例如,第15~18条"遵约"规定,被视为议定书"核心中的核心"条款⑤。这些规定要求发生生物遗传资源利用行为的国家——使用国——采取措施确保遗传资源的来源国遵守获取与惠益分享要求,而且这些措施应当是"适当的、有效的和适度的"。尽管议定书并未创设何谓"适当的、有效的和适度的"标准,这些维度也可能要求考虑到遵约措施不仅对采取措施的国家,以及其他参与主体均具有意义。例如,"适度的"应被理解为在特定法律和经济背景下拟采取措施的适应性,同时避免滋生太多的官僚主义⑥。上述论断也要求对参与主体、获取与惠益分享相关行动的要求和程序进行考虑。类似的,"适度的"也可被解释为要求对不同利益主张进行考虑且不创造不必要的负担⑦。

其他条款也直接讨论生物遗传资源使用者——对以生物多样性为基础的研究与开发活动相关的各类公司与研究机构采取直接措施⑧。例如,第19条支持在获取与惠益分享共同商定条件程序创设并使用示范合同条款。上述规定目的在于提升法律确定性,减少交易成本并为使用者和提供者提供监管便利⑨。

---

① 《生物多样性公约》第15.1条。

② 《生物多样性公约》第15.2条。

③ 《关于获取遗传资源并公正公平分享通过其利用所产生的惠益的波恩准则》第16.d条。

④ 凯瑟琳·莫纳格尔(Catherine Monagle),"《名古屋议定书》第19条和第20条关于合同示范条款、行为准则、准则、最佳做法和标准的获取和利益分享调查"(2013年3月25日至26日在东京举行的《名古屋议定书》第19条和第20条执行情况非正式会议上提交的文件)。

⑤ 格尔戴尔·辛格·尼杰尔(Gurdial Singh Nijar),《关于遗传资源获取与惠益分享名古屋议定书:发展中国家的分析和实施选择》(日内瓦:南部中心出版社,2011):5。

⑥ 格雷伯(Greiber)等,《关于获取与惠益分享的名古屋议定书解释指南》,161。

⑦ 格雷伯(Greiber)等,《关于获取与惠益分享的名古屋议定书解释指南》,162。

⑧ 格雷伯(Greiber)等,《关于获取与惠益分享的名古屋议定书解释指南》,163。

⑨ 本章重点介绍遗传资源使用者工作中的挑战和机遇,其中许多要求对根据ABS条例作为"提供者"的私人行为者同样有效。因此,例如,关于传统知识的第12条也涉及模板合同条款,呼吁缔约方支持土著和地方社区开发这些工具。

　　《名古屋议定书》第 20 条旨在促进获取与惠益分享实施的另一项规定。它要求各缔约方鼓励创设并使用自愿性方式，如行为守则、指南、最佳实践和标准。依据定义，这些方式并无法律约束力。而且，它们通常是由非国家主体创设。不过，在获取与惠益分享及其他可持续发展框架视野下也出现越来越多关于常规与自愿性工具之间积极协调的潜在认识①。例如，自愿性方式被证明在提供信息及改良环境程序、污染防控、自然资源管理及减缓温室气体排放表现方面是有用（效）的②。

　　第 20 条提到所有各种自愿性方式均会对获取与惠益分享实践提供可能帮助。目前已有诸多自愿性方式协助获取与惠益分享实施案例。例如，比利时微生物协作收集机构创设《微生物可持续利用与获取条例国际行为准则》，该法规为所有成员确立了获取微生物遗传资源的条件，也包括惠益分享的条款③。类似的，德国研究基金会创设指南或瑞士科学研究院提供获取与惠益分享信息及情况介绍，要求研究人员将获取与惠益分享作为申报研究项目的前提条件④。

　　然而，不同类型自愿性方式在理论、方法、可信度及影响等方面具有明显差异，因此也影响到实现获取与惠益分享的承诺。例如，某些指南规则、原则及建议均比较简单，也意味着它们角色或对创设和所监督行为影响会比较细微。类似的，"标准"一词较为广泛地涉及产品特征或安全、质量、环境表现或劳工实践的程序规则。

　　不过特定类型的"标准"——本章所提到的"私人标准"，对参与主体建构管制及监督机制具有显著影响及确信度。目前，鲜少有私人标准涉及获取与惠益分享的要求，但是仍有部分及潜在标准正在酝酿。例如，近期一份研究报告发现在 36 份环境样板标准中有 20 份以《生物多样性公约》为参考⑤。《名古屋议定书》非正式专家会议也注意到私人标准在获取与惠益分享实施过程中具有重要地位⑥。据此，下面内容将集中讨论作为《名古屋议定书》第 20 条自愿性方式类型之一的私人标准，考察其特征表现及在获取与惠益分享实施过程中的可能角色。

---

　　① 格雷伯（Greiber）等，《关于获取与惠益分享的名古屋议定书解释指南》，195。也可见联合国环境规划署（United Nations Environment Programme，UNEP），《在环境政策中使用经济工具：机遇与挑战》（日内瓦：联合国环境规划署，2004）。

　　② 托马斯·斯特纳（Thomas Sterner），《环境和自然资源管理政策工具》（华盛顿特区：RFF 出版社，2003）：122。

　　③《微生物可持续使用和获取条例国际行为准则》，http://bccm.belspo.de/splash.php ［另见皮赛斯（Pitseys）等对本书的贡献（第一章）］。

　　④ 德意志研究基金会（DFG）指南，http://www.dfg.de/download/formulate/1_021_e/1_021e_rtf.rtf。瑞士科学院指南，http://abs.scnat.ch/downloads/documents/ABS_GoodPractice_2009.pdf。

　　⑤ 联合国环境规划世界保护监测中心（UNEP-WCMC），《关于标准和认证计划的生物多样性要求的回顾》（蒙特利尔：生物多样性公约秘书处，2011）。

　　⑥ 2013 年 3 月，日本政府与《生物多样性公约》秘书处和联合国大学高级研究所合作，在东京召开了关于《名古屋议定书》第 19 条和第 20 条执行情况的非正式专家会议。更多信息见 http://www.ias.unu.edu/sub_page.aspx?catID=8&ddlID=2509。

2. "私人标准"的界定

标准作为制造和提供产品及服务的条件而长期存在[1]。它们的目标是使开发、制造、提供产品与服务更加有效、安全及清洁。而且，标准也被证明对工业及商业组织、政府及其他管制机构、作为常规意义上的消费者有所助益。

近些年来，标准也被视为推动可持续发展的工具。与其他创新性政策工具不同，标准对于市场而言不仅是持续挑战的一部分，同时也是解决方案的一部分[2]。产品环境行为评估指标中可持续标准正发挥作用，同时也作为标签区分环境友好型产品[3]。标准中的原则和条件因此也成为一种融入、查证、认知商业政策和实践社会及环境因素的方式——因此提升并促进可持续实践[4]。

一个首创的可持续标准例子即为生态标签。生态标签最初始于政府管理环境影响评估为基础产品而出具的"批准章"[5]。早期生态标签还包括蓝色天使，一种始于 1978 年德国环境友好型产品与服务证明项目。现在生态标签的适用范围非常广泛，出现在不同主体并由不同类型参与主体管理。生态标签指数，一种全球性生态标签分类，目前追踪全球 197 个国家和 25 个工业部门 44 种生态标签的发展情况[6]。

随着标签和标准迅速增长，它们也在逐渐进化。标准在更广泛全球化与管制趋势中逐渐成熟。很多标准现在也在全球通用。例如，公平贸易国际系统控制着公平贸易标记，包括 66 个国家数以百万计农民的三大生产者网络，以及 24 个国家的 19 个国内公平贸易组织[7]。标准也开始逐步关注特定事项，如公平贸易、有机物、捕鱼、森林管理或可持续旅游。这种变化部分起源于特定消费者需求，也归因于需要单独且更有效地解决这些复杂的问题[8]。

另外一个重要的发展是，可持续标准正在逐渐由非国家主体提出。这与更为包容和分散的可持续管制系统的发展趋势保持一致[9]。私人标准也因为由政府以外主体创设或实施而缺乏法律效力。这是因为它们的管理并不依赖于国家主权，而

---

① 罗杰·弗罗斯特（Roger Frost），"国际标准化组织（ISO）简介"，*Qual Assur*，8（2004）：198。

② 罗伯特·N. 斯塔文斯（Robert N. Stavins），《基于市场的环境政策工具的经验》（华盛顿特区：未来资源，2001）：1-3.

③ 亚瑟·E. 阿普尔顿（Arthur E. Appleton），《环境标签计划：国际贸易法影响》（伦敦：Kluwer Law 出版社，1997）：1-2.

④ 国际标准化组织，ISO 14000：环境管理体系（日内瓦，ISO：2004），导言。

⑤ 美国环境保护局，《全球环境标签问题、政策和实践》（华盛顿特区：EPA 出版社，1998）：11。

⑥ 生态标签索引可见 http://www.ecolabelindex.com/.）

⑦ "我们是谁"，《公平贸易国际》，2013 年 10 月 12 日，http://www.fairtrade.net/who-we-are.html。

⑧ 阿普尔顿（Appleton），《环境标签计划》，8-9。

⑨ 史蒂文·伯恩斯坦（Steven Bernstein）和本杰明·卡肖尔（Benjamin Cashore），"非国家全球治理是否合法？一个分析性框架"《监管与治理》，1（2007）：347-348。另见肯尼思·W. 阿博特（Kenneth W. Abbott）和邓肯·斯奈德尔（Duncan Snidal），"国际治理中的硬法和软法"，《国际组织》545，第 3 号（2000）：423。阿博特（Abbott）和斯奈德尔（Snidal）研究了软法在国际关系中的重要性，并发现在某些情况下，软法可能提供优越的制度安排，特别是作为处理不确定性的更有效方式和不同行为者之间互利合作的工具。

是依赖于透明度、与公共政策相协同多主体管制、经济因素的介入、第三方遵约证明等[①]。

这些标准也从参与创设和实施过程中不同层次主体的知识、经验及贡献中汲取营养。例如，参与森林管理委员会（FSC）各类主体，包括工人、社区、商业主体及最终使用者[②]。上述主体将它们的专业知识集中起来创设一项具有实际意义且有效的追溯及监督木材特性及来源地的系统[③]。

所有这些特征——全球适用性、聚焦于可持续和多主体参与、非政府管制方式——使得新一代标准与早期标准及其他自愿性方式得以区别。对该新颖性标准与其他社会和环境议题商业参与类型进行对比发现，奥尔德（Auld）等将其视为公司社会责任方面的"硬法"[④]。这是因为，通过自愿性方式，这些标准产生持久性及指定性规则[⑤]。例如，可持续农业网络（SAN），一个非政府组织联合体，拥有农业产品社会、经济及环境条件相关标准。实施这些标准并非强制要求[⑥]。然而，如果农场想要为它们的农产品使用雨林联盟认证标签的话，它们必须实施上述标准且经过认可认证机构核实其遵约程度[⑦]。

福格尔（Vogel）将这种私人、非国家以及市场为基础的管制框架称为"民间管制"[⑧]。伯恩斯坦（Bernstein）和卡修（Cashore）将该类标准称为非国家，而是市场驱动的管制体系[⑨]。这些术语认识到，除约束力及可实施的规则外，这些标准还包括多方利益相关机构负责的标准设置、影响评估及认证流程体系。

目前对这些新出现的标准并无单一的、广泛使用的名称[⑩]。本章所使用的"私人标准"措辞，是一种常见的表述且与《名古屋议定书》使用语言表保持一致。因此，本章采取上述表述意指非国家、市场驱动、可持续的标准正如前述因为它的影响力、可强制实施的及多方利益管制而被认为具有权威。

---

① 几位作者试图确定私人标准的合法性来源。例如，参见伯恩斯坦（Bernstein）和卡什肖尔（Cashore），"非国家全球治理"；大卫·沃格尔（David Vogel），"全球企业行为的私人监管：成就与局限"，《商业与社会》，49（2010）。

② "我们的历史"，森林管理委员会，上次访问时间为2013年10月12日，https://ic.fsc.org/our-history. 17.htm。

③ 桑德·陈（Sander Chan）和菲利普·帕特伯格（Philips Pattberg），"私人规则制定和问责政治：分析全球森林治理"，《全球环境政治》，8（2008）：112。

④ 格雷姆·奥尔德（Graeme Auld）、史蒂文·伯恩斯坦 Steven Bernstein 和本杰明·卡肖尔（Benjamin Cashore），"新的企业社会责任"，《环境与资源年度评论》，33（2008）：413-435。

⑤ 同上。

⑥ "使命和目标"，可持续农业网络，上次访问时间为2014年1月25日，http://www.sanstandards.org/sitio/subsections/display/1。

⑦ 《可持续农业标准》，雨林联盟，2014年1月25日，http://www.rainforest-alliance.org/agriculture/standards。

⑧ 沃格尔，"私人监管"。

⑨ 伯恩斯坦（Bernstein）和卡肖尔（Cashore），"非国家全球治理"。

⑩ 联合国可持续性标准论坛，《自愿可持续性标准：实现公共政策目标的问题和倡议的现状》（日内瓦：联合国可持续发展论坛，2013）：15。

私人标准因其合法、管制及实施而使其可能对公共政策目标作出贡献。事实上，若干私人标准目标即是国际或国内法律或政策视为圭臬的可持续目标，且通过工具而对法定要求或程序予以补充。下一部分主要分析私人标准与公共政策之间的关联，以便勾勒私人标准作为实施获取与惠益分享工具的初步结论。

3. 私人标准及在公共政策中的角色

作为提升可持续性的工具，私人标准存在于跨政府协议、各国法律及其他环境和社会议题相关公共政策网络之中。例如，目前已有 6 部与生物多样性相关的国际公约，包括《生物多样性公约》。而在国家层面，与生物多样性战略和行动计划相关的措施有 170 多个国家[①]。而且，私人标准也出现过剩情况，生物多样性相关要求也在 36 个不同标准中出现并在 8 个商业部门中发挥作用[②]。这些要求包括对栖息地生境的转变、在保护区附近作业的标准以及保护濒危物种的措施。

在某些案例中，私人标准的出现也对国际或国内法律中被证明不可行的或有效的环境和社会政策所存在的缺陷进行填补。例如，由于缺乏森林相关国际公约而导致森林可持续委员会的出现[③]。而当国际或国内规则存在的时候，私人标准试图对这些要求进行补充[④]。例如，在《联合国气候变化框架公约》（UNFCCC）背景下，若干项目和标准从森林采伐、退化及森林保护和可持续管理等角度对减缓温室气体排放提供实施机制[⑤]。

当然，私人标准并不能替代传统管制要求。然而，私人标准亦能及经常为公共政策目标实施提供支持。这是由于私人标准主要以国际规则为基础[⑥]。私人标准应"试图补充并依赖管制要求"[⑦]。标准应"要求实践符合或者超过现有管制要求"，以便确保私人标准与国际和本国社会及环境目标相关或对这些目标作出贡献[⑧]。阿博特（Abbott）也注意到私人标准"作为实现国际协议要求、支持目标及通过认证或标签等机制扩大其影响力的'力量倍增器'"存在[⑨]。

---

① "国家生物多样性战略和行动计划"，《生物多样性公约》秘书处，2013 年 10 月 12 日最后访问，http://www.cbd.int/nbsap/。

② 联合国环境规划署世界保护监测中心（UNEP-WCMC），《标准生物多样性要求审查》。

③ "我们的历史"，森林管理委员会，上次访问时间为 2013 年 10 月 12 日，http://ic.fsc.org/our-history.17.htm。

④ 肯尼思·W. 阿博特（Kenneth W. Abbott）和邓肯·斯尼德（Duncan Snidal），"通过跨国新治理加强国际监管：克服协调缺陷"，42 Vand. J. Transnat'L.501 (2009)。

⑤ 减排方案［联合国减少毁林和森林退化所致排放量合作计划（UN-REDD 计划）］的这些举措和标准包括《联合国降排方案社会和环境原则和标准》；《森林碳伙伴关系基金战略环境和社会评估的共同方法》；《气候群落和生物多样性标准以及经验证的碳标准》。

⑥ 沃格尔，"私人监管"。

⑦ 国际可持续标准联盟（ISEAL），《制定社会和环境标准》5.0 版（伦敦：ISEAL 联盟，2010）：15。

⑧ 同上。

⑨ 阿博特（Abbott）和斯奈德尔（Snidal），"加强国际监管"。

若干研究也确认了私人标准在实现公共政策目标的角色。例如，食品质量私人标准被认为对法定要求遵守提供便利，即使在某些情形下它们的要求趋近一致[1]。在森林管理过程中，私人标准也通过加强参与主体社会和环境承诺、改进监督和实施质量、允许学习和知识经纪人等方式提升本国法律制度实施效果[2]。

事实上，私人标准被认为有助于法律有效实施[3]。例如，私人标准擅长产生与传播知识和信息，包括法律及管制要求[4]。大量参与主体加入意味着私人标准能提高对社会和环境要素的承诺和所有权。通过让参与者参与其特定领域的活动并受其影响，标准利用（纳入了）一系列的专门知识，包括关于必须在其中执行立法的业务的基本信息。标准也能够为法律条款所涉及的具体活动和环境提供指导。独立认证程序降低了经济主体监督成本，也考虑了减少政府执行负担[5]。

当然，私人标准并非绝对支持公共政策。特鲁贝克（Trubek）和特鲁贝克（Trubek）认为，从更常规的视角来看自愿规范，这些工具为管制提供了有竞争力或排除性选择，例如如果他们采取矛盾或简单区别方式[6]。其他作者也发现自愿性方式减少法律要求的创设和实施频率的风险[7]。

事实上，私人标准也不能完全取代管制要求。然而，私人标准也被认为是可供考虑的工具且为管制要求及实现可持续目标作出贡献。而上述关联也为相互学习与支持提供机会，致使更多实际、有效的机制以达到公共政策目标[8]。以下部分则考虑相互学习和支持机会是否存在于实施获取与惠益分享的环境。

4. 私人标准在获取与惠益分享过程中承担何种角色？

获取与惠益分享被认为"《生物多样性公约》失去的支柱"[9]。实施获取要求

① 盖瑞·史密斯（Garry Smith），"食品链中公共和私人标准的相互作用"，《经合组织食品、农业和渔业工作文件》，15（2009）。

② 菲利普·帕特伯格（Philipp Pattberg），"私人治理与南方：全球森林政治的教训"，《第三世界季刊》，27（4）（2006）：579-593。另见拉尔斯·H. 居尔布兰森（Lars H. Gulbrandsen），"公共和私人治理的重叠：森林认证能否填补全球森林制度的空白？"《全球环境政治》，4（2004）：75-90。

③ 阿博特（Abbott）和斯奈德尔（Snidal），"加强国际监管"。

④ 菲利普·帕特伯格（Philipp Pattberg），"私人治理的制度化：企业和非营利组织如何就跨国规则达成一致"，《治理：政策、行政和制度国际期刊》，18（2005）：589-560。

⑤ 克里斯汀·凯莉（Christine Carey）和伊丽莎白·古滕斯坦（Elizabeth Guttenstein），《政府使用自愿标准：可持续性治理中的创新》（伦敦：国际可持续标准联盟，2008）。

⑥ 大卫·M. 特鲁贝克（David M. Trubek）和路易丝·G. 特鲁贝克（Louise G. Trubek），"新治理和法律监管：互补、竞争或转型"（在大学学院组织的新治理中的法律会议上发表的论文，2006年5月26~27日，伦敦）。

⑦ 达拉·洛克（Dara O'Rourke），"外包监管：对劳动标准监测的非政府系统的分析"，《政策研究期刊》，31（1）（2003）。

⑧ 安德烈亚斯·拉斯奇（Andreas Rasche），"协同治理2.0"，《公司治理》，10（2010）：500-511。

⑨《生物多样性公约》秘书处，《全球生物多样性展望3》（蒙特利尔：SCBD，2010）：6。

和惠益分享安排仍然有限。最近一项研究发现仅有 60 余个国家创设的获取与惠益分享法律或法规处于运行状态,其余大多数仍面临相关程序何时投入等基础性问题①。获取与惠益分享成功案例也比较罕见②。

《名古屋议定书》创设实施获取与惠益分享基础。它提出诸多关键性问题,如获取与惠益分享要求范围及土著和当地社区权利。它也设置明确及透明要求,一种可能在多边进行惠益共享的机制,以及促进指导的工具,生物遗传资源利用法律确定性和较低交易成本等条款③。

然而,《名古屋议定书》仅维持在初级阶段。它的条款及手段仍需要被转换成功能性关键工具。在此过程中,增加获取与惠益分享规则及所在社会、环境及经济背景联系是最根本的。《生物多样性公约》组织研究发现,为有意义及适当的获取与惠益分享规则,应对改进市场、工业及社会趋势的知识重要性予以强化④。与私人公司及其他参与主体创设的对话形式亦是一种可用于提升更为建设性获取与惠益分享政策的工具⑤。

然而,商业主体介入获取与惠益分享的范围更为广泛。正如前所述,生物遗传资源使用者在获取与惠益分享实施过程中承担基础性角色。私营标准早就在其他社会和环境背景下被证实为参与主体及找寻实用解决方案提供帮助平台与工具。当《名古屋议定书》生效时,私人标准也可能成为帮助制定和实施获取与惠益分享执行法律法规的重要工具。

通过私人标准提供平台,生物遗传资源使用者早就在促进获取与惠益分享新规则参与方面扮演实质角色。例如,在巴西,当获取与惠益分享框架面临修改时,私人公司、工业联盟及多方参与集团也被"生物多样性联盟"召集在一起⑥。该联盟主动与政府及其他参与主体交换意见并专门提交实施获取与惠益分享要求和安排相关机制提议。而在国际层面,技术讨论及经验交换也会支持相互理解及构建

① 豪尔赫·卡布雷拉·梅达利亚(Jorge Cabrera Medaglia)、弗雷德里克·佩伦·韦尔奇(Frederic Perron Welch)和奥利维尔·鲁昆多(Olivier Rukundo),《遗传资源获取与惠益分享的国家和区域措施概览》(蒙特利尔:国际可持续发展法中心,2012):6。
② 生物多样性公约秘书处,《获取与惠益分享:跨部门伙伴关系的趋势》(蒙特利尔:可持续发展委员会,2008)。
③ 例如,见《名古屋议定书》第 6、10、19 和 20 条。
④ 莎拉·拉里德(Sarah Larid)和雷切尔·温伯格(Rachel Wynberg),《十字路口的生物科学:在科学、技术和产业变革的时代实施关于获取与利益共享的名古屋议定书》(蒙特利尔:生物多样性公约,2012):9。
⑤ 例如,获取与惠益分享能力发展倡议于 2013 年组织了第三次"获取与惠益分享商业对话"。在哥本哈根举行的会议邀请指出,决策者、监管机构和私营部门之间关于获取与惠益分享的对话与合作日益增多。然而,该会议认识到具体的执行办法仍然是一项挑战,应在公共部门和私营部门之间密切合作来解决。更多信息请访问 http://www.abs.initiative.info/。
⑥ 例如,参见 PROTCE 门户网站,"7 ENIFarMed:环境部和民间实体支持促进生物多样性获取的提案",2013 年 10 月 28 日,可见 http://www.protec.org.br/noticias/pagina/29625/7-ENIFarMed-Ministerio-do-Meio-Ambeiente-e-entidades-civis-elaboram-proposta-para-facilitar-o-acesso-a-biodiversidade。

一致性的获取与惠益分享意见[①]。

一旦法律、法规实施《名古屋议定书》相关规定，私人标准也会继续为法律、法规层面实施提供必要支持。例如，到目前为止，已有参与主体适用私人主体及其他自愿性方式，如化妆品行业，提出更多与生物多样性相关联重要道德实践承诺[②]。私人标准进一步创设和适用也将继续提升获取与惠益分享要求遵约能力及支持力度。特别是私人标准将提供获取与惠益分享实施实际指南，包括支持在价值链不同阶段适用获取与惠益分享要求[③]。

私人标准另一项重要贡献即为确认获取与惠益分享实施足以支持生物多样性保护和可持续利用。虽然诸多获取与惠益分享法律、法规提到《生物多样性公约》另外两大支柱，但获取要求和利益分享安排之间的联系在实践中，保护和可持续利用很少。私人标准，倾向于社会、环境及经济要求，亦会为加强上述联系提供支持或提供指导。例如，《生物贸易道德标准》除了在生物多样性保护和可持续利用基础上提出惠益分享要求、原则和标准，也呼吁采购活动尊重本地保护战略及与此相关的可持续管理计划[④]。

最后，私人标准也在监督和评价获取与惠益分享实施过程中发挥作用。私人标准事实上要求可追溯性，即确认价值链每个阶段、主体及动态。通常包括提交报告的要求，以及通过第三方审计对遵约情况进行独立监督[⑤]。这些信息及机制对确认和提出社会或环境不利影响等是极有必要的，这在获取与惠益分享背景下也具有同样意义。例如，这些机制可以提供急需的方式来收集有关遗传资源的来源、他们的使用条款及任何相关的传统知识。

下一节将更加详细地考虑私人标准如何支持《名古屋议定书》关于利用生物遗传资源及确保遵守适用获取与惠益分享要求。特别是，它也考察私人标准如何对《欧盟获取与惠益分享条例》创设的尽职调查义务提供支持。

第二节 《欧盟获取与惠益分享条例》中的私人标准

1. 遵约机制挑战

《欧盟获取与惠益分享条例》中的焦点内容之一即为遵约。它是一套较为广泛

---

① 可参见，如生物贸易伦理联盟（UEBT），"支持天然成分中改进获取与惠益分享实践"，《UEBT 培训和信息交流报告》，2013 年 4 月 18 日，可见 http://ethcallbiotrade.org/dl/benefit-sharing/UEBT_April%2018%20training%20on%20ABS_final%20report.pdf。

② 瑞秋·温伯格（Rachel Wynberg）和莎拉·赖德（Sarah Laird），《十字路口的生物科学：在科学、技术和产业变革中的获取与惠益分享：化妆品行业》，（蒙特利尔：《生物多样性公约》秘书处，2013）。

③ 生物贸易伦理联盟（UEBT），"对完善获取与惠益分享实践的支持"。

④ 生物贸易伦理联盟（UEBT），"伦理生物贸易标准"，STD01 伦理生物贸易规范，2012 年 4 月 11 日，可见 http://ethnicalbiotrade.org/dl/membership/STD01-Ethical-Biotrade-Standard_ 2012-04-11_ENG.pdf。

⑤ 可参见，如国际可持续标准联盟（ISEAL），"确保遵守社会和环境标准"（伦敦：ISEAL 联盟，2012）。

的措施,目的是使欧洲联盟能够批准《名古屋议定书》,该议定书要求实施条例到位。它也为欧盟及成员国实施《名古屋议定书》项下义务提供了透彻的基础①。遵守《名古屋议定书》是最基本的关切。从某种程度上来说,这是因为遵约条款《名古屋议定书》提供国际获取与惠益分享体系及更为有效的核心②。诸多生物多样性丰富的发展中国家也将遵约措施视为促进研究、开发及商业化活动获取及生物多样性利用的前提③。

此外,欧盟作为突出的生物多样性研究及开发活动地点,认识到尊重获取与惠益分享要求责任,以及这些活动的法律确定性④。一项详细阐述欧盟规则最初提议的研究发现,生物多样性相关活动在欧盟很多经济领域出现,包括学术研究、制药、植物育种、生物技术、食物及饮品⑤。欧盟各参与主体直接参与生物多样性收集及生物勘探活动。此外,欧盟各公司及机构也是生物多样性基础及应用研究的主导力量,它们也以前述研究成果为基础开发新配方、成分、品种及产品。

实施获取与惠益分享要求方法的选择将会明显影响欧盟公司及机构。一种友好的获取与惠益分享框架要求增加围绕自然(资源,译者注)为基础研究和开发活动的机会,同时对结果产生惠益进行分享⑥。欧盟规则因此也考虑提升更高法律确定性、维持欧盟研究及开发活动竞争力、为不同部门及各种类型公司创设更高级别实践场地⑦。

2. 尽职调查义务

以《名古屋议定书》及上述考虑为基础,《欧盟获取与惠益分享条例》通过尽职调查方式为生物遗传资源和相关传统知识利用设置义务。"尽职调查"指的是符合相当细致标准的义务。最初它来自于法律及商业交易过程中信息收集或交换以试图减少或避免风险⑧。

---

① 欧洲委员会,"欧洲议会和理事会《关于获取遗传资源及公正公平分享其利用所产生惠益的条例》的提案",COM(2012)576,解释性备忘录。
② 格雷伯(Greiber)等,《名古屋议定书解释指南》,160。
③ 尼杰尔(Nijar),《关于遗传资源获取与惠益分享名古屋议定书》,5。
④ 雨果·玛丽亚·夏利(Hugo Maria Schally),"《名古屋议定书》在欧盟的实施",发表于"在不同政策领域的界面上实施《名古屋议定书》,如何使其发挥作用?"的边会,海得拉巴,2012年10月10日,可见 http://isp.unu.edu/news/2012/files/nagoya-protocol/07_EU.pdf。
⑤ 欧盟环境政策研究所(IEEP)、生态学(Ecologic)和 GHK,《对欧盟执行〈关于获取与惠益分享的名古屋议定书〉的法律和经济方面的研究》,提交欧盟委员会的最终报告,环境总署(布鲁塞尔和伦敦:欧洲环境政策研究所,2012):173。
⑥《欧盟获取与惠益分享条例》前言。
⑦ 欧洲委员会,《影响评估》,"欧洲议会和理事会《关于获取遗传资源及公正公平分享其利用所产生惠益的条例》的提案",SWD(2012)292 最终稿(布鲁塞尔:欧洲委员会,2012)。
⑧ 琳达·S. 斯佩丁(Linda S. Spedding),《尽职调查手册:公司治理、风险管理和商业规划》(牛津:爱思唯尔出版社,2009):3。

而在最近，尽职调查成为社会和环境背景下的常见方法，以便确证自然资源来源符合可适用的法律。例如，"尽职调查"成为欧盟关于森林及钻石相关规则，以及经济合作发展组织矿产资源提供价值链指南的核心内容①。而在社会和环境背景下，尽职调查也提示公司或其他组织更加系统地创设和使用政策以确保它们的决策及行动得到足够信息的支持。经过上述过程，尽职调查也试图旨在确保公司识别、防止并指出法律、善治、环境或人权等领域的影响②。同时，履行尽职调查义务特定步骤或程序也留给参与主体，这也使得它们必须考虑活动大小、内容及影响严重性等因素③。例如，经济合作与发展组织关于矿产资源提供价值链指南对上游、下游公司进行区分，并对包括出口商、贸易商和冶炼厂等各类参与主体提出专门建议④。

在欧盟获取与惠益分享规定中，公司及其他参与生物多样性相关研究和开发活动的组织必须履行尽职调查义务，以确保生物遗传资源和相关传统知识获取行为的合法性。欧盟公司及参与生物多样性相关研究和开发活动的机构也被要求确保生物遗传资源和相关传统知识的获取符合来源国获取与惠益分享要求⑤。上述义务包括找寻、维持及转移决定资源或知识是否符合可适用的法定要求的信息⑥。上述信息或许包括获取的地点及时间；生物遗传资源或相关传统知识描述；价值链上的提供者与后续使用者；获取与惠益分享相关权利义务现状与存在缺陷；任何获取许可或共同商定条件。如果获取行为显示并非遵守获取与惠益分享要求，使用者有义务获得授权和协议或中止生物遗传资源或相关传统知识使用行为。

在使用者被要求在"检查点"发表尽职调查义务声明情形下，尽职调查义务也应受到监督⑦。例如，公司有必要在要求市场批准或商业化的时候作出声明。此外，欧盟成员国也被要求检查遵约情形，具体是指考察使用者履行尽职调查义务及相关文件或声明所采取的措施⑧。上述检查应以符合周期性评价和风险计划的方式开展。

在获取与惠益分享背景下，尽职调查方式有相当优势。尽职调查义务能够在欧盟通过生物多样性相关活动产生获取与惠益分享信息，而不管获取与惠益分享要求的适用范围如何。这是因为公司和其他组织有必要设置数据收集系统以覆盖

---

① 为了比较这些尽职调查制度和《欧盟获取与惠益分享条例》初始提案中的义务。请参见欧洲环境政策研究所（IEEP）、生态学（Ecologic）和 GHK，《对执行〈名古屋议定书〉的法律和经济方面的研究》，117。

② 经济合作与发展组织（OECD），《关于跨国企业的 OECD 指南》（巴黎，OECD，2011）：23。

③ 经济合作与发展组织（OECD），《关于跨国企业的 OECD 指南》（巴黎，OECD，2011）：24。

④ 经济合作与发展组织（OECD），《OECD 尽职调查指南：对受冲突影响和高风险地区矿产资源的负责任的供应链管理》（巴黎：经合组织，2013）：37。

⑤ 欧盟委员会，拟议的《欧盟获取与惠益分享条例》，提案摘要。

⑥ 《欧盟获取与惠益分享条例》第 4 条。

⑦ 《欧盟获取与惠益分享条例》第 7 条。

⑧ 《欧盟获取与惠益分享条例》第 9 条。

所有生物多样性使用情况，以便决定获取与惠益分享要求是否以及怎样获得适用[1]。尽职调查义务也允许适用及对获取与惠益分享注意标准作出评价。获取与惠益分享要求相关信息的可得性仍然是有限的，但是也将随着《名古屋议定书》在不同缔约方实施而显著增加。关于哪些要素构成尽职调查义务的认识因此也随着国际和国内规则及最佳实践的发展而得到改变。

尽职调查义务也提供了不同部门及情形所要求的措施的便利性[2]。例如，在欧盟种子部门，常规育种活动对生物多样性的利用在根本上完全不同于 DNA 重组技术为基础的育种活动。欧盟种子部门也包括不同类型的公司，从小微企业到大型跨国集团[3]。而在尽职调查背景下，在允许考虑不同类型行动者、部门及在不同环境下决定最佳工作效果的因素的前提下，遵约措施适用于所有使用者[4]。正如上文所示，欧盟条例还试图通过有关最佳实践的规定，加强在不同情况下如何实施和监测用户措施。

3. 尽职调查义务实施最佳实践

在《欧盟获取与惠益分享条例》之中，最佳实践被认为是重要角色。公司和机构使用生物遗传资源和相关传统知识亦能以现有获取与惠益分享标准、指南和行为守则创设尽职调查义务体系。这是很重要的，因为一项初步研究表明，欧盟行动者早在学术部门或特定工业领域创设或适用一系列获取与惠益分享工具[5]。欧盟近四分之一的植物园均适用"国际植物交换行为准则网络"，它在尊重获取与惠益分享要求的前提下便利植物园之间活态植物材料的交换[6]。由多家欧盟美妆公司首席执行官组成的"自然资源管理圈"，以资源可持续管理和尊重传统知识为前提开展联合项目[7]。

最佳实践也能为使用者提供适当措施、信息，以及对它们所采取活动及价值链进行监督。而在其他尽职调查义务体系，正如上所述，技术指导以及对如何搜集、构造及追溯信息的必要性和价值是非常重要的。在获取与惠益分享背景下，上述最佳实践的推动将会有助于尽职调查义务措施的识别，这些措施在法律确定性及较低成本的情形下特别适用于获取与惠益分享遵约义务的履行[8]。

---

① 欧洲委员会，《影响评估》，30。

② 欧盟委员会，《拟议的欧盟获取与惠益分享条例》，解释性备忘录。

③ 欧洲环境政策研究所（IEEP）、生态学（Ecologic）和 GHK，《〈名古屋议定书〉的执行法律和经济方面分析研究》，附件 3。

④《欧盟获取与惠益分享条例》前言。

⑤ 欧洲环境政策研究所（IEEP）、生态学（Ecologic）和 GHK，《〈名古屋议定书〉的执行法律和经济方面分析研究》，附件 3。

⑥《植物交换网（IPEN）行为准则》，可见 http://www.botgart.uni-bonn.de/ipen/criteria.html。

⑦ 更多关于 NRSC，可见 http://www.nrsc.fr/。

⑧《欧盟获取与惠益分享条例》前言。

同时，正如前所述，最佳实践、指南或其他自愿性方式在方法论与可信度上各有差异。基于此，《欧盟获取与惠益分享条例》创设官方最佳实践认知具有可能性。使用者联盟将能够要求欧洲委员会承认程序工具或机制的具体组合，作为尽职调查义务的最佳实践①。正如私人标准一样，即使要求具有特定透明度、管制和保证机制，也会为上述官方认知提供支持。

《欧盟获取与惠益分享条例》呼吁各成员国在确认不遵约风险后，考虑实施经过认知的最佳实践是很重要的②。上述理念要求使用者联盟应在其成员内部提倡遵约，允许成员国额外关注体系以外的其他公司或机构。不过，正如某些民间团体所注意到的，《名古屋议定书》要求欧盟履行尽职调查义务取决于监督情况③。上述观点支持额外设置检查点的看法，但是考虑由各种使用者联盟施予监督也是同样有效的。作为具有独立评价遵约作用的检查机制，私人标准将会在这方面具有特别价值。

《欧盟获取与惠益分享条例》也为支持最佳实践的创设和适用提供额外的措施。第 13 条呼吁各缔约方鼓励创设部门内的特别是对学术研究人员和小型、微小公司有益的行为准则、示范合同条款、指南和最佳实践。上述支持也会促进《名古屋议定书》第 20 条所要求的欧盟义务有效履行。

总之，《欧盟获取与惠益分享条例》明确肯定最佳实践、自愿性方式的角色——特别是私人标准，将创设并监督获取与惠益分享尽职调查义务履行。而在这个方面，检视欧盟其他领域尽职调查义务履行的经验也将有所裨益，如《欧盟木材法规》及其他领域的实践。

第三节　《欧盟木材法规》尽职调查义务

2010 年适用的《欧盟木材法规》的目标即对全世界森林相关法律提供支持④。《欧盟木材法规》认识到，作为一个重要的木材出口市场，如果欧盟对遵守法律采取"没有问题"的态度，就会阻碍其他国家打击非法采伐的努力⑤。为打击非法采伐的木材贸易，《欧盟木材法规》规定了多项义务，包括要求经营者（首次将木材产品投放到欧盟市场的经营者）履行尽职调查义务⑥。

---

① 《欧盟获取与惠益分享条例》前言。
② 《欧盟获取与惠益分享条例》第 9 条。
③ 《自然正义与伯尔尼宣言》，"欧洲委员会《关于获取遗传资源及公正公平分享其利用遗传资源所产生惠益的拟议条例》的关注函"，2013 年 2 月 26 日，可参阅 http://naturaljustice.org/wp-content/uploads/pdf/Letter-concern-EU-NJ.pdf。
④ 欧洲议会和理事会第 995/2010 号条例（EU），规定了在市场上出售木材和木材产品的经营者的义务（《EU 木材法规》），2010 年 10 月 20 日，序言。
⑤ "我们为什么需要一部新法律？"欧洲委员会，http://ec.europa.eu/environment/eutr2013/index_en.htm。
⑥ 《欧盟木材法规》第 2 条。

　　《欧盟木材法规》中的尽职调查制度包括几项内容[①]。首先，它要求经营者掌握并提供有关木材来源和供应商的信息。其次，经营者必须根据这些信息评估非法采伐的木材或木材产品进入市场的风险。最后，如果确定存在不可忽视的风险，经营者必须以适当和适度的方式降低这种风险[②]。

　　将《欧盟木材法规》中的尽职调查方法与《欧盟获取与惠益分享条例》中的尽职调查规定进行比较，可以发现一些有趣的结论。在《欧盟木材法规》和《欧盟获取与惠益分享条例》中，尽职调查的重点是收集信息和识别风险或不确定性。在木材方面，这一点很重要，因为没有相关的国际协议，且各国在制定和实施林业法律方面存在许多差异。在获取和惠益分享方面，《名古屋议定书》正在推动制定获取要求和惠益分享的制度安排，但法律和政策框架的制定和实施需要时间。同时，尽职调查要求确保在基于生物多样性的研发决策中提出并考虑相关问题。

　　《欧盟木材法规》中的另一点是对经营者和贸易商的区分。经营者有尽职调查的义务，而贸易商——那些在市场上购买或销售木材和木材产品的人——的义务是保存其供应商和客户的信息，以便及时追踪[③]。考虑到木材产品在投放市场之前和之后的转变，这种区别非常重要。为避免造成不必要的行政负担，尽职调查制度的重点是经营者，而供应链中的后续参与者有义务支持可追溯性。

　　在以生物多样性为基础的研究和开发活动中，生物遗传资源的范围、利用行为的类型以及价值链中的行为者都非常复杂。例如，生产一款香水，最开始可能要用到多达 250 个物种的木材、种子、果实、叶片和其他植物部分[④]。有许多参与者和研发活动介入其中。《欧盟获取与惠益分享条例》为尽职调查规定了广泛的范围，特别是欧洲议会修订的文本中对"使用者"的定义，其中包括不参与"利用遗传资源"，而是参与事先或事后商业化的公司或机构[⑤]。无论是否进行这样的区分，生物多样性价值链的复杂性可能会增加对部门最佳实践的需求，以确定由谁以及如何履行这些义务。

1.《欧盟木材法规》最佳实践

　　《欧盟木材法规》创设尽职调查义务，显然考虑到最佳实践方式，以及标准

---

　　① 《欧盟木材法规》第 6 条。实施条例（第 607/2012 号）规定了关于尽职调查制度的详细规则。
　　② 《欧盟木材法规》第 6 条。
　　③ 《欧盟木材法规》第 6 条。
　　④ 克里斯蒂安·埃伯哈德（Christian Eberhard），"公平的味道"，2013 年 9 月 4 日在哥本哈根举行的第三届获取与惠益分享商业对话上的演讲。
　　⑤ 环境、公共卫生和食品安全委员会，《关于欧盟获取与惠益分享监管提案的报告》。

及认证程序在提升森林管理实践过程中的建构性角色。将《欧盟木材法规》遵守尽职调查义务体系及必要的专业人士与能力联系起来，可以称之为"监督组织"①。监督组织有义务创设并维持尽职调查义务体系，授予运营商在特定条件及受到控制情形下使用权利。它们的职责也包括核查注意义务体系是否适当使用并在缺乏遵约的情形下采取适当行动。

证明或第三方验证机制包括对法定遵约情形及符合专门提到的可能构成评价或减缓风险要素标准的核查②。验证机制阐明了认证方案用作风险评估和缓解风险所必须满足的标准工具③。这些标准包括透明度及所提到的所有可适用的法定要求。验证系统还必须包括在任何地方追溯木材的手段在供应链中，并防止非法采伐的木材进入供应链。

《欧盟木材法规》识别最佳实践的理论是多种多样的。例如，《欧盟木材法规》对现有良好实践进行承认是一种将公司视为适宜的环境先驱及森林社会受益的管理主体。它也阐释了运营商早就通过系统或遵守程序各项要求，且不宜要求其创设新体系以避免任何不必要的行政负担④。

在《欧盟木材法规》内部，最佳实践并未成为确保遵守法定要求的替代性措施。然而，自愿性方式，尤其是私人标准，在确保和提供尽职调查义务方面的角色认识日渐明朗⑤。例如，私人标准如森林可持续委员会早就要求遵守可适用的法律、法规及协议等要求⑥。

最佳实践也被认为主要行为者确保适当信息及提供法律遵守训练的关键要素⑦。例如，可持续森林管理的指南通过在更广泛可持续及道德标准的背景下解决了类似于界定违法情形及法律、程序与习惯法之间冲突等管理问题⑧。

很显然，私人标准以可追溯性为基础。它们需要并独立监控信息收集，以解决

---

① 《欧盟木材法规》第 8 条。《欧盟木材法规》第 6 条规定了协会必须满足的明确要求，以获得对监管组织的认可，以及申请、监管的程序和在不遵守要求的情况下撤销此类认可的程序。这些程序和要求通过监管组织认可和撤销认可的规则（委员会授权通过 N° 363/2012 条例）。

② 《欧盟木材法规》前言和第 6 条。

③ 2012 年 2 月 23 日，欧洲议会和理事会第 995/2010 号条例（欧盟）规定了在市场上出售木材和木材产品的经营者的义务，该条例规定了监测组织的承认和撤销承认的程序规则，欧盟委员会授权条例（EU）第 363/2012 号。

④ 《欧盟木材法规》前言。

⑤ 本杰明·卡肖尔（Benjamin Cashore）迈克尔·W. 斯通（Michael W. Stone），"合法性验证能否拯救全球森林治理？分析公共和私人政策交叉对改善东南亚森林挑战的潜力"，《森林政策与经济》，18（2012）：18。

⑥ 森林管理委员会，森林管理原则和标准：FSC-STD-01-001（V5-0）（波恩：FSC，2012）。

⑦ 乔恩·巴克雷尔（Jon Buckrell）和艾莉森·霍尔（Alison Hoare），"控制非法采伐：《欧盟木材法规》的实施"，英国皇家国际事务研究所简报 EERG IL BP 2011/02（伦敦：英国皇家国际事务研究所，2011）：10。

⑧ 弗兰克·米勒（Frank Miller）、罗德尼·泰勒（Rodney Taylor）和乔治·怀特（George White），《保持合法：将非法采伐的木材排除在供应链之外的最佳做法》（伦敦：世界自然基金会全球森林与贸易网络，2006）：14-15。

法规中的遵约问题,因此满足尽职调查义务要求。类似最低要求,与第三方验证程序一起,使得私人标准与创设及监督尽职调查义务特别相关[1]。例如,森林可持续委员会发现,即使在尽职调查义务体系中验证机制并无"分界线",它的认证结果也会构成尽职调查义务重要组成部分并保证可以忽略任何非法砍伐结果所遗留的风险[2]。

事实上,欧盟森林产品法律遵约规则的结果,以及在美国实施情形,使得私人标准得以重新振兴[3]。这也意味着运营商行为事实上已经超出从市场上移除非法砍伐森林资源的行为——法律遵约的要求——朝着适用可持续森林认证要求的经济、社会、环境实践而前进[4]。

2. 获取与惠益分享实施教训

《欧盟木材法规》尽职调查义务、最佳实践和私人标准等方法和经验对《欧盟获取与惠益分享条例》提供重要的经验教训。《欧盟木材法规》通过最佳实践相关规定试图认可可持续森林管理背景下公司早已付诸的努力。相应的,在获取与惠益分享背景下,它们也大量运用自愿性方式。瑞士科学研究院指南及国际植物交换行为准则即为实例。其他类似项目,如生物技术创新组织,全球最大的生物技术联盟,为其成员创设"生物勘探指南";国际制药商联盟创设"生物遗传资源获取和公平分享对其利用产生的惠益成员指南";法国公共研究机构创设"活体植物、动物和微生物遗传资源转移及获取指南";"公平野生标准",在各种生态、社会及经济要求情况下评价野生植物收获及贸易标准[5]。认识到投资和经验对于发展及将这些工具付诸实践对确保更有效的法规,以及鼓励各行为者参与查找问题及创新最佳实践过程是大为必要的。

《欧盟木材法规》实践过程的目的即为识别并促进法定要求与自愿性方式之间协同增效。尤其是私人标准被证实有可能为实现法定要求提供支持,包括履行尽职调查义务。相应的,在获取与惠益分享背景下,私人标准也被认为是支持实现法定要求、监督行为者遵约合规及推广上述义务包含的公共政策目标的

---

① 邓肯·布拉克(Duncan Brack),《欧盟木材市场尽职调查:欧盟委员会关于制定规定木材和木材产品上市经营者义务的法规的提案分析》(伦敦:英国皇家国际事务研究所,2008):9。

② 约翰·洪特莱斯(John Hontelez),《欧盟森林管理委员会(FSC)证书持有人和其他销售 FSC 产品的公司实施指南》(波恩:森林管理委员会,2013):5。

③ 卡修(Cashore)和斯通(Stone),"合法性验证能否拯救全球森林管理?"18。另见邓肯·布拉克(Duncan Brack),"控制非法伐木:消费国措施",英国皇家国际事务研究所(*Chatham House*)简报 EERG BP2010/01(伦敦:英国皇家国际事务研究所,2010):8。

④ 卡修(Cashore)和斯通(Stone),"合法性验证能否拯救全球森林管理?"

⑤ 生物勘探的 BIO 指南可见 http://www.bio.org/articles/bio-bioprospecting-guidelines。中国医药创新促进会(IFPMA)指南可见 at http://www.ifpma.org/innovation/biodiversity.html。法国农业国际合作研究发展中心、CIRAD、INRAD 和 IRND 制定的指南可见 http://www.cirad.fr/actualites/toutes-les-articles/2011/ca-vient-de-sortir/lignes-directrices-pour-J-acces-aux-ressources-genetiques-et-leur-transfert。FairWild 标准可见 http://www.fairwild.org/documents/。所有网站访问时间均为 2013 年 10 月 18 日。

工具。

正如前所述，私人标准被视为而不是破坏可适用法律遵守情况的工具①。这也同样适用于生物多样性相关研究及开发活动。例如，生物贸易道德标准，它适用于美妆、食品及制药行业自然成分的使用行为，要求公司因研究、开发及分享产生的惠益而采用措施以遵守"生物多样性和相关传统知识法定或管制要求"②。此外，生物贸易道德标准包括关于生物多样性等国际公约要求，也涉及《名古屋议定书》、各国关于天然成分使用和贸易的管制要求，以及《联合国土著人民权利公约》及各国法律涉及的土著和当地社区权利③。

私人标准也提升意识并便利获取与惠益分享要求的实现。而在各行各业将生物多样性用于研究和开发过程中，这些公司及各参与主体早已使用的私人标准被认为具有较高水平的自觉性且作为可以推动获取与惠益分享实践的工具④。有关《欧盟获取与惠益分享条例》最初建议的影响评价也发现提高各国最佳实践使用频次也将提升欧盟以外国家获取与惠益分享意识及实施效果，包括那些没有签署、批准或实施《生物多样性公约》及《名古屋议定书》获取与惠益分享条款的国家⑤。在获取与惠益分享实施过程中协同推进私人标准也是一种将不同参与主体、信息及经验交换网络紧密联系的一种方式。

在获取与惠益分享背景下，私人标准的使用也能提升获取与惠益分享对生物多样性保护和可持续利用的作用。例如，公平野生标准即要求收集实践应维持野生植物平衡并以适应性及参与性管理为基础⑥。而且，一旦法律遵约要求产生公平竞争的获取与惠益分享环境，公司会被鼓励对所关注的绿色或道德产品采取额外的措施以进一步提升保护、可持续利用及惠益分享实践水平以维持市场主导地位。事实上，各公司选择私人标准主要原因为——并非仅限于遵守法定要求，包括满足某些客人更为严格的来源地政策、支持生产者更高质量的产出、限制提供失败的风险及对市场品牌进行差异化经营⑦。

最后，私人标准——通过它可追溯性、透明度及独立检验要求，也能与获取与惠益分享遵约监督、履行尽职调查义务并减少生物遗传资源和相关传统知识不当滥用风险等相联系。为了实现这种积极的互动，有必要提出并推动私人主体与获取与惠益分享管制要求相联系。事实上，法定遵约要求也能提升最佳实践，特别是如果没有对政府或消费者授予超出法定遵约要求的措施的足够认识的情况下

---

① 国际可持续标准联盟（ISEAL），《可信和有效的可持续性标准体系原则》。
② 生物贸易伦理联盟，《生物贸易伦理标准》（日内瓦：UEBT 2012），标准 3.5。
③ 生物贸易伦理联盟，《生物贸易伦理标准》，标准 5.1、5.3 和 6.2。
④ 拉里德（Larid）和温伯（Wynberg），《十字路口的生物科学》，9。
⑤ 欧洲委员会，《影响评估》。
⑥ FairWild 基金会，FairWild 标准 2.0 版（瑞士魏恩费尔登：FairWild 基金会，2010），原则 1 和 9。
⑦ 贾森·克莱（Jason Clay），"为认证制定商业案例"，《卫报》，2013 年 2 月 8 日，可见 http://www.theguardian.com/sustainable-business/blog/making-business-case-certification-consistent-price。

也存在破坏这些努力的危险①。结论部分主要提到《欧盟获取与惠益分享条例》及《名古屋议定书》有效实施所需要采取的措施。

第四节　结　论

《欧盟获取与惠益分享条例》是欧盟境内实施《名古屋议定书》的关键步骤。不过鉴于其措施,特别是那些确保获取要求和惠益分享安排得到遵守的法规,仍然会成为获取与惠益分享国际制度体系有效实施的基础。为了实现国家的、地区的及国际期待,《欧盟获取与惠益分享条例》必须为参与主体创设严格的有关收集、表达及适时考虑的生物遗传资源与相关传统知识法定状态和来源信息的要求。为了更有效果,上述要求必须适时反映生物遗传资源利用现状,包括不同类型的参与主体;正在更新的法律框架;一系列研究、开发和商业化活动等。

这其实是个很大的挑战,不过《欧盟获取与惠益分享条例》尽职调查义务方式也提供一条实质上灵活的获取与惠益分享实施前提。尤其是考虑最佳实践作为创设并监督尽职调查义务的工具有着相当优势。例如,它提供了生物多样性相关研究、开发和商业化活动各参与主体参与平台。这种参与促进对生物遗传资源利用过程中各公司、组织对获取与惠益分享重要性、概念及要求的特别关注。它也在各参与主体之间产生重要依赖。对最佳实践的认识也使得这些公司及组织所形成的经验及专业知识能够在限制获取与惠益分享实施过程中直面实际挑战。尤其是通过生物遗传资源使用者提出的最佳实践,是一种在不同类型参与主体和活动中创设精准获取与惠益分享指南的机会,但它也是一种不能自行操作的管制框架。

私人标准,作为一种特别的最佳实践或自愿性方式,在获取与惠益分享要求遵约过程中也产生额外受益。私人标准要求其成员或客户遵守道德及可持续实践的规范,包括更多获取与惠益分享实践。这些要求通过多方主体协商过程而得到发展且仍需参考国际、国内及习惯法律。在满足监督及评价获取与惠益分享要求是否得到遵守这一挑战的前提下,私人标准也能对追溯体系、报告要求和独立审计提供支撑。

《欧盟获取与惠益分享条例》早就通过重要措施并以认知和提升私人标准及获取与惠益分享管制要求协同关系为显著特色。这些措施包括在尽职调查义务体系适用及监督过程中认识私人标准、最佳实践。相类似的,支持参与主体意识、自愿性方式及追踪生物遗传资源利用相关措施也是极为关键的。这些措施为公司提供必要的动机以使得尽职调查义务主流化,以及在超越法律遵约基础上,形成生物多样性道德使用的商业案例。

---

① 迭戈·弗洛里安(Diego Florian)等,"如何通过欧盟农村发展计划支持尽职调查制度的实施:问题和潜力",《意大利森林和山地环境杂志》,67-2(2012):196。

　　这些考虑对《名古屋议定书》缔约方讨论第 20 条而言也是有效的，《名古屋议定书》第 20 条呼吁缔约方周期性地观察自愿性方式使用情况。这种观察应尽可能地简便以邀请缔约方及其他参与主体提交临时报告。然而，《名古屋议定书》缔约方也会选择采取适当机会真正发挥自愿性方式潜能以实现获取与惠益分享。若干措施也从实质意义上对国际或国家层面特定自愿性方式、程序标准、出版的合适工具及其他不同方式进行认识，并鼓励公司参与公认的系统。除选择的具体措施外，缔约方应重点考虑在提升公共政策目标过程中自愿性方式的角色并运用这些工具寻找推动获取与惠益分享、具有实际意义的有效方案。

第十三章　欧盟多层次实施《名古屋议定书》情况[*]

克里斯汀·戈特（Christine Godt）

欧盟及其 28 个成员国正准备实施《名古屋议定书》^①，《生物多样性公约》第二个议定书^②。尽管有几个成员国着急向前迈进^③，但是更多国家都在等待欧盟的实施构想，在 2014 年 4 月 14 日由欧盟理事会通过（以下简称《欧盟获取与惠益分享条例》）^④。《名古屋议定书》在 2014 年 10 月 12 日颁布，在交付秘书处 90 天后生效^⑤。因为欧盟并不想成为最后递交批准文件的地区，因此在议定书生效前完成法制进程的愿望极为迫切。《名古屋议定书》对《生物多样性公约》第 15 条有所概括，它指出：

每个缔约方必须采取适当、有效及适度立法、行政或政策措施，规定在其管辖范围内利用的生物遗传资源是按照事先知情同意获取的并订立了共同商定条件，以符合另一缔约方的获取与惠益分享国内立法或监管要求。

《欧盟获取与惠益分享条例》以集中管制和分散履约作为理念。在提议初期，欧洲委员会就选择规则而非指令为技术工具。规则偏向于使用者自行采取措施，较为严谨地将获取欧盟生物遗传资源的监管权限留给各成员国。上述理念也取决于确认生物遗传资源和相关传统知识获取是否履行相应获取与惠益分享法律尽职调查义务。我认为，欧盟的做法掩盖了对遗传资源的使用是如何被详细管理的一种过分简单化的理解。上述方法依赖于对适用性和范围的狭隘理解有广泛的例外，并授予研究界过于宽泛的特权。更重要的是，它忽略各种先前程序的行政机构，通过很多方式调整研究和生产的质量控制。上述方式对信息流存在的困难随意轻

---

[*] 本章第三节基于德国联邦政府和环境部联合委托作者和弗朗茨卡·沃尔夫（Franziska Wolff）进行的专家咨询（与 ökoinstutu e.V. 公司的高级咨询），该咨询分为两篇：克里斯汀·戈特（Christine Godt）、达沃·什什尼亚尔（Davor Sh ušnjar）、弗朗茨卡·沃尔夫（Franziska Wolff），《名古屋议定书》在德国法律中的实施情况（研究一，2012 年 9 月 9 日提交）；克里斯汀·戈特（Christine Godt）、蒂姆·托斯滕·施维塔尔（Tim Torsten Schwithal）、弗朗茨卡·沃尔夫（Franziska Wolff），《名古屋议定书》在德国法律中的实施情况（研究二，2012 年 6 月 29 日提交）。

① 2010 年 10 月 29 日在日本名古屋通过，作为 1992 年《生物多样性公约》第二个议定书。

② 第一项是自 2003 年 9 月 11 日起生效的 2000 年《卡塔赫纳生物安全议定书》（ILM[2000]1027）。

③ 见挪威（2009 年《挪威自然多样性法案》）和丹麦；[关于丹麦和挪威的获取与惠益分享的深入讨论，请参阅科斯特（Koester）（第二章）和特维特（Tvedt）（第七章）对本书的贡献。

④ 欧洲议会和理事会第 511/2014 号条例，《〈关于获取遗传资源及公正公平分享其利用所产生惠益的名古屋议定书〉欧盟使用者遵约措施条例》。

⑤ 《名古屋议定书》第 33 条第 1 款。

描淡写，为规避法制提供大量空间。而且，它并未创设以尽职调查为标识的自我管制措施以便缓和信息问题。因此，作为使用者措施的草案并未对现有和未来提供者措施提供足够积极补充。若干分析指出欧盟为了研究团体及工业的利益故意拖延获取与惠益分享实施进程。

本章对如下批评予以证实。第一节通过分析其雄心和不足来巩固（提出）《名古屋议定书》的内容，将其与《波恩准则》进行比较。第二节将描述《欧盟获取与惠益分享条例》尽职调查义务。第三节讨论反对"综合"或"背负式"为标记的提议，它将依据现有程序确认《名古屋议定书》遵约义务是否得以缓冲。第四节将提到出现的相关信息范例。

第一节　《名古屋议定书》（2010）与《波恩准则》（2001）之比较

充满各种异议与观点让《名古屋议定书》谈判的进程令人沮丧。例如，《名古屋议定书》是否适用于 1992 年后收集存储的遗传材料（或仅适用于 2014 年后）[①]，抑或适用于衍生物[②]，什么是具有"收集优先权机构"[③]等核心问题并未达成一致。这种交易模式使得具有国际约束力的获取与惠益分享规则，即那些国际法律文件仅能约束贸易各方，如成员国而非私人主体。关于非约束性的前身，即 2001 年的

[①] 格雷伯（Greiber）和莫奈（Moneno）对《名古屋议定书》生效后的加入（名古屋获取与惠益分享）和在 1992 年《生物多样性公约》生效和《名古屋议定书》生效（生物多样性获取与惠益分享制度）之间的加入进行了区分。见托马斯·格雷伯（Thomas Greiber）等，《关于获取与惠益分享的名古屋议定书解释指南》（格兰德：世界自然保护联盟 2012）；杰雷·德温特（Gred Winter）和埃文森·C.卡莫（Evanson C. Kamau），"从生物剽窃到交流与合作：关于获取遗传资源和公平利益分享的名古屋议定书"，国际法档案，49（2011）：373-398；迈克尔·弗莱恩（Michael Frein）和哈特穆特·迈耶（Hartmut Meyer）（"谁得到了什么？名古屋反生物剽窃议定书的政治分析"[波恩：Evangelischer Entwicklungsdienst e.V., 2012]：13]，主张《名古屋议定书》的触发因素是样本的前加入，而是样本的实际"获取"。哈特穆特·迈耶（Hartmut Meyer）等认为，《关于获取遗传资源及公正公平分享其利用所产生的惠益的名古屋议定书：背景和分析》[伯尔尼宣言（BD）、世界面包（Brot für die Welt），欧洲生态反思与行动网络（ECOROPA）、特波提巴（TEBTEBBA 土著人民组织）和 TWN，2013]：57。《名古屋议定书》的起草者认为《名古屋议定书》的时间范围与《生物多样性公约》的范围相同；马蒂亚斯·巴克（Matthias Buck）和克莱尔·汉密尔顿（Claire Hamilton）强烈反对"追溯性"（对《生物多样性公约》适用于《生物多样性公约》生效前获取的材料）（"《生物多样性公约》关于获取遗传资源及公正公平分享其利用所产生的惠益的名古屋议定书"）。《欧洲共同体国际环境法评论》[REIL]（2011）：57，尽管这一问题将成为利益共享的核心，但由于大多数藏品对《生物多样性公约》前和后材料的处理方式相同，因此准入要求已得到广泛满足，见克里斯汀·戈特（Christine Godt），"遗传资源的非原生境收集网络"，收录于《遗传资源的公共池》，杰雷·德温特（Gred Winter）和埃文森·C.卡莫（Evanson C. Kamau）等编辑（阿宾顿/奥克森：劳特里齐出版社，2013）：246-267。

[②] 格雷伯（Thomas Greiber）等，《关于获取与惠益分享的名古屋议定书解释指南》，28；哈特穆特·迈耶（Hartmut Meyer）等，《名古屋议定书》，35。

[③] 规避的选择有多大，请参见戈特（Godt）"非原生境收集"，261。

《波恩准则》它的指导方针直接规定了私营公司的跨国责任[①]。由于《波恩准则》仍然被大范围忽略，《生物多样性公约》缔约方大会也不得不退回到经典的国际法律语言并表达成员国职责，因此也干扰"提供者"和"使用者"直接双边关系[②]。很显然的是，为国内履行职责找到共同基础远远比国际协商能力要难。

最为重要的短板，具有创新性但具有限制性的问题是《名古屋议定书》第2条关于"利用"的定义。该规定将《生物多样性公约》第15条获取与惠益分享义务与"利用"连接起来而变得重要。但是，虽然《名古屋议定书》第6条要求仅对利用情形下的"获取"提供事先知情同意，第5条与该公约第15条第7款保持一致，要求："[……]来自于利用生物遗传资源及后续应用和商业化产生的惠益均应分享[……]"[③]因此，《名古屋议定书》创造双重区分标准（获取/惠益分享及商业/非商业）且提交不同获取与惠益分享规则。"因利用而获取"（如研究及开发）仅需要事先知情同意；因利用生物遗传资源和商业化而产生的惠益应进行分享。评论员则集中于不确定性（忽略初始提议清单）[④]，且对后来的市场审批前程序的后果[⑤]。更为重要的是，对"利用"重新定义创造了获取与惠益分享显著情形。它对常规条件下某人获取资源后与拥有惠益的主体并非相同的情形予以补充。因此，时间重叠也被提出且职责变得差异化。只要占据主流的规范理念和获取与惠益分享条件相同，满足职责范围的要求获取资源主体（获取者）和使用者也是相同的。《名古屋议定书》向现实屈服，即生物勘探人员，包括科学家或协议一方，几乎不会从商业开发中产生惠益。生物勘探人员可能通过聚集信息增加资源价值，或者将其售卖。这种行为上的"分解"也对职责进行重新分配。获取者是确保实现获取要求首要责任主体，而并非获得分享惠益。使用者成为分享惠益首要责任主体，而并非确保实现获取条件。这种规范"分解"导致两种后果。

获取者（首先主要是科学家）分享惠益的重担被减少为分享他/她产生（通常是非货币惠益）的惠益；而顺序靠后的利用者也减轻部分获取活动应当遵守义务。职责的"分解"所产生的"信息增量"也伴随着信息遗失的风险（并没有恢复的

---

① 克里斯汀·戈特（Christine Godt），"生物多样性制度上的生物剽窃已经消亡。《波恩指南》是实现《生物多样性公约》准入和利益共享制度的中间步骤"，《环境法杂志》（2004）：202-212。

② 托马斯·格雷伯（Thomas Greiber）等，《关于获取与惠益分享的名古屋议定书解释指南》，13。

③《生物多样性公约》第15条第7款规定："每一缔约方应采取……措施……"目的是与提供遗传资源的缔约方公正公平地分享研究和开发成果以及遗传资源的商业和其他利用所产生的惠益……"

④ 格雷伯（Greiber）等，《关于获取与惠益分享的名古屋议定书解释指南》，63；哈特穆特·迈耶（Hartmut Meyer）等，《名古屋议定书》，33。

⑤ 巴克（Buck）和汉密尔顿（Hamilton）在《名古屋议定书》52页中提出的最有争议的论点是，批准程序被排除在"使用"一词之外［与此解释相反：戈特（Godt）、什什尼亚尔（Shušnjar）和沃尔夫（Wolff），"《名古屋议定书》的实施"，32页及其下内容］。

必要）。这种保证获取与惠益分享的单一职责也及时相互分解成两类不同的职责。它们所体现的创新有必要保证信息转移并记录所有追踪方向。利用者（为了履行分享义务）有必要知道当获取资源时获取与惠益分享要求协商情况。提供者有必要知道谁（最终）利用并对该项资源商业化。上述分解也使得职责重新收归国有：获取管制变成提供国职责，然而惠益分享变成使用国职责。依据上述论断，提供者必须作出选择以将获取与惠益分享分解成不同成员国应当履行职责。使用者应集中于实施惠益分享职责（使用者措施），但是并不能确保提供者主张得到实现（获取管制；提供者主张的实现：追踪及履约）。

第二节　《欧盟获取与惠益分享条例》

《欧盟获取与惠益分享条例》以《欧盟基础条约》第 192 条为基础，且践行"尽职调查"概念："使用者应当履行尽职调查义务以确保生物遗传资源[……]以[合法]方式获得且[……]惠益[……]得到分享。"[①] 它使用的是"使用者"措辞，而非"利用"。"使用者"应"履行尽职调查义务"以保证获取与惠益分享。与《名古屋议定书》不同，该草案中没有在两个单独的条款中对获取与惠益分享进行监管。"尽职调查义务"指的是先前法规中用于追踪"血钻"和未经认证的非法的热带木材的概念。"尽职调查义务"提到追踪"血钻"[②]和未经证明（非法）的热带森林资源[③]事先规则所使用的概念。而在上述两大规则中，尽职调查义务被认为属于自我管制机制，而相关监督活动被委派给私人组织来进行[④]。不过，《欧盟获取与惠益分享条例》对于私人监督机制规定仍然保持沉默；它为创设"最佳实践"而提到"使用者联盟"[⑤]。它为"联盟信赖收集机构"[⑥]提供有待并撤销从该机构获取资源证明[⑦]而为现有专门制度（《名古屋议定书》

---

① 《欧盟获取与惠益分享条例》第 4 条第 1 款。

② 欧盟第 2368/2002 号法规，2002 年 12 月 31 日第 Off.J. L 358/28 号，将所谓的金伯利进程纳入欧共体法律，乔斯特·鲍维林（Joost Pauwelyn），"非传统的全球监管模式：WTO 是否'错失良机'？"收录于《宪政、多层次贸易治理和国际经济法》，克里斯蒂安·乔格斯（Christian Joerges）和恩斯特-U. 彼得斯曼（Ernst-U. Petersman）（剑桥：哈特出版社，2006）：199。

③ EC 条例 995/2010，2000 年 11 月 12 日第 J.L 295/23 号文件 [另见奥利瓦（Oliva）volume 对本书的贡献（第十二章）]。

④ EC 条例 995/2010 第 8 条和 EC 条例 2368/2002 第 17 条。

⑤ 《欧盟获取与惠益分享条例》第 8 条。为了彻底分析标记为"尽职调查"的概念，参见克里斯汀·戈特（Christine Godt），"尽职调查现代环境管理还是拒绝监管？"收录于《经济学与生态学之间的法治》。雷诺·沃尔夫（Rainer Wolf）和乌尔里希·梅耶霍尔特（Ulrich Meyerholt）编辑（图宾根：Mohr Siebeck, 2014）（待出版）。

⑥ 《欧盟获取与惠益分享条例》第 5 条。

⑦ 《欧盟获取与惠益分享条例》第 4 条第 7 款。

第 4 条第二部分）留有余地。关于履约，该规则命令各成员国创设行政主管部门[1]。欧洲委员会也将创设"国家联络点"[2]。各国行政主管部门也将从欧盟委员会接收到的信息进行转换[3]。

《欧盟获取与惠益分享条例》在很多方面与先前法案大有不同。它并未直接禁止非法材料的使用[4]。相反，它要求"履行尽职调查义务以确保所获取的[资源和知识……]符合获取与惠益分享规定[……]。"[5]因此，尽职调查义务与先前法案的差异主要体现在以下两个主要方面。首先，尽职调查义务并未提到自我监督机制。《欧盟获取与惠益分享条例》第 8 条提到使用者私人联盟。它也会向委员会提交"最佳实践"，这也会被识别且会从注意标准进行考虑。官方对自我监督组织构建既不支持也不反对。因此，从注意标准角度而言尽职调查义务是一项颇具灵活性的机制。尽职调查义务需要确证资源和知识获取符合获取与惠益分享立法。该条例第 4 条第三部分指出："使用者应寻求、保留及向后续使用者转移"获取与惠益分享相关信息。而该规则所设定的义务并非（规范层面说消极）禁止（"不能做！"），而是（可能）"寻求、保持及转移信息"，因此而保留记录。

《欧盟获取与惠益分享条例》监督概念并非包括自我管制意涵，而是依赖行政控制（检查点）的两大支柱[6]。公共研究基金接收者也要求宣称事先已经履行尽职调查义务[7]。而过往职责并未提起[8]，相关机构也并无明确名称。该文本仅要求："各成员国及委员会[要求][……][公共研究基金接收者]履行尽职调查义务。"所有其他使用者也应告知先前义务履行情况。第 7 条第 2 款要求它们在遭遇产品市场许可审核或在商业化过程中并不需要市场批准："向依据第 6 条第 1 款所创设行政主管部门告知它们已经履行第 4 条创设义务。"[9]第 7 条对第 9 款由主管部门对使用者遵约情况予以检查等规定予以补充[10]。

《欧盟获取与惠益分享条例》注意概念主要存在如下四大问题。

（1）尽职调查义务范围并不是很清楚。"履行义务以确认"主要有两大面向，

---

①《欧盟获取与惠益分享条例》第 6 条第 1 款。

②《欧盟获取与惠益分享条例》第 6 条第 3 款。

③《欧盟获取与惠益分享条例》第 7 条第 3 款。

④ EC 条例 995/2010 第 4 条和 EC 条例 2368/2002 第 3 条和第 11 条。

⑤《欧盟获取与惠益分享条例》第 4 条第 1 款。可以说，由于遵守法律的主要义务是由提供国承担的，因此设想的使用国的义务在本质上是附属的、独立的和监督性的。

⑥ 这混合了评估报告中早期标记为"上游重点"和"下游重点"的两种方法。欧洲环境政策研究所（IEEP）、生态学（Ecologic）和 GHK，《对欧盟执行〈关于获取与惠益分享的名古屋议定书〉的法律和经济方面的研究》（布鲁塞尔/伦敦，2012）。

⑦《欧盟获取与惠益分享条例》第 7 条第 1 款。

⑧ 这一概念似乎是宪法要求的科学特权，并得到了成员国的批准（例如，对于德国，参见德国联邦政府对议会问卷的答复［2013 年 6 月 27 日］，Drs.17/14245[p.6]）。

⑨ 欧洲议会发展委员会提出了一个收紧的方案（2013 年 5 月 30 日，PE 508.195V03-00），作为新的第 7 条第 2 款"使用者应声明他们已遵守"。

⑩ 检查他们的尽职调查，《欧盟获取与惠益分享条例》第 9 条第 4 款。

即"确认义务"和"履行尽职调查义务"（注意标准）。而在起初，"确认义务"要求明确。有人批评说，该条例的最初草案没有全面禁止非法使用行为①。虽然相关法规延伸至"暂停使用活动"②，而职责本身需要提到与信息相关三个方面职责"寻求、保持及转移"③，以及"当出现获取并非符合可适用的获取与惠益分享立法[⋯⋯]的情形"时提供补救职责。因此，《欧盟获取与惠益分享条例》以信息为中心创设积极行为义务。它并非像提供国法律所规定的直接禁止非法材料的使用行为。这是一个概念上的主要区别。它创造一种国内法上的独立尽职调查义务且排除其直接与国内法律后果规定相联系而违反国外法律情形。而在国际环境法共同但有区别原则的影响下④，将国内法律后果及时与违反外国法情形相联系存在阻力吗？⑤我早期的观点认为冲突法⑥允许且支持国际法原则要求提供国和使用国之间紧密协作。多边环境协定缔约方也要承担辅助（具有差异但是均相关）义务，并要求对跨境影响进行识别⑦。但是，实施过程应尊重《名古屋议定书》充满争议协商的历史。工业化国家强烈反对所谓"三脚架"观点，即要求使用者强制国内使用者披露来源国、遵守获取规则及对协议内容进行协商等⑧。上述独立义务的履行，而非禁止与外国法案进行联系，反映出对前述"三脚架"规则的拒绝。《名古屋议定书》也从未要求广泛禁止非法使用行为⑨。因此，如果欧盟现在执行多样化的职责（而非直接禁止），我认为，立法决定值得尊重，即使有人会批评它不够雄心勃勃。作为一项实践，有人会质疑它的真正意义。在《欧盟获取与惠益分享条例》背景下，使用者有义务查明、保留且转移信息。前述条例第 4 条第三部分清晰表明所需要记录的信息：获取日期及地

① 世界自然基金会（WWF），关于欧洲议会环境、公共卫生和食品安全委员会（ENVI）对《欧盟遗传资源获取及公正公平分享其利用遗传资源所产生的惠益的条例》投票的修正建议，2013 年 7 月 1 日（提交人存档）欧洲议会报告，新提案序言 8a（2013 年 7 月 16 日 PE 508.195V03-00），10。
② 欧盟委员会关于法规的初步建议，第 11 条第 2 款。
③《欧盟获取与惠益分享条例》第 4 条第 3 款 a 和 b。
④ 虽然还没有被公认为一项规则，但只是一项原则。艾伦·埃（Ellen Hey），《共同但有区别的责任》，马克斯·普朗克国际公法百科全书：MPEPIL（牛津：牛津大学出版社，2012）（最新更新于 2011 年 2 月）：447；T. 霍肯（T. Honkonen），《多边环境协定监管和政策方面的共同但有区别的责任原则》，（莱茵河畔阿尔芬：Kluwer Law Int'l 出版社，2009）。
⑤ 然而，有先例将国内禁令与违反外国法律、钻石制度和木材制度联系起来，参见戈特（Godt），"尽职调查"。
⑥ C. 戈特（C. Godt），"在使用国法院执行利益分享义务"收录于《遗传资源、传统知识和获取与利益共享的法律解决方案》，E. 卡莫（E. Kamau）和 G. 德温特（G. Winter）编辑（伦敦：地球瞭望出版社，2009）：419-438。
⑦ C. 戈特（C. Godt），《坎昆之后的知识产权和环境保护》（2003 年 10 月 30～31 日，德国柏林，在题为"从坎昆向前迈进——贸易、环境和可持续发展的全球治理"的国际会议上发表的论文）。在线可见 http://ecological-events.eu/Cat-E/ en/documents/Godt/pdf（2003 年 11 月）。
⑧ 有关详细的深入分析，请参阅克里斯汀·戈特（Christine Godt），《信息的所有权》（图宾根：Mohr Siebeck，2007）：316。
⑨《名古屋议定书》第 5 条第 2 款："每一缔约方应酌情采取 [⋯⋯] 措施，以确保 [⋯⋯] 利用所产生的利益得到分享 [⋯⋯]。"

点；具体叙述；来源；权利义务；共同商定条件。如果非法使用材料的行为被发现，证明责任重担将会转移至资源持有人，需要表明他/她并不知情，这在很多案例中均是非常困难的环节。正如禁止程度一样，存档义务也有着防御性影响，并触发各行业，以及在提供国①生产链中确保遵约义务得到履行。"确认义务"与广义禁止义务进行比较也仅会带来履行机构差异。其他机构并非"值得信赖的获取与惠益分享机构"，正如许可批准机构一样，并不能检视"非法使用行为"（履行禁止义务）。我认为尽管后者是更恰当的选择但是仍然可以接受较低标准。国内法律义务的转换必须与国家主权原则保持一致。

而具有较大问题的则是第二个方面，即尽职调查义务标准。此处"尽职调查义务"指的是忽视标准，它具体是指特定情形下个体尽职调查义务。该概念来自于侵权责任法，脱胎于每个人均相同的在行政上违反标准制度的概念（被称为禁止，如使用非法材料）。与最佳实践相适应，作为一般规则，满足尽职调查义务标准②。因此，当信息并非经由尽职调查义务而获得，获取许可也并不能获得且共同商定条件亦不能建立，《欧盟获取与惠益分享条例》第4条第五部分所提出的利用行为则不能延续。

（2）在《欧盟获取和惠益分享条例》视野下，尽职调查监督机制依赖两大机制，即使用者宣称的职责及主管部门的检查③。使用者申报的相关职责部门不仅有市场许可审批部门，还有本国（各）获取与惠益分享主管部门（更有可能的是自然保育部门）④。申请者将会面对双重行政负担。《欧盟获取与惠益分享条例》并未发表获取与惠益分享主管部门构成审批文件组成部分的声明。目前也并无法律基础否认市场批准程序存在。由于该项职责并不构成对非法使用材料行为的禁止，当法律要求检视所有公共职责的时候，表明否认态度甚至不太可能成为例外情形⑤。上述声明指出尽职调查义务履行⑥是一项独立义务，依据本规则第11条规定应进行独立评价。"声明职责"和"确认信息职责"等遵守获取与惠益分享规定也受到第11条行政处罚规范调整。这些规范最终是严厉的（如罚金、使用活动立即

---

① 关于"义务"的法律含义以及注意标准和举证责任的辩证功能，戈特·布鲁格迈尔（Gert Brüggemeier），"组织内部职能分化的组织责任缺失方面"，《民事实践档案》（AcP）191（1991）：33；转移到环境责任的范畴"，克里斯汀·戈特（Christine Godt），《生态损害责任》（柏林：Duncker，Humblot出版社，1997）：188页及其后内容。

② 《欧盟获取与惠益分享条例》第8条第4款；亦可见，戈特（Godt），《生态损害责任》。

③ 《欧盟获取与惠益分享条例》第8条第1款。

④ 《欧盟获取与惠益分享条例》第7条第2款。

⑤ 我们在德国法律中发现了一个公开的例子，足以禁止适用相邻法（基于先前获取与惠益分享合规性而未作声明的，或不一致的声明或文件，而拒绝给予许可）：《德国生物多样性法》（《基因工程法》）第6条第1款第§11项要求，其他标准并不能反对批准。该法适用于安全等级为3级和4级的实验室（需事先批准）。其规定：须经批准。如果其他公共法规和健康安全问题不反对基因工程工厂的建立和运营。"

⑥ 《欧盟获取与惠益分享条例》第7条提到的第4条第1款的内容。

中止、非法获取材料的没收），但是均没有对修补任何非法情形进行规定①。主管部门也面临诸多问题：当该规则并不要求许可审批部门作出声明（仅有一个主管部门要求应作出职责声明）②，申请产品许可信息传递至主管部门的渠道如何也并不清晰。《欧盟获取与惠益分享条例》对于机构之间信息转移结构也未做详尽规定。这是一个严重缺陷，因为大多数和获取与惠益分享合规相关的产品批准都是在欧盟水平上监管的。产品控制部门和获取与惠益分享主管部门之间沟通机制如何创设是一个开放问题。实际上，获取与惠益分享主管部门如何知晓违反第4条和第7条第二部分情形是值得怀疑的。商业化产品并没有在研究/开发活动或生产过程中提示任何非法使用生物遗传资源信息。该监督机制仍取决于公司标记的提示，而该类提示要求高度专业化的专业知识在获取与惠益分享职责确定过程中发现可能的违规行为③。

（3）一旦不需要市场批准，确定"最终开发阶段"的准确时间节点可能并不清晰。是否可以依据权利耗尽原则对产品进行首次市场布局，或者正如欧洲法院在解释欧盟98/44号指令所作出的裁决那样开始专利申请？④ 甚至欧洲议会也呼吁与欧洲专利局进行更好信息交换⑤。实施《欧盟获取与惠益分享条例》的核心问题即为信息流量的设计。主管部门并不知道谁在最开始利用生物遗传资源。而规则草案则仅限于自我职责声明义务及公共机构违法行为探究，却缺乏各主管部门之间信息交换技术机制设计。目前"基于风险的周期性数据审查计划"是否建立仍有待确认⑥。提供者、私人使用者或消费者并没有获得信息。更可能的是，仅有很少信息能够得到交换，此时使用者在欧盟28个成员国领域遵约情况就无法得到保证。

（4）由于提供国获取和使用国产生惠益之间日益加剧的"分离"状态，提供国实现惠益分享的追求也将会成为累赘——并非从法律意义上⑦，也可以从事实理由上得到相应结果。《欧盟获取与惠益分享条例》仅要求使用者"尽职履行确保生物遗传资源的[……]获取以符合获取与惠益分享[规则……]的尽职调查义务"⑧。

① 即使是旨在强制执行积极行为（而非不作为）的罚款（德语"Zwangsgelder"）也无助于实现目标，因为责任必须确定（而非获取与惠益分享合规性）。
② 《欧盟获取与惠益分享条例》第7条第2款。
③ 《欧盟获取与惠益分享条例》第9条。
④ 案例34/10，欧洲法院就德国联邦最高法院提交的Brüstle v.Greenpeace e.V.专利案所作出裁决，[2011] ECR I-821，随附AG Bot.的意见。这一裁决结果备受争议，同意：英格丽·施耐德（Ingrid Schneider），"欧洲法院裁决'Brüstle与绿色和平'：对欧洲的意义和影响"，《财产/知识产权杂志》，3（2011）：475；反对：乔琴·陶皮茨（Jochen Taupitz），"欧洲专利法下胚胎的人类尊严"，GRUR，114（2012）：1；奥萝拉·普洛默（Aurora Plomer）"在布鲁塞尔之后：欧盟《欧洲人权公约》（ECHR）和欧洲专利法的未来"，伦敦玛丽女王大学学报，IP 2（2012）：110；在欧洲法院（ECJ）判决之前，支持原告的立场：约瑟夫·斯特拉特斯（Joseph Stratus），"在欧洲获得人类胚胎干细胞专利。干细胞研究是否将人类胚胎用于工业或商业目的？"GRURInt，59（2010）：911。
⑤ 《欧洲议会农业和农村发展委员会的意见》（作为欧洲议会报告的一部分发表），22。
⑥ 《欧盟获取与惠益分享条例》第9条第3a款。
⑦ 戈特（Godt），"惠益分享的执行"。
⑧ 《欧盟获取与惠益分享条例》第4条第1款。

信息也应在"最终开发阶段[……]向主管部门进行报道"①。主管部门也应向委员会和信息交换所进行报告②。上述声明并非公开发表，也并无保障措施确保使用国使用者信息透明及可以获得③。提供者将取决于偶然发现的用途和商业化，并无结构化监督和使用津贴存在。获取与惠益分享信息交换所，《名古屋议定书》第 14 条创设用于提升提供者和使用者之间信息流量工具，将会首先对（提供国）立法信息追踪及获取许可限制性规定方面提供支持。由于《名古屋议定书》并不要求使用信息透明化，获取与惠益分享信息交换所也将不会对提供者信息需求反应予以更多回应。不过，获取与惠益分享机制所强调的理念仍依赖于使用国对提供国利益回馈以作为自然保护的激励机制。目前某些常见误解有为了自身利益应创设一项针对提供国自由处置生物遗传资源作为收入来源的惠益分享义务。惠益分享是《生物多样性公约》所有缔约方生物多样性保护首要共同利益。因此，有必要关注生物多样性保护所产生的基金。如果有个别国家提出主张，这些也是可以真实操作的，同时这也类似于外国私人主体所缴纳跨境税。

第三节　替代性方案："背负式"的程序

欧盟委员会采取最佳替代性履行方式即是将获取与惠益分享信息披露义务整合到现有程序遵约中，即生物遗传资源及相关产品，或源自生物遗传资源获取、存储、分析、开发及使其迈入市场进行商业化，以及提供者寻求司法救济通用规则等④。上述思路脱胎于不同管制理念。降低使用者文档记录义务，以及非法使用均不是《名古屋议定书》有关使用者核心措施。该方法也通过使用国透明规则而对提供国进行补充。

尽管存在不同目标，各缔约方早就通过各项程序控制生物遗传资源使用行为。各国也对以下事项进行记录：具有创新目标的专利；控制危险行为及物质以确保安全；促进研究和经济增长；国家对研究和工业项目补贴。

"背负式"程序核心理念即让现有程序更加透明，以便让提供者能够通过使用这些程序实现权利主张，并通过这些程序，阻止基于非法获取的材料开发的产品进入市场。研究基金拨付及知识产权许可程序使得资源（可能）使用得以及时在早期公开。随后的产品许可程序也标志着资源进入市场化状态。研究基金及公众购买程序能够用于申请履行提交文档记录义务，因此提升信息分配效率，也能要

---

① 《欧盟获取与惠益分享条例》第 7 条第 2 款。
② 《欧盟获取与惠益分享条例》第 7 条第 3 款。
③ 然而，有一种机制可以是可搜索的专利数据库。
④ 该分析是基于德国联邦政府在欧盟法规发布之前委托作者进行的为期一年的专家咨询（参见第 221 页脚注①）。该咨询任务主要是确定《名古屋议定书》的实施方案，该方案可以符合欧洲的多层次治理方案，并将剩余的国家能力纳入其中。中心研究结果正在发表（2014）。

求明确共同商定条件以确保未来既能够投入资金保护生物多样性，又能得到长期生物多样性惠益①。

因此，"背负式"程序核心理念也能够确保实现提供者合法主张。但是，上述有关授予许可和惠益分享条件相关信息是否可以获得也事关生产链过程中获取生物遗传资源商业化的使用者核心利益。避免生物剽窃是他们的利益所在，而这只有在他们有适当的信息时才有可能。如果对专利及市场许可程序进行披露，研究及测试过程中生物遗传资源获取情况将在很多情形下得以公开化②。

一个不同的问题即为上述披露义务是否是"常规遵约义务"的补充，因为没有使用者与任何行政程序保持联系。上述概念并非相互排斥，它们可以进行结合。一个合理的理由即为避免控制使用行为的缺陷，应要求所有使用者履行"相同"义务。它或许也让使用国利益发生转移，作为一项主权内权限，它有义务在国内职责履行过程中遵守外国规则。

在早期专家意见中，本文作者发现一旦修正案要求惠益分享遵约信息披露义务（由环境政策目标提供合法性支持）也能够通过现有环境保护以外其他管辖权规则得到履行③。由于整合环境保护要求，修正案结果必须纳入上述规则以便确保产品安全或创新性能提升④。而关于消费型产品，消费者权益保护和环境保护法律规则在范围上没有区别。我们仅找到一处例外，即修正案并不可能在德国社会保障规则前提下创设药品公共采购专门管制措施（*Sozialgesetzbuch*-V）⑤。产品许可程序中将声明职责予以整合应由非法使用常规禁止规定予以补充，既可以在现有自然保护法律，也可以独立获取与惠益分享规则中进行创设。它也形成了后续宣称职责法律基础。因此对于批准《名古屋议定书》外国法合法化背景下也依赖共同但有区别原则的实施。某个制度体系所依靠的互补性来自于其他制度体系（而该体系合法性仍然独立由使用者控制）。此外，程序性规则也应通过提供者有关惠益分享长期主张而得到厘清。由于各国对财政主张公私性质产生疑问，民事程序规则也应及时被澄清是否合法⑥。

在法律允许的情况之下，"背负式"实施方式在理论上得到支持可能有如下原

---

① 相关的具体要求可以以"公平许可"为模型，参见克里斯汀·戈特（Christine Godt），"公平许可证概念化解决一些早期法律问题的新模式"，GRUR Int.（2011）：377-385。

② 该方案存在因受商业秘密保护而未发现使用情况的风险。

③ 戈特（Godt）、什什尼亚尔（Shušnjar）和沃尔夫（Wolff），《名古屋议定书》的实施（研究 1）

④《欧洲联盟运作条约》（TFEU）第 11 条。欧洲法院在 2002 年 9 月 17 日的案件 C-513/99 号决定中明确规定了国家公共采购的欧洲竞争法框架，ECR 20021-7213-芬兰康考迪亚公共汽车案（Concordia Buses Finland）。

⑤ 德国系统的药品供应基于公共社会保险模式，该模式提供了强有力的患者保护，最终促进了环境保护，戈特（Godt）、什什尼亚尔（Shušnjar）和沃尔夫（Wolff），《名古屋议定书》的实施（研究 1），117。

⑥ 戈特（Godt）、什什尼亚尔（Shušnjar）和沃尔夫（Wolff），《名古屋议定书》的实施（研究 1），139。

因：它对于使用者和提供者均是有益的，并且它为获取与惠益分享遵守创设了一个健全的实施机制。但是，它也存在某些限制。

（1）"背负式"实施减少了使用者成本，因为仅需要与一个主管部门进行沟通。前述声明仅需要在批准申请的时候提交即可。授予许可时应将该项声明告知公众。对于提供者来说，这就创设常规和可靠的信息披露机制并使得信息以一种结构化、透明的方式获得。专利信息反映技术领域的由 IPC 代码构成。产品批准程序的文字化记载也将引导各工业部门的具体活动（制药、食品营养及添加剂、化学及美妆）。通过基金组织和移地收集机构补充[1]，一种透明的数据记录方式将会得以建立[2]。

（2）它使得实施情况更为健康，也削减了获取与惠益分享行政机构设置，创设真正的履约动力，重构实施重点。虽然短期来看在每个程序中实施获取与惠益分享遵约职责文本记录的立法负担仍然较高，但是长期来看它减少行政实施成本。国家主管机构不会充斥用户合法使用的声明，监管机构会向获取与惠益分享主管机构报告非法使用情况[3]。（或以一种结构性方式报告：合法使用或非法使用）。此外，除非信息已经出现许可可能随时撤回，使用者应遵循真实动机。这至少在制药及食品添加剂管制活动中是有可能的，以及允许杀虫剂[4]及生物制剂[5]实验许可，更为具体、个别结论及允许对作为"原材料"的生物遗传资源来源地声明及使用限制[6]。当信息不可得的时候最终不给予许可也并不是那么有说服力。可以想到各种可能性来桥接信息增量。国家信息联络点可以将信息传达给提供国，如果有可靠的证据表明无法满足正式的获取要求，且可以向生物多样性基金一次性支付，则可以使用自我声明作为替代。同时所需支付款项的总额也会被要求交至生物多样性基金。这种跨境信息机制使得《名古屋议定书》要求的政府间沟通变得具有可操作性[7]。更重要的是，有时候行政助推力量是有差异的。各国获取与惠益分享行政主管部门的焦点既非自愿性声明的文档记载，也不是耗费着成本在公司实验

---

① 见戈特（Godt）、什什尼亚尔（Shušnjar）和沃尔夫（Wolff），《名古屋议定书》的实施（研究 1），117 页及其下内容；"Ex Situ Collections"。

② 我们建议明确的法律规定根据获取与惠益分享规则（尽管有特权的"受信任的人"）和（通常是私人组织的）资助组织（不仅是"公共"研究资助）提交异地收集品；而不仅仅是《欧盟获取与惠益分享条例》中规定的申报。

③ 欧盟第 07/2009 号条例第 54 条，2009 年 11 月 24 日第 309/1 号公报。

④ 欧盟指令 98/8/EC 第 17 条，1998 年 4 月 24 日第 309/1 号公报。

⑤ 这与获批准的一般摘要清单（如化妆品、杀菌剂、杀虫剂、化学品）形成对比。违反一般摘要清单登记的使用限制不允许从清单中召回物质。然而，获取与惠益分享相关信息的文件价值将有所帮助。如果限制太窄，信息可能会触发与提供国的重新协商。个别违规行为可处以罚款。戈特（Godt）、什什尼亚尔（Shušnjar）和沃尔夫（Wolff），《名古屋议定书》的实施（研究 1），附件 27。

⑥ 戈特（Godt）、什什尼亚尔（Shušnjar）和沃尔夫（Wolff），《名古屋议定书》的实施（研究 1），附件 27。

⑦ 戈特（Godt）、什什尼亚尔（Shušnjar）和沃尔夫（Wolff），《名古屋议定书》的实施（研究 1），48。

室进行穷究式的提问①，主管部门也不是在没有获取与惠益分享关注焦点的情况下②受到盲目地资源使用文献记录影响（早就存在实在法规定③，某些国家早就受到《名古屋议定书》义务影响）。主管部门应当将注意力集中在补救提供者缺乏协商与同意环节所带来的问题——相反而不是违反声明及文档记载义务罚则模糊规定。它也能够重新指导提供信息给使用者的行政程序，该程序是指使用者如何（也适用于过去情形）获得适宜获取与惠益分享证明（记载获取与惠益分享遵约情况）。常规声明（通常由公务人员进行记录）仍然由获取与惠益分享主管部门进行记录。但是应该值得注意的是，行政审批程序首要的管制目标是产品安全（由禁令和限制实施保证）。因此，很多生物遗传资源在进入市场之后并没有受到程序控制。反过来说也需要在产品许可程序中澄清获取与惠益分享要求性质。这就是确保透明度及在必要条件下实施检查点的缘由了。这也并不是首要（以及唯一）的履约工具。实施机制也能同时实现专利程序及研究控制。

（3）已经完成建构的欧盟制度体系能够利用欧盟多层次管制体系现存的状态。这就是说，现阶段欧盟层次强有力的产品管制结构并没有忽略"以上""以下""贯穿"于欧盟、明显的国家和私人主权获取及惠益分享管理机会。在欧盟"以上"水平，成员国和欧盟均参与到（政府间）欧盟专利公约修正案协商过程④。而专利注册信息也是获取与惠益分享信息新增技术数据核心来源。在欧盟"以下"水平指的是以欧盟为主的水平，各国政府应在其管辖范围内实施获取与惠益分享相关使用者措施，以便为未来管制规划提供试验性立法⑤。我们 2012 年的研究结果显示，我们发现了几个仍然保留本国立法的主权地区。本国专利法、动物保护法、研究基金法、生物技术空白、公共采购、国际开发协助、公司治理法规以及民事诉讼⑥。不过在欧盟领域，管制结构并非完全分离，程序有三种结构类型：

（a）纯粹欧盟程序（欧盟法及欧盟法律实施细则，如生物技术、制药及欧盟研究基金）；

（b）欧盟法与各国实施细则相结合复合型多层次程序（如食品监管）；

（c）补充性立法相结合的多层次程序（如生物制剂）。交叉型（私人）管理体制，如公司社会责任⑦。

---

① 《欧盟获取与惠益分享条例》第 9 条第 3b 款。

② 因为不允许该机构查询原产国的信息，也不要求提供关于合法获取和双方同意条件的证据。

③ 戈特（Godt）、什什尼亚尔（Shušnjar）和沃尔夫（Wolff），《名古屋议定书》的实施（研究 1）（关于几个部门法的文件）。

④ 这甚至不包括类似于《德国专利法》第 34a 节的自愿披露规则。这需要进一步的改革（见第 225 页脚注⑦和⑧，分别对欧洲议会农业委员会和非政府组织的批评）。

⑤ 因此，作者支持《欧盟获取与惠益分享条例》，因为它避免了纯粹的中央实施计划。

⑥ 戈特（Godt）、什什尼亚尔（Shušnjar）和沃尔夫（Wolff），《名古屋议定书》的实施（研究 1），48。

⑦ 关于简要概述：戈特（Godt）、什什尼亚尔（Shušnjar）和沃尔夫（Wolff），《名古屋议定书》的实施（研究 1），148-155。

虽然本文并不是提出对现有程序可能进行修订的最适位置，但对于最终受益者，市场批准尤其值得关注遗传资源和相关传统知识的利用所产生的成果。三类产品部门具有特殊利益：广义上来说包括制药、食品和化学部门（尤其包括杀虫剂及美妆部门）。相关规章及指令包括：

（a）制药部门（提供欧盟医疗机构核心程序）[①]，以及分散化、但是精心编排程序[②]；

（b）食品生产（五部规则，一部指令）[③]；

（c）化工行业[④]。

正如之前注意到的，只有制药部门、食品添加剂及研究实验能够维持现状而不用提供获取与惠益分享遵约证据。其他产品批准程序也仅能为来源地及最终使用限制相关信息存储提供服务，因此，生物遗传资源和相关传统知识利用应当更加透明且使提供者能够实现权利主张。

考虑到"背负式"方式所具有的透明性优势，有人会认为它的劣势集中于生物遗传资源使用链的极端特征。然而，这种"背负式"方式既没有限制对经济利益的分享义务，也没有限制未来某个时候某些利润丰厚的终端产品的投机性特许权使用费带来的资金流动。很多案例早就出现某些特定物质的销售作为诊断工具的情形。如果该物质包括专利申请需求，某些物质简单使用过程也能被识别出来。此外，在前述过程中（非法）使用资源也仅在终极产品市场化过程中得到识别。当披露规则并不会集中于终极产品，但是却包括在"生物遗传资源利用过程中"（包括生产链），它们包括生产过程及产品，即使生物遗传资源并非包括在终极产品范围之内。

第四节　结　论

《名古屋议定书》履约最大挑战在于——使用者措施遵约必须透明且允许提供

---

① 欧盟第 726/2004 号法规，2004 年 4 月 30 日第 136/1 号公报。

② 欧盟第 2001/83/EC 号指令，《人类用药物》，2001 年 11 月 28 第 3011/67 号公报；欧盟第 2001/82/EC 号指令，《兽药产品》，2001 年 11 月 28 日第 3011/1 号公报。

③ 关于一般原则的 EC 第 178/2002 号法规，2002 年 2 月 1 日第 31/1 号公报，经修订，第 575/2006 号（食品中的污染物），2006 年 12 月 20 日第 100/3 号公报；关于食品添加剂的 EC 第 133/2008 法规，2008 年 12 月 31 日第 354/16 号公报，经修订，第 238/2010 号，2010 年 3 月 23 日第 75/17 号公报；关于新型食品的 EC 第 258/97 号法规，1997 年 2 月 14 日第 43/1 号公报；关于酶的 EC 第 1332/2008 号法规，2002 年 7 月 12 日第 183/51 号公报。

④ 关于化学品的登记、评估、授权和限制（REACH）第 1907/2006 号条例，2006 年 12 月 30 日第 396/1 号公报；关于化妆品的第 76/768/EC 号指令，1976 年 11 月 27 日第 262/169 号公报；关于杀生物剂的第 98/8/EC 号指令，1998 年 4 月 24 日第 123/1 号公报；关于杀虫剂的第 1107/2009 条例，2009 年 11 月 24 日第 309/1 号公报；关于转基因生物的限制性使用的第 2009/41/EC 号指令，2009 年 5 月 21 日第 125/75 号公报；关于故意释放转基因生物的第 2001/18/EC 号指令，2001 年 4 月 17 日第 106/1 号公报；以及关于新型食品的第 258/97 号条例，1997 年 2 月 14 日第 43/1 号公报。

者实现它们的主张。《欧盟获取与惠益分享条例》过于狭隘，侧重于申报义务和公共行政违规行为的检测。相反，生产链中使用者首先传递的信息流是透明的且充满智慧的，且在机构之间也是非常必要的。一项设计精良的信息系统不仅对提供者有益，而且也符合防止未经证实的商业行为的商业利益，而在生物多样性公共利益保护过程中，应考虑获取与惠益分享机制也将作为方式之一发挥作用，而绝非实现目标。当《名古屋议定书》真正成为一个创新性的工具，《名古屋议定书》显然很有可能被滥用，成为新的障碍，扼杀企业的发展，并发展成为不当的收入来源，还包括对利益投资方式感兴趣的双方同意的条款。《名古屋议定书》的缔约方和公司治理仍面临着将《名古屋议定书》朝这个方向发展的压力。参与公司治理应借助具有获取与惠益分享功能性的获取与惠益分享计划的协助。处于运行状态中的欧盟使用者措施仅是作为通过获取与惠益分享进行生物多样性保护整栋大厦的一块砖而已。

第十四章　在欧洲收集植物遗传资源：法律要求和实践经验调查

洛伦佐·马焦尼（Lorenzo Maggioni），伊莎贝尔·洛佩兹·诺列加（Isabel López Noriega），伊莎贝尔·拉佩尼亚（Isabel Lapeña），沃伊特克·霍鲁贝克（Vojtech Holubec），约翰内斯·恩格斯（Johannes M. M. Engels）*

第一节　对在欧洲收集植物遗传资源进行调查的理论基础

从荒野和农民田地里收集植物种质是获得遗传资源进行养护和利用的一项重要任务。直到最近，这项活动在各国基本上一直是以不受监管的方式开展的。我们的研究侧重于了解目前的监管框架对在欧洲收集种质有着怎样的影响。

围绕获取与惠益分享法规及其对研发活动的影响而开展的研究大多针对的是发展中国家。很少有研究对监管欧洲遗传资源养护与利用的政策和法律进行全面阐述①，而且这些研究往往将其分析局限于规范性文本，很少按照和（或）超越书面规范提供关于实践中如何实施的信息。这种情况在一定程度上导致在人们心目中产生了一种普遍看法或印象：从法律上讲，在欧洲国家收集遗传资源比其他国家容易得多。但事实真的是这样吗？

---

* 作者感谢所有提供数据和信息的人员。阿尔巴尼亚：Belul Gixhari；亚美尼亚：Margarita Harutyunyan, Gayane Melyan；奥地利：Paul Freudenthaler；阿塞拜疆：Afig Mammadov, Zeynal Akparov；白俄罗斯：Iryna Matys；比利时：Marc Lateur；波黑：Gordana Duric, Fuad Gasi；保加利亚：Liliya Krasteva；塞浦路斯：Angelos Kyratzis；爱沙尼亚：Külli Annamaa；芬兰：Elina Kiviharju；法国：Andrey Didier, Francois Balfourier, Marie-Christine Daunay, Emmanuel Geoffriau；格鲁吉亚：Tamar Jinjikhadze；德国：Ulrike Lohwasser, Magda-Viola Hanke, Evelin Willner, Frank Begemann, Matthias Ziegler, Sarah Sensen；希腊：Parthenopi Ralli；匈牙利：Attila Simon；以色列：Lea Mazor, Rivka Hadas, Raul Klinerman；意大利：Gaetano Laghetti, Carlo Fideghelli；拉脱维亚：Anita Gaile；马其顿：Suzana Kratovalieva；黑山：Zoran Jovovic；荷兰：Chris Kik, Bert Visser；挪威：Åsmund Asdal；波兰：Zofia Bulińska-Radomska；葡萄牙：Ana Maria Barata, Filomena Rocha, Eliseu Bettencourt；罗马尼亚：Silvia Străjeru；俄罗斯：Sergey Alexanian；塞尔维亚：Sreten Terzic, Miodrag Dimitrijevic, Milena Savic-Ivanov；斯洛伐克：Daniela Benediková；斯洛文尼亚：Vladimir Meglic；西班牙：Fernando Latorre；瑞典：Jens Weibull；瑞士：Beate Schierscher Viret；土耳其：Ayefer Tan；英国：Mike Ambrose, Julian Jackson。作者还要感谢 Maria-Lara Hubert Chartier 对欧洲获取与惠益分享方面法律和文献的审核，感谢 Michael Halewood 对本章早期版本的评论。

① D. 兰格（D. Lange），《欧洲药用和芳香植物：其用途、贸易和养护》[剑桥（英国）：国际野生物贸易研究组织（TRAFFIC），1998]；托马斯·格布雷克（Thomas Geburek）和乔泽夫·图罗克（Jozef Turok）等，《欧洲森林遗传资源的养护和管理》（兹沃伦：Arbora 出版社，2005）；豪尔赫·卡布雷拉·梅达利亚（Jorge Cabrera Medaglia），弗雷德里克·佩伦·韦尔奇（Frederic Perron-Welch）和奥利维尔·鲁昆多（Olivier Rukundo），《关于遗传资源获取与惠益分享的国家和区域措施》（蒙特尔：国际可持续发展法律中心，2012）。

为了回答这个问题，我们从非常实际的角度入手，研究欧洲的获取与惠益分享法律环境：负责保存植物遗传资源的基因库管理员如何描述适用于在其国家收集植物种质的规则？他们如何根据自己的经验来描述其他国家设定的法律程序？在寻求遵守欧洲获取与惠益分享法规时，有没有阐述植物种质收集实际经验的具体案例？

本文的结构如下：首先，通过回顾历史，追溯植物种质收集活动在国际背景下（包括在欧洲）的重要性及其持续需求，包括欧洲的需求。然后叙述政治和监管变化对遗传资源相关活动产生了怎样的影响，重点分析植物种质收集的预期实际后果。此外还描述我们从基因库管理员那里获取现行国家法律法规及其实施情况方面信息所采用的方法。最后分析欧洲植物遗传资源合作计划（ECPGR）43个成员国对我们所发调查问卷的回答，讨论所取得的结果，同时也考虑到了《名古屋议定书》的实施可能引起的新的监管变化。我们用两个单独的方框有效阐述在安排特定的国际收集任务来获取植物种质材料时"到底"会发生什么。根据本研究中收集的信息，我们在本章结束部分针对政治当局和立法机关提出了一系列建议，以加强与现有国际原则协调一致的便利获取。

1. 收集作物多样性，防止遗传侵蚀

历史上早就有从荒野和农民田地里收集遗传资源、将种质从世界某个地区移到另一个地区的行为了。普拉克内特（Plucknett）等 1987 年描述了植物收集如何随着历史的发展而演变，即从苏美尔、埃及、希腊和罗马时代最早的收集考察演变到 20 世纪上半叶瓦维洛夫（Vavilov）在世界各地广泛开展的勘探任务。19 世纪，第一批"植物引进站"在美国和其他"新国家"正式建立，以检验引进遗传多样性的战略作用，从而提高作物产量。20 世纪初，随着植物育种发展成为一项科学和经济事业，建立了基因库，为科学家和育种家及时提供用于育种和研究目的的种质。1961～1972 年，联合国举办了众多国际技术会议，引起了国际社会对永久丧失遗传多样性风险的关注，这种风险是因少数现代高产品种或杂交种代替了多种多样传统品种或地方品种以及野生生境的丧失而造成的[①]。国际农业研究磋商小组（CGIAR）是一家由国家政府、机构和公益基金会组成的国际联合体，致力于研究农业发展，1974 年成立了国际植物遗传资源委员会（IBPGR）。国际植物遗传资源委员会总部设在罗马联合国粮农组织，其任务是促进和协助全世界在收集和保存未来研究和生产所需植物种质方面的努力[②]。国际植物遗传资源委员会

---

① 罗宾·皮斯托瑞斯（Robin Pistorius），《科学家、植物与政治——植物遗传资源运动史》（罗马：国际植物遗传资源研究所，1997）。

② 技术顾问委员会（TAC），《植物遗传资源的收集、评估和养护》，在美国贝茨维尔举办的技术顾问委员会特设工作组报告，1972 年 3 月 20～25 日。

最重要的一项任务是资助对农民所培育的传统品种和地方品种以及已经在田间和自然生境中丧失的野生近缘种开展收集任务。1974 年以来，国际植物遗传资源委员会〔之后是国际植物遗传资源研究所（IPGRI），2006 年起是国际生物多样性中心〕发起了国家和国际机构以及世界多数国家的 500 多次收集考察活动，其间收集了 225 000 多件植物样品[①]。然后将这些丰富的地方品种和野生近缘种分配到 49 个选定的基因库对种质进行长期保存，并分配到 500 多个基因库进行保存和利用。

最近 30 年，植物种质收集活动成倍增加，这不仅是国际努力（国际植物遗传资源委员会及国际农业研究顾问团下设的其他中心）的结果，也是国家努力的结果，因为几乎每个国家都决定建立自己的国家遗传资源养护体系。根据《世界粮食和农业植物遗传资源状况第二次报告》[②]提供的数字，在该报告发布之时，全世界至少有 1750 多个基因库或种质收藏机构，保存着大约 740 万份种质材料，1996 年世界状况第一次报告[③]提供的数字是 140 多万份。欧洲的相关数字是：500 多个基因库或收藏机构大约保存着 190 万份种质材料[④]。据联合国粮农组织报告，最近 30 年，国际发起的收集计划呈减少趋势，国家计划呈增加趋势[⑤]。全世界基因库的数量激增，基因库保存的种质材料不断增多，其中只有 25%～30% 属于独特种质材料，其余则为复制品保存。欧洲 38% 的种质资源是由欧洲本土种质材料组成的[⑥]。

2. 收集植物多样性仍有必要

从全球生物学视角来看，虽然对于很多大作物来说，遗传多样性的很大一部分目前表现在非原位收集中，有时候因为重复，甚至更多。但对于其他作物，特别是小作物和作物野生近缘种来说，还存在很大空白[⑦]。环境退化和气候变化也是恒久不变的要素，使我们持续关注保护基因库中受威胁种质以及寻找适应变暖和变干燥气候的有益特性[⑧]。《粮食和农业植物遗传资源第二次全球行动计划》[⑨]列出了一系列理由，认为需要持续有针对性地收集粮食和农业植物遗传资源（PGRFA）。这些理由包括：重要区域作物、小作物、未被充分利用作物的收集存在空白，以及

[①] 伊姆克·索曼（Imke Thormann）等，"收集任务原始数据实现数字化和在线提供，以提升数据质量并加强植物遗传资源养护与利用"，遗传资源和作物演化，59（2012）：635-644。

[②] 联合国粮农组织，《世界粮食和农业植物遗传资源状况第二次报告》（罗马：联合国粮农组织，2010）。

[③] 联合国粮农组织，《世界粮食和农业植物遗传资源状况》（罗马：联合国粮农组织，1998）。

[④] 世界粮食和农业植物遗传资源信息和预警系统（WIEWS），2013 年 12 月 20 日查阅，http://apps3.fao.org/wiews/wiews.jsp。

[⑤] 联合国粮农组织，《世界粮食和农业植物遗传资源状况第二次报告》。

[⑥] 同上。

[⑦] C. 霍里（C. Khoury）、B. 拉利伯特（B. Laliberté）和 L. 瓜里诺（L. Guarino），"植物遗传资源非原生境保存趋势：全球作物与区域养护战略评论"，遗传资源与作物演化，57（2010）。

[⑧] 联合国粮农组织，《世界粮食和农业植物遗传资源状况第二次报告》。

[⑨] 联合国粮农组织，《粮食和农业植物遗传资源第二次全球行动计划》（罗马：联合国粮农组织，2012）。

很多基因库的条件不佳，导致收集材料遗失。为了满足上述需要，在挪威政府的支持及邱园皇家植物园千禧种子库的合作下，全球作物多样性信托基金（GCDT）最近发起了一项国际计划。该项目首先将识别 29 种对粮食安全至关重要的作物的野生近缘种，这些野生近缘种是现有收藏机构所缺少的，最有可能包含农作物适应气候变化价值的多样性，能够使农业适应气候变化，也是最濒危的。该项目的国家合作伙伴主要是《粮食和农业植物遗传资源国际条约》缔约方，他们将从荒野收集这些野生近缘种，将其保存在基因库里[①]。

在欧洲地区的特定案例中，在 1998 年一次关于全球行动计划实施的研讨会期间，确认了欧洲地区具有十分丰富的粮食和农业植物遗传资源，虽然已经收集了许多材料，但实际保藏的材料数量根本代表不了多种重要经济作物的遗传多样性。作物野生近缘种的情况更糟糕[②]。世界状况第二次报告[③]显示，欧洲开展了多项任务，具体涵盖匈牙利、北欧国家、波兰、罗马尼亚、斯洛伐克和邻近区域。然而，没有确凿的基准数据，现有的总体遗传多样性没有统一的指标，一项最新综合度量指标就很难或者不可能非常精确地估计欧洲遗传多样性的空白。在欧洲植物遗传资源合作计划（ECPGR，欧洲植物遗传资源网络，参与国家有 40 多个）工作组会议中发表看法的专家认为，仍存在多处空白，特别是在蔬菜和水果地方品种及其野生近缘种方面。例如，巴尔干和高加索地区以及地中海盆地边缘地区仍具有丰富的多样性，这种多样性是基因库所不能提供的，并且似乎已受到威胁。

3. 遗传资源成为一个国际政治问题

几千年来，植物收集和种质流动都是不受监管的活动，同时伴随着人口在全球范围的流动，他们要么是移民、传教士、部队军人、探险家，要么是其政府或机构委派的专业植物搜寻人员。在估计全球种质自由流动所产生一般惠益的水平时，切记世界上任何国家或地区在用来维持和改良大作物所需的植物遗传资源方面都不能完全自给自足[④]。20 世纪下半叶，全球建立了大量种质收藏机构，所收集的种质由国际农业研究顾问团下设各中心保存，提供给每一个人，有效防止了众多地方品种和其他材料的灭绝。这些收藏机构可以将所收集的原始样品调到因环境事故或人为事故（战争、国内动乱、政治动乱）而丧失资源的国家。

---

① "全球作物多样性信托基金——野生近缘种"，2014 年 1 月 20 日查阅，http://www.crop-trust.org/content/wild-relative。
② 沃伊特赫·霍鲁贝克（Vojtech Holubec），"欧洲的主要收集需求"，发表于《全球行动计划在欧洲的实施——粮食和农业植物遗传资源的养护和可持续利用》，欧洲研讨会论文集——1998 年 6 月 30 日至 7 月 3 日，德国布伦瑞克，编辑：托马斯·加斯（Thomas Gass）等（罗马：国际植物遗传资源研究所，1999）：145-155。
③ 联合国粮农组织，《世界粮食和农业植物遗传资源状况第二次报告》。
④ 卡里·福勒（Cary Fowler），"权利与责任：将植物遗传资源的养护、利用和惠益分享联系在一起"，发表于《知识产权三》。全球遗传资源：获取与产权，编辑：S. 埃伯哈特（S. Eberhart）、H. 尚兹（H. Shands）、W. 柯林斯（W. Collins）和 R. 罗尔（R. Lower）（麦迪逊：美国作物科学学会，1998）：34-35。

1983 年，联合国粮农组织大会通过了《植物遗传资源国际承诺》，这是一份不具有约束力的文书，将包括改良品种和商业品种在内的植物遗传资源认定为人类共同遗产，并致力于保证其不受限制地自由交换。然而，20 世纪 60 年代和 70 年代科技的快速进步加剧了世界各国对知识产权的紧张情绪，以及从谁来承担保存遗传资源的费用、谁从遗传资源利用中获得最多惠益（商业惠益）方面的不公平现象。多数生物多样性都位于热带、发展中国家，通常位于发展中国家最贫困、最边缘化人群所居住的地区。多数驯化作物的多样性中心位于发展中国家地区[①]，然而，为了商业利益而开发生物多样性的技术能力主要掌握在发达国家手中。生物技术的出现促使植物技术能力进一步不均衡地集中在北半球，并且使得发展中国家更加不便于为这种技术提供知识产权保护，其保存在境内、用于技术开发的生物多样性（包括作物多样性）得不到认可[②]。因此，《植物遗传资源国际承诺》提出的共同遗产概念没有持续多久，很快就被各国享有遗传资源国家主权的原则所代替，国家主权原则在 1992 年通过的《生物多样性公约》中得到了国际认可。《生物多样性公约》规定，根据这一原则，各国可以对其境内的遗传资源获取进行监管，并且这种遗传资源的获取应建立在公正公平等分享其利用所产生惠益的基础之上。最近于 2010 年，《生物多样性公约》缔约方通过了《名古屋议定书》，详细说明了《生物多样性公约》关于获取与惠益分享的一般规定。《名古屋议定书》寻求在获取与惠益分享的条件和程序方面，以及在经提供国事先知情同意、按照共同商定条件获取的遗传资源方面，确保法律确定性。

2001 年通过、2004 年起生效的《粮食和农业植物遗传资源国际条约》建立了获取与惠益分享制度。根据《名古屋议定书》的一般原则，在设计该制度时考虑了粮食和农业植物遗传资源的特殊性，以及这些资源的使用者的特殊需求。该制度基于多边便利获取特定作物（列于《粮食和农业植物遗传资源国际条约》附录一）的一系列遗传资源以及多边分享该等遗传资源在粮食和农业研究及育种中的利用所产生的货币化和非货币化惠益。通过《标准材料转移协定》，样品从多边植物遗传资源池转出。《标准材料转移协定》的文本由《粮食和农业植物遗传资源国际条约》成员国商定，其规定不能由样品提供者和接收者协商。《粮食和农业植物遗传资源国际条约》是以下情况和情景之间的一种妥协：一种情况是，在知识产权及获取与惠益分享法律大量颁布之前，人们认为粮食和农业植物遗传资源实际

---

① J. 哈兰（J. Harlan）《作物与人》，第 2 版（麦迪逊：美国作物科学学会，1992）。

② J. 埃斯奎林-阿尔卡扎尔（J. Esquinas-Alcazar）、A.希勒米（A. Hilmi）、I. 洛佩斯·诺列加（I.López-Noriega）"《粮食和农业植物遗传资源国际条约》谈判简史"，发表于《作物遗传资源作为全球共有物：国际法治理中的挑战》，编辑：M. 哈尔伍德（M. Halewood）、I. 洛佩斯-诺列加（I. López-Noriega）和 S. 阿菲（S. Louafi）（伦敦/纽约：劳特里奇出版社，2013）；编辑：塞巴斯蒂安·奥伯蒂尔（Sebastian Oberthür）和克里斯汀·罗森达尔（Kristin Rosendal），全球遗传资源治理，《名古屋议定书》生效后的获取与惠益分享（伦敦/纽约：劳特里奇出版社，2013）。

上是属于公共领域的，所有人都可以自由使用；一种情景是，20 世纪 80 年代以来，对植物遗传资源的不同控制方式逐渐增多。然而，迄今为止，很多国家尚未有效加入《粮食和农业植物遗传资源国际条约》的获取与惠益分享多边体系，限制了《粮食和农业植物遗传资源国际条约》在以下方面的潜力：减缓《生物多样性公约》和国际知识产权协定引发的植物遗传资源"超级所有权"[1]趋势，以及减缓今后各国"超级监管"该等资源获取的趋势。

上述三个条约的获取与惠益分享规定的实际范围不能界定得很绝对，三者在植物遗传资源方面有重叠之处。事实上，《生物多样性公约》的获取与惠益分享原则适用于所有的遗传资源，《粮食和农业植物遗传资源国际条约》关于获取与惠益分享的规定和获取与惠益分享原则一致。然而，只有纳入《粮食和农业植物遗传资源国际条约》多边体系、用于《粮食和农业植物遗传资源国际条约》所规定目的的植物遗传资源才无须遵守《生物多样性公约》和（或）《名古屋议定书》关于获取与惠益分享的多边规定[2]；在批准了《生物多样性公约》和《名古屋议定书》的国家，其他所有植物遗传资源适用《生物多样性公约》和《名古屋议定书》。同时，对于尚未批准《粮食和农业植物遗传资源国际条约》的国家，所有植物遗传资源都要遵守《生物多样性公约》和《名古屋议定书》，通过《标准材料转移协定》从其他国家获取的植物遗传资源除外。《标准材料转移协定》规定由资源接收者根据随后签订的《标准材料转移协定》将资源传递给下一个接收者，因此须遵守《粮食和农业植物遗传资源国际条约》多边体系的条件，不管其所在国家在《粮食和农业植物遗传资源国际条约》方面的地位如何[3]。如果我们考虑到国际知识产权公约以及影响植物遗传资源法律地位的其他国际协定，结果会比本文所述复杂得多，足以阐明国际法律情景有多么错综复杂。

莫尔（Moore）和威廉斯（Williams）[4]在关于收集植物遗传多样性的最新技术

---

① S. 萨夫林（S. Safrin），"生物技术承诺时代的超级所有权：控制生命基石的国际冲突"，《美国国际法杂志》，98（2004）：641。

② 《粮食和农业植物遗传资源国际条约》附录一所列物种的粮食和农业植物遗传资源并非全部自动纳入《粮食和农业植物遗传资源国际条约》的多边体系，根据《粮食和农业植物遗传资源国际条约》第 11.2 条规定，只有由缔约方政府管理控制且处于公共领域的粮食和农业植物遗传资源才自动纳入。所有其他植物遗传资源（附录一范围内或范围外的），各国可决定资源将其加入到多边体系，并根据《生物多样性公约》和《名古屋议定书》的规则对其获取进行监管。受知识产权保护的植物遗传资源（附录一所列或非附录一所列的）的获取由产权人自行决定，除非法律框架建立了不同的获取制度。

③ 马蒂亚斯·巴克（Matthias Buck）、克莱尔·汉密尔顿（Claire Hamilton），《〈生物多样性公约〉关于获取遗传资源及公正公平分享其利用所产生惠益的名古屋议定书》，《欧洲共同体和国际环境法综述》（2011）：47-61；托马斯·格雷伯（Thomas Greiber），《关于获取与惠益分享的名古屋议定书解释指南》（瑞士格朗：世界自然保护联盟，2012）。

④ 杰拉尔德·莫尔（Gerald Moore）和 凯伦·A. 威廉斯（Karen A. Williams），"植物种质收集中的法律问题"，发表于《收集植物遗传多样性：技术导则》，2011 年更新，编辑：路易吉·瓜里诺（Luigi Guarino）、V. 拉马纳塔·拉奥（V. Ramanatha Rao）和伊丽莎白·戈德堡（Elizabeth Goldberg）（罗马：国际生物多样性组织，2011）。

指南中详尽描述了最终生成的适用于在原生境条件下收集植物遗传资源的国际法律框架。这两位作者制定了指南，帮助植物收集人员遵守各国根据《生物多样性公约》提出的获取与惠益分享要求。可惜的是，对于附录一"原生境生长的作物"（包括野生植物，以及从农民或市场上获得的传统作物品种）的植物遗传资源，《粮食和农业植物遗传资源国际条约》仍没有提出完全明确的适用规则。根据《粮食和农业植物遗传资源国际条约》关于获取与惠益分享的规则，植物遗传资源便利获取制度适用于由国家政府管理控制、处于公共领域的资源，不管其存在于何处（非原生境或原生境条件下）。同时，《粮食和农业植物遗传资源国际条约》还规定，应根据本国法律，在没有国家立法的情况下按照主管部门制定的标准，可以获取存在于原生境的粮食和农业植物遗传资源。然而，这些标准尚未出台[①]。莫尔（Moore）和威廉斯（Williams）得出的结论[②]是，管辖植物种质收集的国际制度目前是由《生物多样性公约》、《名古屋议定书》和《粮食和农业植物遗传资源国际条约》的相关规定拼凑而成的，要确保以统一和相互支持的方式实施这些制度，需要大量工作和政治意愿。

4. 对植物种质收集实践的实际影响

上述模式转变对处理植物种质的模式产生了巨大的实际影响。大量关于制定和实施国际、区域和国家获取与惠益分享法规的文献着重强调了如果没有公共政策的相关干预，获取与惠益分享法规很难得以制定、实施，收集、交换和利用植物遗传资源的广大使用者也很难对其有所了解[③]。如本书第 2～11 章所示，并且下面我们也将进一步用具体案例详细阐述的是，当有关机构试图从国外、有时甚至是在国内获取植物遗传资源时，通常会遇到诸多问题。例如，多个主管机构签发不同的许可证，程序不清晰，缺乏标准协定/格式，没有明确的联络点，不同法规相互重叠。对于原生境收集作物野生近缘种及其跨境转让，这似乎尤其正确，因为这些遗传资源处于不同的国家主管机构（通常有环境部、农业部、中央政府、区域政府、地方当局）和国际制度（《生物多样性公约》和《粮食和农业植物遗传资源国际条约》）的权限"边界线"上。

---

① 《粮食和农业植物遗传资源国际条约》第 12.3（h）条规定："在不损害本条款其他规定的情况下，缔约方同意，根据国际法律，或者在没有国际法律的情况下根据主管机构制定的标准，可以获取存在于原生境的粮食和农业植物遗传资源。"

② 莫尔（Moore）和威廉斯（Williams），"植物种质收集中的法律问题"。

③ S. 卡里佐萨（S. Carrizosa）等，获取食物多样性并分享惠益：从《生物多样性公约》的执行中吸取到的教训（瑞士格朗和英国剑桥：世界自然保护联盟，2004）；M.哈尔伍德（M. Halewood）等，"根据《粮食和农业植物遗传资源国际条约》、《生物多样性公约》和《名古屋议定书》实施"相互支持"的获取与惠益分享机制"，《法律、环境与发展杂志》，9/1（2013）：64；P. 普雷斯特（P. Le Prestre），"《生物多样性公约》：谈判转到有效执行"，《加拿大政策研究杂志》，3（2002）：92-98；编辑：R. 刘易斯•莱廷顿（R. J. Lewis-Lettington）和 S. 姆瓦尼基（S. Mwanyiki），《获取与惠益分享案例研究》（罗马：国际植物遗传资源研究所，2006）。

2011 年 11 月，在欧洲《名古屋议定书》执行和批准委员会的促进下，进行了一次民意征询。在民意征询，公司和研究人员表达了对当前获取与惠益分享背景的担心和焦虑①。他们的担心主要涉及行政程序烦琐，官样文章，缺乏清晰的标准化合同和程序或者标准化合同和程序不清晰、不透明；缺乏指定的主管机构，或者指定的主管机构不明确，难以获得事先知情同意，难以满足惠益分享需要。特别值得一提的是，他们共同担心的一个问题是，哪些主管机构有责任准予获取，这些主管机构为了确立共同商定条件而展开谈判的依据是什么。此外，"……规则可能因国家而异，这意味着每一次双边谈判都是迈向未知事物的新旅程"②。从生物多样性养护来说，获取与惠益分享制度也具有负面影响，因为在有些情况下，"在现实中，获取遗传资源不再可能，尽管这对欧盟范围内资源的生物多样性养护和可持续利用具有潜在的积极影响"③。上述民意征询的受访者通常认为，行政要求可能会耗费较多时间和资源来遵守规则，小型研究中心和植物园很难花费这么多时间和资源。欧盟范围内的不同法律和解释也是额外的成本和负担，应当予以规避。

第二节　对在欧洲收集种质进行调查的方法

2012 年，我们制作了调查问卷，分发给《欧洲植物遗传资源合作计划》成员国的欧洲基因库，旨在获得以下方面的信息：当前的收集活动水平、经验或在不同国家进行收集时受到的约束，各成员国境内就原生境植物种质收集而执行的法律要求是否存在，其内容是什么。受访者在作出选择时假设基因库主要致力于保存所收集的各种不同材料，许多情况下收集任务是由基因库组织的。因而，它们组成了一个机构群，熟悉获取与惠益分享要求以及与在各自国家境内和（或）境外进行收集有关的其他法律要求。需要指出的是，调查以欧洲国家基因库为对象，并没有探寻广泛行为体（如小型育种公司、植物园和大学院系）的经验和意见，它们在欧洲收集种质，其知识和经验可能与国家基因库管理员迥然不同。

调查问卷要询问的问题有：

（1）在指定基因库进行收集的优先次序（进行收集的理由，以特殊物种为重点，进行收集的目标区域）；

（2）基因库的收集记录/经历（2007～2011 年所执行任务的数量，外国的收集申请数量；因法律法规而面临的限制）；

---

① 《关于实施和批准关于遗传资源获取与公正公平地分享其利用所产生惠益的名古屋议定书的公众咨询》，http://ec.europa.eu/environment/consultations/abs_results_en.htm. 本咨询从 2011 年 10 月 24 日开始，至 2011 年 12 月 30 日结束。

② 摘自普兰图姆（Plantum）（荷兰植物繁殖材料行业协会）对欧共体围绕《名古屋议定书》的执行所开展咨询的回答。

③ 摘自法国农业发展研究中心对欧共体围绕《名古屋议定书》的执行所开展咨询的回答。

（3）每个国家根据相关法律法规以及书面和非书面行政程序和规范取得收集许可证的程序（具体法律或法规，提供许可证的主管机构，取得当地社区许可的要求，国外收集申请率）。

在开展调查的同时，我们还通过文献和法律综述帮助我们设计调查，最终形成了最后的讨论和建议。

2012 年 3 月，我们将调查问卷发给 43 个加入欧洲植物遗传资源合作计划网络的国家主要基因库或收藏机构管理员。这 43 个国家分别是：阿尔巴尼亚、亚美尼亚、奥地利、阿塞拜疆、白俄罗斯、比利时、波黑、保加利亚、克罗地亚、塞浦路斯、捷克、丹麦、爱沙尼亚、芬兰、法国、格鲁尼亚、德国、希腊、匈牙利、冰岛、爱尔兰、以色列、意大利、拉脱维亚、立陶宛、前南斯拉夫的马其顿共和国、摩尔多瓦、黑山、荷兰、挪威、波兰、葡萄牙、罗马尼亚、俄罗斯、塞尔维亚、斯洛伐克、斯洛文尼亚、西班牙、瑞典、瑞士、土耳其、乌克兰和英国。调查问卷的被邀请人自行答复，或者指派本国最合适的能够承担此任务的机构来回答问题。

到 2012 年 6 月底，我们收到了 36 个国家的部分或完整答卷。没有收到克罗地亚、丹麦、冰岛、爱尔兰、摩尔多瓦和乌克兰等国的答复。英国给我们提供了网上"涉及获取与惠益分享的英国法律规定概述"[①]。大部分答案是种质收藏机构管理员汇编的，只有在少数情况下才由官方指定的《生物多样性公约》或《粮食和农业植物遗传资源国际条约》获取与惠益分享联络人提供答案。因此，调查问卷的答案主要反映的是现场运营人员的认知，有些情况下他们对其国家的法律和程序不是很熟悉。在随后进行的分析中，我们没有试图通过法律和文献综述收集到的信息对调查问卷的答案进行补充。这样选择的目的是不让其他来源的信息歪曲调查结果。任何情况下我们都认识到，最重要或最有意思的法律或程序相关问题显然是由调查受访者提出的。我们将某个国家的所有答案进行汇编，形成"国家答案"。因此，请读者记住，这是"人工近似"，并不代表某个国家的官方观点。

除收到的调查问卷答案外，我们还请少数个人描述自己或同事在遵循程序方面的经历，以及在一个或多个国家进行收集的法律要求方面所积累的经验。这些答案经整理后放在两个方框里。

第三节　调查结果分析

1. 欧洲国家及目标地区的收集重点

大多数基因库都表示，种质收集是一项持续进行的活动，属于其机构使命的

---

① 英国环境、食品与农村事务部（DEFRA），获取与惠益分享，英国法律涉及获取与惠益分享的方面概述（伦敦：环境、食品与农村事务部，2010），2015 年 2 月 20 日查阅，http://archieve.defra/gov.uk/enrionment/biodiversity/geneticresources/documents/access-legal.pdf/。

一部分。组织收集任务的主要原因是为了填补现有收藏机构中的空白，目的是保存受到遗传侵蚀威胁的野生材料或培育材料，和（或）有针对性地用于31个国家所指定的植物育种项目的野生材料或培育材料。各国提到的其他特定目的有：记录作物野生近缘种的分布情况（亚美尼亚、阿塞拜疆、法国、希腊和罗马尼亚）、直接用于农业（塞浦路斯、捷克共和国、希腊和匈牙利）、预育种（亚美尼亚）、分类学研究（白俄罗斯、法国）和教育（挪威）。

作为收集任务的对象，上述材料种类大多为地方品种和作物野生近缘种。在整个欧洲，所有作物都是收集任务的对象，尤其包括水果作物、牧草、谷物、豆科植物和药用植物，也包括小果类、经济作物、葡萄、蛇麻子和香料。多数受访者都把注意力集中在粮食和农业植物遗传资源上，但少数情况下受访者也提到了本地野生植物的收集（匈牙利、以色列）和观赏植物的收集（挪威和瑞典）。

大多数收集活动都是在国内开展的。少数国家将收集活动扩展到境外，但通常仅限于相邻地区。例如，北欧国家和波罗的海沿岸国家只关注北欧地区（丹麦、芬兰、冰岛、挪威和瑞典）和波罗的海地区（爱沙尼亚、拉脱维亚和立陶宛）；匈牙利将收集活动延伸到潘诺尼亚盆地。波兰、葡萄牙、罗马尼亚和斯洛文尼亚到邻国开展收集任务。有多项任务是由东南欧发展网络（SEEDNet）成员国组织的跨国联合任务，以东南欧为重点。少数拥有种质收藏机构的国家组织了远程任务，目的是填补其特定作物收藏机构中的多样性空白，其种质收藏机构的地理范围和多熟种植（多熟作物）范围都很广。例如，在5年的问卷调查期间，保加利亚不仅在整个巴尔干地区进行收集，还在中国进行收集；荷兰到希腊、高加索和中亚组织收集任务；德国在亚美尼亚、格鲁吉亚、伊朗、约旦、俄罗斯和波兰进行了收集；意大利到格鲁吉亚、希腊和非洲国家进行收集；俄罗斯在苏联（苏维埃社会主义共和国，USSR）及加拿大进行收集；捷克共和国和斯洛伐克共和国到相邻地区组织收集任务，还将收集活动延伸到巴尔干半岛各国、俄罗斯、高加索和中亚。只有少数国家表示没有兴趣组织收集任务（奥地利和瑞士），或者根据很特别的兴趣进行有限的重点收集（法国），或者仅为了支持临时的研究任务而组织收集任务（立陶宛）。挪威则是通过公开征集旧材料和稀有材料收集种质的。

2.2007～2011年欧洲范围内的收集程度

根据调查答案，2007～2011年，欧洲国家共组织了400多次收集任务，其中约30%为跨国联合任务，10%针对的是非欧洲地区（中亚、西南亚、中国和北美洲）。5年调查期间，最大的目标地区是东南欧[5年组织了100多次任务，也是在东南欧发展网络活动的推动下组织的]，其次是高加索（60多次任务）、潘诺尼亚和喀尔巴阡地区（60多次任务）。土耳其也是收集活动密集的地区（国家基因库大约组织了 45 次活动）。白俄罗斯（19 次任务）和俄罗斯（12 次任务）以及伊比利亚半岛（20 次任务）和意大利（9 次任务）也开展了重大活动。北欧和波罗的海地区也是收集活动广泛的地区，但除爱沙尼亚外（7 次任务），我们没有收到精确数字。参与收集的机构来自欧洲以外，它们的兴趣表明欧洲地区内的收集很重要。特别值得一提的是，日本机构在亚美尼亚收集了谷物，美国机构在高加索收集了野生谷类和果类作物，在希腊收集了谷物、野甜菜、药用植物和豆科牧草，在罗马尼亚收集了辣根；澳大利亚机构在希腊和以色列收集了豆科牧草，加拿大机构在希腊收集了谷物、豆科植物、芥属植物、豆科牧草和亚麻属植物。对外国（欧洲或欧洲以外的）收集人员最有吸引力的地区是欧洲东-东南地区，从喀尔巴阡地区一直到巴尔干半岛（所有类型的作物），以及高加索地区（主要是野生谷物、水果作物以及芦笋、莴苣和菠菜等蔬菜）。

3. 外国在欧洲开展收集活动的趋势

我们的调查问卷询问了外国机构提出的组织收集任务的申请平均有多少次，以及近 5 年的这一平均数比 15 年前高还是低。亚美尼亚、意大利、葡萄牙、罗马尼亚和土耳其呈下降趋势，土耳其年平均申请次数从 3~4 次下降到 1~2 次，意大利从 1~3 次下降到 1 次。亚美尼亚呈下降趋势，但是年平均申请次数仍高达 5~6次。呈增长趋势的有马其顿（目前为每年 6~8 次申请）、阿塞拜疆（每年 2~5次）和塞浦路斯（每年 1 次）。其他国家的申请次数保持不变，或者不知道是否已随着时间的推移而改变：俄罗斯（每年 3 次）；阿尔巴尼亚（每年 2~3 次）；西班牙（每年 1 次）；以色列（5 年不到 10 次）；荷兰（5 年不到 5 次）；黑山和捷克共和国（5 年期间 1 次申请）；爱沙尼亚（2006 年以来没有申请）。

4. 在欧洲收集原生境植物遗传资源的规则与程序

没有几个欧洲国家将明确针对《生物多样性公约》及其他与《生物多样性公约》相接轨的国际法律文书中所确定的获取与惠益分享权利和义务的规定纳入其法律框架。在这几个国家，获取与惠益分享相关规定通常都很笼统，列入涉及自然和生物多样性保护的国家法律法规中（保加利亚、克罗地亚、葡萄牙、西班牙）。虽然没有可以明确称为获取与惠益分享法规的规则，但我们不能说遗传资源获取在多数欧洲国家是不受监管的活动。根据本章第一节的深入描述，从原生境环境收集植物种质须遵守根据多数欧洲国家的公法和行政规则确立的条件。

芬兰、德国、拉脱维亚和瑞典等少数国家不要求有许可证才能收集自然中的植物，只要这些植物不是保护物种，并且要遵守地权法、生境保护和植物检疫要求。在瑞士，这种宽容方法用于研究目的的收集任务，但不用于最终目的为商业目的的收集任务。

很多国家没有具体的法规详细说明收集植物种质需要满足哪些要求，但收集活动仍需根据各种国家行政管理机构的书面惯例取得许可，这些机构通常包括国家基因库或国家研究所，如阿尔巴尼亚、亚美尼亚、捷克共和国、法国、希腊、意大利、马其顿、葡萄牙和西班牙。多位调查受访者指出，国家基因库和（或）研究所的参与符合以下惯例：外国机构与其取得联系，合作开展收集任务。这让收集人员能够获得关于目标物种原生境和非原生境保存的信息以及关于需遵循的行政程序的信息，包括取得植物检疫许可证的行政程序。国家基因库和（或）研究所则接收所收集物种的复样及相关信息。这种情况下，通常要求收集人员与基因库或研究所签署一份框架协议。

方框1 案例研究：在俄罗斯远东地区收集野生忍冬

任务原因

　　20世纪90年代以来，布拉格鲁济涅作物研究所（CRI）基因库部执行着一项公开宣布的政策：提高其收藏机构中作物野生近缘种（CWR）的比例。起初，在这项政策的执行中有一项在捷克共和国及其周边中欧国家（包括斯洛伐克、波兰、匈牙利、奥地利和斯洛文尼亚）开展的密集收集项目。捷克国外的这些收集活动以各国基因库工作人员，特别是农业-植物学专业人员之间的良好人际关系为基础。多数任务以短期双边项目为基础，由短期双边项目资助，并且得到了相应国家教育部的一致同意。最近以类似方式与俄罗斯建立了合作关系。圣彼得堡的瓦维洛夫植物工业研究所（VIR）到境内植物丰富地区组织了作物野生近缘种和地方品种的收集任务。应外国科学家要求，该研究所还组织特别考察活动。

　　布拉格鲁济涅作物研究所与瓦维洛夫植物工业研究所历来关系非常好，双方有意提交一个双边合作项目，加深了双方关系。该项目基于原有的关于捷克共和国教育部和俄罗斯联邦研究与技术政策部之间研究与技术合作的政府间条约（1995年），该条约经改写对种质转移条件作出规定。

寻求遵守法律框架

　　捷克共和国是《生物多样性公约》和《粮食和农业植物遗传资源国际条约》的缔约方。俄罗斯是《生物多样性公约》的缔约方。捷克与俄罗斯的双边项目还另外要求布拉格鲁济涅作物研究所与瓦维洛夫植物工业研究所的所长之间准备和签署一份《谅解备忘录》（MOU）。《谅解备忘录》列明主要的相关活动：共同合作研究项目；植物种质及其生物技术产品交换；合作改良作物品种；植物种质的联合评估和表征及生态试验；研究人员和技术专家交换；收集植物遗传资源；信息交流；另行签订的合同所规定的其他合作事项。此外，《谅解备忘录》还规定"任何一方供应种质的，应签订《材料转移协定》，作为本协议的附件，管辖双方所拥有的植物种质的所有获取，包括对该种质的利用、改良、再生、处置和其他操作。""在属于任何一方的植物种质的基础上培育或生产的培育品种、杂交或生物技术产品，应按照适用的国际惯例确立和登记原创作者。双方同意，未经本组织明确批准，不会向任何其他方发布任何经过改良的培育或精选植物品种等。"在另行签订的《材料转移协定》中确立提供种质的条件，包括"双方同意免费、毫无补偿地彼此供应各自所持有的植物种质""应按照适用的国际和国家法律以及《生物多样性公约》的规定对任何种质的知识产权给予法律保护""种质材料应当仅用于研究和育种目的。接收方只可为了长期维护、特性鉴定、科学评估或测试进行种质繁殖。"因此，该备忘录遵循了《生物多样性公约》所确立的原则，载明了预期需完成的活动。

要求与程序的执行

由沃伊特克·霍鲁贝克（Vojtech Holubec）和塔玛拉·斯梅卡洛夫（Tamara Smekalova）用英文撰写的项目建议书提交给捷克共和国教育部和俄罗斯联邦研究与技术政策部，向捷克-俄罗斯联合项目投标。由两部成员组成的俄罗斯-捷克联合委员会接受了项目建议书，并同意了所建议的方法。关于野生材料联合研究与收集以及培育材料交换的所有法律问题全部纳入《谅解备忘录》和《材料转移协定》，因此不需要其他协议。项目得到联合委员会的接受之后，需要提交完整的研究项目，以得到捷克共和国教育部的资助。面向指定优先国家的双边项目名为"双联系人"（Kontakt Ⅱ），包括"从技术水平到可交付成果"的标准格式。该项目邀请了捷克其他合作伙伴作为合作方：Holovousy 的果树栽培研究所（RBIP）和 Pruhonice 的 Silva Tarouca 观赏园艺与景观规划研究所（RIOG）。合作方专门负责繁殖和离体培养任务，以保护有价值的收集材料。如果第二步得到捷克教育部同意，就满足了捷克方面的全部需求。

下一步是办理俄罗斯方面的邀请函和许可证。需要由瓦维洛夫植物工业研究所提出申请，给外方参加研究交流访问人员办理特别签证。对于到库页岛和千岛群岛管制区进行的收集访问，需要拿到当地机构发出的邀请函和涉外警署（OVIR，签证和登记处）的许可证，要求在抵达后提交登记表。瓦维洛夫植物工业研究所通过瓦维洛夫植物工业研究所原远东部成员安排库页岛当地导游。对于到堪察加半岛进行的收集访问，没有特别要求。

研究和收集项目

在俄罗斯某些地区（北部、远东地区和西伯利亚），蓝靛果忍冬和越橘物种历来都是当地人的维生素主要来源，同时人们也认为浆果类早熟，很难应付当地的恶劣气候。项目名称为"作为水果遗传资源的复合堪察加忍冬/蓝靛果忍冬的分类、演化和植物化学问题"，致力于在远东分布区（堪察加半岛、库页岛和千岛群岛）内进行研究，这里只有甜忍冬。有意思的是，在整个分布区内，包括亚洲和美洲北部以及延伸到中亚和喜马拉雅山脉，蓝靛果忍冬浆果都非常苦，非常罕见的基因突变除外。圣彼得堡瓦维洛夫植物工业研究所的塔玛拉·斯梅卡洛夫通过文献和植物标本资源整理了分布地点。

作者承担了到库页岛和千岛群岛的 3 次收集任务。在远征之前，进行了忍冬营养繁殖的小型实验，以检测各种运输前处理和繁殖方法，包括扦插、嫁接和离体方法。计划在忍冬结果期进行远征。

我们考察库页岛 6 个地方、堪察加半岛 13 个地方。对每个地方的生态条件和植被（植物社会学）进行了记录，对最佳、可变的基因型进行了评选，对水果进行了计量，收集了插枝和根蘖，收集了水果种子，留取了植物标本。塔玛拉·斯梅卡洛夫负责植物标本，沃伊特克·霍鲁贝克负责收集栽培用的植物材料。所收集的植物材料由双方分享，并被送到捷克和俄罗斯种质收藏机构，通过扦插、嫁接和组织培养进行增殖。联合使用了多种方法，因为插枝有局部受损的叶子，并且种植植物并不容易。在合作机构 Pruhonice 的观赏园艺与景观规划研究所（RIOG）（嫁接和插枝）和 Holovousy 的果树栽培研究所（离体）进行了增殖。

所收集插枝上的叶子用于在布拉格鲁济涅作物研究所进行遗传分析（通过扩增片段长度多态性），对所培育生态型上的可用果实进行了质量形状分析。项目结束时，所收集的野生生态型及培育材料的形态学评估和基因分型将用于远东蓝靛果忍冬种群的分类评估。

结语

该项目旨在考察甜果型复合蓝靛果忍冬远东分布区的 3 个地方：北部的堪察加半岛、中部的库页岛和散布的千岛群岛。大家都知道，与南部相比，北部的形态类型差别较大，通常与当地类型的蓝靛果有关。南部的形态类型通常与蓝靛果有关。遗憾的是，由于气象情况恶劣，并且错过了从库页岛起飞的当地航班，千岛群岛之行未能成行。除了这个未能全面完成的项目，我们还可以完成各种不同的科学测量和结果，并获得各种不同的收集材料。相关工作在布拉格鲁济涅作物研究所和瓦维洛夫植物工业研究所的苗圃及其实验室继续进行。结果将由双方共同公布。所收集的材料含有适合育种和直接选为栽培品种的生态型。根据作者的知识和经验，上述 3 项任务已完全按照双方达成的谅解备忘录和双方作为缔约方的现行国际协定成功实施。

捷克共和国布拉格鲁济涅作物研究所基因库
沃伊特克·霍鲁贝克（Vojtech Holubec）

俄罗斯联邦圣彼得堡瓦维洛夫植物工业研究所
塔玛拉·斯梅卡洛夫（Tamara Smekalova）

然而，这种基因库或研究所通常只是负责办理种质收集申请以及同意或拒绝授予收集许可证的国家机构之一[1]。基因库或研究所首先是根据申请提供帮助和指导，有时甚至都不属于参与办理收集许可证的国家机构之一。种质收集申请和许可证通常由环境部（如阿尔巴尼亚、亚美尼亚、白俄罗斯、爱沙尼亚、格鲁吉亚、匈牙利、挪威、塞尔维亚和斯洛伐克），或农业部（以色列、波兰、土耳其），或环境部和教育部共同（塞浦路斯、希腊、黑山共和国、葡萄牙、西班牙）审议签发。如果计划在保护区进行收集，如国家公园、特别自然保护区或遗产保护区，书面规则或习惯规则通常要求保护区的主管机构也要参与收集过程。有受访者指出，在他们的国家，"国家公园"不一定意味着公园整个区域总是由公共机构拥有或管理，因此需要取得拥有和管理国家公园区域或其所属部分的公共和私营机构的许可。

在实行联邦制或半联邦制的国家，如意大利、德国、西班牙、瑞典和瑞士，自治区可能制定了适用于收集活动的区域法律和程序，可能要求收集人员到这些

---

[1] 关于欧洲获取条件的比较分析，请见库尔赛特（Coolsaet）给本书的来稿（总结）。

分权政府的相关机构办理许可证。在其中几个国家，如瑞士和瑞典，办理和授予许可证的机构完全依赖于区域政府结构，而在其他国家，如西班牙，可能需要取得中央和区域两级政府颁发的许可证[①]。我们的调查没有询问收集活动是否有国家联络人，但有些受访者认为这种机构在其国家不存在，或者不容易识别。

方框 2　在西班牙收集野生甘蓝

任务原因

　　生物多样性组织与瑞典农业科学大学和北欧遗传资源中心合作开展了一项研究。作为该研究的一部分，我和这两家组织的两位同事于 2011 年 7 月组织了一次收集任务，收集生长在西班牙北部岩质边坡上的野生甘蓝。由于该研究项目涉及欧洲多个野生种群的群体遗传学和遗传多样性研究，我们的任务旨在收集亚种自然生境中的新鲜种子样品，然后在丹麦一家实验室进行分子分析。考虑到我们所选用的分析模式需要单独保存来源于每株个体植物的种子样品，并且需要非常仔细地对个别种群进行取样，因此在该案例中，向基因库申请种质材料可能不太实际或者没有意义。此外，我们的考察还旨在监测（潜在）遗传侵蚀的水平，并寻找尚未被识别的种群，延续之前由西班牙科学家开展的收集任务[②]。

寻求遵守法律框架

　　西班牙既是《生物多样性公约》的缔约方，也是《粮食和农业植物遗传资源国际条约》的缔约方[③]。我们想要采集的标本在荒野里，也就是在其自然生境或"原生境"里。《粮食和农业植物遗传资源国际条约》在便利获取相关规定中规定："……缔约方同意，根据国家立法，或者在没有国家立法的情况下根据主管机构制定的标准，可以获取存在于原生境的粮食和农业植物遗传资源"[第 12.3（h）条]。因此我们认识到，我们需要遵循的程序取决于西班牙的遗传资源获取立法，我们对该等立法并不熟悉。

　　我们没有征求《生物多样性公约》西班牙联络人的意见，而是决定使用我们比较熟悉的联系人，即欧洲植物遗传资源合作计划（ECPGR）国家协调员，他仟职于马德里国家农业研究所（INIA）。2011 年 3 月，我们通过电子邮件与他取得了联系。

要求和程序的执行

　　费尔南多·拉托雷（Fernando Latorre）先生是欧洲植物遗传资源合作计划（ECPGR）的国家协调员，也是《粮食和农业植物遗传资源国际条约》的西班牙代表团成员。由于拉托雷先生的帮忙，我们才得知，根据西班牙立法[④]，获取原生境条件下，即自然区域中的西班牙植

---

① 关于欧洲获取与惠益分享相关职权分配的比较分析，请见库尔赛特（Coolsaet）给本书的来稿（总结）。

② 塞萨尔·戈麦斯-坎波（César Gomez-Campo）、何塞·L. 伊齐亚尔·阿吉纳加尔德（José L. Itziar Aguinagalde）、阿尔穆德纳·拉扎罗·塞雷苏埃拉（Almudena Lázaro Ceresuela）、胡安·B. 马丁内斯-拉博德（Juan B.Martínez-Laborde）、毛里西奥·帕拉·基诺（Mauricio Parra-Quijano）、埃斯特·西蒙内蒂（Ester Simonetti）、埃琳娜·托雷斯（Elena Torres）和玛丽亚·E. 托尔托萨（María E. Tortosa），2005 年。西班牙北部野生甘蓝种质勘探，遗传资源和作物演化，52：7-13。

③ 关于西班牙获取与惠益分享制度的深入探讨，请见西尔维斯特里（Silvestri）和拉戈·坎德拉（Lago Candeira）给本书的来稿（第九章）。

④ 7 月 26 日关于种子和苗圃植物以及植物遗传资源的第 30/2006 号法律；关于自然遗产和生物多样性的第 42/2007 号法律。

物遗传资源需要到收集所在区域的西班牙自治区办理收集许可证。经环境与农业部（分别为农业和生物多样性分支机构）和国家农业研究所（INIA）内部协商，该国家协调员建议采用简化程序来加快文书工作。考虑到这次考察的特殊性（规模很小，属于学术和科学考察），以及对专家非常熟悉，例外地在没有正式框架的情况下，国际协调员主动提出担任自治区所涉不同主管机构的联络人，协助办理必要的许可证。

因此，我们要按照要求履行以下义务，以便依照《生物多样性公约》《粮食和农业植物遗传资源国际条约》和国家法律及其解释来行事：

- 提供准确行程（日期和采集点的地点）和目标类群信息，包括预计收集材料的数量；
- 在保存采集物种的西班牙基因库留一个采集材料的复样；
- 解释每一位科学家即将对相关材料进行的研究，以及该研究的预期成果/结果；
- 签署《粮食和农业植物遗传资源国际条约》的《标准材料转移协定》；
- 在收集任务之前，取得必要的许可证，在采集任务期间，遵守所到自治区规定的要求。

在拉托雷先生的帮助下，通过正式的信函来往，描述了材料、收集任务的精确位置和时间范围，毫无困难地取得了阿斯图里亚斯和坎塔布里亚政府环境署的许可。巴斯克自治区不要求特别许可证。西班牙语信函分别寄给了林业和自然保护局局长，畜牧业、渔业和农村发展顾问，坎塔布里亚政府，阿斯图里亚斯政府环境、土地和基础设施管理顾问。因此，我们在1~4周内，就在收集任务开始之前，收到了收集许可证。所取得的授权包括提到所有相关法律的部分标准化文本，以及特别标注核实时间段、目标类群、地点、收集任务参与人员的姓名，请求出具任务报告，以及要求在该任务所产生所有出版物上提到收集授权。坎塔布里亚政府提出了额外要求，即收集人员应通过专用电话号码将其到访的实际日期和地点告知相关部门。另外还增加了一个条件：一经请求，收集人员即有义务向阿斯图里亚斯主管部门提供所保存的种子。考察工作的开展没有遇到障碍。后来，我们仅通过国家农业研究所就完成了所有义务，再没有通过自治区机构进行联系。特别值得一提的是，我们向西班牙国家农业研究所的国家植物遗传资源中心（CRF）发送了一份关于所有考察场地和所采集种子数量信息的报告以及种子复样。随后，我们通过信函来往签署了《标准材料转移协定》，并且附上一份所收集样品的清单作为该协定的附件。然后西班牙国家农业研究所向区域机构提供了任务报告副本。

结语

这是一次积极经历：我们按照国际规则和国家要求在合理时间内取得了收集许可证。在该案例中，在转化成国内法律后，联合运用了《生物多样性公约》和《粮食和农业植物遗传资源国际条约》的相关规定。我们受到的约束是，事先不知道、也无法知道整个程序会是怎样的，我们必须得做了才能知道，这让我们拿不准能否在计划期限内完成任务。我们认识欧洲植物遗传资源合作计划（ECPGR）的西班牙国家协调员本人，对《生物多样性公约》和《粮食和农业植物遗传资源国际条约》中的获取与惠益分享一般原则也很熟悉，这一事实让我们找到了切入点。如果没有欧洲植物遗传资源合作计划（ECPGR）国家协调员的建议和帮助，我们就拿不到许可证。他愿意也有时间与自治区机构联络，甚至将英文信函翻译成西班牙文，并且亲自确保整个流程会顺利进行。如果特定案例没有专用的联络人，就不可能完成在我们计划取得该任务相关文件的4个月时间内取得许可的程序。对于取得国家级或国际级许可证，有比较标准化的规则，这为国家协调员、区域管理人员以及我们作为粮食和农业植物遗传资源收集人员的工作提供了便利。然而，我们可以肯定的是，西班牙国家农业研究所在这一特殊案例中的灵活做法及其提出的简化程序满足了我们的需求，很适合我们小型收集任务的特殊性。

意大利罗马，生物多样性国际组织

瑞典安纳普，瑞典农业科学大学

洛伦佐·马焦尼（Lorenzo Maggioni）

在德国和罗马尼亚，对于在保护区进行的收集（保护区的管理人员通常也参与），由地方主管机构签发收集许可证。另外，很多国家还要求收集人员取得目标标本所在土地的所有者的许可：爱沙尼亚、法国、匈牙利、拉脱维亚、荷兰、波兰、俄罗斯、塞尔维亚、斯洛伐克、斯洛文尼亚和英国。德国受访者明确表示，土地所有者通常会被视为其土地上所存在生物资源的所有者。因此，在德国，获取私人地产上的植物遗传资源一般由业主自行决定。多数欧洲国家可能根据土地产权法要求取得土地所有者的许可证。我们的调查明确没有询问这一问题[①]。

如果法律要求取得收集许可证，收集人员必须满足以下最常见的条件才能取得许可证：

- 与一家国家研究机构一起组织收集计划，收集人员将由一名或多名国家科学家陪同；
- 国家主管机构将参加收集（对于在保护区进行的收集，这很常见）；
- 收集人员需要证明其了解或熟悉要收集的目标标本以及收集方法；
- 收集人员要说明实地任务的计划（准确时间和地点）；
- 收集人员要说明要采集的品种/种群和标本数量；
- 收集人员要将标本和相关信息存放在进行收集所在国家境内的国家基因库或国家机构，或者留一份复样。

网上找不到适用于原生境收集遗传资源的英文版国家规则指南，只有少数例外情况。在德国、荷兰、英国和瑞士，网上没有对相关程序进行逐步解释，而是用英文清晰呈现主要规则。

如果收集人员计划将材料带到欧盟外，可能要取得由植物卫生机构签发的植物检疫证。这一正式法律文件可以证明所收集的植物没有检疫性病虫害。在有些国家，在发运所收集材料之前，还需要取得由目的地国家植物卫生机构签发的进口许可证。如果所收集的标本属于《濒危野生动植物种国际贸易公约》所列的物

---

① 关于欧洲获取与惠益分享相关地产规则的深入探讨，请见库尔赛特（Coolsaet）给本书的来稿（总结）。

种，还需要取得收集国家海关的许可。

5. 对法律和政策局限性的体会

在被问到政策和法律是否影响欧洲范围内的收集活动这一问题时，荷兰受访者确认，如果收集方希望将资源（即野韭菜）利用所产生的产品商业化，需要与希腊政府作出安排。波兰受访者证实，要得到波兰当地社区的帮助和许可而把所收集的材料带走，已经越来越难了。

捷克人的回答表明，在欧盟范围内，简单的双边协议就足够了，并且需要与俄罗斯签署谅解备忘录，而巴尔干国家和苏联则表示"合作不充分"。一位法国受访者承认，法国缺少清晰的规则和程序可能妨碍了外国在法国开展收集任务。保加利亚、捷克共和国、德国、葡萄牙、罗马尼亚、斯洛伐克和斯洛文尼亚受访者表示没有面临特别的限制或局限。

因此，国家基因库并不认为监管植物种质收集的法律和程序是一个重大障碍。有些基因库指出，收集活动减少的主要原因是财力不足。

第四节　讨　　论

1. 调查结果讨论

调查问卷答案揭示了在欧洲收集种质仍是一项非常重要的活动，绝大多数欧洲国家都在开展。虽然这种活动大多数是由地方机构在其国界内开展的，但至少30%的任务是作为跨国项目而组织的，涉及外国收集人员和跨境种质流动。东欧的亚区合作十分频繁，邻国之间经常组织跨国联合任务。外国收集人员所提申请减少的地区正好与国家活动密集的地区相对应，即使没有证据能够证明这两种现象之间存在因果关系。总体上，联合任务与联合研究项目在国外收集计划中似乎占大多数。为了更容易满足法律和政府要求，这种合作显然是最佳方式，因为可以想象，收集国家的合作伙伴会注意把文书工作引向相关的国家主管机构，并为取得收集许可证提供便利（如在 SEEDNet 网络内）。这也许能解释为什么在我们的整个调查问卷中很少有人担心本行业的监管会加强。如果是到比较遥远的国家组织收集任务，并且任务目的根据收集人员的主要兴趣来决定，如荷兰到希腊进行收集、意大利到西班牙进行收集（见方框2）、捷克到俄罗斯进行收集（见方框1），这种情况会变得不太直观，但仍然存在。

正如引言中所解释的，粮食和农业原生境植物遗传资源，特别是生长在自然生境中的植物遗传资源（即作物野生近缘种）处于不同国际获取与惠益分享制度

（即《生物多样性公约》《名古屋议定书》《粮食和农业植物遗传资源国际条约》）范围的交叉范围。另外，欧洲已有的区域和国际法律、法规和行政惯例影响国际公约在国家层面的实施，加大了国际公约在国家层面实施的复杂度。这种情况所造成的一个结果是，监测植物遗传资源原生境收集的责任通常属于不同部，通常是农业和环境部的权限范围，这些部常常要听取专业研究所或委员会的建议。此外，我们的研究还表明，申请在欧洲国家进行收集的许可通常还涉及各级主管机构（国家级、区域级、地方级）。而且，即使不是所有国家，至少是很多国家都要求收集人员取得植物样品所在土地的所有者的许可证。这就增加了一个难题：识别土地所有者。因此，欧洲地区有各种不同的取得收集许可证的规则，既有非常自由的方法（在瑞典，"公众获取权"允许自由收集自然界中的植物和蘑菇）[①]，也有非常严格的条件，要遵循烦琐费时的程序，涉及多个主管机构。

有些国家缺少或者没有可以清晰辨认的联络人可以为潜在收集人员提供指导，使其能够履行正确的程序取得收集许可证。各国指定了《生物多样性公约》联络人及获取与惠益分享联络人，并将其姓名公布在《生物多样性公约》网站上，这一事实并不自动意味着这些人熟悉相关知识并且有时间为潜在收集人员提供有效指导。我们的调查受访者通常不会提到也不咨询这些联络人，这表明即使在国内，不同机构的责任也未厘清。除少数国家外，同样缺乏的是可用的已公布程序。

虽然很多国家在欧洲组织收集任务的程序计划远远没有那么简单，各国也没有标准化的程序，但我们的调查问卷受访者却回答说收集人员通常似乎知道要到哪里去获得信息和帮助。如前文所述，切记我们的调查对象是一群特殊的专业人士，即国家基因库管理员，其正式或非正式的国际网络以及在收集方面的特别经验为他们的收集考察提供便利。国家基因库管理员通常用这种方式知道或找到克服可能的官僚困难的正确渠道。未纳入我们的调查的其他行为体可能没有这方面的经验（除了国家基因库之外的研究机构，如独立科学家、小型育种公司、植物园、非政府组织等）。

监管在欧洲获取原生境种质的规则大多未被明确列示为或设计成获取与惠益分享规则。只有极少数国家明确规定了获取与惠益分享国家立法，即克罗地亚、保加利亚和西班牙，但一般都没有制定详细的程序。有些国家正在梳理获取与惠益分享制度，以便确保现有法律和其所签署国际公约之间的兼容性。无论是现有的还是新制定的规则和法律，所形成的情景都表明，整个欧洲的各种规则和法律错综复杂，并且充满了变数，其中一些国家制度比得上世界其他国家的获取与惠益分享制度，但公共和私人组织及获取与惠益分享专家认为这些国家制度复杂烦琐。有的国家得出的结论是：不需要专门的获取与惠益分享立法，因为已经有了

---

① 其他北欧国家制定了类似规则，请见科斯特（Koester）（第二章）和特维特（Tvedt）（第七章）给本书的来稿。

相关法律，包括物权法和习惯法，也不需要额外的立法（如德国、拉脱维亚和瑞典）。然而，缺乏获取与惠益分享规则不一定导致"便利收集"。事实上，我们还不完全明白有些欧洲国家的复杂规则是不是《生物多样性公约》法律框架造成的结果，因为很多情况下对收集人员的主要要求严格说来并不属于应用于遗传资源的获取与惠益分享制度，而是属于生物多样性保护、土地产权和植物检疫要求。以《生物多样性公约》为原型的措施的确让复杂程度加大，在开展收集任务之前要考虑更多公共和私营机构的参与。

2. 《名古屋议定书》和《欧盟获取与惠益分享条例》的可能影响

《名古屋议定书》的通过及其即将生效使人期待着在《名古屋议定书》成员国开始实施该议定书之后，会有更多可预测的条件适用于植物遗传资源的获取。签署了《名古屋议定书》的国家没有义务监管其境内的遗传资源获取，但是如果这些国家要求收集人员取得事先知情同意并商谈共同商定条件，就必须遵守《名古屋议定书》所规定的条件。《名古屋议定书》第 3 条规定，……要求取得事先知情同意的各方应采取必要的法律、行政或政策措施……：（a）使其国内获取与惠益分享立法或监管要求具有法律确定性、明确性和透明性；（b）规定公平、非随意性的规则和程序……；（c）提供如何申请事先知情同意方面的信息；（d）规定由主管部门以经济划算的方式、在合理期限内作出明确透明的书面决定。

因此，《名古屋议定书》的文本对各国确保获取与惠益分享的法律确定性的义务作出了清晰明确的规定。此外，第 8 条"特殊考虑"规定：各方应创造条件，促进和鼓励有助于生物多样性养护和可持续利用的研究，包括通过对非商业性研究目的的获取采用简化措施来创造条件。还规定各方应考虑遗传资源对粮食和农业的重要性及其对粮食安全的特殊作用。这些规定表明，谈判人员意识到了漫长复杂的获取与惠益分享能够对遗传资源收集、保存和研究相关活动产生不必要的负面影响，并且意识到了有必要防止这种负面影响，特别是对涉及粮食和农业植物遗传资源的活动的负面影响。于是我们可以得出结论：只要上述条款能够给国家政策、法律和行政程序带来有效启示，并得以高效实施，那么欧洲国家实施《名古屋议定书》就会对在欧洲收集植物种质产生有利影响。

《名古屋议定书》于 2014 年 10 月生效。欧盟是该议定书的缔约方，但并非所有的欧盟国家都批准了该议定书。在欧盟范围外，阿尔巴尼亚、白俄罗斯、挪威和瑞士也成为该议定书的正式成员国，而亚美尼亚、阿塞拜疆、格鲁吉亚、冰岛、黎巴嫩、马其顿、摩尔多瓦、黑山共和国、俄罗斯联邦、土耳其和乌克兰尚未批准或签署该议定书。

《欧盟获取与惠益分享条例》有望促进欧盟国家实施及今后批准《名古屋议定

书》，并影响其他欧洲国家对《名古屋议定书》的观点及其在国家层面的本土化。《欧盟获取与惠益分享条例》（第 511/2014 号）公布于 2014 年 4 月 16 日。该条例聚焦于遗传资源使用者为了确保尽职调查而需要采取的措施，而非聚焦于能够促进收集人员在欧洲获取遗传资源的措施。条例文本只是根据由受托开展的两项影响研究提出的建议局部论述了获取问题，这两项研究旨在为讨论提供信息[①]。研究得出的结论是，欧盟没有必要对获取采取在欧盟层面具有约束力的措施，而是赞成通过建立讨论空间来缩小决定对获取其遗传资源进行监管的各国之间的差距[②]。有趣的是，这些研究以少数欧盟国家的法律制度分析为基础[③]。我们对这些研究的最终结论和建议没有疑问，但是对其在地理方面和内容上的狭隘方法持有保留意见。我们已经解释过，很多管辖欧洲遗传资源获取和利用的公共规则没有归入获取与惠益分享法律之列。如果没有人将分析范围扩展到其他类型的法律，就不可能全面了解实际情况是怎样的。

然而，之所以将获取措施放在《欧盟获取与惠益分享条例》之外，最重要的原因颇具政治性。欧盟成员国害怕欧洲委员会干涉其行使对其境内遗传资源的主权权利，因而拒绝了欧洲委员会最初的提议：建立一个欧盟平台，让欧盟成员国讨论获取措施并分享最佳实践。该平台是欧洲委员会在提交草案由欧盟理事会和议会进行民意征询和讨论之前所考虑和研究的四个选项之一。根据上述研究得出的结论，以及欧洲委员自身意识到比较严格的获取措施会在欧盟成员国中引起强烈反应，因此欧洲委员会将该平台选为最合适的选项。其他三个选项是：

（1）欧盟层面不对获取措施采取行动；

（2）欧盟为那些选择要求事先知情同意和共同商定条件的成员国制定最低标准；

（3）欧盟制定事先知情同意和共同商定条件的最低标准，使成员国拥有统一的获取制度。

根据欧盟委员会所要求开展的研究，选项（2）能够为处理欧洲范围内遗传资源的部门带来最明显的惠益，特别是非原生境收藏机构和小型育种公司。然而，各国最终达成一致的条例文本反映了欧盟成员国对选项（1）的强烈政治偏好。条例第 23 条明确规定：

---

① 欧洲环境政策研究所（IEEP）、生态学（Ecologic）和 GHK，《对欧盟执行〈关于获取与惠益分享的名古屋议定书〉的法律和经济方面的研究》（布鲁塞尔/伦敦，2012）；欧洲委员会（EC），《欧洲议会和理事会关于在欧盟获取遗传资源及公正公平分享其利用所产生惠益的条例》提案随附的影响评价，委员会工作人员工作文件 SWD（2012 年）292 终稿。

② 欧洲理事会（EC），条例提案随附的影响评价。

③ 比利时、保加利亚、法国、德国、荷兰、波兰、西班牙和英国。研究作者指出："（……）2011 年下半年开展了国家研究，从那以后没有进行过更新。因此国家研究可能不考虑被研究国家最近的立法和政策动态。"欧洲环境政策研究所（IEEP）、生态学（Ecologic）和 GHK，《对欧盟执行〈关于获取与惠益分享的名古屋议定书〉的法律和经济方面的研究》。

本条例不损害各成员国的遗传资源获取规则，各国在《生物多样性公约》第15条的范围内对这些遗传资源行使主权权利……。

结果是，在实施《名古屋议定书》的背景下，条例不再留出余地来尝试对适用于在欧盟国家收集植物种质的规则进行简化和标准化。

因此，欧盟层面的标准化努力只关注遗传资源使用者必须遵守的义务。条例力求阻止利用不是根据获取与惠益分享国家立法获取的遗传资源，并力求改善遗传资源利用方面的法律确定性条件。第 4 条（使用者的义务）可能是一条会对收集人员在欧盟国家的活动产生较大影响的规定。该条款以《名古屋议定书》第17条为原型，规定各国有义务监测遗传资源的利用。条例第 4 条要求遗传资源使用者能够证明：

……其所利用的遗传资源及遗传资源相关传统知识是根据相关获取与惠益分享立法或监管要求获取的，并且惠益是根据相关立法或监管要求按照共同商定条件公平公正分享的。

为此，使用者应努力取得、保留并向后续使用者移交国际公认的遵约证书、信息和文件，证明遗传资源的来源，并证明这些遗传资源是根据获取与惠益分享国家立法获取的。因此，收集人员首先要确信获取与惠益分享国家法律存在与否，然后确保取得必要的证明文件，证明其遵循了法律所要求的获取与惠益分享程序，或者国家主管机构不要求遵循任何程序。为了证明符合国家规则，收集人员将主要依赖于同意收集并签发收集许可证的国家主管机构。我们可以用本文框 2 所述的实际经历为例，评价该案例在多大程度上遵循了程序，以及从国家和区域行政部门取得的文件在多大程度上满足了条例第 4 条规定的要求。

甘蓝及其野生近缘种列入《粮食和农业植物遗传资源国际条约》附录一。因此，处于公共领域且由欧盟国家管控的甘蓝遗传资源的获取不在《名古屋议定书》和《欧盟获取与惠益分享条例》的范围之内，而是由《粮食和农业植物遗传资源国际条约》的获取与惠益分享多边体系监管。根据条约规定，附录一所列作物的原生境样品的获取首先由国家法律管辖，在西班牙是指由自治区政府管辖自然界样品的收集。在我们所分析的案例中，西班牙阿斯图里亚斯和坎塔布里亚自治区政府所签发的许可证明确说明了目标物种获取方面的权利和义务，但没有说明惠益分享方面的义务。此外，巴斯克自治区表示没有必要制作和发放正式的许可证。这种情况会给收集人员在证明《欧盟获取与惠益分享条例》第 4 条所要求的以下问题时带来困难：（iv）存在或不存在获取与惠益分享方面的权利和义务，包括在今后应用和商业化方面的权利和义务；（vi）共同商定条件，适当情况下包括惠益分享安排。然而，在 2011 年，西班牙国家主管机构决定由收集人员与西班牙国家农业研究所就甘蓝样品转移事宜签署根据《粮食和农业植物遗传资源国际条约》多边体系下的《标准材料转移协定》，这让收集人员能够证明《欧盟获取与惠益分享条例》和《名古屋议定书》所要求的"尽职调查"。如果西班牙国家主管机构将获取要求限于向自治区政府取得获取许可证，而不要求签署具有保护作用的《标准材料转移协定》，那么收集团队就会在获取与惠益分享义务上处于不确定的境况。他们会发现自己处于自相矛盾的境地：虽然按照要求遵守了所有程序，但是如果资源的后续使用者、国家主管部门、研究经费提供者或列入根据《欧盟获取与惠益分享条例》建立由欧盟委员会保存的"收藏机构登记簿"的收藏机构要求其提供证据，他们却没有充分信息来证明获取行为的合法性。

　　该案例表明，有了《欧盟获取与惠益分享条例》，欧洲收集人员可能不仅要严格遵守获取与惠益分享规则，还要寻找合规证据。在本章开头几节所描述的现状下，如果相关程序涉及各级不同管理部门，甚至没有公开说明规则，没有将责任明确分配给特定组织，这项任务就会颇具挑战性。

　　另一个会给欧洲收集人员带来进一步困难的问题是指法律、法规和行政程序没有对获取与惠益分享作出严格规定，而是监管植物种质的收集。收集人员要证明在这些法律、法规和行政程序方面的尽职调查吗？在根据自然和物种保护、土地产权和其他相关法律法规颁发收集许可证的欧洲国家，收集许可证是否相当于"事先知情同意"？如果答案为是，对于收集人员及负责颁发收集许可证的公共和私营组织，包括资源所在土地的所有者来说，有哪些实际影响？通过阅读《名古屋议定书》文本，以及根据我们的常识，我们得知，对《名古屋议定书》和《欧盟获取与惠益分享条例》监测规定的执行应限于如下国家法律法规：缔约方通过这些国家法律法规明确表明了对《生物多样性公约》和《名古屋议定书》所规定遗传资源的获取进行监管的意图。从《欧盟获取与惠益分享条例》开始，没有对获取与惠益分享作出严格规定的法律、法规和行政程序不应当列入各国为执行《名古屋议定书》而制定的监测机制的范围之内。追溯到 2011 年西班牙的甘蓝收集，程序和自治区政府所签发的许可证似乎总体上符合自治区在自然保护方面的目标，而不符合其为了监测遗传资源的利用并确保分享其利用所产生惠益而对遗传资源获取进行监管的意图。事实上，我们不能说该案例中收集人员和自治区主管机构采用了共同商定条件。因此，我们认为颁发这些许可证所依据的法规以及许可证本身不属于《名古屋议定书》和《欧盟获取与惠益分享条例》所规定的监测工作。西班牙国家农业研究所要求与收集人员签署《标准材料转移协定》，只是明确体现了国家对获取西班牙遗传资源和分享其利用所产生惠益进行监管的意图。

　　最后，让我们来分析国家立法不要求履行任何正式义务的案例。以瑞典为例，瑞典允许自由收集自然界的植物和蘑菇，规定它们不是受威胁物种，或者不受法律保护；而在德国，唯一的义务通常就是得到土地（私人）所有者的许可①。从官僚主义最小化的观点来看，这些案例可以说是对收集人员最有利的情景。我们想知道，有了《名古屋议定书》和《欧盟获取与惠益分享条例》，这种水平的自由主义给可能没有足够办法证明其合规和尽职调查的收集人员带来的影响是否会适得其反。人们通常会问《欧盟获取与惠益分享条例》第 4 条和《名古屋议定书》第 17 条对不要求事先知情同意和共同商定条件的欧洲国家有何影响。这些国家可能被迫采取一些行政措施，使遗传资源使用者能够证明资源的原收集人员没有违反任何获取与惠益分享规则。一些欧洲国家对其境内收集活动的开放态度面临着在《名古屋议定书》生效后不可持续的风险。

第五节　建　议

为了养护和在研究、育种和培训中使用而在各国收集植物遗传资源的行为仍是一项保护这些资源的关键活动，通常有益于粮食安全及科学和农业进步。在上文，我们提出并分析了在欧洲收集原生境植物种质所面临的现有和潜在困难。这些困难是由于国际获取与惠益分享规则与已有国家法律和行政程序并用而造成的，两者相结合加大了复杂程度，并影响国际公约的实施方式。在本节，我们希望就欧洲国家如何才能有效实现提供便利获取植物遗传资源途径的目标提出一些想法，这一目标是《生物多样性公约》、《粮食和农业植物遗传资源国际条约》和《名古屋议定书》所拥护的。

我们的第一条建议是，决定要求事先知情同意和共同商定条件的欧洲国家坚持《名古屋议定书》第 3 条背后的原则，该条款要求采用确定和简易的程序。我们还鼓励欧洲国家制定必要的机制，有效实施《粮食和农业植物遗传资源国际条约》的获取与惠益分享多边体系。纵然事实证明该体系的实施具有挑战性，但这说明在促进为了育种、研究和养护目的而获取植物遗传资源以及分享其利用所产生惠益方面向前迈出了一大步。对于《粮食和农业植物遗传资源国际条约》多边体系中的原生境遗传资源转移，我们建议，欧洲国家使用旨在促进并监管在该体系内获取材料的《标准材料转移协定》。除明确规定适用于存在于原生境的多边体系材料的获取规则外，按照规定使用《标准材料转移协定》还可以让欧洲的提供者、收集人员和后续使用者证明其符合《名古屋议定书》和《欧盟获取与惠益分享条例》所规定的获取与惠益分享国家要求。那些对不受保护的遗传资源获取不进行监管的国家应找到替代解决方案，免去收集人员证明合规的负担。

如果欧洲国家采用统一的方法监测获取与惠益分享领域内外的植物收集，植

---

① 关于德国获取与惠益分享条例的深入探讨，请罗德里格斯（Rodriguez）、德罗斯（Dross）和霍尔姆-穆勒（Holm-Muell）给本书的来稿（第四章）。

物收集任务会受益匪浅。《欧盟获取与惠益分享条例》证明，各成员国并不认为欧洲委员会是分享经验的合适平台。欧盟范围内和欧盟范围外的欧洲国家可以考虑其他平台或组织，这些论坛或组织可能主办面向技术和政府间对话的活动，以确定最佳实践，并最终制定促进和监测欧洲植物收集的标准。在欧洲，国际植物收集规则对话应该比较容易实施，欧洲国家之间在植物遗传资源技术和政策工作上的联系已经很紧密。《粮食和农业植物遗传资源国际条约》下的欧洲地区小组可以为这种对话提供必要平台，欧洲植物遗传资源合作计划（ECPGR）可以通过技术咨询来支持平台的活动。欧洲国家批准《名古屋议定书》及其生效后，该计划会特别有用，因为《名古屋议定书》规定的使用者的义务最有可能给欧洲国家主管机构增加压力，要求其提供确凿证据，证明收集人员遵守获取与惠益分享国家规则，或者在没有该等规则的情况下依法开展收集活动。

除上述一般建议外，我们还建议采取两项非常具体和实用的措施，这些措施可以大大改善现状，但不要求各国对其获取与惠益分享方法及收集规则作出大的改变：

- 在大多数欧洲国家，可以更加清晰地界定国内机构的权限和责任，并在专用网站上进行宣传；
- 考虑到在多数情况下，相关职权会在各国家内不同机构之间划分，因此要是每个国家都能建立一个入口点（联系点），指导和帮助粮食和农业植物遗传资源的潜在收集人员在合理时间范围内满足所有要求，则是最好不过了。

总结　欧洲获取与惠益分享比较

布伦丹·库尔赛特（Brendan Coolsaet）

获取与惠益分享概念源于 20 世纪下半叶全球遗传资源治理的兴起。环境伦理学、国家环境法、南北关系及国际科研合作的发展都滋养了一种国际制度，最终形成了《名古屋议定书》。因此，《名古屋议定书》是一系列国际法律学说的产物，详细介绍请见本书绪言。同样，《名古屋议定书》的实施也会需要以现有的一系列法律原则和规则为基础，这些法律原则和规则目前管辖着获取与惠益分享相关问题。正如本书第一部分各章所阐述的，这些问题很多，并且因国而异，尤其包括产权制度、市场监管和准入、行业政策、健康、国际发展、与环境问题和自然保护相关的法律、农业、研发、传统知识、行政法和国际私法。另外，《名古屋议定书》的实施还要补充和（或）进一步制定大量的准法律文书、最佳实践和民间标准，这些准法律文书、最佳实践和私人标准在设计时也许都考虑了，也许都没考虑获取与惠益分享或《名古屋议定书》。最后，欧洲的获取与惠益分享文书还会实现欧洲层面的融合，2014 年 4 月欧盟针对使用者的《名古屋议定书》遵约措施采用了统一的方法[①]。因而，《名古屋议定书》的故事可以说是法律融合的故事：诞生于法律学说的合并，聚合了大范围的法律领域，远远超出了环境法的范围，将（或者需要将）现有法律制度、众多行为体（公共和私营）及大量政策和私人计划结合在一起。

这些不同学说汇合成功能性的获取与惠益分享制度，对于欧盟，特别是对于其生物技术部门及其非商业性生物多样性研究部门来说至关重要。虽然从医药销售额[②]来看仅次于北美洲，但欧洲却主导着世界医药制造业。例如，11 个欧盟国家与瑞士共占世界医疗和医药产品及药物出口额的 70%以上[③]。世界最大的化妆品公司约有一半位于西欧[④]，销售额最大的是法国的欧莱雅，2012 年销售额达 225 亿欧元。此外，通过广泛的植物园、菌种保藏中心和基因库非原生境网络，欧洲

---

① 欧洲议会及理事会第 511/2014 号《关于获取遗传资源及公正公平分享其利用所产生惠益的名古屋议定书》欧盟使用者遵约条例》。

② 欧洲制药工业协会联合会（EFPIA），《"数"说制药业》（欧洲制药工业协会联合会，2013）。

③ 数字来自联合国商品贸易统计数据库，除药物以外的医疗和医药产品（SITC 541）和药物（包括兽医药物）（SITC 542）（纽约，2011），查阅网站 http://comtrade.un.org。

④ 张勋赫（Chang Hoon Oh）和阿伦·拉格曼（Alan M. Rugman），"世界化妆品行业跨国公司的区域销售额"，《欧洲管理杂志》，24（2006）：163-173。

拥有大量特有和非特有的世界遗传材料。欧盟成员国及瑞士和挪威拥有的植物园大约共占世界总量的四分之一①，种植着世界50%以上的活体植物材料②。这些国家还在500多个菌种保藏中心和基因库保存着全世界30%的微生物菌种③及全世界10%～15%的粮食和农业种植材料④。

更具体地说，虽然本书中不一定提到，但文献中有大量涉及遗传资源和传统知识的欧洲研发活动案例，其中包括：

- 英国Vernique生物技术公司进行的斑鸿菊开发，斑鸿菊油用于塑性成形和涂层⑤；
- 荷兰Enza Zaden B. V.育种公司（高产番茄植物）和西方种子公司（无种番茄）通过欧洲EU-SOL项目进行的新番茄基因型开发，番茄野生近缘种来自厄瓜多尔和秘鲁⑥；
- 法国公司Fournier集团子公司Plantecam进行的非洲李树皮提取，提取物在欧洲销售，可以治疗良性前列腺增生症⑦；
- 德国拜耳公司用肯尼亚菌株开发一种"α-葡萄糖苷酶抑制剂"，这是一种调节2型糖尿病患者葡萄糖吸收的药物⑧；
- 英国植物制药公司（Phytopharm）用利比亚一种药用植物Artemisia Judaica及其相关传统知识治疗糖尿病⑨；
- 德国巴斯夫公司和法国欧莱雅公司将摩洛哥坚果树制品用于化妆品、护肤和护发产业⑩；
- 英国布拉德福德大学研究一种新的癌症治疗药物，药物来源于英国本土花秋水仙⑪。

---

① 国际植物园保护联盟（BGCI），全球植物园分布：http://www.bgci.org/map.php，2014年1月20日查阅。

② 欧盟委员会，欧洲议会和理事会《关于在欧盟获取遗传资源及公正公平分享其利用所产生惠益的条例》文件提案随附的影响评价，委员会工作人员工作文件，（2012）292终稿。

③ 世界菌种保藏联合会（WFCC），世界微生物数据中心，http://www.wfcc.info/ccinfo/statistics，2014年1月20日查阅。

④ 基于联合国粮农组织的大概数字，世界粮食和农业植物遗传资源状况第二次报告及国家研究（罗马，联合国粮农组织，2010）。

⑤ R. 费伊（R. Feyissa），"埃塞俄比亚农民权利案例研究"，FNI报告，7（2006）。

⑥ 爱德华·哈蒙德（Edward Hammond），《生物剽窃监视》。近期案例汇编（马来西亚槟城：第三世界网络，2013）。

⑦ 查尔斯·泽纳（Charles Zerner），《人、植物与正义：自然保护政治学》（纽约/西萨塞克斯：哥伦比亚大学出版社，2013）。

⑧ 杰·麦高恩（Jay McGown），《走出非洲：获取与惠益分享之谜》（美国华盛顿：德蒙研究院/非洲生物安全中心，2006）。

⑨ 同上。

⑩ 丹尼尔·F. 罗宾逊（Daniel F. Robinson），《生物多样性获取与惠益分享》。全球案例研究（伦敦/纽约：劳特里奇出版社，2015）。

⑪ L. 巴蒂森（L. Battison），"英国花卉是癌症新药的来源"，英国广播公司（BBC）新闻、科学与环境，2011年9月12日；请见史密斯（Smith）给本书的来稿（第八章）。

本章通过比较本书国家案例研究中详述的规定（第一至十章），分享上述案例所处的监管背景。我们选了 8 个欧盟国家，与挪威和土耳其一起纳入比较分析中。关于更深入的分析，请读者查阅单独的案例研究，因为本章只对案例研究进行比较性总结。

作为本书结尾，本章以比较分析为基础，讨论未来在欧盟实施《名古屋议定书》所面临的挑战和机遇。首先是根据本书第二部分各章（第十一至十四章）所提供的意见，讨论《欧盟获取与惠益分享条例》的相关规定。

第一节　所选欧洲国家的获取与惠益分享制度比较

虽然所有欧盟成员国及欧盟本身都是《生物多样性公约》的缔约方，但必须承认，自从《生物多样性公约》生效以来，各国几乎没有履行《生物多样性公约》第 15 条和第 8 条（j）款所规定的获取与惠益分享义务。遗传资源及相关传统知识的利用相当缺乏特别监管，各国之间存在很大差异。

本节根据本书引言部分所述研究问题的主题划分，比较所选欧洲国家已制定的不同法规。本节相继总结并讨论以下相关规定：

（1）遗传资源和传统知识的法律地位；

（2）获取国内遗传资源和传统知识；

（3）惠益分享机制；

（4）遵约机制；

（5）获取与惠益分享相关职权划分。

1. 遗传资源和传统知识的法律地位

为了确定遗传资源和传统知识获取与利用的适用规则，人们首先需要考虑当前这些资源和（或）知识的法律地位。遗传资源的法律地位是指包括物权制度、自然区域和（或）动植物物种保护行政法和立法在内的国家和地方法律保护这些资源的方式。

虽然鲜有明确规定，并且《生物多样性公约》做了区分[①]，但在我们选定的欧洲国家，遗传资源的所有权通常是从生物资源和（或）土地所有权派生出来的，由《宪法》或民事法典界定[②]。这意味着，如果遗传资源出现在原生境条件下，并且不受特定法律规则的（间接）保护（见下文），土地所有者即可以其认为合适的

---

① 《生物多样性公约》第 2 条。

② 《生物多样性公约》，"选定国家遗传资源在物权法等国家法律中的法律地位"，（2007）联合国文件 UNEP/CBD/WG-ABS/5/1。

方式管理其生物资源，并获得生物资源利用所产生的潜在惠益。在我们选定的国家，只有挪威（将来可能有法国）特别指出遗传资源是属于全社会的共同资源，但这不会妨碍（知识）物权法和其他相关法律的适用。同时还应注意，在我们所研究的多数国家，公民都以这样或那样的方式享有宪法所赋予的对健康和可持续环境的权利。例如，在希腊，宪法所赋予的"保护环境"的权利、"发展人的个性"的权利和"保护人类价值"的权利扩展到了保护和利用动植物群、生物多样性等环境物品①。

在多数国家，土地或生物所有权扩展到了水果及水果制品。水果或水果制品经采集或提取后，就变成动产，可适用不同的产权制度。因此，在我们所研究的国家，不动产扩展到了合并、连接和（或）融合到一件物品上的基本组件。这些产品经采集后，就变成了动产，买家或收件人自动获得所交换物品及其遗传资源的所有权。同样，临时保存在非原生境条件下的植物（如供公开出售的苗圃）也可以视为动产。

有些国家针对特定情况，也规定了上述所有权规则的例外情形。因此，希腊对位于不动产边界上的树木确立了单独的所有权。在挪威，生物材料一旦不再具有排他性，其私人所有权即终止。特维特（Tvedt）②以一条跑出来的养殖三文鱼为例，如果其合法所有者不把它抓回来并给予知识产权保护，那么发现这条鱼的任何人都可以利用它。这些特殊情况案例可以给进一步监管在"跨界情况下获取的或者不可能准予或取得事先知情同意"的遗传资源的利用带来启发③。除潜在例外情况外，所有欧洲国家都独立处理一系列可能适合解决遗传资源滥用问题（如盗窃、隐藏、违反信托约定……）的民事和（或）刑事责任和救济选项。

虽然遗传资源可以被看成是生物物理实体，但它们还包含信息组件（即遗传密码、传统知识、已发布数据等）。然而，上述产权规则通常适用于作为生物物理商品的遗传资源，管辖相关信息所有权的规则很少有这么清晰、统一的。在有些情况下，作者指出，如果不受专有权（如知识产权）保护，这些信息组件即构成共有物："不属于任何人、由所有人使用之物"④。在这种情况下，信息组件可免于执行产权的现有责任和救济选项，因为它们无法被盗用。然而有些作者认为，在特定情况下，某物之产权可以包含相关的信息组件⑤。

遗传资源和相关传统知识的使用权也可以通过知识产权进行监管。书中不同案例研究非常统一地探讨了这一问题。从广义上说，适用于遗传资源和传统知识的潜在知识产权包括专利权、植物品种权和地理标志权。

---

① 请见玛丽亚（Maria）和列尼奥（Limniou）给本书的来稿（第五章）。
② 请见特维特（Tvedt）给本书的来稿（第七章）。
③《名古屋议定书》第 10 条。
④ 请见皮塞斯（Pitseys）等给本书的来稿（第一章）。
⑤ 请见科斯特（Koester）给本书的来稿（第二章）。

在我们所研究的所有欧洲国家，生物资源的所有权和使用在某种程度上由自然保护法或保护物种、保护区、森林和（或）海洋环境法律来限定，其中有些法律是源于欧洲的。保护水平可以视资源类型而定，有几个国家按照保护水平对保护动植物群进行评级。希腊和土耳其对本土和非本土物种进行额外区分。这造成了许多潜在限制，将来在制定获取与惠益分享规则时需要予以考虑（见后面几节）。这些限制不仅用于严格意义上的保护区：在一些地区，使用存在于"非保护区"的自然资源同样是受限制的。例如，在比利时佛兰德斯，所有不被认为是正常植被维护的行为都需要许可证，包括在公园和花园等公众可进入的绿色空间的行为。

至于传统知识的法律地位，所研究的国家很少有明确探讨这一问题的。"遗传资源相关传统知识"目前没有国际统一的定义。此外，有些国家认为传统社区不（再）存在，或者无法追溯，即使有些（主要是农业）实践可以被视为传统知识。这并没有耽搁西班牙等一些国家界定传统知识的概念，进而关注《生物多样性公约》留下的定义空白。目前法国是唯一提出要具体界定遗传资源相关传统知识和传统社区概念的国家。按照《生物多样性法》新草案尽可能广泛的定义，传统社区是指居民从自然环境得到生活资料的社区。

2. 获取国内遗传资源和传统知识

欧洲国家的上述遗传资源和传统知识的法律地位对可以（或将要）获取这些资源和知识的方式有着直接影响。如果遗传资源的法律地位是从土地或生物的所有权规则派生出来的，需要与法定所有者商定收集该等资源的许可问题。然而，获取和使用生物资源通常需要遵循环境、城市规划、自然保护、森林、海洋、水、农业和（或）行政法律所定义的大量现有规则。对于某些类型的（遗传）资源，获取可能也受监管，其他类型的资源则不受监管。因此，本节对国家案例研究中所描述的不同获取规定进行比较。虽然这里的"获取"和"使用"不一定与《名古屋议定书》中的"利用型获取"相符合[①]，但是确实涵盖在"利用型获取"情况下可能发生的行为。这些行为包括捕捉、收集、采摘、扦插、拔根、转移、移植、运输、购买、销售、交换和（或）出口资源。除非另有规定，否则本节中的"获取"和"使用"是指上述这些行为，而不是指"利用型获取"。

虽然多数欧洲国家的生物多样性水平潜力都比较低[②]，因此会比生物多样性丰富的国家更灵活地对待获取其国内资源，只有荷兰和丹麦默示或明确对获取其遗传资源采取无限制态度。对于获取不受保护的生物资源和（或）遗传资源，其他

---

① 《名古屋议定书》第 2 条。
② 请见全球环境基金（GEF），"生物多样性惠益指数"，查阅于 2014 年 3 月，http://data.worldbank.org/indicator/ ER.BDV.TOTL.XQ。同时也请见马乔尼（Maggioni）等给本书的来稿（第十四章）。

国家和地区可以分成三组：

- 对获取采取限制态度（即严格监管获取，多数行为都需要许可证/通知）的国家/地区，如佛兰德斯（比利时）、法国（《生物多样性法》草案）、希腊、土耳其；
- 对获取采取不限制态度（即在非保护区以及对非保护物种，允许自由获取）的国家/地区，如布鲁塞尔（比利时）、法国（现行规则）、德国、挪威、荷兰；
- 在产权法或其他自然相关规则或行政规则范围之外未对获取规则进行界定的国家/地区，如西班牙。

北欧国家通过"普通人的权利"，即公众进入私有土地的权利，对获取存在于私人地产上的生物资源作出普遍的例外规定。在丹麦，"丹麦法律"规定允许人人收集"坚果"，不论其是否位于私人地面上。坚果包括含有遗传单位的生物物理实体，如花、叶、浆果、水果、菌类等。在挪威，和在多数其他北欧国家一样，《户外空间法案》规定公众有权进入私有土地。虽然原本是为闲逛设计的，但《户外空间法案》也允许游客在一定条件下采摘和收集生物材料。

在欧洲，自然区域（不论是保护区还是非保护区）的获取监管有各种形式和风格。这种不均匀性可以导致各国之间以及同一国家内的获取和使用规则错综复杂。这些规则也可以补充未来的"利用型获取"要求。在这方面，比利时的情形是有预兆性的。由于环境管理权在比利时是高度分散的，在小小的领土上，每一类生物资源（受保护资源、培育资源和森林资源……）至少分别有三种不同的获取规则共存。而且，每一级权力都对这些获取规则作出例外规定。获取规则还可以与使用条件相结合，特别是当涉及粮食和农业遗传资源时。例如，在土耳其，由一家技术委员会对天然球根花卉的特有种子、球茎或其他部位的可收集量进行监管，并对其产量实行配额。自然保护法设定的获取限制还可以是时间上的限制，以防止繁殖期的干扰或者与狩猎季节有关的干扰。有的国家以生物学观点限制获取受保护资源，有的国家还以文化方面的理由对获取进行监管，因而将遗传资源视为其国家遗产的一部分。

研究型获取与《名古屋议定书》下的获取与惠益分享特别相关，通常通过我们所研究的所有国家的各种例外规定来实现。然而，其实现方式却有很大差别。虽然有的国家要求与研究相关的获取要取得专门的许可证，但其他国家只提出了通知要求。有的国家试图根据研究目的来区分获取规则。例如，西班牙对商业性和非商业性获取规定了不同的规则，虽然我们的案例研究作者似乎很怀疑这种区分的有效性①。在希腊，如果所收集的材料是要出口的，以及所获取的材料属于本

---

① 请见西尔维斯特里（Silvestri）和拉戈·坎德拉（Lago Candeira）给本书的来稿（第九章）。

土地方品种和（或）传统品种，则适用不同规则。

根据以上分析，在撰写本文之时，除丹麦外，欧洲国家目前都没有按照《名古屋议定书》的规定对获取其遗传资源进行监管，也没有对其国内资源引入事先知情同意要求。丹麦决定对其遗传资源不要求事先知情同意，但是对获取野生种的遗传资源提出了通知要求。挪威和法国都准备实施成熟的符合《名古屋议定书》的获取法律。法国《生物多样性法》对获取做出了不同的相关规定，在此值得一提，因为这些规定可能会给其他国家带来启发。法国《生物多样性法》根据其规定的目的来区分获取规则：非商业性研究和紧急情况只要求通知主管部门，而其他类型的获取则要求完成专门的获取程序。法国《生物多样性法》还对获取传统知识做出了具体规定：在获取程序中必须识别并咨询有关社区，并与他们达成惠益分享协议。最后，法国《生物多样性法》设定的时间范围比《名古屋议定书》广，当前的提案涵盖了所有的新规则。在这种情况下，就会对同一使用者以前未从事的所有新的研发活动启用获取与惠益分享规定，不管原始材料是何时及如何获取的。

3. 惠益分享机制

虽然欧洲作为遗传资源和（或）传统知识提供者的角色是一个颇有争议的问题，但是它作为全球遗传资源主要使用者的地位则是一个既定事实。《生物多样性公约》出台 20 年后，问题出现了：欧洲使用者是否分享或分享了其所利用的遗传资源和（或）传统知识的惠益。如果是，惠益分享安排是由欧洲国家的相关法律还是由民间机制来监管？本节考察我们所研究国家的使用者达成的惠益分享安排以及监管背景（如果有的话）。

第一个例子是比塞尔（Visser）等提到的 2005 年荷兰国际保健性能食品公司（HPFI）与埃塞俄比亚生物多样性养护研究院（IBC）达成的惠益分享安排[①]，该协议让荷兰国际保健性能食品公司有机会获取埃塞俄比亚的画眉草品种，并且允许该公司利用它们进行食品饮料的开发和商业化。获取和使用相关传统知识是被禁止的，双方就货币化和非货币化惠益达成一致，包括画眉草遗传资源使用所产生的一次性利润，按照画眉草种子销售净利润提取的特许权使用费、许可费，对用于改善农民生活条件的地方基金的捐款以及与研究有关的规定，如合作与成果分享[②]。然而，虽然当时该协议被视为获取与惠益分享协议的典范，但各种问题导致该协议失败。这些问题包括：高估了潜在惠益，专利要求存在争议，荷兰国际

---

① 请见维瑟（Visser）等给本书的来稿（第六章）。
② 莎拉·赖德（Sarah Laird）和瑞秋·温伯格（Rachel Wynberg），"实际中的获取与惠益分享：部门合作趋势"，技术系列第 38 期（《生物多样性公约》蒙特利尔秘书处，2008）：140。

保健性能食品公司与埃塞俄比亚生物多样性养护研究院互不信任，荷兰国际保健性能食品公司管理不规范及最终破产，以及荷兰缺乏针对使用者的措施[①]。

欧洲使用者另一个比较成功的惠益分享例子是德国研究基金会与厄瓜多尔几所大学达成的合作协议。该项目显然是一个与环境目标相结合的非货币化惠益分享的典范。项目包括建立研究生合作培养项目，资助研究所和博士生、研究设施和设备以及更加广泛的结构性惠益，如改善交通运输和能源系统。

然而，我们的案例研究中却鲜有惠益分享安排的例子。目前还不清楚可用的协议这么少是因为潜在保密性问题还是因为协议不存在而造成的。虽然这种协议缺乏的背后原因可能有很多，但使用国的责任主要在于没有能力填补目前在遗传资源利用方面的法律真空，以及缺乏具有约束力的惠益分享规则。欧洲委员会本身也承认[②]，使用国缺乏采用获取与惠益分享规则的措施导致对获取提供国的遗传资源和（或）传统知识建立了限制性条件。无法获取全球遗传资源将来会强烈影响欧洲各种不同经济和环境利益相关方的活动，这些利益相关方包括植物园、菌种保藏中心、基因库、学术研究机构、生物技术公司和食品饮料产业。

即使欧洲国家有了获取与惠益分享相关文书，也很少包括除说明利益分享是需要实现的理想目标以外的规定。例如，丹麦通过了获取与惠益分享法案，名为《关于利用遗传资源而产生的惠益分享法案》，但是没有规定确保真正与提供者分享惠益。此外，该法案也没有规定分享传统知识利用所产生的惠益，因为该法案对"利用"的定义不包含传统知识。

对获取其国内遗传资源进行监管的国家也并不一定制定了清晰的惠益分享规则。例如，在希腊，获取遗传资源需取得国家主管部门签发的许可证，但这些许可证没有关于利用或交易遗传资源的利益分享的规定。同样，挪威的《自然多样性法案》只规定可能要求分享挪威遗传资源利用所产生的惠益，但不是强制性的。这就说明了为什么分享遗传资源交换或利用所产生的惠益目前往往是由部门自我监管的，不论是好还是坏。

4. 遵约机制

现有的遵约机制是我们所研究欧洲国家的获取与惠益分享制度的弱点。因此，主要关注针对使用者措施的《欧盟获取与惠益分享条例》的通过，是在正确方向上迈出了可喜（早该迈出）的一步。

但存在一些例外情况。丹麦和挪威都制定了广泛的针对使用者的措施，尽管

[①] 雷吉恩·安徒生（Regine Andersen）和罗·温厄（Tone Winge），"画眉草遗传资源获取与惠益分享协议，事实与教训"，FNI 报告，6（2012），挪威奥斯陆。

[②] 欧盟委员会，"影响评价"。

所采用的方法不同。挪威只允许按照同意书从要求取得获取同意书的国家进口遗传资源，从而在挪威进行利用。挪威还强烈支持执行该等同意书所规定的条件，授权相关国家代表提供者提起法律诉讼。挪威《自然多样性法案》对遗传资源使用者进一步提出了一系列信息要求，这些要求与《欧盟获取与惠益分享条例》的尽职调查方法有一些相似之处。使用者要保管关于提供者、来源国和获取同意书的信息。挪威禁止进口非法材料。和挪威不同的是，丹麦禁止使用非法获取的遗传资源和（或）传统知识。此处的非法材料是指"违反来源国的遗传资源获取法律"而获取的材料①。非常有意思的是，这句引文中的措辞可能扩展了《名古屋议定书》第 15 条的释义。的确，与提到"对方（即提供国）的监管要求"的《名古屋议定书》第 15 条不同的是，丹麦的《获取与惠益分享法案》提到了所声称的来源国。最后，两个国家都对使用来源于制定了获取与惠益分享相关法律或作为《议定书》缔约方的遗传资源进行监管。两国对《名古屋议定书》非缔约方采取什么态度，目前还不清楚。

如前文所述，欧洲国家在获取与惠益分享方面采取的实施措施主要是调换欧洲生物技术指令——欧盟第 98/44/EC 令。该指令在序言第 27 项陈述中要求在使用生物资源的专利申请书中列明来源国的信息。采用该指令的直接后果是，比利时、丹麦、德国和挪威在各自的专利制度中引入了披露要求，要求使用生物资源的专利申请注明已知的来源国。挪威还要求专利申请书注明来源国是否要求事先知情同意，并将这两项要求扩展到适用于植物品种保护申请。然而，不遵守该披露要求不太可能受到制裁，因为申请人通常会声明来源国未知，从而规避这一要求。同时还需要注意的是，虽然经过了广泛讨论、然后终于放弃了谈判，但信息披露问题并未纳入《名古屋议定书》。尽管如此，对于提出这项要求的国家来说，信息披露也许可以作为更加广泛的《名古屋议定书》遵约监测体系的一个易执行和低成本的要素。

缺乏使用者遵约措施并没有让一些遗传资源和传统知识使用者率先制定自我监管的遵约措施。在比利时，比利时微生物协调保藏中心（BCCM）采用自愿的行为准则和标准化的《材料转移协定》。这两个文书都与《生物多样性公约》、《与贸易有关的知识产权协定》以及其他适用的国家和国际法律保持一致。要获取微生物协调保藏中心所保存的资源，使用者需取得同意，并与合法使用者就使用条件达成一致②。

在很多欧洲国家，植物园已加入植物交换网，这是一个植物园网络，组织活体植物标本的交换。植物交换网的成员通过了关于遗传资源获取与惠益分享的行

---

① 《丹麦获取与惠益分享法案》，第 3 条和第 4 条。关于《丹麦获取与惠益分享法案》的深入探讨，请见科斯特（Koester）给本书的来稿（第二章）。

② 请见皮赛斯（Pitseys）等给本书的来稿（第一章）。

为准则。按照该行为准则，植物园只接受按照《生物多样性公约》的规定获取的植物材料。材料供应只能按照与材料获取相同的条件进行，除非经授权的工作人员签署"出于非商业目的从植物交换网供应活体植物材料的协议"。有些私营生物技术公司还提供生物勘探指南，如生物技术产业协会（BIO，世界最大的生物技术协会）和国际制药商协会联合会（IFPMA）[①]。

5. 欧洲国家的获取与惠益分享相关权限分配

可以说，近来国际环境法的演变加剧了各国对国家主权管辖下自然公地的圈围[②]。然而，获取与惠益分享在欧洲的实施很大程度上是以强烈分权制的形式进行的[③]。权力和权限按地域分配，允许国家、区域和地方权力层共同管辖遗传资源和传统知识。这种权力也可以由公共和私人行为体共享，遗传资源跨国交换一般由私人行为体自我监管，力求加强土著人民和地方社区确定其传统知识获取条件的权利。此外，除了这种纵向权力划分，还有横向划分：获取与惠益分享包含大范围的问题，远远不只是环境问题，还包括市场监管和准入、国际贸易、产业政策、农业、卫生、发展合作、研发和发明。本节对欧盟成员国将实施《名古屋议定书》的不同制度背景进行比较。

我们有两个案例研究的是法理上的联邦制国家：比利时和德国。在这两个国家，《名古屋议定书》的实施属于联邦和联邦制实体［在比利时：大区和（或）社群；在德国：州］的权限范围。不过，两个国家在获取与惠益分享相关职权的划分上有所不同。在德国，联邦政府和州都有监管自然资源获取和使用的自然保护法。在比利时，除留给联邦政府处理的一些事项和剩余事项外，大区全权负责总体环境政策。由此产生的结果是，两国对根据《名古屋议定书》设立的国家主管当局（CNA）所持观点也有所不同。罗德里格斯（Rodríguez）和霍尔姆-穆勒（Holm-Muller）[④]认为德国将设立一个国家主管部门，而比利时当局虽然可能为使用者设立一个共同的接入点，但设想建立四个不同的主管部门[⑤]。此外，和德国不同的是，比利时还多出一层由不同语种社群掌握的权限：佛兰芒语社区、德语社区和瓦隆-布鲁塞尔联盟。这些社群有权管理比利时的基础研究和高等教育、监管

[①] 更多例子，请见奥利瓦（Oliva）给本书的来稿（第十二章）。

[②] 皮特·H. 桑德（Peter H. Sand），"有界限的主权：共用资源的公共托管？"《全球环境政策》，第4期（2004）：47-71。

[③] 布兰登·库尔赛特（Brendan Coolsaet）、汤姆·戴德沃德（Tom Dedeurwaerdere）和约翰·皮赛斯（John Pitseys），"在多层级治理背景下实施《名古屋议定书》的挑战：比利时案例的教训"：《资源》，2（2013）：555-580。

[④] 请见罗德里格斯（Rodríguez）、德罗斯（Dross）和霍尔姆-穆勒（Holm-Mueller）给本书的来稿（第四章）。

[⑤] 布伦丹·库尔赛特（Brendan Coolsaet）、汤姆·戴德沃德（Tom Dedeurwaerdere）和约翰·皮塞斯（John Pitseys）（2013），关于在比利时执行《〈生物多样性公约〉关于获取与惠益分享的名古屋议定书》的研究，最终报告，2013年3月21日。

研究人员的经费、管理研究机构。这些都是获取与惠益分享的关键问题。比利时大区和联邦政府主管着与行使其职权有关的研究事项，使上述情况变得更加复杂。

我们所研究的其他国家多数都是单一制国家，或多或少都会把权力下放到一些区域实体。西班牙形成了一个特殊案例，就环境保护而言，可以说是事实上的联邦国家。虽然西班牙宪法赋予国家政府环境保护方面的专属权，但这日益受到该国自治社群的挑战。因此，2004年政府将分布于这些社群所在地区的国家公园的管理权完全下放到这些社群。然而，在西班牙具体执行获取与惠益分享及选择引入事先知情同意和共同商定条件需要通过一项皇家法令来进行，皇家法令只能由国家政府颁布。

在我们所研究的国家中，可以看出明显的横向职权划分。获取与惠益分享相关职权在多个不同的相关行政部门之间分配，各国的这些行政部门不一定都是一样的。例如，在希腊，获取用于研究目的的生物材料，其管理因不同的研究主题而异。因此，负责发放许可证的主管当局对另一种使用权可能会有所不同，即使涉及相同的资源。法国也设想建立不同的主管部门，但是按照所获取资源的类型设立不同的程序。根据新的《生物多样性法》，在不远的将来，农业、农产品和林业部，生态、可持续发展和能源部，以及社会服务和卫生部都将根据《名古屋议定书》负责遗传资源获取事宜。在荷兰，由经济事务部协调《生物多样性公约》和《名古屋议定书》的执行。经济事务部还扮演获取与惠益分享国家主管部门的角色。土耳其最近划分了获取与惠益分享潜在国家主管部门，环境部管理本国的保护区，林业和水务部主办《生物多样性公约》的国家联络点。挪威的情况类似，环境部确保国家联络点对获取与惠益分享发挥作用，但是与（商务部主办的）渔业部共同负责管理新的获取与惠益分享许可证制度。

在我们选定的国家里，有的欧盟成员国拥有海外领地（其中一些领地不是欧盟成员），并且拥有各种不同的法律地位、自治权和潜在的获取与惠益分享规则。例如，丹麦王国包括丹麦、法罗群岛和格陵兰岛（后面两个不是加入欧盟的丹麦成员）。丹麦宪法适用于丹麦王国全部这三个组成部分，但它们有不同的实施获取与惠益分享的方法。如上文所述，丹麦选择不要求事先知情同意，而是通过了使用者法律。格陵兰岛的做法正好相反（要求事先知情同意，但没有使用者法律），而法罗群岛没有获取与惠益分享方面的任何立法。法国也有多个海外领地，各自采用不同的规则。这些领地分为：一方面是海外省和海外大区（DROM），另一方面是海外集体和海外领地（COM），包括克利珀顿岛、法属南半球和南极领地、新喀里多尼亚。海外省和海外大区受法国法律约束，并且属于欧盟成员，因而和法国本土一样受相同获取与惠益分享立法框架（即《欧盟获取与惠益分享条例》和《法国生物多样性性法》）的约束。海外集体和海外领地则有一整套的例外情况。

需要注意的是，在这些海外领地（海外省和海外大区及海外集体和海外领地），有一些（一部分）已经制定了获取与惠益分享地方性法规①。

第二节　获取与惠益分享在欧洲的未来

1. 《欧盟获取与惠益分享条例》

2014 年 4 月 16 日，在与欧洲委员会和欧洲议会进行了广泛的三方会谈之后，欧洲理事会通过了"欧洲议会及理事会第 511/2014 号关于欧盟使用者遵守《关于获取遗传资源及公正公平分享其利用所产生惠益的名古屋议定书》的措施的条例"（以下简称《欧盟获取与惠益分享条例》）。

如条例名称所示，《欧盟获取与惠益分享条例》主要关注的是使用者的遵约措施。在其 2012 年条例提案的注释备忘录中，欧洲委员会通过以下说明提出了这种方法的合理性。

[协调统一使用者遵约]可以避免成员国碎片化的使用者遵约制度对国内基于自然的产品和服务市场造成负面影响，并且还能够在为遗传资源研发创造有利背景方面发挥最佳功效，有益于世界各地的生物多样性养护和可持续利用②。

在这种情况下，欧洲委员会似乎把该条例视为一份用于加强国内市场、促进研发的文书，因而与欧洲委员会根据《欧洲联盟运行条约》第 192 条第（1）款"欧盟的职能"（欧盟的环境政策权）提出的立法权主张不一致。《欧盟获取与惠益分享条例》进一步强化了这种方法。除第 13 条第（2）款外③，《欧盟获取与惠益分享条例》没有对生物多样性养护和可持续利用做出规定。然而，这第一步不会妨碍欧洲委员会在适当和必要情况下采取额外的法律措施在《名古屋议定书》的后期实施中进行协调统一。

《欧盟获取与惠益分享条例》适用于各国享有主权权利的遗传资源，也适用于在《名古屋议定书》生效之后获取的相关传统知识④。因此《欧盟获取与惠益分享条例》只考虑这么短时间范围内的权利主张，而《名古屋议定书》通过其第 3 条更普遍地适用于《生物多样性公约》第 15 条范围内的遗传资源以及《生物多样性公约》范围内的相关传统知识。换而言之，《欧盟获取与惠益分享条例》并没有填补与在《名古屋议定书》生效之前所获得资源和知识的利用相关的法律真空。

在这种背景下，《欧盟获取与惠益分享条例》的主要规定是其"使用者的

---

① 关于法国海外领地获取与惠益分享法规的例子，请见卡帕（Karpe）等给本书的来稿（第十一章）。

② 欧洲委员会、欧洲议会和理事会关于获取遗传资源和公正公平分享其利用所产生惠益的条例提案，注释备忘录，第 7 页 [COM（2012）0576-2012]。

③ "委员会与成员国应酌情鼓励使用者和提供者按照《公约》规定将遗传资源利用所产生惠益用于养护生物多样性和可持续利用其组成部分。"

④ 《欧盟获取与惠益分享条例》第 2 条。

义务"①。它要求使用者开展"尽职调查"，目的是确保遗传资源和相关传统知识是按照监管要求和共同商定条件进行获取和利用的。开展尽职调查是指使用者应取得、保存并向后续使用者移交"国际公认的遵约证书"。国际证书是提供国出具的获取许可证，证明遗传资源是通过事先知情同意获取的，并且已经就遗传资源的利用达成了共同商定条件②。如果没有这种证书，《欧盟获取与惠益分享条例》列出了使用者需取得、保存和移交的一系列信息和相关文件，包括初始获取的日期和地点、资源描述、获取来源和以往使用者、获取与惠益分享相关规则、获取许可证和共同商定条件。

关于使用者遵约情况监测，《欧盟获取与惠益分享条例》设立了两个检查点：收到研究经费和产品商业化之前的"最后开发阶段"③。《欧盟获取与惠益分享条例》要求使用者声明其履行了使用者义务，并联系了主管部门收集这些声明。需要注意的是，这里所说的主管部门不是研究资助机构或市场审批机构，而是上文所述的《名古屋议定书》规定的获取与惠益分享国家主管部门。由于这些措施是与开发链上其他行政措施相继制定的，因此使用者可能面临双重行政负担。在本书中，戈特（Godt）④认为这错失了采用综合获取与惠益分享方法将获取与惠益分享措施纳入开发链上现有程序的机会。这样不仅会减轻使用者和国家的行政负担，还会大大提升遗传资源和（或）传统知识在产品开发中流动的透明度。此外，这种综合方法还有助于避免只在开发链的后期阶段（如商业化之前）对尽职调查进行监测的情景。把举证责任放在开发链的末端并不鼓励早期使用者（其产品永远也到不了商业化阶段）合法获得遗传资源，从而加大终端使用者的法律不确定性⑤。这种综合方法虽然只是对获取与惠益分享措施泛泛而谈，但在比利时可以找到有限的例子。除制定独立的生物多样性战略外，2010年还通过了一项生物多样性部门整合计划。该计划列出了一系列整合现有政策部门（如经济、发展合作、科学政策和交通部门）的生物多样性措施的行动⑥。

按照《名古屋议定书》的措辞，"监测"一词在这里有点容易让人误解。主管部门不检查这些措辞的准确性。我们需要将监测理解为保留与遗传资源和（或）相关传统知识有关的信息记录⑦。然而，检查是在《欧盟获取与惠益分享条例》第9条的监管下进行的。如果掌握了使用者不遵约的相关信息，主管部门将在定期审查计划、进行现场检查之后，验证使用者是否遵约。然而，除第一种情景外，

---

① 《欧盟获取与惠益分享条例》第4条。
② 《欧盟获取与惠益分享条例》第3（11）条。
③ 《欧盟获取与惠益分享条例》第7条。序言第25项陈述描述了最后开发阶段。
④ 请见戈特（Godt）给本书的来稿（第十三章）。
⑤ 欧洲环境政策研究所（IEEP），生态学与GHK，研究从法律和经济角度分析在欧盟执行《关于获取与惠益分享的名古屋议定书》（布鲁塞尔/伦敦，2012）。
⑥ 请见皮塞斯（Pitseys）等给本书的来稿（第一章）。
⑦ 《欧盟获取与惠益分享条例》第7条。

主管部门"会不知道起初是谁利用遗传资源"[①]，因为相关获取与惠益分享机构和非获取与惠益分享机构之间没有建立信息传递机制。这一点与欧盟现有的尽职调查程序有显著区别，欧盟现有的尽职调查程序包括真诚的监测和（或）认证制度[②]。例如，在木材条例中，设立了第三方监测组织来验证尽职调查制度是否得到妥善利用，并查明不遵约情况。这些组织可跟踪供应链上木材产品的使用情况，不让非法砍伐的木材进入供应链[③]。《欧盟获取与惠益分享条例》侧重于下游使用情况，不允许跟踪遗传资源的利用情况，也不考虑建立独立的第三方验证机制。

《欧盟获取与惠益分享条例》中明显缺少可以作为检查点的专利申请阶段，因为这可能是一次机会，可以扩展欧盟关于生物技术发明第 98/44/EC 号指令的范围，使披露要求具有约束力并且符合《名古屋议定书》。欧盟第 98/44/EC 号指令号召欧盟成员国在专利申请[④]中填写所使用生物材料的产地信息。这与欧盟在世界知识产权组织的立场也是一致的，即欧盟最初支持以下具有约束力的要求：在专利申请中披露遗传资源和相关传统知识的来源国[⑤]。最近研究表明，涉及遗传资源和相关传统知识的专利活动呈稳步增多趋势，据此，没有专利阶段作为潜在的检查点也是有问题的[⑥]。

《欧盟获取与惠益分享条例》几乎没有谈到遗传资源相关传统知识的问题。《欧盟获取与惠益分享条例》没有顾及传统知识的定义空白，而是绕过了定义问题，指出遗传资源相关传统知识的定义将在共同商定条件里界定。这种方法是有问题的，原因颇多。首先，遗传资源相关传统知识的定义将取决于每一份惠益分享协议的内容，因而因协议而异。在不同时点或通过不同的提供者获取相同的传统知识，所产生的定义可能会有所不同，这种解决方案几乎不会提升法律确定性。不过，《欧盟获取与惠益分享条例》却在序言中指出，依靠这种动态方法可以确保提供者和使用者双方的灵活性和法律确定性。其次，这种方法实际上将在没有惠益分享协议的情况下获取的传统知识排除在外。在《生物多样性公约》和《名古屋

---

① 请见戈特（Godt）给本书的来稿（第十三章）。

② 请见奥利瓦（Oliva）给本书的来稿（第十二章）。

③ 同上。

④ 1998 年 7 月 6 日欧洲议会和理事会关于对生物技术发明进行法律保护的第 98/44/EC 号指令。

⑤ 请见 2005 年 5 月 11 日欧洲委员会常驻日内瓦国际组织代表团寄给世界知识产权组织知识产权和遗传资源、传统知识和民间文学艺术政府间委员会（WIPO/GRTKF/IC/8/11）的信函。世界知识产权组织：瑞士日内瓦，2005。http://www.wipo.int/edocs/mdocs/tk/en/wipo_grtkf_ic_8/wipo_grtkf_ic_8_u.pdf，2013 年 6 月 15 日查阅。

⑥ 保罗·奥尔德姆（Paul Oldham）、斯蒂芬·霍尔（Stephen Hall）和奥斯卡·福雷罗（Oscar Forero），"专利体系中的生物多样性"，PLoS ONE 8（2013）；保罗·奥尔德姆（Paul Oldham）、科林·巴恩斯（Colin Barnes）和史蒂·霍尔芬（Stephen Hall），"英国遗传资源及相关传统知识专利活动综述"，一个世界的分析（2013）。

议定书》生效之前获得的"向公众开放的传统知识"就属于这种情况①。换而言之，"如果没有传统知识获取合同，[……]欧洲法律就不会对生物剽窃提供保护"②。

这个问题被以下事实进一步放大，即在不同场合，《欧盟获取与惠益分享条例》似乎在设想以下情况：与遗传资源有关的共同商定条件（或其规定）可能是不必要，甚至是"没有意义"的③。如第 4.2 条和第 5.3（c）条。第 4.2 条指出，"如果相关法律要求"，那么遗传资源和传统知识只能按照共同商定条件进行利用④。第5.3（c）条规定，注册收藏机构在提供遗传资源进行利用时，必须凭借合法取得的证据，或者"如有需要，凭共同商定条件"⑤。然而，考虑到《名古屋议定书》第 5.1 条，对于《名古屋议定书》缔约方来说，还不清楚在什么情况下会不要求共同商定条件，或者证明共同商定条件是没有意义的。和《名古屋议定书》其他规定不同的是，第 5.1 条里没有通常的限定语（如"适当情况下"），从而构成一种明确的"手段性义务"⑥。这条规定要求"采用一种特殊的行为过程"（即基于共同商定条件的惠益分享），这种过程不是根据其灵活性进行特性鉴别的，而是通过法律对其内容的严格认定进行的⑦。换而言之，对于在《名古屋议定书》生效后获取的遗传资源的利用，基于共同商定条件的惠益分享将永远都是有意义的。《名古屋议定书》第 5.3 条进一步强化了这一义务，强调"各方应采取法律措施、行政措施或政策措施"来执行基于共同商定条件的惠益分享。因此这一义务 "不仅延伸到了提供遗传资源获取机会的国家，而且延伸到了通常开展基于生物多样性的研究、开发和商业化的[议定书缔约方]"（即使用国）⑧。

最后，需要注意的是，《欧盟获取与惠益分享条例》没有对违反使用者义务和不符合监测要求的情况提出具体的制裁或处罚措施。欧洲委员会的初始提案以及欧洲议会环境委员会的修订版提案里都有处罚措施的例子，如罚款、暂停利用、没收非法获得的遗传资源⑨，但是在最终版本里没有保留这些处罚措施。因此，欧

---

① 苏珊·比伯·克莱姆（Susette Biber-Klemm）、凯特·戴维斯（Kate Davis）、洛朗·高蒂尔（Laurent Gautier）和西尔维娅·I. 马丁内斯（Sylvia I. Martinez），"对学术研究中非原生境收藏机构的治理意见"，发表于"《名古屋议定书》生效后全球遗传资源获取与惠益分享治理"，编辑：塞巴斯蒂安·奥伯蒂尔（Sebastian Oberthür）和 G. 克里斯汀·罗森达尔（G. Kristin Rosendal）。纽约/伦敦：劳特里奇出版社，2014。

② 布伦丹·托宾（Brendan Tobin），"依法生物剽窃：欧盟法律草案威胁土著人民的传统知识和遗传资源的权利"，欧洲知识产权综述，36（2）（2014）：127。

③《欧盟获取与惠益分享条例》第 4.2 条和第 5.3（c）条。

④《欧盟获取与惠益分享条例》第 4.2 条，着重部分由作者标明。

⑤《欧盟获取与惠益分享条例》第 5.3（c）条，着重部分由作者标明。

⑥ 皮埃尔-玛丽·杜普伊（Pierre-Marie Dupuy），"关于以往与国家责任有关的手段性义务和结果性义务的分类"，《欧洲国际法杂志》，10（1999）：371-385。

⑦ 同上。

⑧ 托马斯-格雷贝尔（Thomas Greiber）等，《关于获取与惠益分享的名古屋议定书解释指南》（瑞士格朗：世界自然保护联盟，2012）：87。

⑨ 请见 COM 初始提案第 11 条（2012）576 和环境、公共卫生与食品安全委员会关于条例提案的报告草案第 62 项和第 63 项修正，公布于 2013 年 5 月 6 日。

盟将制裁违约的责任留给了成员方。就像《名古屋议定书》的规定一样，欧盟只要求成员国制定适用于侵权的"有效、适当和劝阻性"的处罚措施[①]。

2. 非国家行为体的角色

《欧盟获取与惠益分享条例》通过自我监管和自愿规定将主要责任留给了非国家行为体，特别是提供方。因此，《欧盟获取与惠益分享条例》旨在建立一份注册非原生境收藏机构的名单，这些收藏机构限制"通过提供合法获取证据的证明文件将遗传资源样品供应给第三人"[②]。这项措施的目的是降低在欧盟利用非法获取的遗传资源的风险。从注册收藏机构获取遗传资源的使用者将被视为进行了尽职调查，尽职调查是一项有可能减轻行政负担的措施。然而，不可能所有的收藏机构都有能力［和（或）资金］加入该名单。

如前面所强调的，《欧盟获取与惠益分享条例》不为欧洲收藏机构（有可能成为注册收藏机构）在《名古屋议定书》生效之前获得的大量资源的利用提供解决方案。使用者会被允许利用收藏机构在《名古屋议定书》生效之前提供的资源吗？从注册收藏机构获得该等资源会被视为进行尽职调查吗？对于注册收藏机构没有事先知情同意和共同商定条件方面的信息和相关文件的遗传资源，围绕其利用有哪些规则？在《生物多样性公约》生效很久之前获取的资源该怎么办？《欧盟获取与惠益分享条例》没有回答这些问题，因而给使用者和收藏机构造成了法律不确定性。

《名古屋议定书》第 20 条还要求非国家行为体也要制定行为准则和最佳规范。为此目的，《欧盟获取与惠益分享条例》引入了"使用者协会"这一概念。使用者协会代表使用者的利益，负责制定和监督最佳规范。最佳规范是指有助于使用者遵守《欧盟获取与惠益分享条例》的程序、工具和（或）机制的组合，这些程序、工具和（或）机制将由欧洲委员会认定。可以借鉴欧洲行为体，特别是非原生境收藏机构已经在使用的规范。在本书各章，作者们强调了现有文书的重要性。在我们所研究的多数国家，半公共或私营非原生境收藏机构依赖某种形式的标准化合同条款和程序收集、获取和交换遗传资源，这些合同条款和程序符合《名古屋议定书》的规定。本书中的例子包括国际植物交换网（IPEN）、《微生物可持续利用与获取条例国际行为准则》（MOSAICC）。英国皇家植物园（邱园）获取与惠益分享工具包，以及由欧洲菌种保藏组织（ECCO）制定的共同商定条件。

将这些文书正式确认为最佳实践，将有望解决非国家行为体之间使用《名古屋议定书》和所享受利益的不均匀性。事实证明，自愿准则有益于完善、加强和

[①]《欧盟获取与惠益分享条例》第 11 条。该条例没有给出"有效、适当和劝阻性"这些术语的定义。
[②]《欧盟获取与惠益分享条例》序言第 28 项陈述。

补充诸如污染治理、食品质量监测、自然资源管理和碳减排等其他可持续发展部门的现有程序和公共政策①。然而，在获取与惠益分享背景下，自愿措施会有多成功、多有效，还是个问题。通过实施《名古屋议定书》要达到的目标在总体上不形成制度化②，至少不就管辖私人行为体责任的基本原则达成一致③，没有有效的跟进监控制度，自愿措施就可能不足以融合参与交易的不同行为体的利益。此外，马乔尼（Maggioni）等指出④，由于《欧盟获取与惠益分享条例》的范围，根据条例认定最佳规范只适用于非原生境收藏机构的利用活动。收集任务和获取程序将由成员国决定，近期内不可能实现简化和/或标准化，虽然上述计划试图实现简化和标准化。

第三节　结　论

2010 年，即《生物多样性公约》生效 17 年之后，《生物多样性公约》第 10次缔约方大会通过了《名古屋议定书》。议定书提供了姗姗来迟的法律框架，用以根据《生物多样性公约》的规定，保护各国对其遗传资源的主权权利以及土著人民和地方社区对其传统知识的权利。1993～2010 年，《生物多样性公约》有些缔约方在其法律体系内制定了获取与惠益分享相关规则。然而，欧盟虽是世界上遗传资源和传统知识的主要使用者之一，但在这方面却落后了。

随着 2014 年通过了《欧盟获取与惠益分享条例》，以及决定批准《名古屋议定书》，欧盟朝着承担起获取与惠益分享方面责任的正确方向迈出了决定性的一步。该《欧盟获取与惠益分享条例》结束了获取与惠益分享传奇故事的篇章，开启了新的篇章。在本书中我们看到，欧洲还需要做很多事情，才能制定出起作用、有效和稳定的获取与惠益分享制度。很明显，除丹麦外，本书中提到的西欧最先进的获取与惠益分享框架出现在非欧盟成员国（挪威）。关于使用者措施，成员国好像一直在等待来自欧盟的计划，而在获取与惠益分享方面的行动一般仅限于调换欧洲生物技术指令⑤。在获取方面，欧盟国家中只有丹麦与荷兰规定了获取其遗传资源的条件。虽然欧盟为欧盟统一的获取与惠益分享（使用者措施）方法奠定了基础，这种统一方法将用现有的措施进行补充完善，但本书说明了目前已有的公共和民间规则在深度、范围、有效性以及各种不同使用者类型方面有很大差异。此外，我们还看出，遗传资源获取和利用已经（直接或间接）受到私法和公法

---

① 关于环境治理中私人标准的更深入探讨，请见奥利瓦（Oliva）给本书的来稿（第十二章）。

② 布伦丹·库尔赛特（Brendan Coolsaet）、汤姆·戴德沃德（Tom Dedeurwaerdere）和约翰·皮赛斯（John Pitseys），"在多层级治理背景下实施《名古屋议定书》的挑战：比利时案例的教训"：《资源》，2（2013）：555-580。

③ 苏塞特·比伯·克莱姆（Susette Biber-Klemm）等，"对学术研究中非原生境收藏机构的治理意见"。

④ 请见马乔尼（Maggioni）等给本书的来稿（第十四章）。

⑤ 关于对生物技术发明进行法律保护的欧洲指令（第 98/44/EC 号指令）。

规定的监管——如果没有受到获取与惠益分享专门法律的监管的话。这并不是说这些现有规则就符合《名古屋议定书》下的获取与惠益分享，也不是说有这些规则就足够有效实施《名古屋议定书》了。然而，这些现有文书将影响或者受影响于欧盟层面的协调统一。政治结构的多元化、成员方内部广泛的职权划分以及成员方根据《名古屋议定书》享有的不同利益（使用国、提供国或两者兼具）使这种情况变得更加复杂了。

目前，不同的法律进程正在欧洲进行，并且即将产生与《名古屋议定书》接轨的国家获取与惠益分享制度。然而，《欧盟获取与惠益分享条例》所采用的极简方法已经在欧洲产生了大相径庭的解释和实施方法。此外，按照实际情况来说，欧盟的尽职调查方法缺乏一些基本特点，不能保证其有效性。本书中所讨论的案例在时间范围上含糊不清，缺乏独立的监测规定，主要举证责任定位于开发链末端，严重依赖民间标准和自愿措施，现有产品开发流程与未来获取与惠益分享机构之间缺乏信息交流，共同商定条件方面的措辞缺少力量，不能有效保护土著人民的传统知识。

有效的获取与惠益分享制度能够防止非法使用遗传资源和传统知识，确保真诚的惠益分享安排。欧洲不执行这样的制度，会给在提供国获取遗传资源和（或）相关传统知识带来限制性条件。这不仅会给欧洲生物多样性部门造成严重后果，还会威胁《名古屋议定书》提出的国际环境正义目标，还会破坏全球养护和可持续利用生物多样性的努力（养护和可持续利用生物多样性是《生物多样性公约》的两个首要目标），进而危害欧盟作为全球环境领导者的合法身份。

主要参考文献

Abbott, Kenneth W., and Duncan Snidal. "Hard and Soft Law in International Governance." *International Organization* 545 (2000).

———. "Strengthening International Regulation through Transnational New Governance: Overcoming the Orchestration Deficit." 42 *Vanderbilt Journal of Transnational Law* 501 (2009).

Andersen, Regine. *Governing Agrobiodiversity. Plant Genetics and Developing Countries.* Ashgate, 2008.

Andersen, Regine, and Tone Winge. "The Access and Benefit-Sharing Agreement on Teff Genetic Resources, Facts and Lessons." *FNI Report* 6 (2012).

Appleton, Arthur E. *Environmental Labelling Programmes: International Trade Law Implications.* London: Kluwer Law, 1997.

Arianoutsou, Faraggitaki M., A. Giannitsaros, and L. Koumpli Sovantzi. *Terrestrial Ecosystems of Greece.* Athens: National and Kapodistrian University of Athens, Faculty of Biology, Department of Ecology and Taxonomy, 2003 (in Greek).

Aubertin, Catherine, and Geoffroy Filoche. "The Nagoya Protocol on the Use of Genetic Resources: One Embodiment of an Endless Discussion." *Sustentabilidade em Debate* 2 (2011).

Auld, Graeme, Laura Bozzi, Benjamin Cashore, Kelly Levin, and Stefan Renckens. "Can Non-state Governance 'Ratchet-up' Global Standards?" *Review of European Community and International Environmental Law* 16 (2007).

Auld, Graeme, Steven Bernstein, and Benjamin Cashore. "The New Corporate Social Responsibility." *Annual Review of Environment and Resources* 33 (2008): 413–435.

Aust, Anthony. *Modern Treaty Law and Practice*, Second edition. Cambridge: Cambridge University Press, 2007.

Barton, J.H., and W.E. Siebeck. *Material Transfer Agreements in Genetic Resources Exchange: The Case of the International Agricultural Research Centres* (Rome: International Plant Genetic Resources Institute, 1994).

Baumgartner, Frank R. "EU Lobbying: A View from the US." *Journal of European Public Policy* 14 (2007).

Begemann, F., M. Herdegen, L. Dempfle, J. Engels, P.H. Feindt, B. Gerowitt, U. Hamm, A. Janßen, H. Schulte-Coerne, and H. Wedekind. *Recommendations of the Implementation of the Nagoya Protocol with Respect to Genetic Resources in Agriculture, Forestry, Fisheries and Food Industries.* Position Paper by the Scientific Advisory Board on Biodiversity and Genetic Resources at the Federal Ministry of Food, Agriculture and Consumer Protection, 2012.

Bendix, Jorg, Bruno Paladines, Mónica Ribadeneira-Sarmiento, Luis Miguel Romero, and Knowledge Transfer – A Success Story of Biodiversity Research in Southern Ecuador." In *Tracking Key Trends in Biodiversity Science and Policy*, edited by L. Anathea Brooks and Salvatore Arico. Based on the Proceedings of a UNESCO International Conference on Biodiversity Science and Policy. Paris: UNESCO, 2013.

Bernstein, Steven. "Liberal Environmentalism and Global Environmental Governance." *Global Environmental Politics* 2 (2002).

Bernstein, Steven, and Benjamin Cashore. "Can Non-state Global Governance Be Legitimate? An Analytical Framework." *Regulation & Governance* 1 (2007).

Biber-Klemm, Susette, Kate Davis, Laurent Gautier, and Sylvia I. Martinez. "Governance Options for Ex-Situ Collections in Academic Research." In *Global Governance of Genetic Resources. Access and Benefit-Sharing after the Nagoya Protocol*, edited by Sebastian Oberthür and G. Kristin Rosendal. New York and London: Routledge, 2014.

Birnie, Patricia, and Alan Boyle. *International Law and the Environment*. Oxford University Press, 2001.

Boev, Ivan. *Droit Européen*. Paris: Editions Breal, 2012.

Brack, Duncan. *Due Diligence in the EU Timber Market: Analysis of the European Commission's Proposal for a Regulation Laying Down the Obligations of Operators Who Place Timber and Timber Products on the Market*. London: Chatham House, 2008.

―――. "Controlling Illegal Logging: Consumer-Country Measures." *Chatham House Briefing Paper EERG IL BP 2010/01*. London: Chatham House, 2010.

Brüggemeier, Gert. "Organisationshaftung – Deliktische Aspekte innerorganisatorischer Funktionsdifferenzierung." *Archiv civilistischer Praxis (AcP)* 191 (1991).

Buchs, Ann Kathrin, and Jörg Jasper. "For Whose Benefits? Benefit Sharing within Contractual ABS-Agreements from an Economic Perspective – The Example of Pharmaceutical Bioprospection." *Diskussionbeitrag 0701, Institut für Agrarökonomie, Georg August Universität Göttingen* (2007).

Buck, Matthias, and Claire Hamilton. "The Nagoya Protocol on Access to Genetic Resources and the Fair and Equitable Sharing of Benefits Arising from Their Utilization to the Convention on Biological Diversity." *Review of European Community and International Environmental Law* (2011): 47–61.

Buckrell, Jon, and Alison Hoare. "Controlling Illegal Logging: Implementation of the EU Timber Regulation." *Chatham House Briefing Paper EERG IL BP 2011/02*. London: Chatham House, 2011.

Cashore, Benjamin, and Michael W. Stone. "Can Legality Verification Rescue Global Forest Governance? Analyzing the Potential of Public and Private Policy Intersection to Ameliorate Forest Challenges in Southeast Asia." *Forest Policy and Economics* 18 (2012).

Carey, Christine, and Elizabeth Guttenstein. *Governmental Use of Voluntary Standards: Innovation in Sustainability Governance.* London: ISEAL Alliance, 2008.

Carrizosa, S., S.B. Brush, B.D. Wright, and P.E. McGuire. *Accessing Bioversity and Sharing the Benefits: Lessons from Implementation of the Convention on Biological Diversity.* Gland, Switzerland, and Cambridge, United Kingdom: International Union for the Conservation of Nature, 2004.

Chalmers, Adam William. "Interests, Influence and Information: Comparing the Influence of Interest Groups in the European Union." *Journal of European Integration* 33 (2011).

Chan, Sander, and Philipp Pattberg. "Private Rule-Making and the Politics of Accountability: Analyzing Global Forest Governance." *Global Environmental Politics* 8 (2008).

Chenery, A. *Assessing the Adopted Indicators for the Implementation of the Strategy on Resource Mobilization of the Convention on Biological Diversity: A Scoping Study.* Cambridge, UK: UNEP-WCMC, 2011.

Chiarolla, Claudio. "The Role of Private International Law under the Nagoya Protocol." In *The 2010 Nagoya Protocol on Access and Benefit-Sharing in Perspective: Implications for International Law and Implementation Challenges*, edited by Elisa Morgera, Matthias Buck and Elsa Tsioumani. Leiden: Martinus Nijhoff Publishers, 2013.

Coen, David. "Environmental and Business Lobbying Alliances in Europe: Learning from Washington?"In *The Business of Global Environmental Governance*, edited by David Levy and Peter Newell. Cambridge (US): MIT Press, 2004.

Coolsaet, Brendan, and Kristof Geeraerts. "Country Report: Belgium." In *Study to Analyse Legal and Economic Aspects of Implementing the Nagoya Protocol on ABS in the European Union*. IEEP, Ecologic and GHK: Brussels/London, 2012.

Coolsaet, Brendan, Tom Dedeurwaerdere, John Pitseys, and Fulya Batur. *Study for the Implementation in Belgium of the Nagoya Protocol on Access and Benefit Sharing to the Convention on Biological Diversity.* Louvain-la-Neuve/Brussels: Université catholique de Louvain, 2013a.

Coolsaet, Brendan, Tom Dedeurwaerdere, and John Pitseys. "The Challenges for Implementing the Nagoya Protocol in a Multi-level Governance Context: Lessons from the Belgian Case." *Resources* 2 (2013b).

Dafis, S., E. Papastergiadou, K. Georghiou, D. Babalonas, T. Georgiadis, M. Papageorgiou, E. Lazaridou, and B. Tsiaoussi, eds. *The Greek Habitat Project: NATURA 2000, An Overview.* Thessaloniki: Commission of the European Communities. Goulandris Natural History Museum-Greek Biotope Wetland Centre, 1996 (in Greek).

De Klemm, C. "Conservation of Species: The Need for a New Approach." *Environmental Policy and Law* 9 (1982).

Dedeurwaerdere, Tom, Maria Iglesias, Sabine Weiland, and Michael Halewood. "The Use and Exchange of Microbial Genetic Resources for Food and Agriculture." *Background Study Paper of the Commission on Genetic Resources for Food and*

Agriculture 46. Rome: FAO, 2009.

Dedeurwaerdere, Tom, Fulya Batur, Arianna Broggiato, Selim Louafi, and Eric Welch. "Governing Global Scientific Research Commons under the Nagoya Protocol." In *The Nagoya Protocol in Perspective: Implications for International Law and Implementation Challenges*, edited by Elisa Morgera, Matthias Buck, and Elsa Tsioumani. Leiden/Boston: Brill/Martinus Nijhoff, 2012.

Dekleris, M. *The Law of Sustainable Development. General Principles*. Belgium: European Communities, 2000.

Dross, M., and F. Wolff. *New Elements of the International Regime on Access and Benefit Sharing of Genetic Resources – The Role of Certificates of Origin*. Bonn: BfN Skripten, 2005.

Dudley, N. *Guidelines for the Application of Management Categories Protected Areas*. Gland, Switzerland: IUCN, 2008.

Dupuy, Pierre-Marie. "Reviewing the Difficulties of Codification: On Ago's Classification of Obligations of Means and Obligations of Result in Relation to State Responsibility." *European Journal of International Law* 10 (1999).

Duran, Manuel, and David Criekemans. *Een vergelijkend onderzoek naar en bestedings-analyze van het buitenlands beleid en de diplomatieke representatie van regio's met wetgevende bevoegdheid en kleine staten*. Antwerp: Steunpunt Buitenlands Beleid, 2009.

Eberhard, Christian. "The Smell of Equity." Presentation at the Third ABS Business Dialogue in Copenhagen, 4 September 2013.

Esquinas-Alcazar, J., A. Hilmi, and I. Lopez-Noriega. "A Brief History of the Negotiations on the International Treaty on Plant Genetic Resources for Food and Agriculture." In *Crop Genetic Resources as a Global Commons: Challenges in International Law and Governance Global Commons: Challenges in International Law and Governance*, edited by M. Halewood, I. Lopez-Noriega, and S. Louafi. London and New York: Routledge, 2013.

Eberhard, Christian. "The Smell of Equity." Presentation at the Third ABS Business Dialogue in Copenhagen, 4 September 2013.

Fernández López, Carlos, and Concepción Amezcúa Ogayar. *Plantas medicinales y útiles en la Península Ibérica 2.400 especies y 37.500 aplicaciones*. España: Herbario Jaén, 2007.

Feyissa, R. "Farmers' Rights in Ethiopia. A Case Study." *FNI Report 7* (2006).

Florian, Diego, Mauro Masiero, Robert Mavsar, and Davide Pettenella. "How to Support the Implementation of Due Diligence Systems through the EU Rural Development Programme: Problems and Potentials." *Italian Journal of Forest and Mountain Environments* 67 (2012).

Fritze, Dagmar. "A Common Basis for Facilitated Legitimate Exchange of Biological Materials, Proposed by the European Culture Collections Organization (ECCO)."

International Journal of the Commons 4 (2010).

Fowler, Cary. "Rights and Responsibilities: Linking Conservation, Utilization, and Sharing of Benefits of Plant Genetic Resources." In *Intellectual Property Rights III Global Genetic Resources: Access and Property Rights*, edited by S. Eberhart, H. Shands, W. Collins, and R. Lower, 34–35. Madison: Crop Science Society of America, 1998.

Fraussen, Bert. "Interest Group Politics: Change and Continuity." *Journal of European Integration* 34 (2012).

Frein, Michael, and Hartmut Meyer. *Wer kriegt was? Das Nagoya Protokoll gegen Biopiraterie. Eine politische Analyse*. Bonn: Evangelischer Entwicklungsdienst e.V. (EED), 2012.

Friis-Jensen, Orla. "Ejendomsret og Miljøret." In *Miljøretten 1, Almindelige Emner*, edited by Ellen Margrethe Basse. Copenhagen: Jurist- og Økonomforbundets Forlag, 2006.

Frison, Christine, and Tom Dedeurwaerdere. *Infrastructures publiques et régulations sur l'accès aux ressources génétiques et le partage des avantages qui découlent de leur utilisation pour l'innovation de la recherche des sciences de la vie. Accès, conservation et utilisation de la diversité biologique dans l'intérêt général*. Louvain-la-Neuve: Centre de Philosophie du Droit, Université Catholique de Louvain, 2006.

Frost, Roger. "Profile of the International Organization for Standardization (ISO)." *Quality Assurance Journal* 8 (2004).

Geburek, Thomas, and Jozef Turok, eds. *Conservation and Management of Forest Genetic Resources in Europe*. Zvolen: Arbora Publishers, 2005.

Georgiadis, A. In *Civil Code*, vol. V., edited by Georgiadis A. and M. Stathopoulos. Athens: P. Sakkoulas, 2004a (in Greek).

———. *Property Law*. Athens: Nomiki Bibliothiki, 2004b (in Greek).

Georgiou, K., and P. Delipetrou. "Patterns and Traits of the Endemic Plants of Greece." *Botanical Journal of the Linnean Society* 162 (2010): 130–422.

Glowka, Lyle. *A Guide to Designing Legal Frameworks to Determine Access to Genetic Resources*. Gland, Cambridge and Bonn: IUCN, 1998.

Godt, Christine. *Haftung für Ökologische Schäden*. Berlin: Duncker & Humblot, 1997.

———. *IPRS and Environmental Protection after Cancún*. Paper presented at the International Confernce 'Moving Forward from Cancún. The Global Governance of Trade, Environment and Sustainable Development, Berlin, Germany, October 30–31, 2003. Available online: http://ecologic-events.eu/Cat-E/en/documents/Godt.pdf.

———. "Biopiraterie zum Biodiversitätsregime – Die sog. Bonner Leitlinien als Zwischenschritt zu einem CBD-Regime über Zugang und Vorteilsausgleich." *Zeitschrift für Umweltrecht (ZUR)* (2004).

———. *Eigentum an Information*. Tübingen: Mohr Siebeck, 2007.

———. "Enforcement of Benefit Sharing Duties in User Countries Courts." In *Genetic Resources, Traditional Knowledge & the Law – Solutions for Access & Benefit Sharing*, edited by E. Kamau and G. Winter. London/Lifting V.A.: Earthscan, 2009.

———. "Equitable Licenses – Conceptualizing a New Model – Resolving Some Early Legal Problems." *GRUR Int.* (2011).

———. "Networks of Ex Situ Collections in Genetic Resources." In *Common Pools of Genetic Resources*, edited by Gerd Winter and Evanson C. Kamau. Abingdon/Oxon: Routledge, 2013.

———. "Due Diligence – Modernes Umweltmanagement oder Regulierungsverweigerung?" In *Der Rechtsstaat zwischen Ökonomie und Ökologie – Festschrift Götz Frank*, edited by Rainer Wolf and Ulrich Meyerholt. Tübingen: Mohr Siebeck, 2014 (forthcoming).

Godt, Christine, Davor Šušnjar, and Franziska Wolff. *Umsetzung des Nagoya-Protokolls ins Deutsche Recht* (Study I). German Federal Government, Ministry of the Environment, 2012a.

Godt, Christine, Tim Torsten Schwithal, and Franziska Wolff. *Umsetzung des Nagoya-Protokolls ins Deutsche Recht* (Study II). German Federal Government, Ministry of the Environment, 2012b.

Gómez-Campo, César, Itziar Aguinagalde, José L. Ceresuela, Almudena Lázaro, Juan B. Martínez-Laborde, Mauricio Parra-Quijano, Ester Simonetti, Elena Torres, and María E. Tortosa. "An Exploration of Wild *Brassica oleracea* L. Germplasm in Northern Spain." *Genetic Resources and Crop Evolution* 52 (2005): 7–13.

Gonidec, P.F. *Droit d'outre-mer. Tome II: Les rapports actuels de la France métropolitaine et des pays d'outre-mer.* Paris: Editions Montchrestien, 1960.

Goux, Catherine. *La recherche scientifique dans la Belgique fédérale: examen de la répartition des compétences.* Bruges: La Charte, 1996.

Greiber, Thomas, Sonia Peña Moreno, Mattias Åhrén, Jimena Nieto Carrasco, Evanson Chege Kamau, Jorge Cabrera Medaglia, Maria Julia Oliva, Frederic Perron-Welch in cooperation with Natasha Ali and China Williams. *An Explanatory Guide to the Nagoya Protocol on Access and Benefit-sharing.* Gland, Switzerland: IUCN, 2012.

Gulbrandsen, Lars H. "Overlapping Public and Private Governance: Can Forest Certification Fill the Gaps in the Global Forest Regime?" *Global Environmental Politics* 4 (2004).

Haas, Peter M. "Introduction: Epistemic Communities and International Policy Coordination." *International Organizations* 46 (1992): 1–35.

Halewood, M., E. Andrieux, L. Crisson, J. Gapusi, J. Wasswa Mulumba, E. Koffi, T. Yangzome Dorji, M.R. Bhatta, and D. Balma. "Implementing 'Mutually Supportive' Access and Benefit Sharing Mechanisms under the Plant Treaty, Convention on Biological Diversity, and Nagoya Protocol." *Law, Environment and Development Journal* 9/1, 2013.

Hammond, Edward. *Biopiracy Watch. A Compilation of Some Recent Cases.* Penang, Malaysia: Third World Network, 2013.

Hamzaoğlu, Ergin, Ahmet Aksoy, Esra Martın, Nur Münevver Pinar, and Hatice

Çölgeçen. "A New Record for the Flora of Turkey: Scorzonera Ketzkhovelii Grossh (Asteraceae)." *Türkiye florası için yeni bir kayıt: Scorzonera ketzkhovelii Grossh. (Asteraceae)* 34 (2010): 57–61.

Harlan, J. *Crops and Man*, Second edition. Madison: American Society of Agronomy, 1992.

Hendrickx, Frederic, Veit Koester, and Chistian Prip. "Convention on Biological Diversity – Access to Genetic Resources: A Legal Analysis." *Environmental Policy and Law* 23 (1993).

———. "Access to Genetic Resources: A Legal Analysis." In *Biodiplomacy. Genetic Resources and International Relations*, edited by Vicente Sánchez and Calestous Juma. Nairobi: AC TS Press, 1994.

Henninger, Thomas. "Disclosure Requirements in Patent Law and Related Measures: A Comparative Overview of Existing National and Regional Legislation on IP and Biodiversity." In *Triggering the Synergies between Intellectual Property Rights and Biodiversity*. Eschborn, Germany: Deutsche Gesellschaft für Technische Zusammenarbeit (GTZ), 2010.

Hey, Ellen. "Common But Differentiated Responsibilities." *Max Planck Encyclopedia of Public International Law*: MPEPIL (Oxford: Oxford Univ. Press, 2012) (last update February 2011).

Hoffman, Carol A., and Ronald C. Carroll. "Can We Sustain the Biological Basis of Agriculture?" *Annual Review of Ecology and Systematics* 26 (1995).

Holm-Mueller, Karin, Carmen Richerzhagen, and Sabine Taeuber. *Users of Genetic Resources in Germany, Awareness, Participation and Positions Regarding the Convention on Biological Diversity*. Bonn: BfN-Skript, 2005.

Holubec, Vojtech. "Principal Collecting Needs in Europe." In *Implementation of the Global Plan of Action in Europe – Conservation and Sustainable Utilization of Plant Genetic Resources for Food and Agriculture. Proceedings of the European Symposium – 30 June–3 July 1998, Braunschweig, Germany*, edited by Thomas Gass, Lothar Frese, Frank Begemann, and Elinor Lipman, 145–155. Rome: International Plant Genetic Resources Institute, 1999.

Honkonen, T. *The Common But Differentiated Responsibility Principle in Multilateral Environmental Agreements – Regulatory and Policy Aspects*. Alphen aan den Rijn: Kluwer Law Int'l, 2009.

Hufty, Marc. "La gouvernance internationale de la biodiversité." *Etudes internationales* 32 (2001).

IEEP, Ecologic and GHK. *Study to Analyze Legal and Economic Aspects of Implementing the Nagoya Protocol on abs in the European Union*. Brussels/London, 2012.

Jinnah, Sikina, and Stephan Jungcurt. "Could Access Requirements Stifle Your Research?" *Science* 323 (2009).

Karakostas, I. *Environment and Law*. Athens: Nomiki Bibliothiki, 2011 (in Greek).

Karpe, P. "L'illégalité du statut juridique français des savoirs traditionnels." *Revue juridique de l'environnement* 2 (2007).

Karpe, P., and A. Tiouka. "La protection du patrimoine autochtone et traditionnel en Guyane française: un régime en cours de construction." *Policy Matters* 18 (2010).

―――. "Beyond Legalism: Progressive Decolonization Indians in French Guiana." In *Aboriginal Issues in the Guiana Shield*, edited by Maude Elfort and V. Roux. Aix-Marseille: Collection Law of Overseas Territories. University of Aix-Marseille Presses, 2013.

Keck, Margaret, and Kathryn Sikkink. *Activists beyond Borders: Advocacy Networks in International Politics*. Ithaca and London: Cornell University Press, 1998.

Khoury, C., B. Laliberté, and L. Guarino. "Trends in Ex Situ Conservation of Plant Genetic Resources: A Review of Global Crop and Regional Conservation Strategies." *Genetic Resources and Crop Evolution* 57 (2010).

Klüver, Heike. "Lobbying as a Collective Enterprise: Winners and Losers of Policy Formulation in the European Union." *Journal of European Public Policy* 20 (2013).

Koester, Veit. *Kommenteret Naturbeskyttelseslov.* Copenhagen: Jurist- og Økonomfor bundets Forlag, 2009.

―――. "The Nagoya Protocol on ABS: Ratification and Implementation Challenges for the EU and Its Member States." *iddri Studies* 3 (2012).

Krebs, B., M. von Den Driesch, F. Klingenstein, and W. Lobin. "Samentausch von Botanischen Gaerten in Deutschland, Oesterreich der deutschsprachigen Schweiz und Luxemburg." *Gaertnerisch Botanischer Brief* 151 (2002).

Lago Candeira, Alejandro, and Luciana Silvestri. "Challenges in the Implementation of the Nagoya Protocol from the Perspective of a Member State of the European Union: The Case of Spain." In *The 2010 Nagoya Protocol on Access and Benefit-Sharing in Perspective. Implications for International Law and Implementation Challenges*, edited by Elisa Morgera, Matthias Buck, and Elsa Tsioumani, 269–294. Leiden-Boston: Martinus Nijhoff Publishers, 2013.

Laird, Sarah, and Rachel Wynberg. "Access and Benefit-Sharing in Practice: Trends in Partnerships Across Sectors." Technical Series No. 38 (Montreal: Secretariat of the Convention on Biological Diversity, 2008).

―――. *Bioscience at a Crossroads: Implementing the Nagoya Protocol on Access and Benefit Sharing in a Time of Scientific, Technological and Industry Change.* Montreal: SCBD, 2012.

Lange, D. *Europe's Medicinal and Aromatic Plants: Their Use, Trade and Conservation.* Cambridge (UK): TRAFFIC International, 1998.

Le Prestre, P. "The Convention on Biological Diversity: Negotiating the Turn to Effective Implementation." *Isuma: Canadian Journal of Policy Research* 3 (2002): 92–98.

Lewis-Lettington, R.J., and S. Mwanyiki, eds. *Case Studies on Access and Benefit-Sharing.* Rome: International Plant Genetic Resources Institute, 2006.

Legakis, A., and P. Marangou. *The Red Data Book of Endangered Animals of Greece.* Athens: Greek Zoological Society, 2009 (in Greek).

Lipietz, Alain. "Enclosing the Global Commons: Global Environmental Negotiations in a North–South Conflictual Approach." In *The North the South and the Environment*, edited by V. Bhaskar and A. Glyn. London: Earthscan, 1995.

Lookofsky, Joseph, and Ketilbjørn Hertz. *International privatret på formuerettens område*. Udgave. Copenhagen: Jurist- og Økonomforbundets Forlag, 2008.

Lorant, Alain. "La notion de chose d'autrui en matière de vol." In *Liber Amicorum Jean du Jardin*, edited by Yves Poullet and Hendrik Vuye. Deurne : Kluwer, 2001.

Louwaars, Niels, Hans Dons, Geertrui van Overwalle, Hans Raven, Anthony Arundel, Derek Eaton and Annemiek Nelis. "Breeding Business, the Future of Plant Breeding in the Light of Developments in Patent Rights and Plant Breeders Rights." *cgn Report* 14 (2009).

Maria, E.-A. *Legal Protection of Forests*. Athens: Ant. Sakkoulas, 1998 (in Greek).

———. *The Legal Protection of Landscape, in International, eu and National Law*. Athens: Ant. Sakkoulas, 2009 (in Greek).

Maria, E.-A., Ch. Fournaraki, and K. Thanos. "Ex Situ Conservation of Plant Diversity – Considerations and Recommendations for an Efficient System of Administrative Organization of a Greek Seed Bank Network." *Environment and Law* 4 (2012): 628–650 (in Greek).

Marinos, M.-Th. "Inventive Activity. Some Observations on the Basic Vague Legal Concept of Patent Law." *Elliniki Dikaiosyni* 53 (2012): 913–931 (in Greek).

McGown, Jay. *Out of Africa: Mysteries of Access and Benefit Sharing*. Washington, USA: Edmonds Institute/African Centre for Biosafety, 2006.

Medaglia, Jorge Cabrera, Frederic Perron-Welch, and Olivier Rukundo. *Overview of National and Regional Measures on Access to Genetic Resources and Benefit-Sharing*. Montreal: Centre for International Sustainable Development Law, 2012.

Mendail, Frederic, and Pierre Quezel. "Hot-Spots Analysis for Conservation of Plant Biodiversity in the Mediterranean Basin." *Annals of the Missouri Botanical Gardens* 84 (1997): 112–127.

Meyer, Hartmut, Joji Carino, Michael Frein, Chee Yoke Ling, Francois Meienberg, and Christine von Weizäcker, *Nagoya Protocol on Access to Genetic Resources and the Fair and Equitable Sharing of Benefits Arising from Their Utilization: Background and Analysis*. Berne Declaration (BD), Brot für die Welt, ECOROPA, TEBTEBBA and TWN, 2013.

Miller, Frank, Rodney Taylor, and George White. *Keep It Legal: Best Practices for Keeping Illegally Harvested Timber Out of Your Supply Chain*. London: WWF Global Forest & Trade Network, 2006.

Miller, Marian A.L. *The Third World in Global Environmental Politics*. London: Lynne Rienner, 1995.

Monagle, Catherine. "Articles 19 and 20 of the Nagoya Protocol on Access and Benefit-Sharing – Survey of Model Contractual Clauses, Codes of Conduct, Guidelines, Best

Practices and Standards." Paper presented at the Informal Meeting for the Implementation of Articles 19 and 20 of the Nagoya Protocol, Tokyo, March 25–26, 2013.

Monédiaire, G. "Public Participation Organized by the Law: Promising Principles, Implementation Cautious." *Participations* 1 (2011).

Moore, Gerald, and Karen A. Williams. "Legal Issues in Plant Germplasm Collecting." In *Collecting Plant Genetic Diversity: Technical Guidelines – 2011 Update*, edited by Luigi Guarino, V. Ramanatha Rao, and Elizabeth Goldberg. Rome: Bioversity International, 2011.

Morales, Ramón, Javier Tardío, Laura Aceituno, María Molina, and Manuel Pardo de Santayana. "Biodiversidad y etnobotánica en España." In *Biodiversidad: Aproximación a la diversidad botánica y zoológica de España*, edited by José Luis Viejo-Montesinos, 157–207. Madrid: Real Sociedad Española de Historia Natural, 2011.

Morgera, Elisa, Elsa Tsioumani, and Matthias Buck. *The 2010 Nagoya Protocol on Access and Benefit-Sharing in Perspective: Implications for International Law and Implementation Challenges.* Leiden: Martinus Nijhoff Publishers, 2012.

———. *Unraveling the Nagoya Protocol. A Commentary on the Nagoya Protocol on Access and Benefit-Sharing to the Convention on Biological Diversity.* Leiden: Brill/Martinus Nijhoff, 2014 (forthcoming).

Morrison, Jason, and Naomi Roht-Arriaza. "Private and Quasi-private Standard Setting." In *The Oxford Handbook of International Environmental Law*, edited by D. Bodansky, J. Brunnée, and E. Hey. Oxford: Oxford University Press, 2007.

Myers, Norman. "Threatened Biotas: 'Hot Spots' in Tropical Forests." *The Environmentalist* 8 (1988): 187–208.

Nijar, Gurdial Singh. *The Nagoya Protocol on Access and Benefit Sharing of Genetic Resources: Analysis and Implementation Options for Developing Countries.* Geneva: South Centre, 2011.

Oberthür, Sebastian, and Florian Rabitz. "On the EU's Performance and Leadership in Global Environmental Governance: The Case of the Nagoya Protocol." *Journal of European Public Policy* (2013).

Oberthür, Sebastian, and Kristin Rosendal, eds. *Global Governance of Genetic Resources. Access and Benefit Sharing after the Nagoya Protocol.* New York and London: Routledge, 2013.

Oh, Chang Hoon, and Alan M. Rugman. "Regional Sales of Multinationals in the World Cosmetics Industry." *European Management Journal* 24 (2006): 163–173.

Oldham, Paul, Stephen Hall, and Oscar Forero. "Biological Diversity in the Patent System." *PLoS One* 8 (2013a).

Oldham, Paul, Colin Barnes, and Stephen Hall. "A Review of UK Patent Activity for Genetic Resources and Associated Traditional Knowledge." *One World Analytics* (2013b).

Oliva, María Julia. *Access and Benefit Sharing: Principles, Rules and Practices.* Geneva: Union for Ethical BioTrade, 2010.

———. "The Implications of the Nagoya Protocol for the Ethical Sourcing of Biodiversity." In *The 2010 Nagoya Protocol on Access and Benefit-Sharing in Perspective*, edited by Elisa Morgera, Matthias Buck, Elsa Tsioumani. Leiden: Martinus Nijhoff, 2012.

O'Rourke, Dara. "Outsourcing Regulation: Analyzing Nongovernmental Systems of Labor Standards and Monitoring." *The Policy Studies Journal* 31 (2003).

Orsini, Amandine. "Multi-forum Non-state Actors: Navigating the Regime Complexes for Forestry and Genetic Resources." *Global Environmental Politics* 13 (2013).

———. "The Role of Non-state Actors in the Nagoya Protocol Negotiations." In *Global Governance of Genetic Resources. Access and Benefit Sharing after the Nagoya Protocol*, edited by Sebastian Oberthür and G. Kristin Rosendal. New York and London: Routledge, 2014.

Özhatay, Neriman, Sukran Kültür, and Serdar Aslan. "Check-List of Additional Taxa to the Supplement Flora of Turkey Iv." *Türkiye Florası Ek Ciltlerine İlave Edilen Taksonların Listesi IV* 33 (2009): 191–226.

Papadopoulou, M.-D. "Another Aspect of Intellectual Property – Protection and Enforcement of Plant Variety Rights in Greece." *Review of Commercial Law* (2012) (in Greek).

Pardo de Santayana, Manuel, Ramón Morales, Laura Aceituno, María Molina, and Javier Tardío. "Etnobiología y biodiversidad: El Inventario Español de los Conocimientos Tradicionales." *Revista Ambienta* 99 (2012): 6–24.

Parry, Bronwyn. *Trading the Genome: Investigating the Commodification of Bio-information*. New York: Columbia University Press, 2004.

Pattberg, Philip. "The Institutionalization of Private Governance: How Business and Nonprofit Organizations Agree on Transnational Rules." *Governance: An International Journal of Policy, Administration, and Institutions* 18 (2005).

———. "Private Governance and the South: Lessons from Global Forest Politics." *Third World Quarterly* 27 (2006).

Pauwelyn, Joost. "Non-traditional Patterns of Global Regulation: Is the WTO 'Missing the Boat'?" In *Constitutionalism, Multilevel Trade Governance and International Economic Law*, edited by Christian Joerges and Ernst-U. Petersmann. Cambridge: Hart Publ., 2006.

Pavoni, Riccardo. "The Nagoya Protocol and WTO Law." In *The 2010 Nagoya Protocol on Access and Benefit-Sharing in Perspective: Implications for International Law and Implementation Challenges*, edited by Elisa Morgera, Matthias Buck, and Elsa Tsioumani. Leiden: Martinus Nijhoff Publishers, 2013.

Petit, M., C. Fowler, W. Collins, C. Correa, and C.-G. Thornström. *Why Governments Can't Make Policy – The Case of Plant Genetic Resources in the International Arena*. Lima: International Potato Center, CIP-CGIAR, 2000.

Pistorius, Robin. *Scientists, Plant and Politics – A History of the Plant Genetic Resources Movement*. Rome: International Plant Genetic Resources Institute, 1997.

Ploetz, Christiane. "Probenefit: Process-Oriented Development for a Fair-Benefit Sharing Model for the Use of Biological Resources in the Amazon Lowland of Ecuador." In *Access and Benefit-Sharing of Genetic Resources. Ways and Means for Facilitating Biodiversity Research and Conservation While Safeguarding abs Provisions*, edited by Ute Feit, Marliese von den Driesch, and Wolfram Lobin. Bonn: Bfn Skript, 2005.

Plomer, Aurora. "After Brüstle: EU Accession to the ECHR and the Future of European Patent Law." *Queen Mary Journal of Intellectual Property* 2 (2012).

Plucknett, Donald L., Nigel J.H. Smith, J.T. Williams, and N. Murthi Anisetty. *Gene Banks and the World's Food*. Princeton: Princeton University Press, 1987.

Rana, R. "Accessing Plant Genetic Resources and Sharing the Benefits: Experiences in India." *Indian Journal of Plant Genetic Resources* 25 (2012): 31–51.

Rasche, Andreas. "Collaborative Governance 2.0." *Corporate Governance* 10 (2010).

Raustiala, Kal, and David G. Victor. "The Regime Complex for Plant Genetic Resources." *International Organization* 58 (2004).

Reichman, Jerome H., and Ruth L. Okediji. *Empowering Digitally Integrated Scientific Research: The Pivotal Role of Copyright Law's Limitations and Exceptions*, 2009.

Reichman, Jerome H., Tom Dedeurwaerdere, and Paul Uhlir. *Global Intellectual Property Strategies for the Microbial Research Commons*. Cambridge: Cambridge University Press, forthcoming.

Reid, Walter V. "Biodiversity Hotspots." *Trends in Ecology and Evolution* 13 (1998): 275–280.

Richerzhagen, Carmen. *Effectiveness and Perspectives of Access and Benefit-Sharing Regimes in the Convention on Biological Diversity – A Comparative Analysis of Costa Rica, the Philippines, Ethiopia and the European Union*. PhD Dissertation, University of Bonn, 2007.

Richerzhagen, Carmen, Sabine Taeuber, and Karin Holm-Mueller. "Users of Genetic Resources in Germany: Awareness, Participation and Positions Regarding the Convention on Biological Diversity." In *Access and Benefit Sharing of Genetic Resources*, edited by Ute Feit, Marliese von den Driesch, and Wolfram Lobin. Bonn: BfN Skript, 2005.

Riis, Thomas. *Intellectual Property Law in Denmark*. Copenhagen: DJØF Publishing and the Netherlands: Kluwer Law International, 2012.

Robinson, Daniel F. *Confronting Biopiracy: Challenges, Cases and International Debates*. London: Earthscan, 2010.

———. *Biodiversity, Access and Benefit-Sharing. Global Case Studies*. London/New York: Routledge, 2015.

Roblot-Troizier, Agnes. "Reflections on the Constitutionality." *Cahier du Conseil constitutionnel* 22 (2007).

Rosendal, Kristin. "The Convention on Biological Diversity: Tensions with the WTO TRIPS Agreement over Access to Genetic Resources and the Sharing of Benefits." In *Institutional Interaction in Global Environmental Governance: Synergy and Conflict among International and eu Policies*, edited by Oberthür and Gehring. Cambridge: MIT Press, 2006.

Safrin, S. "Hyperownership in a Time of Biotechnological Promise: The International Conflict to Control the Building Blocks of Life." *American Journal of International Law* 98 (2004).

Samiotis, G. *International Law of Wild Life. The International Provisions on the Protection of Biological Diversity*. Athens: Ant. Sakkoulas, 1996 (in Greek).

Sand, Peter H. "Sovereignty Bounded: Public Trusteeship for Common Pool Resources?" *Global Environmental Politics* 4 (2004).

Sands, Philippe. *Principles of International Environmental Law*, Second edition. Cambridge University Press, 2003.

Schaeffer, Christine. "German Technical Development Cooperation: Measures to Promote Implementation of Article 8(j) of the Convention on Biological Diversity." In *Protecting and Promoting Traditional Knowledge: Systems, National Experiences and International Dimensions*, edited by Sophia Twarog and Promila Kapoor. New York and Geneva: United Nations Conference on Trade and Development, 2004.

Schally, Hugo-Maria. "The Implementation of the Nagoya Protocol in the EU." Presented at the side event on "Implementing the Nagoya Protocol at the Interface of Different Policy Areas – How to Make It Work?" Hyderabad, 10 October 2012a, available at http://isp.unu.edu/news/2012/files/nagoya-protocol/07_EU.pdf.

———. "The Implementation of the Nagoya Protocol in the EU. European Commission DG Environment." Presentation to the United Nations University Institute for Sustainability and Peace (*UNU-ISP*), 2012b.

Schrijver, Nico J. "Natural Resources, Permanent Sovereignty over." In *Max Planck Encyclopedia of Public International Law*. New York, N.Y.: Oxford University Press, 2010.

Sezik, Erkem. "Destruction and Conservation of Turkish Orchids." In *Biodiversity; Biomolecular Aspects of Biodiversity and Innovative Utilization*, edited by Bilge Şener, 391–400. New York: Springer, 2002.

Siouti Gl. *Handbook of Environmental Law*. Athens-Thessaloniki: Sakkoulas, 2011 (in Greek).

Siouti, Gl., and G. Gerapetritis. "Access to Justice in Environmental Matters in the EU. Chapter 9. Greece." In *Access to Justice in Environmental Matters in the EU*, edited by Jonas Ebbesson. The Hague: Kluwer Law International, 2002.

Smith, E., A. Jarvis, M. Adcock, P. van der Kooij, R. Pistorius, C. Srinivasan, J. Garstang, R. Weightman, S. Twining, S. Tompkins, N. Shembavnekar, N. Moeller, S. Singh, and

T. Kulyk. *Evaluation of the Community Plant Variety Rights Acquis, Final Report to dg sanco*. Brussels: European Commission, 28 April 2011.

Smith, E., E. Daly, M. Rayment, R. Pistorius, K. ten Kate, and K. Swiderska. *uk Implementation of the Nagoya Protocol: Assessment of the Affected Sectors, Final Report to Defra*. London: ICF GHK, 2012,

Smith, Garry. "Interaction of Public and Private Standards in the Food Chain." *oecd Food, Agriculture and Fisheries Working Papers* 15 (2009).

Solus, Henry. *Traité de la condition des indigènes en droit privé. Colonies et pays de protectorat (non compris l'Afrique du Nord) et pays sous mandat*. Paris: Librairie du Recueil Sirey, 1927.

Sommer, Tine. *Can Law Make Life (Too) Simple? From Gene Patents to the Patenting of Environmentally Sound Technologies*. Copenhagen: DJØF Publishing, 2013.

Spedding, Linda S. *The Due Diligence Handbook: Corporate Governance, Risk Management and Business Planning*. Oxford: Elsevier, 2009.

Stavins, Robert N. *Experience with Market-Based Environmental Policy Instruments*. Washington, DC: Resources for the Future, 2001.

Sterner, Thomas. *Policy Instruments for Environmental and Natural Resources Management*. Washington, DC: RFF Press, 2003.

Straus, Joseph. "The Rio Biodiversity Convention and Intellectual Property." *International Review of Industrial Property and Copyright Law* 24 (1993).

———. "Zur Patentierung humaner embryonaler Stammzellen in Europa. Verwendet die Stammzellenforschung menschliche Embryonen für industrielle oder kommerzielle Zwecke?" *GRURInt* 59 (2010).

Swanson, Timothy. "Why Is There a Biodiversity Convention? The International Interest in Centralized Development Planning." *International Affairs* 75 (1997).

Taeuber, Sabine, Carmen Richerzhagen, and Karin Holm-Muelle. "Die Nutzer genetischer Ressourcen in Europa und ihr Verhaeltnis zur CBD." *Natur und Landschaft* 2 (2008).

Taeuber, Sabine, Karin Holm-Mueller, Therese Jacob, and Ute Feit. *An Economic Analysis of New Instruments for Access and Benefit-Sharing and the CBD – Standardization Options for ABS Transactions*. Bonn: BfN-Skripten, 2011.

Tan, Ayfer. "Turkiye Bitki Genetik kaynaklari ve Muhafazasi" (Plant Genetic Resources in Turkey and Their Conservation). *Anadolu Journal of aari* 20, no.1, 2010: 9–37.

ten Kate, Kerry, and Sarah A. Laird. *The Commercial Use of Biodiversity: Access to Genetic Resources and Benefit-Sharing*. London: Earthscan, 1999.

Tobin, Brendan. "Biopiracy by Law: European Union Draft Law Threatens Indigenous Peoples' Rights over Their Traditional Knowledge and Genetic Resources." *European Intellectual Property Review* 2 (2014).

Thormann, Imke, Hannes Gaisberger, Federico Mattei, Laura Snook, and Elizabeth Arnaud. "Digitization and Online Availability of Original Collecting Mission Data to

Improve Data Quality and Enhance the Conservation and Use of Plant Genetic Resources." *Genetic Resources and Crop Evolution* 59 (2012).

Trubek, David M., and Louise G. Trubek. "New Governance and Legal Regulation: Complementarity, Rivalry, or Transformation." Paper presented at conference on Law in New Governance, University College, London, May 26–27, 2006.

Tvedt, Morten Walløe, and Ole K. Fauchald. "Implementing the Nagoya Protocol on ABS: A Hypothetical Case Study on Enforcing Benefit Sharing in Norway." *The Journal of World Intellectual Property* 14 (2011).

Tvedt, Morten Walløe, and Olivier Rukundo. "Functionality of an ABS Protocol." *FNI Report* 9 (2010).

Tvedt, Morten Walløe, and Peter Johan Schei. "The Term 'Genetic Resources'. Flexible and Dynamic While Providing Legal Certainty?" In *Global Governance of Genetic Resources. Access and Benefit Sharing after the Nagoya Protocol*, edited by Sebastian Oberthür and G. Kristin Rosendal. New York and London: Routledge, 2014.

Van Heesen-Laclé, Zayènne D., and Anne C.M. Meuwese. "The Legal Framework for Self-regulation in the Netherlands." *Utrecht Law Review* 3 (2007): 116–139.

Van Overwalle, Geertrui. "Van groene muizen met rode oortjes: de EU-Biotechnologi-erichtlijn en het Belgisch wetsontwerp van 21 September 2004." *Intellectuele Rechten – Droits Intellectuels (irdi)* (2004): 357–386.

———. "Implementation of the Biotechnology Directive in Belgium and Its After-Effects." *International Review of ip and Competition Law* 37 (2006): 889–1008.

van Treuren, R., N. Bas, P.J. Goossens, J. Jansen, and L.J.M. van Soest. "Genetic Diversity in Perennial Ryegrass and White Cloveramong Old Dutch Grasslands as Compared to Cultivars and Nature Reserves." *Molecular Ecology* 14 (2005): 39–52.

Vogel, David. "The Private Regulation of Global Corporate Conduct: Achievements and Limitations." *Business and Society* 49 (2010).

Von Loesch, Heinrich. "Gene Wars: The Double Helix Is a Hot Potato." *CERES* 131 (September–October 1991): 39–44.

Vrellis, S. *International Private Law*. Athens: Nomiki Bibliothiki, 2008 (in Greek).

Wallbott, Linda, Franziska Wolff, and Justyna Pozarowska. "The Negotiations of the Nagoya Protocol: Issues, Coalitions, and Process." In *Global Governance of Genetic Resources. Access and Benefit Sharing after the Nagoya Protocol*, edited by Sebastian Oberthür and G. Kristin Rosendal, 33–59. New York and London: Routledge, 2014.

Wautrequin, Jacques. "Nouveaux Transferts de Compétences en Matière de Politique Scientifique? Critère D'appréciation." Paper presented at 'Paroles de chercheurs. Etats des lieux et solutions', Namur, 4 March 2011.

Williams, Marc. "Re-articulating the Third World Coalition: The Role of the Environmental Agenda." *Third World Quarterly* 14 (1993).

Winter, Gerd, and Evanson C. Kamau. "Von Biopiraterie zu Austausch und Kooperation: Das Protokoll von Nagoya über Zugang zu genetischen Ressourcen und gerechtem Vorteilsausgleich." *Archiv des Völkerrechts* 49 (2011).

Wynberg, Rachel, and Sarah Laird. *Bioscience at a Crossroads: Access and Benefit Sharing in a Time of Scientific, Technological and Industry Change: The Cosmetics Sector.* Montreal: SCBD, 2013.

Zerner, Charles. *People, Plants, and Justice: The Politics of Nature Conservation.* New York/West Sussex: Columbia University Press, 2013.

索　引